はじめての
ASP.NET Webフォーム アプリ開発 Visual Basic 対応 第2版

TECHNICAL MASTER 95

WINGSプロジェクト
土井毅 著
山田祥寛 監修

The textbook for development of the **ASP.NET Web Forms** Applications with the **Visual Basic**, suitable for beginners and experienced one in other Application platforms.

秀和システム

本サポート情報
本書に関するサポートは、以下にて行っております。

本書サポートサイト
https://wings.msn.to/index.php/-/A-03/978-4-7980-5805-4/

著者紹介

土井 毅（どい つよし）

WINGSプロジェクト所属のテクニカルライター。@IT（ITMedia）、CodeZine（翔泳社）などのWebメディアを中心として、.NETなどのWeb系技術についての執筆を行っている。また、様々な分野での開発案件にも携わる。

●著作

基本から学ぶHTML5＋JavaScript iPhone/Android対応 スマートフォンアプリの作り方（SBクリエイティブ、共著）、［改訂新版］C#ポケットリファレンス（技術評論社、共著）

監修者紹介

山田 祥寛（やまだ よしひろ）

千葉県鎌ヶ谷市在住のフリーライター。Microsoft MVP for Visual Studio and Development Technologies。執筆コミュニティ「WINGSプロジェクト」の代表でもある。

●著作

はじめてのAndroidアプリ開発 第3版 Android Studio 3対応、ASP.NET MVC 5 実践プログラミング（以上、秀和システム）、速習シリーズ（Laravel 6・ECMAScript 2019・Kotlin・Reactなど）（以上、Kindle）、これからはじめるVue.js実践入門（SBクリエイティブ）

注　意

1. 本書は、著者が独自に調査した結果を出版したものです。
2. 本書の内容については万全を期して制作しましたが、万一、ご不審な点や誤り、記入漏れなどお気付きの点がありましたら、出版元まで書面にてご連絡下さい。
3. 本書の内容に関して運用した結果の影響については、上記2項にかかわらず責任を負いかねますのでご了承下さい。
4. 本書の全部あるいは一部について、出版元から文書による許諾を得ずに複製することは、法律で禁じられています。

商標等

- Microsoft、Windows、Visual Studio、Visual Basic、Visual C#、Internet Explorer、SQL Server等は、米国Microsoft Corporationの米国及びその他の国における商標または登録商標です。
- その他のプログラム名、システム名、CPU名などは一般に各メーカーの各国における登録商標または商標です。
- 本書では、®©の表示を省略していますがご了承下さい。
- 本書では、登録商標などに一般に使われている通称を用いている場合がありますがご了承下さい。

はじめに

　インターネットが一般消費者の使用するサービスとなってから四半世紀が経過し、インターネットは社会のインフラストラクチャとして完全に定着しました。検索サイト、ソーシャル・ネットワーキング・サービス（SNS）、オンラインショッピングなど、幾多のWebアプリケーションが毎日多数のユーザーによってアクセスされています。

　一方、開発者の観点からすると、Webアプリケーションというのはなかなか複雑な構造を持つプログラムです。Webアプリケーションは、デスクトップ・アプリケーションのようにそのコンピューター上で完結するのではなく、WebサーバーとWebブラウザーの両者が連携して動作するプログラムです。そのため、Webアプリケーション開発においては、単に特定のプログラミング言語の知識だけでなく、その仕組みの理解が欠かせません。

　Webアプリケーション開発をサポートするための様々なフレームワークがありますが、ASP.NET Webフォームは初心者にとっても取り組みやすく、比較的簡単な手順でリッチな機能を実現できるフレームワークです。特に統合開発環境であるVisual Studioと組み合わせることで、ASP.NETの生産性は大きく向上します。2002年の初版リリース以来、ASP.NETはバージョンアップを続けており、最近のアップデートは小粒ではあるものの、引き続き最新の.NET Frameworkにおいてサポートされています。本書はVisual Studioの無償版であるVisual Studio 2019 Communityを使用し、ビジュアルな画面設計やデータベースとの連携機能など、Webアプリケーション開発に役立つ様々なASP.NETの機能について解説します。プログラミング言語としてはVisual Basicを用いて解説します。

　本書は、既刊「TECHNICAL MASTER はじめての ASP.NET Web フォームアプリ開発 Visual Basic 対応版」をベースに最新の環境に合わせて改訂したものです。また、本書（「TECHNICAL MASTER はじめての ASP.NET Web フォームアプリ開発 Visual Basic対応 第2版」）と同様の構成で「TECHNICAL MASTER はじめての ASP.NET Web フォームアプリ開発 C# 対応 第2版」も上梓いたしますので、C#でのASP.NET開発にご興味の方はご参照ください。

　最後になりましたが、本書の執筆にあたり、多大なご協力をいただきました秀和システムの編集諸氏、監修いただきました山田祥寛様、構成／原稿管理等ご尽力いただきました山田奈美様、その他関係者ご一同に心からの御礼を申し上げます。本書がASP.NETによるWebアプリケーション開発の一助となれば幸いです。

2019年10月 土井 毅

TECHNICAL MASTER

Contents 目次

Chapter 01 → ASP.NET 開発の基礎知識

01-01　Webアプリケーションの仕組みを理解する　　［Webアプリケーション］　2
- Webアプリケーションとは　●Webの基本的な仕組み　●Webはステートレスである
- サーバーサイド技術とクライアントサイド技術　●デスクトップアプリケーションとの比較

01-02　.NET Frameworkの概要を理解する　　［.NET Framework］　9
- 実行環境　●言語環境　●ライブラリ／フレームワーク　●.NET Frameworkの歴史

01-03　ASP.NETの概要を理解する　　［ASP.NET］　14
- ASP.NETの概要　●ASP.NET Webフォームの概要　●Webフォーム
- サーバーコントロール　●イベントドリブンモデル
- ASP.NET MVC or ASP.NET Webフォーム？

Chapter 02 → はじめての ASP.NET アプリケーション

02-01　ASP.NET 開発を始める　　［環境整備］　22
- インストールするソフトウェア　●Visual Studioのラインナップ
- Visual Studio Community 2019のインストール

02-02　Visual Studioの機能を理解する　　［Visual Studioの機能］　27
- Visual Studioの各部分を理解する

02-03　ASP.NETのプロジェクト構造を理解する　　［プロジェクト構造］　33
- Visual Studioのプロジェクトとファイル構成

02-04　Webページを作成する　　［コントロール］　39
- ページの作成とコントロールの配置　●コントロールの配置とソースの確認　●プロパティの設定
- イベントハンドラーを作成する

02-05　Webアプリケーションをデバッグする　　［デバッグ］　49
- デバッグ方法の確認

Chapter 03 → サーバーコントロール

03-01 ASP.NETのコントロールの概要を理解する　　　　　　［サーバーコントロール］　54
- サーバーコントロールの種類　● サーバーコントロールの基本

03-02 表示用コントロールを使用する　　　　　　［Label,Literal,Image,HyperLink］　59
- テキストを表示する　● 画像を表示する　● リンクを表示する

03-03 入力用コントロールを使用する　　　　　　　　　　　［入力用コントロール］　64
- テキスト入力を行う　● HTML5のinputタグの新機能を使う
- チェックボックス、ラジオボタンを使用する　● リスト系コントロールを使用する
- ファイルアップロードを使用する　● 複数ファイルをアップロードする　● カレンダーを使用する

03-04 ボタンを使用する　　　　　　　　　　　　　［Button,LinkButton,ImageButton］　87
- 基本的なプロパティとイベント

03-05 検証コントロールを使用する　　　　　　　　　　　　　　［検証コントロール］　92
- 共通プロパティと基本的な使い方　● 必須入力項目を検証する　● 入力範囲を検証する
- 入力内容を比較して検証する　● 正規表現で検証する　● 検証方法をカスタマイズする
- 検証エラーを表示する　● ボタン系コントロールとの関連

03-06 ユーザー独自のコントロールを作成する　　　　　　　　［ユーザーコントロール］　110
- ユーザーコントロールの作成　● ユーザーコントロールの使用

03-07 HTMLサーバーコントロールを理解する　　　　　　［HTMLサーバーコントロール］　117
- HTMLサーバーコントロールの使用方法　● HtmlFormコントロールの特別な役割

Chapter 04 → データベース連携の基本

04-01 ASP.NETのデータベース連携の基本を理解する　　　　［データベースとコントロール］　124
- 様々な種類のデータベース　● ASP.NETでのデータベース連携

04-02 データベースを作成する　　　　　　　　　　　　　　［リレーショナルデータベース］　129
- リレーショナルデータベースの概要　● 様々なリレーショナルデータベース
- SQL Serverのエディション　● SQL Serverの論理構造
- SQL Serverでのデータベースの作成　● データベースへの接続文字列

Contents 目次

04-03 GridView コントロールでデータを一覧表示する　　　［GridView コントロール①］　142
- GridView コントロールの基本的な使用方法
- GridView コントロールの様々な機能を使用する

04-04 GridView コントロールのカスタマイズ　　　［GridView コントロール②］　157
- フィールドを表示、編集するためのクラス群　● GridView コントロールのプロパティとイベント

04-05 TemplateField クラスを使用する　　　［TemplateField クラス］　176
- TemplateField クラスで使用するテンプレートの種類
- TemplateField クラスによるカスタマイズ

Chapter 05 → 一覧／単票データバインドコントロール

05-01 ListView コントロールの使用方法を理解する　　　［ListView コントロール］　192
- ListView コントロールのテンプレートの構成　● ListView コントロールの使用方法
- データをグループ化して表示する
- ListView コントロールでの新規登録、編集、削除機能とコマンド
- ListView コントロールでのページングの使用　● ListView コントロールのプロパティとイベント

05-02 FormView コントロールを使用する　　　［FormView コントロール］　218
- FormView コントロールで使用するテンプレート　● FormView コントロールの使用方法
- FormView コントロールのプロパティとイベント

Chapter 06 → Entity Framework でのデータベース連携

06-01 Entity Framework の基本を理解する　　　［Entity Framework の基本］　226
- Entity Framework の概要　● Entity Framework Code First の概要　● LINQ の基本
- ラムダ式の基本

06-02 Entity Framework を使ったデータベース定義を理解する
　　　［データベース定義とクエリ］　232
- データベースを定義する　● データベースの生成方法を指定する　● データを登録する
- データを表示する　● 設定よりも規約（Convention over Configuration：CoC）

VI TECHNICAL MASTER

06-03 データバインドコントロールと Entity Framework の連携方法を知る
[モデルバインディング] 257

- モデルバインディング ● GridView コントロールとの連携方法
- 厳密に型指定されたデータコントロール ● 編集処理の実装 ● 削除処理の実装
- 検索処理の実装 ● DropDownList コントロールでの連携
- ListView コントロールとの連携 ● FormView での連携
- 常に Entity Framework を使うべきか？

Chapter 07 → データベース連携の応用

07-01 同時実行制御を行う
[同時実行制御] 282

- 同時実行制御とは ● 同時実行制御を行わない場合の挙動の確認
- SqlDataSource コントロールでのオプティミスティック同時実行制御の使用
- Entity Framework でのオプティミスティック同時実行制御の使用

07-02 ストアドプロシージャを使う
[ストアドプロシージャ] 301

- ストアドプロシージャを使用するメリット
- SqlDataSource コントロールでのストアドプロシージャの使用方法
- Entity Framework でのストアドプロシージャの使用

Chapter 08 → ディレクティブと Page クラスの機能

08-01 ディレクティブを理解する
[ディレクティブ] 316

- ページなどの設定を行う ● 出力のキャッシュの設定を行う

08-02 Page クラスのプロパティやメソッドを使用する
[Page クラス] 327

- Request オブジェクト ● Response オブジェクト ● Server オブジェクト

Chapter 09 → ライフサイクルと状態管理

09-01 ASP.NET のライフサイクルを理解する
[ライフサイクル] 338

- アプリケーションライフサイクル ● ページライフサイクル

Contents 目次

09-02 ASP.NETにおける状態管理を理解する　［状態管理］344
- ASP.NETにおける状態管理 ● Cookieを使用する

09-03 ビューステートを使用してデータを保存する　［ビューステート］347
- ビューステートの概要 ● ビューステートを使用する ● ビューステートを無効にする
- ビューステートを暗号化する

09-04 セッションを使用してデータを保存する　［セッション］353
- セッションの概要 ● セッションID ● セッションの有効期限 ● セッションモード
- セッションを使用する

09-05 アプリケーションの状態管理を理解する　［アプリケーション状態管理］361
- Applicationオブジェクトを使用する ● Cacheオブジェクトを使用する

Chapter 10 → サイトデザイン

10-01 マスターページを使用する　［マスターページ］366
- マスターページの使用方法 ● 入れ子にされたマスターページ

10-02 CSSを使用する　［CSS］380
- HTMLとCSSとASP.NETの関係 ● CSSの基本と使用方法
- ASP.NETでのCSSの使用方法 ● Visual StudioでのCSSの使用方法

10-03 Bootstrapを使用する　［Bootstrap］391
- Bootstrapの概要 ● ボタン ● アイコン ● グリッドシステム

Chapter 11 → ASP.NET Identity

11-01 ASP.NET Identityの概要を理解する　［ASP.NET Identityの概要］404
- ASP.NET Identity登場の経緯と特徴 ● ASP.NET Identityを使ったプロジェクトの作成
- 認証の必要なページを設定する ● ASP.NET Identityの基本的な処理の流れ

11-02 ユーザー情報をカスタマイズする　［ユーザー情報のカスタマイズとロール機能］420
- ApplicationUserクラスへのプロパティの追加 ● アカウント登録画面への項目追加
- ロール機能の追加

11-03 さまざまな認証方法について理解する

[メールによるアカウント認証・アカウント情報検証ルールの変更・2要素認証] 429

- メールによるアカウント認証機能
- パスワード、ユーザー名検証ルールの変更
- 2要素認証の使用

11-04 ログインに関連するサーバーコントロールを知る

[ログイン関連サーバーコントロール] 441

- LoginNameコントロール
- LoginViewコントロール

11-05 外部サービスを使ったログイン機能を理解する **[ソーシャルログイン機能]** 446

- 外部サービスを使ったユーザー認証とは
- Facebookにアプリを登録する
- ASP.NET Identityに対してFacebookアカウントによるログインを設定する

Chapter 12 → ASP.NET AJAX

12-01 ASP.NET AJAX を理解する **[ASP.NET AJAX]** 454

- Ajaxの仕組み
- ASP.NET AJAXの2種類のアプローチ

12-02 UpdatePanel コントロールでページの部分更新を行う **[UpdatePanel]** 459

- ASP.NET AJAX Extensionsに含まれるサーバーコントロール
- UpdatePanelコントロールで部分更新を行う
- UpdatePanelコントロールのプロパティ
- UpdatePanelコントロールの部分更新の仕組み
- Timerコントロールによる自動更新
- UpdateProgressコントロールによる非同期通信中の表示

12-03 クライアントサイドの JavaScript で Ajax を実装する **[jQuery]** 476

- クライアントサイドのJavaScriptでのAjax開発のポイント
- ポイント①:クライアントサイドのイベント
- ポイント②:DOM操作
- ポイント③:非同期通信方法
- サーバーコントロールのクライアントIDについて

12-04 Web API で Web サービスを公開する **[Web API]** 490

- Web APIの概要
- Web APIを作成する
- JavaScriptからのリソース取得
- JavaScriptからのリソースの登録

12-05 JavaScript ファイルの管理を理解する **[バンドルとミニファイ]** 503

- バンドル、ミニファイ機能の概要
- ASP.NETでバンドル、ミニファイ機能を使用する

Contents 目次

Chapter 13 → ASP.NET の構成

13-01　Web アプリケーションの設定を行う　［アプリケーション構成ファイル］ 512
- Web.config ファイルの基本的な構造
- アプリケーションの設定項目を管理する ― appSettings 要素
- カスタムエラーページの設定を行う ― customErrors 要素
- グローバリゼーション設定を行う ― globalization 要素
- HTTP リクエストの処理方法を設定する ― httpRuntime 要素
- ページについての設定を行う ― pages 要素

13-02　Global.asax の役割を理解する　［Global.asax］ 526
- Global.asax で扱うイベントの種類　● アクセスログの実装　● セッション開始時の処理を行う
- URL ルーティング

INFO → 巻末資料

A　SQL の概要　534
- データ定義言語（DDL）　● データ操作言語（DML）

B　SQL Server で利用可能なデータ型　544

C　Visual Basic の言語機能　545
- Visual Basic のデータ型　● 値型と参照型、NULL 許容型　● 基本的なメソッド
- 書式を設定する（文字列補間）　● Visual Basic の演算子　● Visual Basic の構文

D　Web アプリケーションを配置する　556
- IIS のインストール　● アプリケーションプールの設定　● LocalDB へのアカウントの設定
- LocalDB の共有インスタンスの設定　● Visual Studio でのアプリケーションの発行
- App_Data フォルダへのアクセス権の設定　● 発行した Web アプリケーションの動作確認
- アプリケーション構成ファイルの統合について

索　引　578

TECHNICAL MASTER

Guide 本書の読み方

動作確認環境

本書のキャプチャ（画面ショット）やサンプルは表1の環境で作成しました。

表1 動作確認環境

OS	Windows 10
開発環境	Visual Studio 2019 Community
データベース	SQL Server 2017 Express LocalDB

2章で、必要な開発環境、データベースのインストール手順を解説していますので、参照してください。

本書の構成について

本書の章の構成は以下のようになっています。

1～3章ではASP.NET開発の基本的な概念と、よく用いられるサーバーコントロールについて解説します。

4～7章ではASP.NET開発での重要な分野であるデータベース開発について解説します。ASP.NETの提供するコントロールを使用することで、わずかな手順でデータベースと連携するアプリケーションを作成できます。6章では最新のデータアクセスフレームワークであるEntity Frameworkについて解説します。

8, 9章では、Pageクラスとライフサイクルという、ASP.NETの基盤となっている部分について解説します。特に9章のライフサイクルは、やや難しい概念ではありますが、ASP.NETを理解する上で重要です。

10～12章では、サイトデザイン、ユーザー管理、Ajaxなど、実用的なWebサイト開発に役立つ様々な技術、フレームワークについて解説します。

13章はASP.NETの構成を行うためのファイル群について解説します。よく用いられる構成のサンプルなども含めていますので参考にしてください。

初めてASP.NET開発に取り組む方は、本書の最初から順に読み進め、ASP.NETの基本的な概念を理解しましょう。2章が環境整備とチュートリアルの章となっていますので、実際にサンプルを動かし、ASP.NET開発の基本的な流れに慣れるようにしてください。

以前のバージョンでASP.NET開発を行ってきた方は、4章以降の様々なフレーム

はじめての ASP.NET Web フォームアプリ開発 Visual Basic 対応 第2版　XI

ワークについての知識を押さえておきましょう。特にEntity Frameworkについて解説する6章およびASP.NET Identityについて解説する11章については、以前のASP.NETとは大きく異なる部分となりますので、内容をしっかり確認してください。最新のWebサービスフレームワークであるWeb APIについて解説した12章も注目です。

　本書は入門書としての基本的な解説だけでなく、実際の開発の際に活用できるよう、各種コントロールのプロパティやイベントについてもある程度紹介しています。もちろんすべての機能を紹介しているわけではありませんので、実際の開発の際には、本書をMSDNなどのWeb上の情報源と併用しながら活用してください。

配布サンプルについて

　各章の解説のために作成したサンプルがWebサイトよりダウンロードできます。

https://wings.msn.to/index.php/-/A-03/978-4-7980-5805-4/

　サンプルの構成は表2のようになっています。サンプルは基本的に章ごとに分かれていますが、データベース連携を扱う4, 5章については1つのサンプルとなっています。また、データベース連携の応用を扱う7章では、使用するフレームワークに合わせてChapter04SampleとChapter06Sampleを使用します。

表2 配布サンプル内のフォルダ

フォルダ名	サンプル
Chapter02Sample	2章チュートリアルサンプル
Chapter03Sample	3章サーバーコントロールサンプル
Chapter04Sample	4, 5章データベースサンプル
Chapter06Sample	6章Entity Frameworkサンプル
Chapter08Sample	8章ディレクティブとPageクラスサンプル
Chapter09Sample	9章ライフサイクルと状態管理サンプル
Chapter10Sample	10章サイトデザインサンプル
Chapter11Sample	11章ASP.NET Identityサンプル
Chapter12Sample	12章ASP.NET AJAXサンプル
Chapter13Sample	13章ASP.NETの構成サンプル
InformationSample	巻末資料サンプル

　各フォルダ内のソリューションファイル（拡張子.slnのファイル）をダブルクリックすることで、各サンプルを開くことができます。

TECHNICAL MASTER

Chapter
01

ASP.NET 開発の基礎知識

この章では、ASP.NETによるWebアプリケーションを開発するために必要となる、Webアプリケーション、.NET Framework、ASP.NETについての基礎知識を解説します。

Contents
- **01-01** Web アプリケーションの仕組みを理解する [Web アプリケーション] 2
- **01-02** .NET Framework の概要を理解する [.NET Framework] 9
- **01-03** ASP.NET の概要を理解する [ASP.NET] 14

はじめての ASP.NET Web フォームアプリ開発 Visual Basic 対応 第 2 版

Section 01-01

Webアプリケーション

Webアプリケーションの仕組みを理解する

このセクションでは、Webアプリケーションの基本的な仕組みについて解説します。

このセクションのポイント

■1 Webアプリケーションとは、Webの仕組みを利用して主にブラウザー上で動作するアプリケーションソフトウェアのことである。
■2 Webアプリケーションでは、サーバー上でページが動的に生成される。
■3 Webはステートレスな仕組みである。
■4 Webアプリケーションには、サーバー上で処理を行うサーバーサイド技術とブラウザー上で処理を行うクライアントサイド技術があり、双方の組み合わせが可能である。

ASP.NETを使用したWebアプリケーション開発を始めるにあたり、まずはWebアプリケーションとは何か、さらにWebの基本的な仕組みについて理解しておきましょう。

Webアプリケーションとは

Webアプリケーションとは、簡単に言えば、ウェブ（Web）の仕組みを利用して主にブラウザー上で動作するアプリケーションソフトウェアのことです。

検索サイト、ショッピングサイト、ブログ、SNS[*]などのインターネットユーザーがブラウザーを使用して訪れるサイトの多くは、Webアプリケーションです。これらのアプリケーションはWebのどこかにあるサーバー上で実行され、その実行結果をユーザーのコンピューター上のブラウザーがページとして受け取ります。

ブラウザーからサーバーへのアクセス時、あらかじめ作成されサーバー上に保存されているページを返す場合と、サーバー上のプログラムでページを生成して返す場合の2通りがあります（図1-1）。前者を静的なページ、後者を動的なページと呼びます。Webアプリケーションは、基本的に動的なページで構成されています。

[*] Social Networking Service：ソーシャル・ネットワーキング・サービス

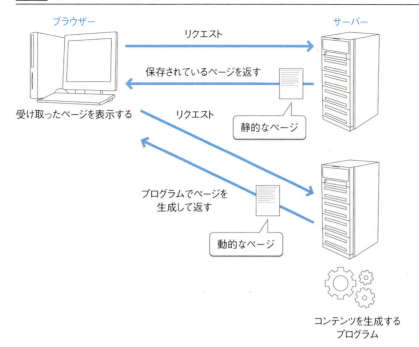

図1-1　静的なページと動的なページ

Webの基本的な仕組み

　Webアプリケーションを開発するためには、Webの仕組みをしっかり押さえておくことは大切です。後述するようにASP.NETは、開発者がなるべくWebの仕組みを意識しなくてもWebアプリケーションを開発できるようにするための設計が施されていますが、それでもやはりWebの基本的な仕組みの理解は必須となります。もちろん本書はネットワークの専門書ではありませんので、ここではASP.NETによるWebアプリケーション開発に必要な部分に話を絞って解説を進めましょう。

　Webは、正式にはWorld Wide Web(WWW)と呼ばれ[*]、ドキュメント(ページ)や画像データなどをやりとりするためにインターネット上に構築されているシステムです。ドキュメントを提供するサーバーとページを表示するブラウザーの間で、**HTTP**[*]という**通信プロトコル**[*]に基づいて送受信が行われます。ブラウザーからサーバーへの要求のことを、**HTTPリクエスト**と呼びます。一方、サーバーからブラウザーへの応答のことを、**HTTPレスポンス**と呼びます(図1-2)。HTTPリクエストとHTTPレスポンスは常に対となっており、必ずブラウザーからのHTTPリクエストによりHTTP通信が開始され、サーバーからのHTTPレスポンスをブラウザーが受け取ることにより通信は終了します。

> * 最近では、WWWよりもWebと略されることが多くなっている
> * HyperText Transfer Protocol
> * ネットワーク上での通信のために定められた規約のこと

図1-2 ブラウザーとサーバー間のHTTP通信

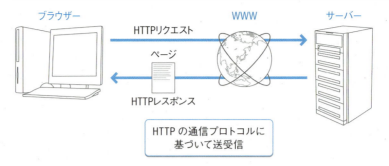

　ユーザーは、ブラウザーのアドレスバーに「http://www.example.com/page_name」のような形式の文字列を入力することにより、インターネット上のあるページを特定してリクエストします。このように、インターネット上のあるページやリソースの場所を特定する文字列のことを、**URL**[*]と言います。

[* Uniform Resource Locator]

　URLには、**クエリ文字列**と呼ばれるパラメーターを付加することができます。クエリ文字列は、「http://www.example.com/page_name?id=1234&name=taro」のように、URL末尾の「?」に続くキーと値のペアの形式で指定します。「&」により、キーと値のペアを連結することができます。

　HTTPリクエストには、定められた**HTTPメソッド**の一つを指定する必要があります。HTTPメソッドとは、URLのページやリソースに対してどんな操作を行うかを指定するものです。HTTPではさまざまなHTTPメソッドが定義されていますが、Webアプリケーションで主に使用されるのは、GETとPOSTの2種類です。表1-1に、GETとPOSTの違いをまとめます。

表1-1 HTTPメソッドのGETとPOST

HTTPメソッド	説明
GET	サーバーからリソースを取得する
POST	ブラウザーからサーバーにデータを送信する。HTTPレスポンスにおいてGETと同様にサーバーからリソースを取得可能

　このように、GETはサーバーからページなどのリソースを受け取るするために使用するのに対し、POSTはサーバー上のデータを更新し結果を受け取るために使用します。

　HTTPリクエストを受け取ったサーバーは、**HTML**[*]などのテキスト形式でページをブラウザーに送信します。さらに、リクエストによっては画像や動画などのバイナリデータを送信します。

[* HyperText Markup Language]

　HTTPレスポンスには、**HTTPステータスコード**と呼ばれる、HTTPリクエストが正常に処理されたかどうかを示すコードが含まれます。HTTPステータスコードは、3桁の数字とその後に続くメッセージで構成されています。表1-2に、主要なHTTPステータスコードをまとめます。

表1-2　主要なHTTPステータスコード

HTTPステータスコード	説明
200 OK	HTTPリクエストは正常に処理され、リクエストされたリソースが送信される
401 Unauthorized	このリソースには認証が必要である
404 Not Found	指定されたリソースは見つからなかった
500 Internal Server Error	サーバー内部エラー。Webアプリケーション実行中にエラーが発生した場合などに発生する
503 Service Unavailable	サービス利用不可。サービスの負荷が高くなった場合などに発生する

Webはステートレスである

　Webアプリケーション開発時に常に意識しておく必要があるのは、Webは本来、ステートレスな仕組みであるという点です。ステートレスとは「状態を持たない」という意味で、HTTPのような通信プロトコルで用いられる場合、ある通信とそれ以前の通信との間で、状態を共有しないことを意味します。

　WebがステートレスなHTTPを使用した仕組みである以上、そのままではWebアプリケーションにおけるアプリケーションや各ユーザーの状態をサーバー上で保持しておくことはできません。同じブラウザーからサーバーへ連続してリクエストを送っても、連続するリクエストは互いに無関係で、前回のリクエスト時の状態を次回のリクエストに引き継ぐことができないのです。これが、ローカル環境で実行されるデスクトップアプリケーションとは大きく異なる点です。

　ステートレスなWebにおいて状態管理を行うための標準的な方法として、Cookieがあります。Cookieは、状態をテキストデータの形式でブラウザーに保存する技術です。勿論、ASP.NETでもCookieを使用できます。さらにASP.NETでは、状態管理のためのさまざまな機能を提供しています。CookieとASP.NETにおける状態管理の詳細については、9章で解説します。

サーバーサイド技術とクライアントサイド技術

　前述のとおり、Webアプリケーションではサーバー上で動的なページを生成しますが、最近ではブラウザー上で動的にページを更新する仕組みも同時によく使用されるようになっています。前者をサーバーサイド技術と呼ぶのに対し、ブラウザー上でJavaScript、Flash、Silverlightなどのプログラムを使用してページを動的に更新する仕組みを、クライアントサイド技術と呼びます（図1-3）。

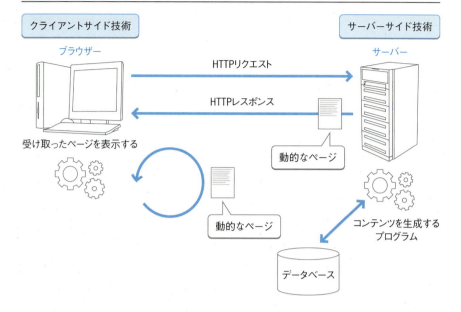

図1-3　サーバーサイド技術とクライアントサイド技術

　JavaScriptを初めとするクライアントサイド技術は急速に発展しており、リッチなユーザーインタフェースを持つ動的なページを作り上げることが可能となっています。しかし、クライアントサイド技術はユーザーの操作に応じてページの見た目を変化させることには長けていますが、扱えるデータは基本的にはサーバーから受け取ったものに限定されます。

　他方、サーバーサイド技術は、データベース管理システムとの連動など、多彩なコンテンツを提供するための基盤がある一方で、ブラウザー上で直接プログラムを実行しているわけではないため、ユーザーの操作に機敏に対応して画面表示を変化させるといった分野では、クライアントサイド技術よりも原理的に遅くなってしまいます。

　したがって、使いやすいWebアプリケーションを作り上げるには、サーバーサイド技術とクライアントサイド技術の双方を組み合わせることが必要です。最近の多くのWebアプリケーションでは、サーバーサイド技術とクライアントサイド技術を協働させることで、多彩なコンテンツを使いやすいユーザーインタフェースで提供しています。

デスクトップアプリケーションとの比較

　近年、それまではデスクトップアプリケーションとしてローカル環境にインストールして使用していたアプリケーションの多くが、ブラウザー上で動作するWebアプリケーションに移行してきました。

従来のデスクトップアプリケーションと比較して、Webアプリケーションの主な特長を以下にまとめます。

■（1）マルチプラットフォーム対応

Webアプリケーションは、ユーザーが使用しているOSやブラウザーの種類にかかわりなく、基本的には同じように動作します。これは、スマートフォンやタブレット端末などでも同じです[*]。このように、Webアプリケーションとして作成すれば、どのプラットフォームでも動作するというのは、個別のプラットフォーム用に開発する必要のあるデスクトップアプリケーションと比べて、大きなメリットと言えるでしょう（図1-4）。

> [*] ただし、古いブラウザーでは新しい機能が使えないために、見た目が異なったり、特定の機能がサポートされない場合もあります。

図1-4　Webアプリケーションのマルチプラットフォーム対応

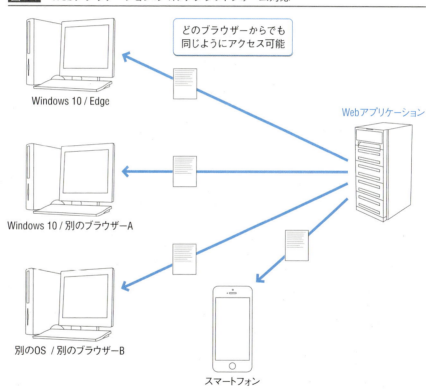

■（2）インストールやバージョン管理が不要

Webアプリケーションはサーバー上で動作し、ユーザーが必要とするのはブラウザーのみであるため、アプリケーションのインストール作業は不要です。そのため、会社のセキュリティポリシーなどで、デスクトップアプリケーションのインストールが制限されている環境などでも問題なく動作します。

さらにWebアプリケーションの場合、ブラウザーからサーバーにアクセスすれば、常に最新版のアプリケーションを使用できます。一方、デスクトップアプリケーションの場合、コンピュータごとにアプリケーションがインストールされているため、バージョンアップごとにすべてのコンピュータで更新処理を行う必要があり、規模によっては多大の費用や時間が掛かってしまいます。

■（3）基本的な操作方法が共通である

　Webアプリケーションはブラウザーを使用するため、どのアプリケーションでも基本的な操作方法が共通しています。リンクをクリックすることによるページの遷移、テキストボックス、ドロップダウンリスト、ボタンなどのコントロールが共通であることは、初心者にとっても扱いやすい環境となります。一方、デスクトップアプリケーションの場合、アプリケーションごとに操作方法が異なることが多く、操作に慣れるのに時間が必要です。

　他にもまだありますが、このような特長により、近年ではさまざまな分野のアプリケーションが、Webアプリケーションとして提供されるようになってきました。一方、Webアプリケーションは、リッチなユーザーインタフェースの点ではデスクトップアプリケーションに劣ると言われてきましたが、前述したクライアントサイド技術の進化によりその差はほとんどなくなってきていると言えるでしょう。

Section 01-02

.NET Framework

.NET Frameworkの概要を理解する

このセクションでは、ASP.NETの基盤となる.NET Frameworkの概要について解説します。

このセクションのポイント

1. .NET Frameworkは、アプリケーションの開発・実行環境である。
2. .NET Frameworkは、CLRに搭載された仮想マシンでアプリケーションを実行する。
3. .NET Frameworkでは、C#やVisual Basicなど様々な言語を使用できる。
4. .NET Frameworkでは、Webアプリケーション、Windowsアプリケーションなど、さまざまな分野で使用できるライブラリ／フレームワークが提供されている。
5. .NET 4.6からはMac OS X/Linux対応の.NET Coreがサポートされる。

これから解説するASP.NETの基盤となるのが、.NET Frameworkです。.NET Frameworkは、マイクロソフトが提供しているアプリケーション開発・実行環境です（図1-5）。ASP.NETは、.NET Frameworkの上に構築されたWebアプリケーションのためのフレームワークです。.NET Framework自体は、Windows上のデスクトップアプリケーション開発など、Webアプリケーション開発以外のためにも利用されます。

図1-5 .NET Frameworkの構成

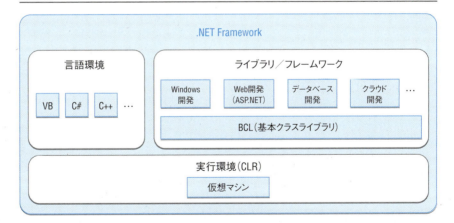

.NET Frameworkは、大きく分けて、実行環境、言語環境、ライブラリの3つに区分できます。それぞれの部分について概要を見てみましょう。

実行環境

.NET Frameworkの大きな特徴となっているのが、実行環境です。.NET Frameworkの実行環境は **CLR** [*] と呼ばれており、特定のCPUに依存しない仮想マシンが搭載されています。

多くの言語ではプログラムのソースコードをCPUで実行可能な機械語にコンパイルして実行しますが、.NET Frameworkではソースコードを仮想マシン用の中間言語にコンパイルし、その中間言語を、CLRに搭載された仮想マシンで実行する、という仕組みになっています（図1-6）。このように、中間言語にコンパイルされ仮想マシンで実行されるコードのことを**マネージコード**と呼びます。一方、マネージコード以外のコードのことを、**アンマネージコード**またはネイティブコードと呼びます。.NET Frameworkは、どちらのコードもサポートしています。

[*] Common Language Runtime：共通言語ランタイム

図1-6 従来の実行環境と.NET Frameworkの仮想マシンとの違い

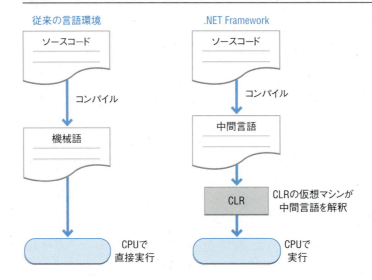

仮想マシンによるマネージコードの実行は、ネイティブコードの実行に比べ、多少のオーバーヘッドが発生しますが、開発者のメモリ管理が容易になるという大きなメリットが存在します。.NET Framework以前は、メモリの確保・解放の責任は開発者が負っていました。開発者がうっかりしてメモリの解放を怠った場合、メモリリークが発生することになりました。

.NET Frameworkにおいては、メモリ管理の大部分が仮想マシンに任されており、アプリケーションで使用しなくなったメモリは自動的に解放されます。このような機能はガベージコレクション[*]と呼ばれており、開発者の負担を大いに軽減するものとなります。

[*] Garbage Collection：GC

言語環境

　.NET Frameworkは、C#、Visual Basic、C++を始め、数多くの言語に対応しています。

　これら言語間の機能の相違は少なく、また異なる言語間での相互呼び出しが可能となっています。特に.NET Frameworkにおいて主要な言語となるC#とVisual Basicは、かなり高い互換性を持っています。たとえば、C#で書かれたライブラリをVisual Basicで書かれたアプリケーションから呼び出す、といったことも可能です（図1-7）。

図1-7　異なる言語間での相互呼び出しが可能

　また、CLRに対応する言語が実装すべき機能群は明記されているため、任意の言語を.NET Frameworkに移植することも可能です。

> **メモ**
> 関数型言語であるF#については、C#やVisual Basicよりも言語の機能が広くなっているケースがありますが、基本的な言語機能については相互に呼び出し可能です。

ライブラリ／フレームワーク

　.NET Frameworkには、Windowsアプリケーション開発、Webアプリケーション開発、データベース開発など、様々な分野に利用可能なライブラリ／フレームワークが用意されています。ASP.NETもその一つです。このようなライブラリ／フレームワークは、.NET Framework対応のどの言語でも利用可能です。

　表1-3に、提供されている主なライブラリ／フレームワークについてまとめます。

Chapter 01 ASP.NET 開発の基礎知識

表1-3 .NET Frameworkで提供されている主なライブラリ／フレームワーク

ライブラリ／フレームワーク	機能
BCL（基本クラスライブラリ）	どの言語からも共通に利用可能な機能を提供するライブラリ。XML入出力やHTTP通信など、高機能なクラスも含む
ADO.NET	データベースアクセスのためのライブラリ
Windows Forms	Windowsアプリケーション開発のためのフレームワーク
ASP.NET	Webアプリケーション開発のためのフレームワーク
WPF（Windows Presentation Foundation）	よりリッチなUIを持つWindowsアプリケーション開発のためのフレームワーク
WCF（Windows Communication Foundation）	通信フレームワーク。Webサービスにも対応
WF（Windows Workflow Foundation）	ワークフローフレームワーク。業務をワークフローというモデルで扱い、そのモデルをそのままプログラムで実行できる
UWP（Universal Windows Platform）	UWPアプリと呼ばれる、Windows 10用のアプリケーションを作成するためのフレームワーク。.NET Frameworkの一部ではないが、C#、VB等から呼び出し可能

.NET Frameworkの歴史

　.NET Frameworkはこれまで、表1-4にあるように、バージョンアップを繰り返しながら機能を拡充させてきました。

表1-4 .NET Frameworkの主なバージョンアップ履歴

バージョン	リリース	主なバージョンアップ内容
1.0	2002/1/5	.NET Frameworkの最初の正式リリース
2.0	2005/11/7	ASP.NETへの新しいコントロール等の追加。ジェネリック（巻末資料C参照）のサポート。64ビットシステムへの対応など
3.0	2006/11/6	各種フレームワーク（WPF, WCF, WF）の追加
3.5	2007/11/19	ASP.NET AJAXの追加（12章参照）。LINQの追加（6章参照）
4	2010/4/14	F#言語、動的言語ランタイムのサポート。ASP.NET MVCの追加。並列プログラミングへの対応など
4.5	2012/8/15	Windowsストアアプリ開発、Web API、SignalRの追加。非同期プログラミングへの対応など
4.6	2015/7/20	.NET Coreのサポート。オープンソース化
4.8	2019/4/18	高解像度ディスプレイへの対応。コンパイラの機能強化など

.NET Framework 4.6からの大きな変更となったのが、.NET Coreと呼ばれる新世代のフレームワークがサポートされるようになった点です。.NET Coreの主な特徴は以下の通りです。

■ 新しい実行環境であるCoreCLR

CoreCLRは、前述のCLRの機能を絞り込んだサブセットの実行環境となっています。

■ オープンソースによる開発

これまで.NET Frameworkの多くのソフトウェアの開発がクローズドで行われてきたのに対し、.NET Coreは完全にオープンソースとなり、迅速な開発、リリースを目指しています。

■ .NET Frameworkの全機能をサポートするわけではない

.NET Coreは.NET Frameworkの全機能をサポートしておらず、本書で解説するASP.NET Webフォームも対象外です。当初バージョンではデスクトップアプリケーション用のフレームワークも対象外でしたが、.NET Core 3からはWindows Forms、WPF、UWPなどのデスクトップアプリケーション用フレームワークがサポートされるようになりました。

■ Windowsに加えてmacOSとLinuxをサポート

.NET Framework 4までは、様々な拡張を加えながらも、基本的にはWindows OS専用の実行環境であった.NET Frameworkですが、.NET Coreでは、macOSやLinuxなどのOSがサポートされるようになりました。

.NET Coreにより、ASP.NETをWindows以外のプラットフォームで動作させることができるようになります。これまで「ASP.NETの生産性は魅力だけど、サーバー環境がWindowsに限定されるのでは採用するのは難しい」という意見が出ることもありましたが、.NET Coreが普及することで、実行可能な環境が広がっていくことになるでしょう。

ただし、本書で解説するASP.NET Webフォーム（詳細は次セクションで解説）は、現時点では.NET Coreには含まれておらず、Windows環境のみでの動作となります（コラム「ASP.NET CoreとASP.NET Webフォーム」参照）。この章以降、本書では.NET Framework上で動作するASP.NET Webフォームを対象として、解説していきます。

ASP.NET

Section 01-03 ASP.NETの概要を理解する

このセクションでは、ASP.NETの概要について解説します。

このセクションのポイント

■ ASP.NETには、ASP.NET Webフォーム、ASP.NET MVC、ASP.NET Web Page、Web API、SignalRなどのフレームワークがある。
■ ASP.NET Webフォームでは、従来のデスクトップアプリケーション開発とよく似たイベントドリブンモデルで開発を行う。
■ ASP.NET Webフォームのイベントドリブンによる開発では、Webフォーム、サーバーコントロール、イベント、イベントハンドラー、ポストバックなどの概念や仕組みをしっかり押さえておくことが大切。

ASP.NETの概要

ASP.NETには図1-8のように幾つものフレームワークが存在し、それぞれに異なる特徴を持っています。

図1-8 ASP.NETを構成するフレームワーク群

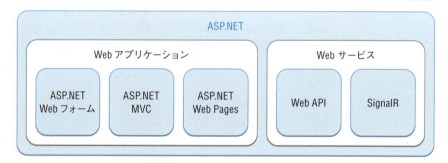

それぞれの概略を説明します。

■ ASP.NET Webフォーム

.NET Framework 1.0時代から存在する、ASP.NETで最も古いフレームワークです。Windowsアプリケーションに似た方式でWebアプリケーションを構築することができます。歴史的経緯から、ASP.NET Webフォームのことを単純にASP.NETと呼ぶ場合もあります。詳細は次項で説明します。

ASP.NET MVC

　.NET Framework 4から新たに導入されたフレームワークです。ASP.NET Webフォームとは全く異なる仕組みのフレームワークであり、他の言語の代表的なWebアプリケーションフレームワークで採用されているMVCアーキテクチャを採用しています。MVCとは、Model-View-Controllerの略で、アプリケーションを、モデル、ビュー、コントローラーという3つの部分に分割して設計、開発する方法のことです。表1-5に、MVCアーキテクチャの概要についてまとめます。

表1-5　MVCアーキテクチャの概要

モデル	アプリケーションで扱うデータやデータに対する処理であるビジネスロジックを担当する
ビュー	モデルを表示する処理を担当する
コントローラー	ユーザーの操作に応答し、データ処理が必要な場合はモデルの呼び出し、ユーザーへの表示が必要な場合はビューの呼び出しを担当する

　MVCアーキテクチャを採用することにより、アプリケーションの処理がきれいに分割され可読性が向上するという利点があります。また、HTMLタグを出力するビューを開発者自ら記述するため、意図しないHTMLタグが自動的に出力されることがなく、出力されるHTMLの内容をシンプルに保ち厳密に制御することができます。Ruby on RailsやCakePHPなどの、MVCアーキテクチャを採用した他のWebアプリケーションの開発者にとっても、基本的なアーキテクチャが共通していることから、学習しやすいフレームワークと言えるでしょう。後発ではありますが、現在のASP.NETの中でも主役と言っていいフレームワークです。

ASP.NET Web Pages

　シンプルな記法でHTMLに直接コードを記述することができる、軽量のフレームワークです。小規模なWebアプリケーション開発に適しています。

Web API

　.NET Framework 4.5より新たに導入されたフレームワークです。Webブラウザ上で動作するJavaScriptやWindowsストアアプリ、スマートフォン/タブレットアプリなどのクライアントに対し、JSON*やXML*などの形式でWebサービスを提供するためのフレームワークです。.NET Frameworkにおいては、Webサービスを提供するためのフレームワークとして、ASP.NET Webサービス、WCFサービスといったフレームワークが提供されてきましたが、現在はWeb APIがWebサービスを提供するための標準的なフレームワークとなっています。

＊ JSON：JavaScript Object Notation：JavaScriptでそのまま扱えるデータ表現形式
＊ XML：eXtensible Markup Language：HTMLのようなタグを使ったデータ表現形式

■ SignalR

　.NET Framework 4.5より新たに導入されたフレームワークです。Web APIと同様に、クライアントとの通信を行いますが、非同期の双方向通信をサポートしており、リアルタイムの相互通信を実現します。

　ASP.NET MVCやWeb APIが登場したばかりの頃は、異なるフレームワークを混在させるのは難しかったのですが、2013年にOne ASP.NETというビジョンが掲げられ、同じWebアプリケーションの中で、Webフォーム、MVC、Web APIなどの異なるフレームワークを混在させることができるようになりました。これにより、それぞれのフレームワークのメリットを組み合わせてWebアプリケーションを構築できるようになりました。

ASP.NET Webフォームの概要

　Webアプリケーションを開発するには、何らかのWebアプリケーションフレームワークの使用が必要不可欠です。Webアプリケーションフレームワークにはそれぞれ特徴があり、どのフレームワークを選ぶかによって開発スタイルが大いに異なってきます。

　Webアプリケーションフレームワークの中でも、ASP.NET Webフォームは他とは異なる独特なフレームワークと言えます。代表的なWebアプリケーションフレームワークの多くは、前述のMVCアーキテクチャを採用しています。このようなフレームワークを使用するには、開発者がHTTPやHTMLなどWebの仕組みによく通じていることが必要となります。

　一方、ASP.NET Webフォームでは、開発者がWebの仕組みをできる限り意識せずにWebアプリケーションを開発できるようなアーキテクチャを採用しています。ASP.NET Webフォームでは、従来のWindowsデスクトップアプリケーション開発とよく似た開発スタイルを使用します。つまり、ページである**Webフォーム**上に**サーバーコントロール**と呼ばれるコントロールを配置して、コントロールの**プロパティ**を設定したりコントロールの**イベント**に対応する**イベントハンドラー**を記述することにより、Webアプリケーションを開発していきます。このような開発スタイルのことを**イベントドリブンモデル**と呼びます。これらの用語の意味と解説については、このセクションで後述します。

　このように、Webの仕組みの詳細に通じていなくても、今まで慣れ親しんできたデスクトップアプリケーションと同様の方法で高機能なWebアプリケーションを素早く構築することができるため、今でもASP.NET Webフォームは支持され続けています。とはいえ、本格的なWebアプリケーションを開発するためには、やはりWebについての理解が必須と言えるでしょう。以降の部分で、ASP.NET Webフォームの独特な特徴と言える、Webフォーム、サーバーコントロール、イベントドリブンモデルについて、さらに詳しく解説します。

Webフォーム

　ASP.NET Webフォームでは、ページはWebフォームと呼ばれており、Pageクラスとして定義されています。

　ブラウザーからあるページ（Webフォーム）のリクエストを受け取ると、サーバー上では該当するPageクラスのオブジェクトを生成します。そして、生成されたPageオブジェクトと次に解説するオブジェクト内のサーバーコントロールに対して、一連の処理が実行されます。処理の中で、Pageオブジェクトは自身と内部のサーバーコントロールのHTMLを出力します。その後、Pageオブジェクトはサーバー上から破棄されます（図1-9）。

図1-9　Pageオブジェクトの生成から破棄までの一連の処理

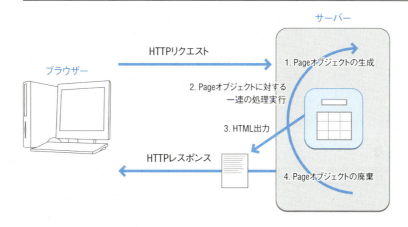

　Pageクラスの詳細については、8章で解説します。さらに、リクエスト毎にサーバー上で繰り返されるPageオブジェクトの生成から破棄までの一連の処理（ライフサイクルと言う）については、9章で解説します。

サーバーコントロール

　ASP.NET Webフォームでは、Webフォーム上にサーバーコントロールと呼ばれる部品を配置することにより、ページを構成します。サーバーコントロールには、ボタンやテキストボックスなどのシンプルなものから、カレンダーやデータの一覧表示など、複雑な機能を持つものまで、多彩なコントロールが含まれています。

　それぞれのサーバーコントロールには、ブラウザーで表示するために、HTMLを出力する機能があります。サーバーコントロールで構成されたWebフォームは、図1-10のようにサーバー上で実行され、最終的にHTMLに変換されてブラウザーに送信されます。

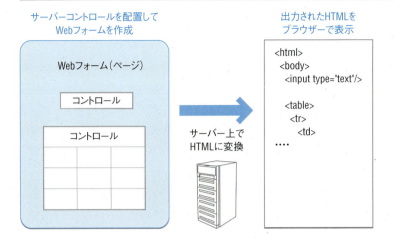

図1-10　WebフォームのHTML出力

　サーバーコントロールは、プロパティを持っています。プロパティとは、コントロールの属性を表すもので、たとえばそのコントロールで表示する文字列、画像のURLなどが含まれます。プロパティにより、コントロールの外観や挙動を設定できます。プログラムから、プロパティを動的に変更することもできます。

　サーバーコントロールのメリットは、2章で解説するVisual Studio製品を使うことにより最大限に発揮されます。Visual Studioでは、サーバーコントロールをドラッグアンド&ドロップで配置して視覚的にページをデザインすることができます。さらに、サーバーコントロールのプロパティも視覚的に設定できます。HTMLからコントロールやそのプロパティを直接編集することも可能です。

イベントドリブンモデル

　ASP.NET Webフォームは、イベントドリブンモデル（イベント駆動型）と呼ばれる、プログラミングモデルを採用しています。

　イベントとは、コントロールの操作や状態に関連して発生する事象のことです。たとえば、ボタンであれば「クリックされた」、ドロップダウンリストであれば「項目が選択された」などのイベントがあります。イベントドリブンモデルとは、このようなイベントに応じて処理が実行されるプログラミングモデルです。あるイベント発生時に実行されるプログラムコードのことを、イベントハンドラーと呼びます。

　ASP.NET Webフォームでは、Webフォーム上に配置したサーバーコントロールに対して行われたユーザーの操作に応じてイベントが発生します。開発者はさまざまなイベントに対応したイベントハンドラーを記述することで、Webアプリケーションを開発していきます（図1-11）。

図1-11 イベントとイベントハンドラーの仕組み

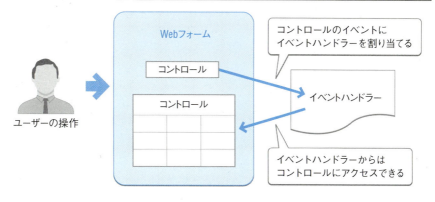

　デスクトップアプリケーションにおけるイベントドリブンモデルとは異なり、ASP.NET Webフォームのイベントドリブンモデルでは、ユーザーの操作はブラウザー上で、実際のイベント処理はサーバー上で実行されます。そのためには、同じページを再びリクエストして、発生したイベントやユーザーの入力データなどをサーバーに伝える必要があります。このように、ブラウザーから再び同じページにリクエスト（つまり、HTTPメソッドのPOST）を送信することを、ASP.NET Webフォームでは、通常の別ページへのポストと区別して、**ポストバック**と呼びます。このポストバックの仕組みにより、ASP.NET Webフォームのイベントドリブンモデルが成り立っています。

　このように、ASP.NET Webフォームのイベントドリブンモデルに基づくWebアプリケーション開発では、Webフォーム、サーバーコントロール、イベント、イベントハンドラー、ポストバックなどのASP.NET Webフォーム独特とも言える概念や仕組みをしっかりと理解しておくことが非常に重要です。

ASP.NET MVC or ASP.NET Webフォーム？

　先述の通り、ASP.NETには複数のフレームワークが含まれています。特に、ASP.NET WebフォームとASP.NET MVCは、同じくWebアプリケーションを開発するためのフレームワークのため、どちらを採用すれば良いか、幾らか悩み所かもしれません。

　MVC登場以前からASP.NET（＝ASP.NET Webフォーム）を使用してきた開発者にとっては、ASP.NET Webフォームを引き続き使い続けることで、これまでの開発ノウハウを生かしながら、新しい機能を活用することができます。また、Windows上でのデスクトップアプリケーション開発に慣れている開発者にとっては、同じイベントドリブンモデルを採用しているWebフォームの方が習得が早いと言えるでしょう。また、Visual Studioを使ってASP.NET Webフォーム開発を行うと、特にデータベース連携アプリケーションであれば、マウス操作のみでそれなりの見栄えのWebアプリケーションを簡単に構築できるというメリットがあります。

その一方で、Webアプリケーションフレームワークにおける事実上の標準といえるMVCアーキテクチャを採用したASP.NET MVCは、他のWebアプリケーションフレームワークとの類似性も持ちつつ、Visual Studioの強力なコーディング支援を活用できる、強力なフレームワークです。ただし、従来のWebフォームの仕組みとは大きく異なるため、ASP.NET Webフォーム開発者が移行する上では、考え方の変化にやや苦労する面もあるかもしれません。また、Visual Studioによるコーディング支援はあるものの、ASP.NET Webフォームのように、マウス操作だけで半自動的にアプリケーションを構築できるようなフレームワークではなく、実際にコードで実装するのが中心となります。

　本書では、ASP.NET Webフォームについて詳しく解説していきますが、12章でWeb APIについても少しだけ解説します。なお、以降の章では、ASP.NET WebフォームのことをASP.NETと表記します。ただし、特に他のフレームワークと区別する必要がある場合には、ASP.NET Webフォームと明記します。

＊ IIS：Internet Information Services：Windows標準のWebサーバー（厳密にはWebサーバー以外のサーバーも含む）

＊ System.Web：.NET FrameworkのWebに関連したライブラリ群

＊ OWIN：Open Web Interface for .NET：.NETにおけるWebサーバーとWebアプリケーション間のインタフェースを定義したもの。OWINに準拠したWebサーバーとWebアプリケーションは自由に組み合わせることができる。

■コラム

ASP.NET Core と ASP.NET Web フォーム

　セクション01-02で解説したように、.NET Framework 4.6からは.NET Coreという新世代のフレームワークがサポートされるようになりました。この.NET Coreでは、ASP.NET Coreという新世代のASP.NETが動作します。ASP.NET Coreは、これまでのASP.NETを再デザインしたフレームワークで、ASP.NET MVC、Web API、ASP.NET Web Pagesをサポートしています。ただしASP.NET Coreでは、幾つかのレガシー機能が削除されており、残念なことにASP.NET Webフォームもサポートされていません。

　こうした大がかりな変更が行われたのは、登場から10年以上経っているASP.NETを、急速なWeb技術の進展に対応させていくためです。これまでのASP.NETはIIS[＊]およびSystem.Web[＊]に強く依存していました。System.Webは.NET Frameworkの一部であり、.NET Frameworkの開発サイクルに合わせてバージョンアップされるため、迅速な機能追加が難しいという問題がありました。また、System.Webは多機能ですが、メモリ使用量の大きいライブラリでした。ASP.NET CoreはWebサーバーとWebアプリケーションのインタフェースをOWIN[＊]という仕様に合わせて再設計し、IISやSystem.Webへの依存を無くし、新たなWeb技術へのキャッチアップとWebアプリケーションの軽量化を可能にしています。

　さて、ASP.NET CoreからサポートされなくなってしまったASP.NET Webフォームですが、こちらは引き続き最新の.NET Framework上でサポートされます。.NET FrameworkはWindowsでのみサポートされていますので、現時点においてASP.NET Webフォームを使いたい場合はWindows環境が必要、ということになります。

TECHNICAL MASTER

はじめての ASP.NET アプリケーション

この章では、ASP.NET 開発のための環境整備と、はじめての ASP.NET アプリケーションの作成を行います。Visual Studio の基本的な使用方法について理解しましょう。また、コントロールの配置→プロパティの設定→イベントハンドラーの作成という ASP.NET アプリケーション作成の基本的な流れをしっかり押さえましょう。

Contents

02-01	ASP.NET 開発を始める	[環境整備]	22
02-02	Visual Studio の機能を理解する	[Visual Studio の機能]	27
02-03	ASP.NET のプロジェクト構造を理解する	[プロジェクト構造]	33
02-04	Web ページを作成する	[コントロール]	39
02-05	Web アプリケーションをデバッグする	[デバッグ]	49

はじめての ASP.NET Web フォームアプリ開発 Visual Basic 対応 第 2 版

Section 02-01 ASP.NET 開発を始める

環境整備

このセクションでは、ASP.NET 開発を始めるために必要な環境と、インストール方法について説明します。

このセクションのポイント

■ Visual Studio Community 2019 は無償の開発環境である。

　ASP.NET 開発を始めるにあたり、必要なソフトウェアを確認しておきましょう。基本的な ASP.NET 開発に必要なソフトウェアは無償で公開されており、まとめてダウンロード、インストールすることができます。Web アプリケーション開発を始めるにあたり、必要なソフトウェアの概要を確認し、インストールして環境を整備しましょう。

インストールするソフトウェア

　本セクションでは、ASP.NET 開発に関連した以下のようなソフトウェアのインストールを行います。

(1) Visual Studio Community 2019

　Visual Studio Community 2019 は Microsoft 社の統合開発環境で、ASP.NET アプリケーションの開発、デバッグ、さらには運用環境への配置まで行うことができます。Visual Studio のラインナップについては後述します。

(2) IIS Express

　IIS Express は Windows OS 上で動作する、開発用の簡易 Web サーバーソフトウェアです。本来 ASP.NET は Web サーバーソフトウェアである Internet Information Services（以降、IIS と表記）上で動作するように設計されていますが、開発時は IIS Express 上で動作させることで、Web サーバーの構成などをあまり意識せず、すぐに開発を始めることができます。なお、IIS への ASP.NET アプリケーションの配置方法については巻末資料 D にて解説します。

> **メモ**
> IIS は Web サーバー機能だけでなく、FTP サーバーやメール送信サーバー機能も搭載しています。

■（3）SQL Server Express LocalDB

　SQL ServerはMicrosoft社のデータベース製品です。ASP.NET開発においてデータベースとの連携は重要ですが、SQL ServerはVisual Studioでのサポート機能も充実しており、ASP.NETとの連携にも適しています。SQL Serverはエンタープライズ分野から小規模な開発まで様々な製品がリリースされていますが、SQL Server Express LocalDBという無償版も存在し、開発や小規模なアプリケーションの運用に使用できます。SQL Serverのラインナップについては4章で解説します。

■ Visual Studioのラインナップ

　Visual StudioはMicrosoft社の歴史のある開発環境で、古くからWindowsアプリケーションの開発に用いられていましたが、2002年にリリースされたVisual Studio.NET（現在はVisual Studio.NET 2002と呼ばれる）より.NET Frameworkをサポートするようになりました。製品のバージョンアップのたびに新しいバージョンの.NET Frameworkをサポートし、現在の最新バージョンであるVisual Studio 2019では、.NET Framework 4.7.2および.NET Coreをサポートしています。

　Visual Studioは商用製品ですが、幾つかの無償のエディションもリリースされています。Visual Studio 2019には表2-1のような複数のエディションがあります。

表2-1　Visual Studioの主なエディション

エディション	有償/無償	概要
Enterprise	有償	最上位製品。アプリケーションの設計や詳細なテストなど高度な機能をサポート
Professional	有償	通常製品
Community	無償	一部機能を除いてProfessionalと概ね同等の機能を持つ

　注目は無償で提供される、Communityエディションです。Communityエディションは個人の開発者、オープンソース開発、教育用の無償版で、Visual Studio 2013から新たに追加されたエディションです。なお、以前のバージョンのVisual StudioにはExpressエディションという特定の機能に特化した無償のエディションが存在し、個人、会社に関わらず商用、非商用どちらのアプリの開発にも利用することができましたが、Visual Studio 2019においてはExpressエディションは提供されていません。Communityエディションの利用条件は幾らか注意が必要で、個人の開発者の場合は商用、非商用どちらのアプリの開発にも利用可能ですが、一定規模（PCが250台以上、もしくは250人以上のユーザー）以上の組織においては、学習、研究、デモ、オープンソース開発用以外の開発には利用できないなど、幾らかの制限が課されています。個人以外でCommunityエディションを利

用する際は、ライセンス条項を確認してください。

　本書はASP.NETについて学習するため、Visual Studio Community 2019を用いて解説します。

Visual Studio Community 2019のインストール

　それでは、Visual Studio Community 2019をインストールしましょう。以下のURLを開き、[**Visual Studioのダウンロード**]ボタンをクリックします（図2-1）。

Visual Studio Communityダウンロードページ
https://visualstudio.microsoft.com/ja/vs/community/

図2-1　Visual Studio Community 2019 ダウンロードページ

　ダウンロードしたvs_community__1204038995.1556465667.exe（ファイル名の後半の数字は異なる場合があります）を実行し、インストーラを起動します。インストーラを初めて起動した場合は図2-2のようにインストーラの動作に必要なファイルのダウンロード、インストールのための画面が表示されますので、[**続行**]をクリックします。

環境整備 | Section 02-01

図2-2　インストーラ初回起動時の画面

図2-3のように必要なファイルのダウンロード、インストール処理が行われます。

図2-3　インストーラ動作に必要なファイルのダウンロード、インストール処理

その後、図2-4のようにインストールするコンポーネントの選択画面が表示されます。

図2-4　インストールするコンポーネントの選択画面。[ASP.NETとWeb開発]にチェック

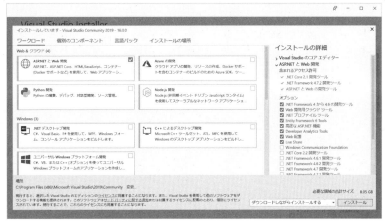

はじめてのASP.NET Webフォームアプリ開発 Visual Basic対応 第2版　25

今回は図2-4、2-5のように[**ASP.NETとWeb開発**]および[**データの保存と処理**]の2つのワークロードにチェックを入れ、[**インストール**]ボタンをクリックします。

図2-5 [**データの保存と処理**]にチェック

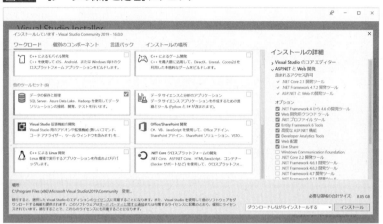

図2-6のようにダウンロード、インストール処理が進んでいきます。

図2-6 ダウンロード、インストール処理

すべてのコンポーネントのインストール処理が完了すると、再起動が要求されますので指示に沿って再起動してください。

以上の手順でインストールは完了です。

Section 02-02

Visual Studioの機能

Visual Studioの機能を理解する

このセクションでは、統合開発環境（IDE）であるVisual Studioの各部の機能について解説します。

--- このセクションのポイント ---
1. Visual Studioの画面は、ツールボックス、Webフォームデザイナ、コードエディタ、ソリューションエクスプローラー、プロパティウィンドウなどで構成される。

スタートメニューもしくはスタート画面から［Visual Studio 2019］を実行します。初回実行時には図2-7のようなサインイン画面が表示されますので、［サインイン］をクリックし、Microsoftアカウントでサインインしてください。

図2-7　インストール完了画面

起動後の画面は図2-8のようになります。

はじめてのASP.NET Webフォームアプリ開発 Visual Basic対応 第2版　27

図2-8　Visual Studio起動後の画面

まずはVisual Studioの各部の機能について理解しましょう。

Visual Studioの画面は、いくつかのウィンドウに分かれています。図2-9にある、**ツールボックス**、**Webフォームデザイナ**、**ソリューションエクスプローラー**、**プロパティウィンドウ**が主要な部分となります。

図2-9　Visual Studioの画面構成

Visual Studioの各部分を理解する

それぞれの部分について概要を解説します。

なお、各部分が表示されない場合や、誤って閉じて表示されなくなった場合は、[表示]メニューから必要な項目を選択して表示してください。

(1) ツールボックス

ツールボックスはWebフォームに配置するコントロールが並べられており、ここからドラッグ＆ドロップでコントロールを配置することができます。コントロールは図2-10のようにカテゴリごとにまとめられており、ボタンやテキストボックスのような標準コントロールや、データベースの内容を表示するためのデータコントロールなどが存在します。

各種のコントロールについては3章以降で詳細を解説します。

図2-10　ツールボックス

■(2) Webフォームデザイナ

　Webフォームデザイナは、Webフォームをデザインするためのツールです。画面下のアイコンをクリックすることで、Webフォームをビジュアルに表示する[**デザイン**]モード(図2-11)、Webフォームのソースをテキスト表示する[**ソース**]モード(図2-12)、両方を表示する[**並べて表示**]モード(図2-13)にそれぞれ切り替えることができます。

図2-11　[デザイン]モード

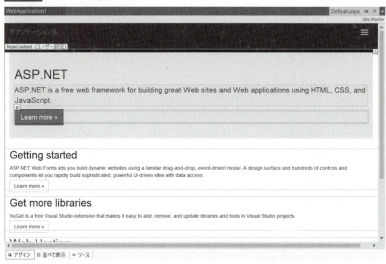

図2-12　[ソース]モード

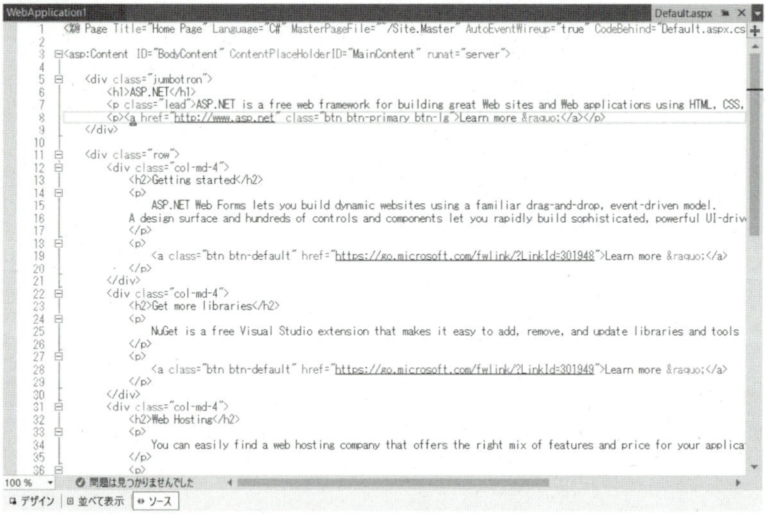

図2-13 ［並べて表示］モード

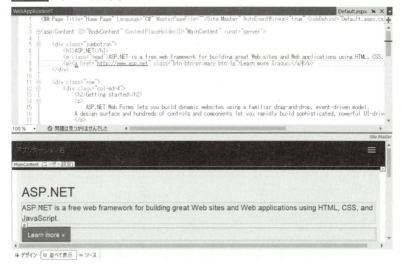

［**並べて表示**］モードを使うことで、Webフォームをビジュアルにデザインしつつ、実際のコード内容を確認することができます。

■ (3) ソリューションエクスプローラー

ソリューションエクスプローラーは、ASP.NETアプリケーション全体を管理するためのツールです（図2-14）。ここではアプリケーションを構成するファイルが、ツリー表示されています。ページを編集するために開いたり、新しいページを作成する際には、ソリューションエクスプローラーから操作を行います。

図2-14 ソリューションエクスプローラー

■（4）プロパティウィンドウ

プロパティウィンドウでは、Webフォームに配置したHTMLのタグやサーバーコントロールなどのプロパティを表示、編集することができます。

たとえばWebフォームデザイナでHTMLのdiv要素を選択している場合、div要素で設定可能な各種属性が図2-15のようにプロパティウィンドウに表示されます。

図2-15　プロパティウィンドウ

Section 02-03

プロジェクト構造

ASP.NETのプロジェクト構造を理解する

このセクションでは、ASP.NETのプロジェクトを作成し、ASP.NETのプロジェクトの構造について解説します。

このセクションのポイント

■1 Visual Studioでは、プロジェクトという単位でアプリケーションを開発する。プロジェクトには複数のページが含まれる。
■2 Webページは.aspxファイルと.aspx.vbファイルの組み合わせで構成されている。

Visual Studioでは、**プロジェクト**という単位でアプリケーションを開発します。プロジェクトの概念と、プロジェクトに含まれるファイルの役割を理解しましょう。

Visual Studioのプロジェクトとファイル構成

プロジェクトとは、アプリケーションを開発する際の単位のことで、複数のページやフォルダを含めることができます。小規模なWebアプリケーションであれば、1つのプロジェクトですべて作成することができます。

コラム

ソリューションとプロジェクト

　プロジェクトの上位の単位として、プロジェクトの集合で構成されるソリューションという単位があります。アプリケーションを複数のプロジェクトに分割し、1つのソリューション内で管理することができます。
　本書の範囲では1ソリューションに1プロジェクトのパターンだけを扱いますが、ソリューションという概念は押さえておきましょう。

　Visual Studioの起動後の画面から、**[新しいプロジェクトの作成]** ボタンをクリックし、新しいプロジェクトを作成します。図2-16のように作成するプロジェクトの種類を選択する画面が表示されます。上部の [**言語**] ドロップダウンで [**Visual Basic**] を選択し、プロジェクトの種類として [**ASP.NET Webアプリケーション**] を選択し、[**次へ**] ボタンをクリックします。

図2-16 作成するプロジェクトの種類を選択する画面

　続いて、図2-17の[**新しいプロジェクトを構成します**]画面が表示されます。この画面では、プロジェクト名、プロジェクトに関連したファイルを保存する場所、フレームワークのバージョンなどを指定できます。[**作成**]ボタンをクリックして次に進みます。

図2-17 [**新しいプロジェクトを構成します**]画面

　続いて、図2-18の[**新しいASP.NET Webアプリケーションを作成する**]画面が表示されます。

図2-18 ［新しいASP.NET Webアプリケーションを作成する］画面

この画面からは表2-2のような様々なテンプレートを選択してプロジェクトを生成できます。

表2-2 ASP.NETプロジェクトで選択可能な主なテンプレート

テンプレート名	概要
空	空のASP.NETプロジェクト
Webフォーム	ASP.NET Webフォームのひな形プロジェクト
MVC	ASP.NET MVCのひな形プロジェクト
Web API	Web API（→12章）のひな形プロジェクト
シングル ページ アプリケーション	JavaScriptを使用し、単一のページで構成されるWebアプリケーションのプロジェクト

　本書では、空のプロジェクトを生成する空 テンプレートおよびWebフォーム用のひな形を生成するWebフォーム テンプレートの2種類を使用します。なお、空テンプレートを使用する際は、画面右の中ほどにある「フォルダーおよびコア参照を追加する」の下の「Webフォーム」チェックボックスに必ずチェックを入れるようにしてください（Webフォーム テンプレートの場合は最初からチェックされています）。なお、「フォルダーおよびコア参照を追加する」の下のチェックボックスを適宜チェックすることで、ASP.NET Webフォーム、ASP.NET MVC、Web APIを同じプロジェクト内で共存させることができます。
　今回はWebフォーム テンプレートを選択してWebフォーム用のひな形プロジェクトを生成します。プロジェクトを作成すると、プロジェクトに必要な各種のファイルが作成され、図2-19のような画面が表示されます。

Chapter 02 はじめての ASP.NET アプリケーション

図 2-19　プロジェクト作成後の画面

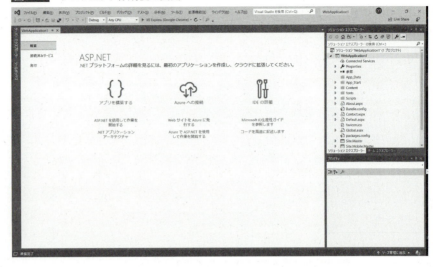

　実際の開発に入る前に、ASP.NETのプロジェクトがどのようなファイル、フォルダで構成されているかを確認しておきましょう。一部のファイルは初期状態では表示されていませんので、ソリューションエクスプローラー上部の（[すべてを表示] アイコン ）をクリックして表示させます（図2-20）。

図 2-20　ソリューションエクスプローラーに表示されるフォルダ、ファイル

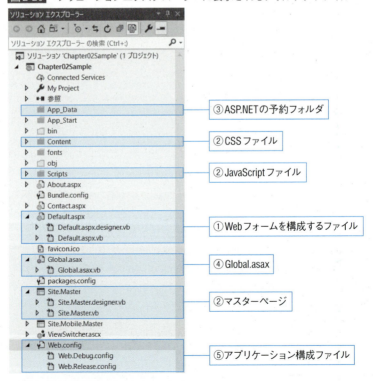

③ ASP.NETの予約フォルダ
② CSS ファイル
② JavaScript ファイル
① Webフォームを構成するファイル
④ Global.asax
② マスターページ
⑤ アプリケーション構成ファイル

36　TECHNICAL MASTER

■（1）Webフォームを構成するファイル

図2-20の①はASP.NETアプリケーションの主要な部分であるWebフォームを構成するファイルです。Webフォームは.aspxという拡張子でソリューションエクスプローラーに表示されていますが、ツリー表示を開くことで、図2-20の①のように下位の2つのファイルが表示されます。それぞれのファイルの役割は表2-3の通りです。

表2-3　Webフォームを構成するファイルの役割

拡張子	役割
.aspx	Webフォームのデザイン定義。HTMLとASP.NET用のタグで作成する
.aspx.vb	Webフォームのロジック定義。Visual Basicのクラスとして作成する。コードビハインドクラスとも呼ぶ
.aspx.designers.vb	.aspxファイルで定義したコントロールなどを、コードビハインドクラスから参照するために自動生成されるVisual Basicコード。手動では編集しない

これらのファイルがASP.NETによって1つにまとめられ、1章で解説したPageクラスとしてWebページを構成します。なお、.aspx.designers.vbファイルは自動生成されるコードのため通常は意識しません。Webフォームが主に.aspxファイルと.aspx.vbファイルの組み合わせで構成されていることを覚えておきましょう。

■（2）サイトのデザインに関係するファイル

図2-20の②は、サイトのデザインに関連するファイル群です。

Site.Masterは、マスターページと呼ばれる、サイト全体で共通に使用されるデザインをまとめたファイルです。マスターページの機能の詳細については、10章を参照してください。

Contentフォルダにはひな形となるCSSのスタイルシートファイルがあります。CSSはWebページのスタイルを設定するための機能のことです。詳細については10章で解説します。

ScriptsフォルダにはJavaScriptファイルがあります。ひな形のアプリケーションの場合、jQueryのJavaScriptファイルなどが置かれます。jQueryはWebブラウザーで動作するJavaScriptで、Webページの外観などを操作するライブラリです。詳細は12章で解説します。

■（3）ASP.NETで特別な意味を持つフォルダ

ASP.NETでは、App_Dataを含め、表2-4のような特別なフォルダがあります。

表2-4　ASP.NETで特別な意味を持つフォルダ

予約フォルダ名	意味
App_Data	アプリケーションで使用するデータを格納するためのフォルダ。主にデータベースファイルを保存するために使用する
App_Start	Webアプリケーションの初期化処理を行うファイルを格納するためのフォルダ
bin	ASP.NETアプリケーションをコンパイルした.dllファイルを格納するためのフォルダ
App_GlobalResources	アプリケーションで共通に使用するメッセージなどを収めたリソースファイルを格納するためのフォルダ
App_LocalResources	各ページで使用するメッセージなどを収めたリソースファイルを格納するためのフォルダ
Theme	ASP.NETのテーマ機能で使用するファイル群を格納するためのフォルダ
App_Browsers	ASP.NETからWebブラウザーの種類を判別するためのブラウザー定義ファイルを格納するためのフォルダ

■（4）ASP.NETアプリケーションの共通処理ファイル

図2-20の④のGlobal.asaxおよびGlobal.asax.vbファイルは、ASP.NETアプリケーションが起動する際などの共通処理を記述するためのファイルです。詳細は13章で扱います。

■（5）ASP.NETのアプリケーション構成ファイル

図2-20の⑤のWeb.config、Web.Debug.config、Web.Release.configファイルは、ASP.NETアプリケーションの設定情報を収めたXML形式の構成ファイルです。詳細は13章で扱います。

Section 02-04

コントロール

Webページを作成する

このセクションでは、Webページにコントロールを配置してプロパティを設定し、イベントハンドラーを実装する方法について解説します。

このセクションのポイント

■ ツールボックスのコントロールをドラッグ＆ドロップすることで、Webフォーム上にコントロールを配置できる。
■ コントロールのプロパティはプロパティウィンドウで設定する。

それでは、最初のWebページを作成しながらASP.NET開発の流れをつかみましょう。作成するのは、ボタンをクリックするとメッセージを出力する、シンプルなページです。

ページの作成とコントロールの配置

まず、コントロールを配置するため、新しいWebフォームをプロジェクトに追加しましょう。ソリューションエクスプローラーのプロジェクトを右クリックし、コンテキストメニューから［**追加**］－［**新しい項目の追加**］を実行し、図2-21の画面で［**Webフォーム**］を追加します。

図2-21 追加する項目の選択画面

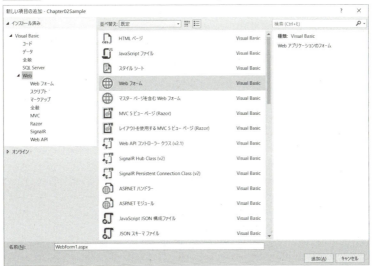

はじめてのASP.NET Webフォームアプリ開発 Visual Basic 対応 第2版　**39**

追加したWebForm1.aspxというファイルにコントロールを配置していきます。コントロールの詳細は3章で扱いますが、ここではテキストを表示するためのLabelコントロールと、ボタンを扱うためのButtonコントロールを使用します。

コントロールの配置がどのように行われるかを確認するため、図2-22のようにWebフォームデザイナの下のアイコンから[**並べて表示**]モードに切り替えておきます。

図2-22　［並べて表示］モードに切り替え

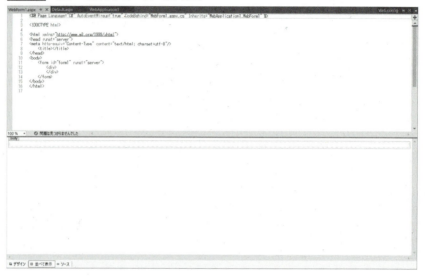

コントロールの配置とソースの確認

画面左のツールボックス（図2-23）から、Labelコントロールをクリックし、中央のWebフォームデザイナにドラッグ&ドロップで配置します。

図2-24のように、デザインモードでLabelコントロールが表示されたことが確認できます。

コントロール | Section 02-04

図 2-23　ツールボックス

図 2-24　Labelコントロールの配置されたWebフォーム

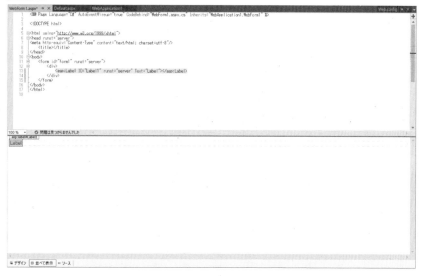

はじめての ASP.NET Web フォームアプリ開発 Visual Basic 対応 第2版　41

Chapter 02 はじめての ASP.NET アプリケーション

続いてソースモードに切り替えてみましょう。Labelコントロールを配置した状態のWebForm1.aspxの内容はリスト2-1のようになっています。

リスト2-1 Labelコントロールが配置されたソース（WebForm1.aspx）

```
<%@ Page Language="vb" AutoEventWireup="true" CodeBehind="WebForm1.aspx.vb" Inher⤷
its="Chapter02Sample.WebForm1" %>──────────────── ディレクティブ

<!DOCTYPE html>

<html xmlns="http://www.w3.org/1999/xhtml">
<head runat="server">
<meta http-equiv="Content-Type" content="text/html; charset=utf-8"/>
    <title></title>
</head>
<body>
    <form id="form1" runat="server">
    <div>

        <asp:Label ID="Label1" runat="server" Text="Label"></asp:Label>
       ↑Labelコントロールに対応するタグ
    </div>
    </form>
</body>
</html>
```

先頭の「<%@ Page」で始まる行は、ディレクティブと呼ばれるもので、このWebフォーム固有の属性などを設定します。ここではコードビハインドクラスのファイル名とクラス名が指定されています。ディレクティブの詳細については8章で扱います。

続く部分は通常のHTMLで記述され、追加したLabelコントロールに対応する部分にはasp:Labelというタグが記述されています。このように.aspxファイルでは、Webフォームに配置したコントロールを要素として、そのプロパティをその属性として表します。

ここではLabelコントロールのIDプロパティにLabel1という値が設定されています。コントロールのIDプロパティは、そのコントロールをロジックから参照する際の変数名として扱われます。runatプロパティは、このコントロールがWebサーバーで処理されることを表します。プロパティの詳細は3章を参照してください。

続けて、今の手順と同様に、ツールボックスからButtonコントロールを配置します（図2-25）。

図2-25　Buttonコントロールの配置されたWebフォーム

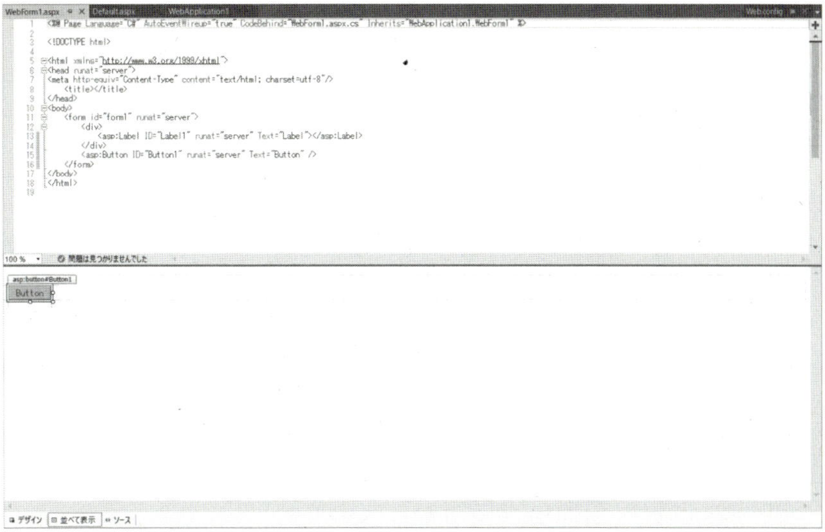

　WebForm1.aspxには、Buttonコントロールに対応する、リスト2-2のようなタグが追加されます。IDプロパティの値がButton1、ボタンの表示テキストを表すTextプロパティの値がButtonとなっていることが分かります。

リスト2-2　Buttonコントロールに対応するタグ

```
<asp:Button ID="Button1" runat="server" Text="Button" />
```

プロパティの設定

　続けて配置したコントロールのプロパティを設定しましょう。Webフォームデザイナで Buttonコントロールをクリックすると、図2-26のように画面右下のプロパティウィンドウに、コントロールのプロパティが一覧表示されます。

図2-26 Buttonコントロールのプロパティ

このプロパティウィンドウから、任意のプロパティの値を設定することができます。ボタンの表示テキストを、「クリックしてください」という値に変えてみましょう。Textプロパティの値を図2-27のように修正します。

図2-27 ButtonコントロールのTextプロパティの値を修正

プロパティウィンドウで値を修正すると、図2-28のようにWebフォームデザイナの表示も自動的に切り替わります。

図2-28 プロパティがデザインビュー、ソースビューにも反映される

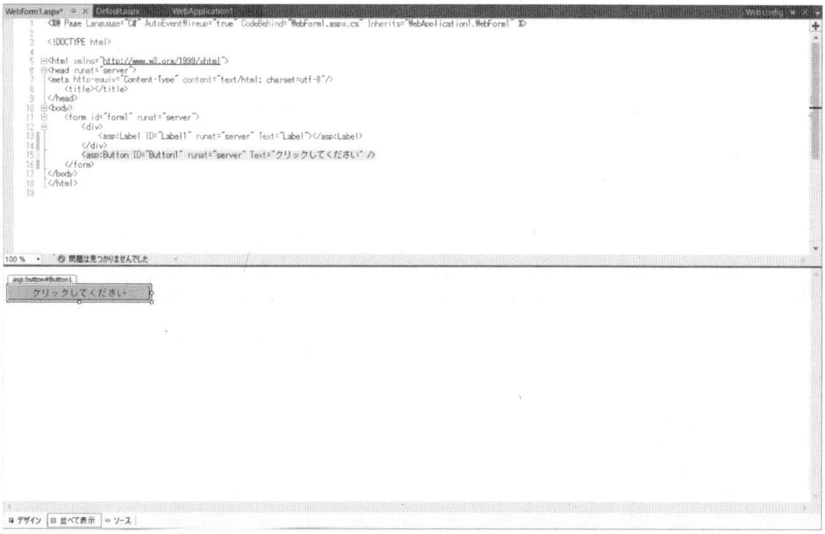

ソースビューでもリスト2-3のように、設定したプロパティの値がXMLの属性として反映されていることを確認できます。

リスト2-3 Buttonコントロールに対応するタグ

```
<asp:Button ID="Button1" runat="server" Text="クリックしてください" />
```

イベントハンドラーを作成する

それでは、Webフォームに配置したButtonコントロールのイベントハンドラーを記述しましょう。

Webフォームデザイナで配置したButtonコントロールをダブルクリックすると、図2-29のようにWebフォームデザイナがコードエディタに切り替わり、ButtonコントロールのClickイベントについてのイベントハンドラーを記述できます。イベントハンドラーはコードビハインドクラス(ここではWebForm1という名前のクラス)のメソッドとして記述します。

図2-29　ボタンのClickイベントのイベントハンドラーを実装

　リスト2-4のように、Labelコントロールの表示テキストを表すTextプロパティに値を設定するコードを入力します。コントロールの配置の部分で解説した通り、コントロールの変数名は、WebForm1.aspxファイルのLabelコントロールのIDプロパティの値であるLabel1となります。

リスト2-4　Labelコントロールに値を設定するコード

```
Protected Sub Button1_Click(sender As Object, e As EventArgs) Handles Button1.Click
    Label1.Text = "Hello ASP.NET World!"
End Sub
```

　Button1_Clickというメソッドと、Button1コントロールのClickイベントの関連づけは、メソッド1行目の「Handles Button1.Click」という部分で行われています。このHandles句はメソッドとイベントを関連づける役割を持っています。リスト2-4のHandles句では、Button1_ClickメソッドがButton1オブジェクトのClickイベントと関連づけられます。

コラム

イベントの関連づけ方法

　メソッドとコントロールのイベントを関連づける方法は、本文中で解説したHandles句で指定する方法以外に、.aspxファイルの属性で指定する方法があります。
　リスト2-5のように、Button1コントロールに対応するタグに、onclickという属性を追加し、Button1_Clickというメソッド名を指定します。これにより、Button1コントロールをクリックした場合に、Button1_Clickメソッドが呼び出されることになります。

リスト2-5　Button1コントロールのイベントハンドラーの設定

```
<asp:Button ID="Button1" runat="server" Text="クリックしてください"
  onclick="Button1_Click1" />
```

　この.aspxファイルの属性で指定する方法は、C#とも共通の記述方法となります。Visual Studioでボタンをダブルクリックしたり、プロパティウィンドウからイベントを作成した場合はHandles句を使ったコードが生成されますが、.aspxファイルの属性でメソッド名を指定する方法を使っても問題ありません。

今回はコントロールのダブルクリックで、コントロールのデフォルトのイベントハンドラー（ButtonコントロールのばあいはClickイベント）を記述しましたが、コントロールの他のイベントについてもイベントハンドラーを記述することができます。

図2-30のように、コントロールのプロパティウィンドウにあるアイコンを使うことで、プロパティウィンドウの表示内容を、プロパティとイベントで切り替えることができます。

図2-30 プロパティウィンドウの内容を切り替えるアイコン

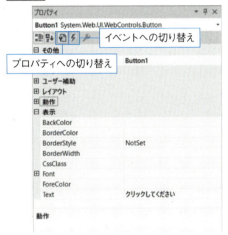

Buttonコントロールのプロパティウィンドウでイベントに切り替えると、図2-31のようにイベントの一覧が表示されます。

図2-31 ボタンのイベント一覧

他のイベントについては、このプロパティウィンドウのイベント表示でダブルクリックすることで、イベントハンドラーを作成することができます。

Chapter 02 はじめてのASP.NETアプリケーション

コラム

ソースモードでのコード入力支援機能

　Visual Studioには、IntelliSenseと呼ばれる、コード入力を支援する機能が搭載されています。これは、変数、クラス、メソッドなど、そこで有効な項目を入力候補として表示する機能です。
　たとえばこのセクションで記述したイベントハンドラーの場合、Label1という変数名をすべて入力しなくても、図2-32のように先頭の数文字を入力した時点で候補が一覧表示され、順に絞り込まれていきます。

図2-32 Visual StudioのIntelliSense機能の例

　Visual Studioでは入力した文字の前方一致検索だけでなく、名前の一部や省略した記法でも候補が表示されます。こうした機能を活用することで、コードの記述ミスを防ぎ、生産性を向上させることができます。
　また、Visual Studioは入力されたコードを常時解析し、構文のエラーなどがあった場合にはその場で表示を行います。
　図2-33は、以下のような入力ミスに対するエラー表示です。

・「Label1」を「labal」とミスタイプ

図2-33 構文エラーがその場で表示される

　画面下の[エラー一覧]ウィンドウにエラー内容が表示され、該当する部分は赤い波線が表示され、すぐに分かるようになっています。コンパイルまで待つ必要なく、ミスがすぐに分かって修正できるのも、統合開発環境を使う大きなメリットです。

Section 02-05

デバッグ

Webアプリケーションを
デバッグする

このセクションでは、作成したWebアプリケーションの実行およびデバッグの方法について解説します。

このセクションのポイント

1. Webアプリケーションを実行すると、IIS Expressが起動し、WebブラウザーでWebアプリケーションを操作できる。
2. ブレークポイントを設置することで、デバッグ中に処理を中断することができる。
3. 処理の中断中に変数などの値を確認することができる。

ごく基本的なWebアプリケーションを作成することができましたので、さっそく実行してみましょう。キーボードの[F5]キーを押すか、[デバッグ]メニューの[デバッグ開始]を選択することで、Webアプリケーションを実行することができます。

Webアプリケーションを実行すると、図2-34のように[IIS Express]が起動し、アイコンがタスクトレイに表示されます。これは、ASP.NETアプリケーションを実行可能な開発用のWebサーバーです。

図2-34 IIS Expressの起動

合わせてWebブラウザーが図2-35のように起動し、Webページを表示します。

図2-35 Webブラウザーでの表示

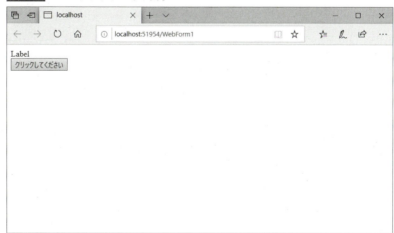

はじめてのASP.NET Webフォームアプリ開発 Visual Basic 対応 第2版   49

ボタンをクリックするとポストバックが行われ、イベントハンドラーでLabelコントロールの値が書き換わり、図2-36のようにWebブラウザーに表示されます。

図2-36 イベントハンドラーによるLabelコントロールの書き換え結果

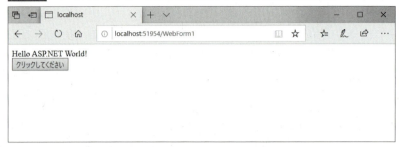

デバッグ方法の確認

次に、Webアプリケーションのデバッグ方法を確認しましょう。デバッグとは、アプリケーション内の問題を発見し、修正するための作業のことです。Visual Studioを使うことで、実行中のアプリケーションの状況を確認しながら問題を追跡することができます。

Visual Studioでは、**ブレークポイント**というマークをコードに指定することで、実行を中断し、その時点でのアプリケーションの状況を確認することができます。

ブレークポイントの作成は簡単で、図2-37のように、コードエディタの一番左端の部分をクリックすることで作成できます。

図2-37 ブレークポイントの作成

この状態でアプリケーションを実行すると、ボタンをクリックした時点でブレークポイントが働いてVisual Studioに切り替わり、図2-38のようにアプリケーションの実行が中断（ブレーク）されます。左端の黄色い矢印は、実行を中断している行を表します。

デバッグ | Section 02-05

図2-38 ブレークポイントでの実行中断

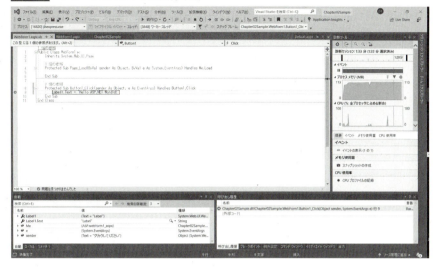

この状態では、表2-5のような操作で実行を進めることができます。

表2-5 ブレーク中の実行を進めるための操作

キーボード操作	メニュー操作	意味
F11	[デバッグ]-[ステップイン]	1行実行を進める。メソッド呼び出しの場合はそのメソッドの中に入る
F10	[デバッグ]-[ステップオーバー]	1行実行を進める。ただしメソッド呼び出しの場合でもそのメソッドの中に入らない
Shift + F11	[デバッグ]-[ステップアウト]	現在処理中のメソッドを最後まで実行し、呼び出し元に戻る

また、コード内の変数にマウスカーソルを載せることで、その変数の値やプロパティの値を確認することができます。

たとえば、今回のブレークポイントで中断した場合、Label1のTextプロパティにマウスカーソルを当てると、図2-39のように「Label」という文字列であることが確認できます。

図2-39 Label1.Textは「Label」という文字列

はじめての ASP.NET Web フォームアプリ開発 Visual Basic 対応 第2版　51

ここで F10 キーを押してステップオーバーし、Label1のTextプロパティへの代入を実行します。再度Label1のTextプロパティにマウスカーソルを当てると、図2-40のように文字列が書き換わっていることを確認できます。

図2-40 Label1.Textの文字列が書き換わっている

このように、実行中の状態をVisual Studioを使って確認することで、問題がどこで発生しているかを、コードを追いながら検証することができます。

TECHNICAL MASTER

サーバーコントロール

この章では、ASP.NETのWebフォームで利用可能なサーバーコントロールについて説明します。Webサーバーコントロール、ユーザーコントロール、HTMLサーバーコントロールそれぞれの特徴を理解し、適切なコントロールを使用するようにしましょう。

Contents

03-01 ASP.NETのコントロールの概要を理解する ［サーバーコントロール］ 54
03-02 表示用コントロールを使用する ［Label,Literal,Image,HyperLink］ 59
03-03 入力用コントロールを使用する ［入力用コントロール］ 64
03-04 ボタンを使用する ［Button,LinkButton,ImageButton］ 87
03-05 検証コントロールを使用する ［検証コントロール］ 92
03-06 ユーザー独自のコントロールを作成する ［ユーザーコントロール］ 110
03-07 HTMLサーバーコントロールを理解する ［HTMLサーバーコントロール］ 117

はじめてのASP.NET Webフォームアプリ開発 Visual Basic対応 第2版

Section 03-01

サーバーコントロール

ASP.NETのコントロールの概要を理解する

このセクションでは、ASP.NETのサーバーコントロールの概要について解説します。

このセクションのポイント
■ASP.NETのサーバーコントロールには、Webサーバーコントロール、ユーザーコントロール、HTMLサーバーコントロールがある。

2章では、WebサーバーコントロールのLabelコントロールとButtonコントロールを使ったサンプルを作成しましたが、3章ではさらに多くのサーバーコントロールを取り上げ、使用方法を解説します。

サーバーコントロールの種類

ASP.NETのWebフォームで使用可能なコントロールには、以下のようなものがあります。

- Webサーバーコントロール
- HTMLサーバーコントロール
- ユーザーコントロール

まず、それぞれのコントロールの概要について解説します。

■（1）Webサーバーコントロール

Webサーバーコントロールは、Webアプリケーションに必要な機能を提供するコントロールです。テキストボックスやボタンなどの基本的なコントロールもあれば、カレンダーやデータ表示などリッチな機能を提供するコントロールもあり、HTMLのタグと必ずしも1対1に対応していません。たとえばWebサーバーコントロールに含まれるCalendarコントロールは、カレンダー機能を提供するため、図3-1のようにtableタグと複数のaタグに変換されます。

図3-1 Webサーバーコントロールは場合によっては複数のHTMLタグに変換される

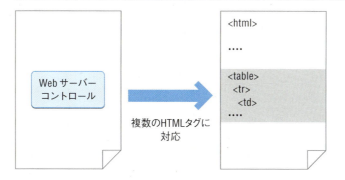

　Webサーバーコントロールは複数のHTMLタグを組み合わせることにより、高機能なコントロールを実現でき、開発に便利なコントロールも豊富に用意されています。たとえば4章で解説するGridViewコントロールは、データベースの内容を表示、編集する高機能なコントロールです。

　高機能なWebサーバーコントロールはASP.NETの特徴でもあり、うまく活用することでWebアプリケーション開発の生産性を向上させることができます。

　Webサーバーコントロールに含まれる**検証コントロール**は、ユーザーの入力内容の検証を行うためのコントロールです。入力フォームで、入力が必須であったり、入力の書式が決まっている項目などで、入力を受け付ける他のコントロールと組み合わせて使用します。

　こうした入力チェックはソースコードでも記述することが可能ですが、入力必須、正規表現など、よく使われる検証の種類に対応する検証コントロールが用意されていますので、それらを活用することで定型的なコードの記述を省略できます。

■（2）HTMLサーバーコントロール

　HTMLサーバーコントロールは、HTMLのタグをサーバーから操作するためのコントロールで、tableタグやaタグなど、HTMLのタグそれぞれに対応するコントロールが提供されています。

　Webサーバーコントロールとは異なり、HTMLサーバーコントロールは図3-2のようにHTMLのタグに1対1に対応します。

> **メモ**
> HTMLのinputタグはtype属性の違いで異なる機能を提供するため、それぞれの機能に対応するHTMLサーバーコントロールが提供されています。

図3-2 HTMLサーバーコントロールはHTMLのタグに1対1に対応する

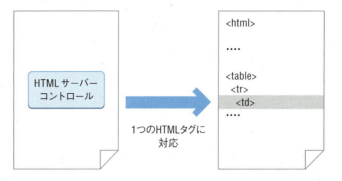

　ASP.NETにおいては、基本的にはWebサーバーコントロールを積極的に活用すべきですが、既存のHTMLページを簡単にASP.NET化したい場合や、出力するHTMLタグを厳密に制御したい場合などは、HTMLタグと1対1に対応するHTMLサーバーコントロールを使用します。

■ (3) ユーザーコントロール

　ユーザーコントロールは、開発者が様々なコントロールを組み合わせて作成できる、他のWebページに埋め込んで再利用可能なコントロールです。ヘッダやフッター、メニューなど、Webアプリケーションで共通に使用される部品などをユーザーコントロールで作成することで、再利用が可能となります。

　本書では、ASP.NET開発の中心となるWebサーバーコントロールの使用方法を主に解説していきます。

サーバーコントロールの基本

　Webフォームでサーバーコントロールを使用する際には、サーバーコントロールに対応するタグを.aspxファイルに記述します。たとえば2章で文字列を表示するためのLabelコントロールを配置した際、.aspxファイルにはリスト3-1のようなコードが保存されていました。

リスト3-1 Labelコントロールが配置されたソース (WebForm1.aspx)

```
<asp:Label ID="Label1" runat="server"></asp:Label>
```

　タグ名（ここでは「asp:Label」）がサーバーコントロールに、各属性がコントロールのプロパティに対応します。サーバーコントロールのプロパティは、コントロールの外観や挙動を表しており、統合開発環境でのデザイン時に指定できます。また、コードビハインドクラスからもプロパティの取得、設定を行うことができます。

そのコントロールの機能に合わせて様々なプロパティがありますが、ここでは、多くのサーバーコントロールで共通なプロパティについて解説します（表3-1）。

表3-1 サーバーコントロールの主な共通プロパティ

プロパティ	意味
ID	コントロールのID。変数名として用いられる
Visible	コントロールの可視、不可視を指定する
CssClass	CSS（10章参照）のクラスを指定する。Webサーバーコントロール専用
ViewStateMode	ビューステートの状態を設定する（9章参照）。HTMLサーバーコントロールには無い

　この中でも最も重要なのは、IDプロパティです。IDプロパティは、コントロールのIDを表すプロパティです。2章で解説したように、IDプロパティの値はコードビハインドファイルのコードからコントロールを参照する場合の変数名にも使用されます。また、コントロールから他のコントロールを参照する際などに、参照先のIDプロパティの値を指定することもあります。

　また、コントロールの可視、不可視を表すVisibleプロパティも良く用いられます。デフォルトはTrueで、コントロールは可視状態です。このプロパティの値をFalseに設定すると、そのコントロールはHTMLに変換されず、Webブラウザー上で表示されなくなります。

　不可視のコントロールは画面上に表示されないだけでなく、そもそもHTML上でも出力されていない、という点に注意してください。したがって、サーバーサイドでVisibleプロパティをFalseにして不可視にしたコントロールを、クライアントサイドのスクリプトを使って可視状態にすることはできません。

　また、Webページのスタイルを制御するためのCSS（10章参照）のクラスを表すプロパティであるCssClassプロパティも、サイトデザインの面で非常に重要です。なお、Webサーバーコントロールにはこの他にもフォントや色などのスタイルを個別に設定するためのプロパティがありますが、基本的にはCssClassプロパティを使うことをお勧めします。CssClassプロパティを使ったサイトデザインについては10章を参照してください。

なお、HTMLサーバーコントロールの場合はclass属性でCSSのクラスを指定します。

Chapter 03 | サーバーコントロール

コラム

サーバーコントロールと runat 属性

.aspxファイルでサーバーコントロールを使用する上で重要な属性がrunat属性です。runat属性は、Webサーバーコントロールのタグに指定する属性で、そのタグがWebサーバーコントロールとして処理されるかどうかを表します。

リスト3-2のように、runat属性にserverという値が指定されている場合に、そのタグはWebサーバーコントロールとしてWebサーバーで処理され、HTMLへと変換されます。Webサーバーコントロールにおいては、runat属性の値は常にserverを指定します。

メモ

なお、runat属性は、そのタグをサーバーコントロールとして処理するかどうかを表す属性であり、サーバーコントロールのプロパティではありません。

リスト3-2 runat属性が付加されたタグはWebサーバーコントロールとして処理される

```
<asp:TextBox ID="TextBox1" runat="server"></asp:TextBox>
```
↑runat属性が付加されているので、TextBoxコントロールとして処理される

```
<asp:Button ID="Button1" Text="送信" />
```
↑runat属性が付加されていないので、そのままのタグが出力される

Visual Studioでツールボックスからサーバーコントロールをドラッグ＆ドロップで配置する場合はrunat属性が自動的に指定されますので、あまり意識することはありませんが、自分でサーバーコントロールのタグを入力する場合には、runat属性も忘れずに記述するようにしましょう。

Section 03-02 Label, Literal, Image, HyperLink
表示用コントロールを使用する

このセクションでは、テキストおよび画像の表示を行うためのコントロールについて解説します。

このセクションのポイント
■1 Labelコントロール、Literalコントロールはテキストを表示するコントロールである。Literalコントロールはスタイル指定が行えない。
■2 Imageコントロールは画像を表示するコントロールである。
■3 HyperLinkコントロールはリンクを表示するコントロールである。テキストによるリンクと画像によるリンクの両方に対応する。

最初はテキストや画像の表示を行うための表示系コントロールについて解説します。これらのコントロールは表示用で、直接ユーザーが操作してイベントが発生するものではなく、挙動を理解するのが容易です。

テキストを表示する

LabelコントロールとLiteralコントロールはテキスト表示を行うためのコントロールです。LabelコントロールはHTMLのspanタグで、Literalコントロールはタグ付け無しで、それぞれテキストが出力されます。Webフォームで動的なメッセージを出力する必要がある場合などに使用します。

リスト3-3はLabelコントロール、Literalコントロールを使ったサンプルです。Textプロパティにテキストを指定することで、図3-3のようにテキストが表示されます。

リスト3-3 Labelコントロール、Literalコントロールを使ったテキスト表示
（WebServerControl/ViewControl.aspx）

```
<asp:Label ID="Label1" runat="server"
  Text="Labelコントロールの表示テキスト"></asp:Label>
<asp:Literal ID="Literal1" runat="server"
  Text="Literalコントロールの表示テキスト"></asp:Literal>
```

図3-3 Textプロパティが表示される

　LabelコントロールとLiteralコントロールはどちらもテキストを表示しますが、Labelコントロールはspanタグとして出力されるため、フォントや色などのスタイルに関するプロパティがあるのに対し、Literalコントロールはタグ付け無しで文字列がそのまま出力されるため、スタイルに関連するプロパティはありません。

　なお、どちらのコントロールもTextプロパティの内容をそのまま出力します。セキュリティ上の問題を避けるため、ユーザーが入力した内容を表示する際には、HTMLEncodeメソッド（8章参照）を使い、文字列の中のHTMLタグを無効化するようにしてください。

コラム

インライン式を用いたサーバーコントロールを使用しないテキストの表示方法

　ASP.NETには、.aspxファイル中にコードを記述するためのインライン式という機能があります。インライン式には表3-2のような種類があります。

表3-2 インライン式の種類

表記	種類	意味
<% ～ %>	埋め込みコードブロック	任意のコードを記述可能
<%= ～ %>	式表示	式の値を表示する
<%: ～ %>	式表示（HTMLエンコード付）	式の値をHTMLエンコード（→8章）して表示する
<%@ ～ %>	ディレクティブ	ページの設定を行う（→8章）
<%# ～ %>	データバインディング式	データバインドを行う（→5章）
<%#: ～ %>	データバインディング式（HTMLエンコード付）	データバインドを行う（→5章）。値はHTMLエンコードする
<%$ ～ %>	式ビルダー	アプリケーションの構成などの値を取得する（→4章）
<%-- ～ --%>	サーバー側コメントブロック	囲んだ範囲をコメントアウトし、HTMLに出力しないようにする

このうち、式表示（`<%= ～ %>`、`<%: ～ %>`）用のインライン式を使うことで、リスト3-4のようにサーバーコントロールなしでテキストを表示できます。特に`<%: ～ %>`形式の式表示インライン式は自動的に文字列の内容をHTMLエンコードしますので、セキュリティ上の問題を避けることができます。

リスト3-4　インライン式の例

```
<div>
  <%= TextBox1.Text %>  ────── TextBox1コントロールのTextプロパティの値を
  <br />                         エスケープ無しで表示
  <%: TextBox1.Text %>  ────────────────── 同じ値をエスケープして表示
</div>
```

なおインライン式のうち、任意のコードを記述できる埋め込みコードブロック（`<% ～ %>`）は主にASP.NETの前身であるActive Server Page（ASP）との互換性のために用意されている機能です。コードビハインド側とコードが混在するのを避けるため、基本的に使用しないようにしましょう。

画像を表示する

Imageコントロールは画像を表示するためのコントロールです。ImageコントロールはHTMLのimgタグとして出力されます。LabelコントロールやLiteralコントロールと同様に、動的に画像のURLなどを変更する場合に使用します。

Imageコントロールには、表3-3のようなプロパティがあります。

表3-3　Imageコントロールの主なプロパティ

プロパティ	意味	imgタグの対応する属性
ImageUrl	画像のURL	src
AlternateText	画像の代替テキスト	alt
DescriptionUrl	画像を説明するページのURL	longdesc
ImageAlign	画像の位置の指定	align

リスト3-5はImageコントロールで画像を表示するサンプルです。

リスト3-5　Imageコントロールによる画像表示サンプル（WebServerControl/ImageControl.aspx）

```
<asp:Image ID="Image1" runat="server" AlternateText="代替テキスト"
  DescriptionUrl="http://www.wings.msn.to/" ImageAlign="Middle"
  ImageUrl="http://www.wings.msn.to/image/wings.jpg" />
ImageAlign=Middle
<br />
<asp:Image ID="Image2" runat="server" AlternateText="代替テキスト"
```

```
    DescriptionUrl="http://www.wings.msn.to/" ImageAlign="Baseline"
    ImageUrl="http://www.wings.msn.to/image/wings.jpg" />
ImageAlign=Baseline
```

　ImageUrlプロパティに画像のURLを指定することで、図3-4のように画像が表示されます。ここではImageAlignプロパティの値に中央揃えを表す「Middle」と下端揃えを表す「Baseline」を指定しており、同じ行のテキストに対して画像の垂直位置がそれぞれ中央揃え、下端揃えになっています（なお、Edgeでは中央揃えが反映されなかったため、WebブラウザをChromeに変更してテストしています）。

図3-4　Imageコントロールによる画像表示

リンクを表示する

　HyperLinkコントロールはテキストや画像によるリンクを表示するためのコントロールです。HyperLinkコントロールはHTMLのaタグとして出力されます。他の表示系コントロールと同様に、リンク先のURLや表示するテキストを動的に変更する場合に使用します。

　HyperLinkコントロールには、表3-4のようなプロパティがあります。

表3-4　HyperLinkコントロールの主なプロパティ

プロパティ	意味	aタグの対応する属性
NavigateUrl	リンク先のURL	href
ImageUrl	表示する画像のURL	src
Target	リンク先を表示するウィンドウ	target
Text	表示するテキスト	（aタグ内の文字）

　リスト3-6はテキストによるリンクと画像によるリンクのサンプルです。

Label,Literal,Image,HyperLink | Section 03-02

リスト3-6 テキストと画像でのリンク（WebServerControl/HyperlinkControl.aspx）

```
<asp:HyperLink ID="HyperLink1" runat="server"
 NavigateUrl="http://www.wings.msn.to/">テキストによるリンク</asp:HyperLink>

<asp:HyperLink ID="HyperLink2" runat="server"
   NavigateUrl="http://www.wings.msn.to/"
   ImageUrl="http://www.wings.msn.to/image/wings.jpg"></asp:HyperLink>
   ←画像によるリンク</div>
```

それぞれのリンクは図3-5のような表示となります。

図3-5 HyperLinkコントロールの表示例

　なお、HyperLinkコントロールによるリンクは、クリックしてもポストバック（P.19参照）は発生せず、NavigateUrlで指定されたリンクへ直接遷移します。リンクでポストバックによる処理が必要な場合は、次のセクションで解説するLinkButtonコントロールを使用してください。

　以上が表示用コントロールの使用方法になります。表示用コントロールは特別なイベントが存在せず、プロパティも基本的にHTMLの対応するタグのものと同じとなっていますので、使用方法はごくシンプルです。

Section 03-03 入力用コントロール

入力用コントロールを使用する

このセクションでは、ユーザーが入力を行うための様々なコントロールについて解説します。

このセクションのポイント
■ Webサーバーコントロールには、テキストボックスやドロップダウンなどHTMLフォームのタグに対応する入力用コントロールがある。

　ASP.NETには、ユーザーが情報を入力するための様々なコントロールがあります。大半はHTMLフォームのタグに対応するWebサーバーコントロールですが、Calendarコントロールのように、HTMLとJavaScriptの組み合わせにより、HTMLフォームには無い機能を提供するものもあります。このセクションでは、Webサーバーコントロールの入力用コントロールについて解説します。

■ テキスト入力を行う

　TextBoxコントロールはユーザーがテキスト入力を行うためのコントロールです。1行入力、複数行入力、パスワード入力の3種類の入力モードに対応しており、入力モードに応じて出力するHTMLタグが変わるという特徴を持っています。なお、HTML5でのinputタグの追加機能については、次項で解説します。
　TextBoxコントロールには、表3-5のようなプロパティがあります。

表3-5　TextBoxコントロールのプロパティ

プロパティ	意味	対応するHTMLの属性
TextMode	入力モードの切り替え	（後述）
Columns	表示幅の指定	size
MaxLength	入力可能な最大文字数の指定	maxlength
ReadOnly	内容を変更可能かどうかの指定	readonly
Text	テキストボックスのテキスト	value（複数行入力モードの場合はtextareaタグのテキスト内容）
Rows	行数の指定（複数行入力モードの場合のみ）	rows
Wrap	テキストを右端で折り返して表示するかどうかの指定（複数行入力モードの場合のみ）	wrap

TextModeプロパティを使うことで、1行入力、複数行入力、パスワード入力の3種類の入力モードを切り替えることができます。TextModeプロパティの値と、実際に出力されるHTMLタグは表3-6の通りです。

表3-6 TextModeプロパティの値と出力されるHTMLタグ

値	入力モード	出力されるHTMLタグ
SingleLine	1行入力	inputタグ（type属性の値がtext）
MultiLine	複数行入力	textareaタグ
Password	パスワード入力	inputタグ（type属性の値がpassword）

リスト3-7は3種類の入力モードを使ったサンプルです。

リスト3-7 TextBoxコントロールの3種類の入力モード（WebServerControl/TextBoxControl.aspx）

```
<asp:TextBox ID="TextBox1" runat="server" Columns="30" MaxLength="30">
 テキストを入力してください</asp:TextBox>SingleLine
<asp:TextBox ID="TextBox2" runat="server" TextMode="MultiLine"
 Rows="8"></asp:TextBox>MultiLine
<asp:TextBox ID="TextBox3" runat="server" TextMode="Password"
 Columns="8" MaxLength="8"></asp:TextBox>Password
<asp:Button ID="Button1" runat="server" Text="Button" />
↑ポストバック用のButtonコントロール
```

表示は図3-6のようになります。複数行入力はtextareaタグで行われ、パスワード入力の場合は入力内容が●で隠されていることに注目してください。

図3-6 TextBoxコントロールの配置例。複数行入力、パスワード入力も可能

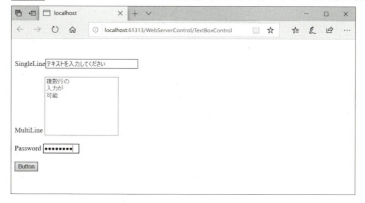

TextBoxコントロールでは、入力内容が変化した場合にTextChangedイベントが発生します。リスト3-8は、TextChangedイベントを使い、入力内容が変化した場合にメッセージを出力するコードです。

リスト3-8　TextChangedイベントハンドラー（WebServerControl/TextBoxControl.aspx.vb）

```
Protected Sub TextBox1_TextChanged(sender As Object, e As EventArgs) Handles
TextBox1.TextChanged
        Label1.Text = "TextBoxコントロールの値が「" + TextBox1.Text + "」に変更されました"
End Sub
```

入力内容を変更してボタンを押した場合、図3-7のようになります。

図3-7　TextChangedイベントでの処理結果

TextBoxコントロールのTextChangedイベントは、サンプルで示したとおり、ポストバックが発生した時に処理されます。通常は後述するボタン系コントロールを使ってポストバックを行いますので、実際にTextBoxコントロールの内容をユーザーが変更したタイミングと、TextChangedイベントが処理されるタイミングには図3-8のようにズレがあることになります。

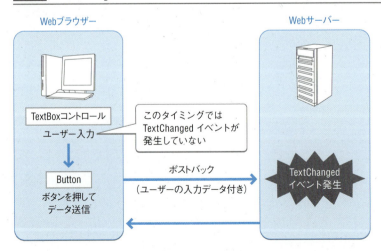

図3-8　TextChangedイベントの発生するタイミング

TextBoxコントロールの**AutoPostBackプロパティ**をTrueにすると、TextBoxコントロール自身でポストバックを行うことができます。これを**自動ポストバック**と呼びます。これにより、先ほどのイベントのタイミングのズレを図3-9のように解消できます。

図3-9 AutoPostBackプロパティをTrueにした場合の、TextChangedイベントの発生するタイミング

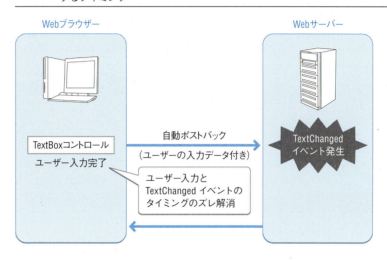

リスト3-9はAutoPostBackプロパティをTrueにしたTextBoxコントロールのコードです。入力が完了し、TextBoxコントロールがフォーカスを失った時点で自動的にポストバックが発生し、図3-10のようにTextChangedイベントが処理されます。

リスト3-9 AutoPostBackプロパティをTrueにしたTextBoxコントロール（WebServerControl/AutoPostBack.aspx）

```
<asp:TextBox ID="TextBox1" runat="server" AutoPostBack="True"
    ontextchanged="TextBox1_TextChanged"></asp:TextBox>
```

図3-10 入力完了後すぐにイベントが処理される

> **メモ**
> AutoPostBack プロパティによる自動ポストバックは、クライアントサイドの JavaScript で実現されています。

　AutoPostBack プロパティは TextBox コントロール以外の入力コントロールでも使用できます。ただし、AutoPostBack プロパティによる自動ポストバックはユーザーを戸惑わせる場合もあるため、必要な場面だけに絞って使用することをお勧めします。

HTML5 の input タグの新機能を使う

　表 3-6 で示した通り、TextBox コントロールは複数行入力モード以外の場合、Web ブラウザー上では HTML の input タグに変換され、type 属性の値に入力モードが設定されます。HTML5[*]では、input タグの type 属性に幾つかの新しい値が追加され、日付入力、メールアドレス入力、電話番号などがサポートされるようになりました。そうした新しい機能をサポートするため、TextBox コントロールの TextMode プロパティに表 3-7 のような新たな値が追加されました。

[*] HTML5：大幅に拡張された HTML の新しいバージョン。2014 年 10 月に正式な仕様となった。

表 3-7 TextMode プロパティと対応する type 属性の値

TextMode プロパティの値	出力される type 属性の値	入力できる値
Color	color	色
Date	date	日付
DateTime	datetime	UTC（協定世界時）による日時
DateTimeLocal	datetime-local	UTC によらないローカル日時
Email	email	メールアドレス
Month	month	月
Number	number	数値
Phone	tel	電話番号
Range	range	数値範囲
Search	search	検索文字列
Time	time	時間
Url	url	URL
Week	week	週

　これにより、HTML5 をサポートした Web ブラウザーでは、入力する種類に応じた UI が表示されるようになります。ただし、ASP.NET 側では、単純に input タグの type 属性に TextMode プロパティに対応する値を出力するだけで、実際にどんな UI が表示されるかは Web ブラウザー側に依存していることに注意してください。リスト 3-10 は、TextMode プロパティに様々な値を設定したサンプルです。

リスト3-10 TextModeプロパティに様々な値を設定した例（WebServerControl/TextBoxHtml5Input.aspx）

```
Color
<asp:TextBox ID="TextBox4" runat="server" TextMode="Color"></asp:TextBox>
Date
<asp:TextBox ID="TextBox5" runat="server" TextMode="Date"></asp:TextBox>
DateTime
<asp:TextBox ID="TextBox6" runat="server" TextMode="DateTime"></asp:TextBox>
DateTimeLocal
<asp:TextBox ID="TextBox7" runat="server" TextMode="DateTimeLocal"></asp:TextBox>
Email
<asp:TextBox ID="TextBox8" runat="server" TextMode="Email"></asp:TextBox>
Month
<asp:TextBox ID="TextBox9" runat="server" TextMode="Month"></asp:TextBox>
Number
<asp:TextBox ID="TextBox10" runat="server" TextMode="Number"></asp:TextBox>
Phone
<asp:TextBox ID="TextBox11" runat="server" TextMode="Phone"></asp:TextBox>
Range
<asp:TextBox ID="TextBox12" runat="server" TextMode="Range"></asp:TextBox>
Search
<asp:TextBox ID="TextBox13" runat="server" TextMode="Search"></asp:TextBox>
Time
<asp:TextBox ID="TextBox15" runat="server" TextMode="Time"></asp:TextBox>
Url
<asp:TextBox ID="TextBox14" runat="server" TextMode="Url"></asp:TextBox>
Week
<asp:TextBox ID="TextBox16" runat="server" TextMode="Week"></asp:TextBox>
```

Webブラウザごとの違いを見てみましょう。Internet Explorer 11での表示は図3-11のようになります。

図3-11 Internet Explorer 11での表示

数値範囲を指定するRangeが、マウスでスライダーから選択できるようになっているほかは、通常のテキストボックスの表示のままとなっています。ただし、EmailとUrlについては入力内容の検証を行っており、正しくない文字列を入力すると図3-12のようにエラーが表示されます。

図3-12 Internet Explorer 11での入力検証エラー

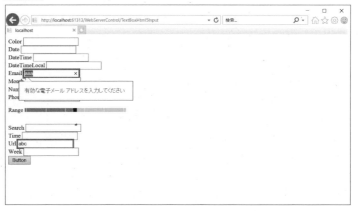

Edgeでの表示は図3-13のようになります。ここでは、Colorが色選択、Date／DateTimeLocal／Month／Week／Timeが日付・時刻入力として表示されています。幾つかの入力は日付・時刻入力用のコントロールが表示されます。

図3-13 Edgeでの表示。日付入力用のコントロールが表示される

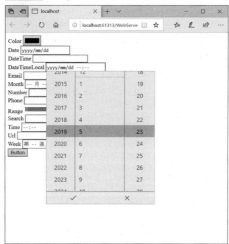

チェックボックス、ラジオボタンを使用する

　CheckBoxコントロール、RadioButtonコントロールは、チェックボックスとラジオボタンを表示し、入力を受け付けるためのコントロールです。どちらのコントロールもinputタグを出力し、CheckBoxコントロールの場合はtype属性がcheckbox、RadioButtonコントロールの場合はtype属性がradioとなります。
　CheckBoxコントロールとRadioButtonコントロールには表3-8のようなプロパティがあります。

表3-8　CheckBoxコントロールとRadioButtonコントロールのプロパティと対応するHTML

プロパティ	CheckBox	RadioButton	意味	対応するHTML
Text	○	○	表示テキスト	labelタグ
Checked	○	○	チェックされているかどうか	inputタグのchecked属性
GroupName	×	○	ラジオボタンのグループ名。同じグループのラジオボタンは1つしかチェックできない	

　RadioButtonコントロールでは、GroupNameプロパティでグループ分けを行うことができます。同じグループに所属するRadioButtonコントロールは同時に1つしかチェックできません。
　リスト3-11は、Webサイトの会員登録ページをイメージした、チェックボックスとラジオボタンを使ったサンプルです。

リスト3-11　チェックボックスとラジオボタンの使用例（WebServerControl/CheckBoxControl.aspx）

```
<asp:CheckBox ID="CheckBox1" runat="server"
    Text="登録後、メールマガジンを受け取る" />

どこでこのサイトを知りましたか<br />
<asp:RadioButton ID="RadioButton1" runat="server" GroupName="media"
    Text="テレビ" />
<asp:RadioButton ID="RadioButton2" runat="server" GroupName="media"
    Text="新聞" />
<asp:RadioButton ID="RadioButton3" runat="server" GroupName="media"
    Text="Web" />
```

　表示は図3-14のようになります。

図3-14 チェックボックスとラジオボタンの使用例

各コントロールのチェック状況は、Checkedプロパティから取得できます。リスト3-12は、ポストバック時にコントロールのチェック状況を表示するコードです。

リスト3-12 CheckBoxコントロールとRadioButtonコントロールのチェック状況の取得
（WebServerControl/CheckBoxControl.aspx.vb）

```
Protected Sub Button1_Click(sender As Object, e As EventArgs) Handles Button1.Click
    'CheckedプロパティでCheckBoxコントロールのチェック状況を取得
    Label1.Text = "チェックボックスはチェックされて" + IIf(CheckBox1.Checked, "います", 
"いません")
    Label1.Text += "<br/>"

    'CheckedプロパティでRadioButtonコントロールのチェック状況を取得
    '各コントロールごとに確認が必要なので、ややコードが冗長になる
    If RadioButton1.Checked Then
        Label1.Text += "ラジオボタンはテレビが選択されています"
    End If
    If RadioButton2.Checked Then
        Label1.Text += "ラジオボタンは新聞が選択されています"
    End If
    If RadioButton3.Checked Then
        Label1.Text += "ラジオボタンはWebが選択されています"
    End If

End Sub
```

チェックボックスとラジオボタンを選択してポストバックした場合の表示は図3-15のようになります。

図3-15 チェックされたコントロールの値を取得

　コードからも分かるとおり、RadioButtonコントロールは値を取得するために、配置したコントロールごとにCheckedプロパティの確認が必要となり、やや処理が冗長になります。複数のラジオボタンを配置する際には、後述するRadioButtonListコントロールの使用を推奨します。
　CheckBoxコントロールとRadioButtonコントロールでは、チェック状況が変化した時にCheckedChangedイベントが発生します。TextBoxコントロールの場合と同様に、このイベントはポストバック時に発生します。やはりAutoPostBackプロパティを使用することで、チェック状況が変化した時点で自動的にポストバックを行えます。

リスト系コントロールを使用する

　ASP.NETのWebサーバーコントロールでは、様々な種類のリストから値を選択するためのコントロール（すべてのコントロール名にListという単語が含まれているため、ここではリスト系コントロールと呼びます）が提供されています。リスト系コントロールの機能と、出力されるHTMLタグは表3-9の通りです。

表3-9 リスト系コントロールの種類と出力されるHTMLタグ

コントロール	機能	出力されるHTMLタグ
ListBox	リストから1つないしは複数の項目を選択	selectタグ（size属性あり）
DropDownList	リストから1つの項目を選択	selectタグ（size属性なし）
CheckBoxList	複数のチェックボックスから任意個の項目をチェック	inputタグ （type属性はcheckbox）複数
RadioButtonList	複数のラジオボタンから1つを選択	inputタグ （type属性はradio）複数

これらのコントロールは、リストの外観と複数選択が可能かどうかという点を除くと、使い方がよく似ています。リスト系コントロールでは、ユーザーに提示する選択項目をItemsプロパティで指定します。データベースのテーブルから取得したデータを選択項目にすることもできますが、ここでは、固定の選択項目をタグで指定します。データベースとの連携の詳細については4章を参照してください。

リストの選択項目はListItemというクラスのオブジェクトで指定します。ListItemクラスはHTMLのoptionタグとして出力されます。ListItemクラスには表3-10のようなプロパティがあります。

表3-10　ListItemクラスのプロパティ

プロパティ	意味	出力されるHTML
Enabled	選択項目の有効/無効の指定	enabled属性
Selected	選択項目が選択されているかどうかを指定	selected属性
Text	選択項目のテキスト	optionタグの内容
Value	選択項目の値	value属性

プロパティウィンドウのItemsプロパティ（図3-16）から、[...]ボタンをクリックすることで、図3-17のような画面で選択項目の一覧を編集できます。

図3-16　Itemsプロパティ　　図3-17　ListItemコレクション エディタ

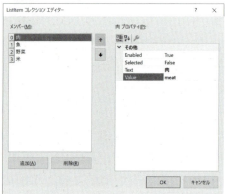

リスト系コントロールには選択項目に関する表3-11のようなプロパティがあります。

表3-11 リスト系コントロールのプロパティ

プロパティ名	ListBox	DropDownList	CheckBoxList	RadioButtonList
意味				
Items	○	○	○	○
選択項目のコレクション				
Rows	○	×	×	×
リストボックスの行数。選択項目よりも少ない場合はスクロールバーが表示される				
SelectionMode	○	×	×	×
リストボックスの選択モード。1つだけ選択可能なSingleと、複数選択可能なMultipleがある。デフォルトはSingle				

リスト3-13は、アンケートページをイメージした、リスト系コントロールのサンプルです。

リスト3-13 リスト系コントロールの使用例（WebServerControl/ListControl.aspx）

```
<asp:ListBox ID="ListBox1" runat="server" SelectionMode="Multiple">
    <asp:ListItem Value="meat">肉</asp:ListItem>
    <asp:ListItem Value="fish">魚</asp:ListItem>
    <asp:ListItem Value="vegetable">野菜</asp:ListItem>
    <asp:ListItem Value="rice">米</asp:ListItem>
</asp:ListBox>

<asp:DropDownList ID="DropDownList1" runat="server">
    <asp:ListItem Value="japanese">和食</asp:ListItem>

    <asp:ListItem Value="french">フランス料理</asp:ListItem>
    <asp:ListItem Value="german">ドイツ料理</asp:ListItem>
</asp:DropDownList>

<asp:CheckBoxList ID="CheckBoxList1" runat="server">
    <asp:ListItem Value="sports">スポーツ</asp:ListItem>
    <asp:ListItem Value="music">音楽</asp:ListItem>
    <asp:ListItem Value="movie">映画</asp:ListItem>
</asp:CheckBoxList>

<asp:RadioButtonList ID="RadioButtonList1" runat="server">
    <asp:ListItem Value="student">学生</asp:ListItem>
    <asp:ListItem Value="bussinessperson">会社員</asp:ListItem>
    <asp:ListItem Value="executive">経営者</asp:ListItem>
</asp:RadioButtonList>

<asp:Button ID="Button1" runat="server" onclick="Button1_Click" Text="送信" />
```

表示は図3-18のようになります。SelectionModeプロパティをMultipleにしたListBoxコントロールと、CheckBoxListコントロールは複数選択が有効となっています。

> **メモ**
> ListBoxコントロールの複数選択は、(Windowsの場合)Ctrlキーを押しながらのクリックで行えます。

図3-18　リスト系コントロールの表示例

リスト系コントロールで選択した選択項目については、表3-12のように、いくつかの方法でデータを取得できます。

表3-12　リスト系コントロールで選択した項目の取得方法

取得方法	取得できるデータ
SelectedItemプロパティ	選択されたListItemオブジェクト
SelectedValueプロパティ	選択されたListItemオブジェクトのValueプロパティ
ListItemオブジェクトのSelectedプロパティ	そのListItemオブジェクトが選択されているかどうか

具体的なサンプルでそれぞれの方法を見てみましょう。リスト3-14は、先ほどのリスト系コントロールで選択した項目を表示するコードです。

リスト3-14　選択された項目の取得方法（WebServerControl/ListControl.aspx.vb）

```vb
Protected Sub Button1_Click(sender As Object, e As EventArgs) Handles Button1.Click
    'メッセージ表示用ラベルに選択内容を出力していく
    Label1.Text = "<ul>"

    Dim selectedItemText As String = ""
    '複数選択のListBoxコントロールの選択項目の取得
    'ItemsプロパティからListItemを1つずつ取り出し、Selectedプロパティを確認
    For Each item As ListItem In ListBox1.Items
        '選択されていればTextプロパティを取得
        If (item.Selected) Then
            selectedItemText += item.Text + " "
        End If
    Next

    'ListBoxコントロールの選択内容
    Label1.Text += String.Format("<li>ListBoxコントロールでは{0}が選択されています</li>", selectedItemText)


    'DropDownListコントロールでは、
    'SelectedItemで選択されたListItemを
    'SelectedValueで選択されたListItemのValueプロパティを取得できる
    Label1.Text +=
        String.Format("<li>DropDownListコントロールでは、テキストが{0}、値が{1}のListItemが選択されています</li>",
        DropDownList1.SelectedItem.Text, DropDownList1.SelectedValue)

    Dim selectedCheckBoxText As String = ""

    'CheckBoxListコントロールは複数選択のListBoxコントロールと同様
    'ItemsプロパティからListItemを1つずつ取り出し、Selectedプロパティを確認
    For Each item As ListItem In CheckBoxList1.Items

        '選択されていればTextプロパティを取得
        If (item.Selected) Then
            selectedCheckBoxText += item.Text + " "
        End If
    Next
    'CheckBoxListコントロールの選択内容
    Label1.Text += String.Format("<li>CheckBoxListコントロールでは{0}が選択されています</li>", selectedCheckBoxText)


    '未選択の場合はSelectedItemプロパティがNothingとなる
    If RadioButtonList1.SelectedItem IsNot Nothing Then
```

```
            'RadioButtonListコントロールはDropDownListコントロールと同様
            'SelectedItemで選択されたListItemを
            'SelectedValueで選択されたListItemのValueプロパティを取得できる
            Label1.Text +=
                String.Format("<li>RadioButtonListコントロールでは、テキストが{0}、
値が{1}のListItemが選択されています</li>",
                RadioButtonList1.SelectedItem.Text, RadioButtonList1.SelectedValue)
            Label1.Text += "</ul>"

    End If

End Sub
```

ここでは、先に挙げた3種類の取得方法をすべて用いてみました。

ListBoxコントロールで複数選択が有効な場合と、CheckBoxListコントロールでは、選択項目すべてを一括して取得する方法はありません。そのためこのコードにあるように、それぞれのコントロールのItemsプロパティからListItemオブジェクトを1つずつ取得し、Selectedプロパティでその項目が選択されているかどうかを判定する必要があります。

選択項目が1つだけの場合は、SelectedItemプロパティからListItemオブジェクトを、SelectedValueプロパティからListItemオブジェクトのValueプロパティをそれぞれ取得できます。

各コントロールを選択し、ポストバックした場合の実行結果は図3-19のようになります。

図3-19 選択された項目の表示例

リスト系コントロールでは、選択項目が変化した場合にSelectedIndexChangedイベントが発生します。ただし、このイベントは、TextBoxコントロールのTextChangedイベントと同様に、ポストバック時に発生しますので、ユーザーがデータを選択するタイミングと、イベントが発生するタイミングにはズレがあります。リスト系コントロールにおいても、AutoPostBackプロパティを使用することで、自動的にポストバックを行えます。リスト系コントロールの自動ポストバックは、ユーザーが選択項目を変更した時点で行われます。他のコントロールと同様、リスト系コントロールでの自動ポストバックは、ユーザーを戸惑わせる可能性がありますので、必要な場面のみに絞ることをお勧めします。

ListBoxコントロールとDropDownListコントロールは1つのselectタグとして出力されますが、CheckBoxListコントロールとRadioButtonListコントロールは複数のinputタグの集合として表現されます。それに伴い、この2つのコントロールには選択項目をどのように配置するかについての表3-13のようなプロパティがあります。

表3-13 CheckBoxListコントロールとRadioButtonListコントロールで使用可能な、選択項目の配置に関するプロパティ

プロパティ	意味
RepeatLayout	選択項目の並べ方
RepeatDirection	並べ方の方向。Vertical（垂直）/Horizontal（水平）から選択。デフォルトはVertical
RepeatColumns	並べる際のカラム数

RepeatLayoutプロパティには表3-14のような値を指定します。

表3-14 RepeatLayoutプロパティで選択可能な並べ方

値	並べ方
Table	tableタグで選択項目を並べる。デフォルト
Flow	inputタグをそのまま連続して出力する
UnorderedList	ulタグ（番号無しリスト）で選択項目を並べる
OrderedList	olタグ（番号付きリスト）で選択項目を並べる

デフォルトではRepeatLayoutプロパティはTableとなっており、複数の選択項目はtableタグで順に配列されます。

図3-20は、RepeatLayoutプロパティをFlow、UnorderedList、OrderedListとした例です。

図3-20 RepeatLayoutプロパティにより、選択項目の表示スタイルが変わる

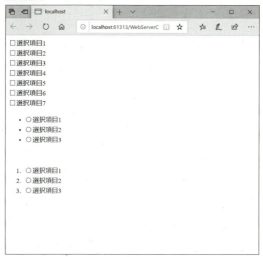

ファイルアップロードを使用する

　FileUploadコントロールはWebブラウザーからファイルをアップロードするためのコントロールです。FileUploadコントロールはHTMLのinputタグ（type属性の値がfile）として出力されます。

　FileUploadコントロールには、共通プロパティ以外にはデザイン時に使用可能なプロパティはありません。また、HTMLのファイルアップロード機能の制限により、あらかじめアップロードするファイルの初期値を指定することもできません。また、FileUploadコントロールは自動ポストバックに対応していないため、ボタン系コントロールなど、ポストバックを行うコントロールを別途配置する必要があります。

　リスト3-15はFileUploadコントロールとボタンを配置したサンプルです。

リスト3-15　FileUploadコントロールの配置例（WebServerControl/FileUploadControl.aspx）

```
<asp:FileUpload ID="FileUpload1" runat="server" />

<asp:Button ID="Button1" runat="server" onclick="Button1_Click"
  Text="アップロード" />
```

　表示は図3-21のようになります。

図3-21 FileUploadコントロールとボタンを配置した画面

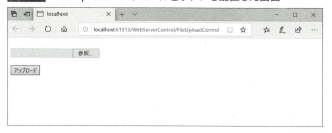

　FileUploadコントロールでは、ポストバック後に表3-15のようなプロパティが使用できます。

表3-15 ポストバック後にFileUploadコントロールで使用可能なプロパティ

プロパティ	意味
HasFile	ファイルがアップロードされたかどうか
PostedFile	アップロードされたファイル

　これらのプロパティを使うことで、アップロードされたファイルについての情報を取得できます。

　PostedFileプロパティでは、アップロードされたファイルを表すHttpPostedFileというクラスのインスタンスを取得できます。HttpPostedFileクラスのプロパティとメソッドは表3-16の通りです。

表3-16 HttpPostedFileクラスの主なプロパティとメソッド

プロパティ/メソッド	意味
FileNameプロパティ	ファイルの名前。Internet Explorerの場合はフルパス
ContentLengthプロパティ	ファイルサイズ
ContentTypeプロパティ	ファイルの種類
InputStreamプロパティ	ファイルの内容
SaveAsメソッド	アップロードされたファイルに名前を付けて保存する

　リスト3-16は、アップロードされたファイルの情報を取得するコードです。

リスト3-16 アップロードされたファイルの情報を表示する（WebServerControl/FileUploadControl.aspx.vb）

```
Protected Sub Button1_Click(sender As Object, e As EventArgs) Handles Button1.Click
    'ファイルがアップロードされていれば
    If (FileUpload1.HasFile) Then

        'アップロードされたファイルを取得する
```

```
            Dim file = FileUpload1.PostedFile
            Label1.Text = "アップロードされたファイルの情報<br/>"
            Label1.Text += String.Format("ファイル名 : {0}<br/>", file.FileName)
            Label1.Text += String.Format("ファイルサイズ:{0}バイト<br/>", file.ContentLength)
            Label1.Text += String.Format("コンテントタイプ:{0}<br/>", file.ContentType)

            'アップロードされたファイルを一時フォルダに保存する
            'System.IO.Path.GetTempPath()は一時フォルダを取得するメソッド
            'System.IO.Path.GetFileName()はフルパスからファイル名を取得するメソッド
            file.SaveAs(
                    System.IO.Path.GetTempPath() +
                    System.IO.Path.GetFileName(file.FileName))
    End If

End Sub
```

ここではアップロードされたファイルの情報を表示し、ファイルをWebサーバー上に保存しています。表示は図3-22のようになります。

図3-22 アップロードされたファイルの情報

ファイルのアップロードの際のファイルサイズの上限は、Webアプリケーションの構成ファイルであるWeb.configファイルで設定します。デフォルトでは4MBが上限となっています。設定の詳細は13章で解説します。

複数ファイルをアップロードする

HTML5においては、ファイルアップロード用のinputタグの機能が拡張され、サポートされているWebブラウザで複数ファイルのアップロードが可能となりました。ASP.NETのFileUploadコントロールもそれに合わせて拡張されています。新たに表3-17のようなプロパティが追加されています。

表3-17 FileUploadコントロールに追加された、複数ファイルアップロード用のプロパティ

プロパティ	意味
AllowMultiple	複数ファイルアップロードを受け付けるかどうか
HasFiles	ファイルがアップロードされているかどうか
PostedFiles	アップロードされたファイルのコレクション

リスト3-17はFileUploadコントロールのAllowMultipleプロパティにTrueを設定して複数ファイルアップロードをサポートするサンプルです。

リスト3-17 複数ファイルアップロードの例（WebServerControl/MultipleFileUpload.aspx）

```
<asp:Label ID="Label1" runat="server" Text=""></asp:Label>
<br />
<asp:FileUpload ID="FileUpload1" runat="server" AllowMultiple="True" />
<br /><br />
<asp:Button ID="Button1" runat="server" onclick="Button1_Click" Text="アップロード" />
```

アップロード後の処理はリスト3-18のようになります。

リスト3-18 複数ファイルアップロードの例（WebServerControl/MultipleFileUpload.aspx.vb）

```
Protected Sub Button1_Click(sender As Object, e As EventArgs) Handles Button1.Click
    'ファイルがアップロードされていれば
    If (FileUpload1.HasFiles) Then

        'アップロードされたファイルをコレクションから1つずつ取得する
        For Each file In FileUpload1.PostedFiles

            Label1.Text += "アップロードされたファイルの情報<br/>"
            Label1.Text += String.Format("ファイル名 : {0}<br/>", file.FileName)
            Label1.Text += String.Format("ファイルサイズ：{0}バイト<br/>", 
file.ContentLength)
            Label1.Text += String.Format("コンテントタイプ：{0}<br/>", 
file.ContentType)

            'アップロードされたファイルを一時フォルダに保存する
            'System.IO.Path.GetTempPath()は一時フォルダを取得するメソッド
            'System.IO.Path.GetFileName()はフルパスからファイル名を取得するメソッド
            file.SaveAs(
                System.IO.Path.GetTempPath() +
                System.IO.Path.GetFileName(file.FileName))

        Next
    End If
End Sub
```

リスト3-16に似ていますが、PostedFilesプロパティからファイルを1つずつ取り出している部分が異なっています。表示は図3-23のようになります。

図3-23 複数ファイルアップロードの実行結果

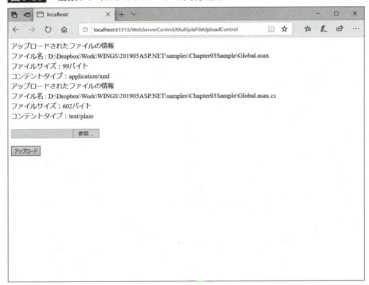

カレンダーを使用する

　Calendarコントロールは、Webアプリケーションでユーザーが日付を入力する際に使用するコントロールです。HTMLには直接対応するコントロールがないため、リンクなどの複数のタグでカレンダー表示を実現しています。なお、Calendarコントロールを使用するためには、クライアントサイドのJavaScriptが必要です。
　Calendarコントロールには表3-18のようなプロパティがあります。

表3-18 Calendarコントロールの主なプロパティ

プロパティ	意味
SelectedDate	選択された日付
VisibleDate	カレンダーで表示される月
Caption	カレンダーのキャプション文字列
SelectionMode	選択する単位を日(Day)、週(DayWeek)、月(DayWeekMonth)のいずれとするか
FirstDayOfWeek	週の最初の曜日を何曜日にするか
ShowDayHeader	曜日を表示するかどうか

入力用コントロール | Section 03-03

> **メモ**
> Calendarコントロールには、表3-18以外にも表示スタイルを設定するための多数のプロパティがあります。ここでは説明の簡略化のため省略します。

　SelectedDateプロパティはデフォルトで選択する日付を、VisibleDateプロパティは、表示する月を指定します。VisibleDateプロパティを指定していないと、SelectedDateプロパティの値に関わりなく、現在の月が表示されますので、ユーザーが戸惑うことがあります。合わせて設定するようにしましょう。また、SelectionModeプロパティを切り替えることで、日だけでなく、週、月単位で選択を行うことができます。
　リスト3-19はCalendarコントロールを使ったサンプルです。

リスト3-19 Calendarコントロールの使用例（WebServerControl/CalendarControl.aspx）

```
<asp:Calendar ID="Calendar1" runat="server"
    onselectionchanged="Calendar1_SelectionChanged"
    SelectionMode="DayWeekMonth" Caption="日付を選択してください"
    FirstDayOfWeek="Monday"></asp:Calendar>
```

　ここでは日、週、月単位での選択を行うため、SelectionModeプロパティにDayWeekMonthを、週の始まりを月曜にするため、FirstDayOfWeekにMondayを設定しています。
　表示は図3-24のようになります。

図3-24 Calendarコントロールの表示。日付で日単位、左端の">"で週単位、左上の">>"で月単位の選択が可能

Calendarコントロールでは、選択が変化した場合にSelectionChangedイベントが発生します。これまで解説してきた他のWebサーバーコントロールとの違いとして、CalendarコントロールはWebサーバーにポストバックを行うリンクで構成されていますので、ユーザーがリンクをクリックした時点でWebサーバーへのポストバックが行われ、SelectionChangedイベントが発生します。

リスト3-20はSelectionChangedイベントのイベントハンドラーのサンプルです。

リスト3-20 SelectionChangedイベントのイベントハンドラーの例
（WebServerControl/CalendarControl.aspx.vb）

```
Protected Sub Calendar1_SelectionChanged(sender As Object, e As EventArgs)
Handles Calendar1.SelectionChanged
    '選択した日付を表示
    Label1.Text = Calendar1.SelectedDate.ToShortDateString() + "が選択されました"
End Sub
```

ここではSelectedDateプロパティを使って選択した日付を表示しています。日付を選択した場合の表示は図3-25のようになります。

図3-25 Calendarコントロールで選択した日付を表示する

Section 03-04 Button, LinkButton, ImageButton

ボタンを使用する

このセクションでは、Webフォームのボタンに対応するButtonコントロール、LinkButtonコントロール、ImageButtonコントロールについて解説します。

このセクションのポイント
1. 通常のボタンはButtonコントロール、リンクでポストバックを行う場合はLinkButtonコントロール、画像でポストバックを行う場合はImageButtonコントロールを使用する。
2. ボタンにはコマンド名、コマンド引数を指定できる。

Buttonコントロール、LinkButtonコントロール、ImageButtonコントロールはいずれもポストバックを発生させるコントロールです。どれも末尾にButtonという名称が付いていますので、ここでは総称してボタン系コントロールと呼びます。ボタン系コントロールはWebブラウザーでの見かけは異なりますが、開発者から見た使用方法は似通っていますので、このセクションでまとめて解説します。

通常のボタンはButtonコントロール、リンクでポストバックを行う場合はLinkButtonコントロール、画像でポストバックを行う場合はImageButtonコントロールを使用します。これらボタン系コントロールを使用することで、ユーザーが入力した内容をWebサーバーに送信するためのボタンを表示できます。

ボタン系コントロールから実際に出力されるHTMLタグは表3-19の通りです。

表3-19 ボタン系コントロールで出力されるHTMLタグ

コントロール	出力されるHTMLタグ	ボタンをクリックした時の挙動
Button	inputタグ（type属性の値がsubmit）	ポストバック
LinkButton	aタグ	クライアントサイドのJavaScriptでポストバック
ImageButton	inputタグ（type属性の値がimage）	ポストバック

注意点はLinkButtonコントロールで、表にもあるとおりクリックした時にクライアントサイドでのJavaScriptでポストバックするようになっています。つまり、LinkButtonコントロールはJavaScriptが無効な環境では動作しません。

基本的なプロパティとイベント

Buttonコントロール、LinkButtonコントロール、ImageButtonコントロールには表3-20のようなプロパティがあります。

はじめてのASP.NET Webフォームアプリ開発 Visual Basic対応 第2版

表3-20 ボタン系コントロールの配置に関連するプロパティ

プロパティ	Button	LinkButton	ImageButton
Text	ボタンの文字列	リンクの文字列	×
ImageUrl	×	×	画像のURL
AlternateText	×	×	画像の代替テキスト
DescriptionUrl	×	×	画像を説明するページのURL
ImageAlign	×	×	画像の位置の指定

　Buttonコントロール、LinkButtonコントロールは、ボタン、リンクそれぞれのキャプションとなる文字列をTextプロパティで指定します。ImageButtonコントロールはImageコントロールを継承しており、Imageコントロールと同じ方法で画像を表示できます。リスト3-21はボタン系コントロール3種類を使ったサンプルです。表示は図3-26のようになります。

リスト3-21 ボタン系コントロールの使用例（WebServerControl/ButtonControl.aspx）

```
<asp:Label ID="Label1" runat="server" Text=""></asp:Label>

<asp:Button ID="Button1" runat="server" Text="Button"/>

<asp:LinkButton ID="LinkButton1" runat="server">LinkButton</asp:LinkButton>

<asp:ImageButton ID="ImageButton1" runat="server"
    ImageUrl="http://www.wings.msn.to/image/wings.jpg"
    ImageAlign="Middle" />  ←ImageButton
```

図3-26 ボタン系コントロールの使用例

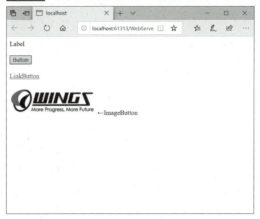

　ボタン系コントロールでは、Clickイベントのイベントハンドラーでボタンを押した場合の処理を記述します。リスト3-22はButtonコントロールのClickイベントを

Button1_Clickというメソッドで記述したサンプルです。LinkButtonコントロール、ImageButtonコントロールのClickイベントの場合も記述は同じです。

リスト3-22 ボタン系コントロールのClickイベントハンドラーの記述例
（WebServerControl/ButtonControl.aspx.vb）

```
Protected Sub Button1_Click(sender As Object, e As EventArgs) Handles Button1.Click
    Label1.Text = "ボタンが押されました"
End Sub
```

　ボタン系コントロールは、Clickイベントを使ってボタンごとのイベントハンドラーを記述する以外に、**コマンド**という機能を使い、複数のボタンを1つのイベントハンドラーで記述できます。
　ボタン系コントロールでは、表3-21のようにボタンごとにコマンド名、コマンド引数を割り当てることができます。サーバーサイドでは、ユーザーが押したボタンのコマンド名、コマンド引数を受け取ることで、ボタンごとの処理を行うことができます。

表3-21 ボタン系コントロールのコマンドに関連するプロパティ

プロパティ	意味
CommandName	コマンド名
CommandArgument	コマンド引数

　これらのプロパティを使い、ボタンごとにコマンド名および引数を割り当てることで、1つのイベントハンドラーで複数のボタンの処理を記述できます。
　実際のサンプルを見てみましょう。
　リスト3-23は、編集画面への遷移、昇順での並び替え、降順での並び替え機能を提供する3つのボタンを配置したサンプルです。

リスト3-23 コマンドの使用例（WebServerControl/ButtonCommand.aspx）

```
<asp:Label ID="Label1" runat="server" Text=""></asp:Label>

<asp:Button ID="Button1" runat="server" Text="編集" CommandName="Edit"
    oncommand="Button1_Command" />

<asp:Button ID="SortButton1" runat="server" onclick="LinkButton1_Click"
    CommandArgument="Asc" CommandName="Sort" oncommand="Button1_Command"
    Text="並び替え（昇順）"/>

<asp:Button ID="SortButton2" runat="server" CommandName="Sort"
    CommandArgument="Desc" oncommand="Button1_Command" Text="並び替え（降順）"/>
```

　表示は図3-27のようになります。

図3-27 コマンドを指定した3つのボタン

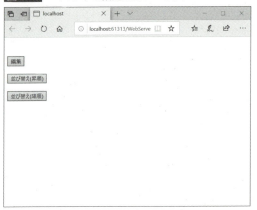

ここで、編集ボタンはコマンド名がEdit、並び替えボタン2つはコマンド名がSortとなっており、並び替えボタンのコマンド引数はそれぞれAsc、Descとなっています。また、3つのボタンのイベント処理はCommandイベントを処理するButton1_Commandメソッドに割り当てられています。

コマンドを処理するコードはリスト3-24のようになります。

リスト3-24 コマンドを処理するサンプル（WebServerControl/ButtonCommand.aspx.vb）

```
Protected Sub Button1_Command(sender As Object, e As CommandEventArgs) Handles 
Button1.Command
    Select Case e.CommandName

        Case "Edit"
            Label1.Text = "編集画面へ遷移します"
        Case "Sort"
            Select Case e.CommandArgument.ToString()

                Case "Asc"
                    Label1.Text = "昇順ソートを行います"

                Case "Desc"
                    Label1.Text = "降順ソートを行います"
            End Select
    End Select

End Sub
```

ここでは、引数であるCommandEventArgs型の変数eを通して、押されたボタンのCommandNameプロパティとCommandArgumentプロパティを取得し、3つのボタンの処理を切り分けています。

> **メモ**
> CommandArgumentプロパティはObject型なのでSelect Case文で条件分岐するため、ToStringメソッドで文字列型に変換しています。

［並び替え(昇順)］ボタンを押した場合の表示は図3-28のようになります。

図3-28　［並び替え(昇順)］ボタンを押した場合の表示

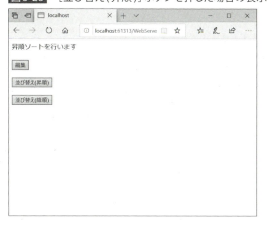

このように、コマンド付きのボタンを使用することで、複数のボタンの処理を1つのイベントハンドラーで記述できます。通常のページではコマンド機能を使用しなくても、複数のイベントハンドラーを記述することで同じ処理が行えますが、GridViewコントロールなどのデータバインドコントロール内に配置したボタンのイベントを処理する際には、コマンド機能を使う必要があります。詳細については4章で解説します。

Section 03-05 検証コントロール

検証コントロールを使用する

このセクションでは、ユーザー入力の検証を行うための検証コントロールの概要について解説します。

このセクションのポイント
■1 検証コントロールは、ユーザーが入力した内容を検証するためのコントロールである。
■2 入力必須、入力値の範囲、正規表現などの条件での検証を行える。

検証コントロールは、ユーザーが入力した内容について、指定されたルールに沿って検証を行い、検証が失敗した場合にはエラーメッセージを表示するためのコントロールです。入力内容の検証は定型的なコードになりがちですが、検証コントロールを使用することでソースコードの記述なしに検証を行うことができます。

ASP.NETでは表3-22のような検証コントロールが用意されています。

表3-22 検証コントロールの種類と機能

コントロール	機能
RequiredFieldValidator	入力必須項目を検証する
RangeValidator	入力範囲を検証する
CompareValidator	入力内容を比較して検証する
RegularExpressioinValidator	入力内容を正規表現で検証する
CustomValidator	独自の方法で検証する
ValidationSummary	検証結果のエラーメッセージをまとめて表示する

このうち、**ValidationSummaryコントロール**は他と異なり、それ自体が検証機能を持つのではなく、検証結果のエラーメッセージをまとめて表示するためのコントロールです。

検証コントロールでの検証は、サーバーサイドとクライアントサイド両方で行われます。そのため、クライアントサイドでJavaScriptが有効な場合は、クライアントサイドで検証が行われ、検証に失敗した場合はサーバーへのポストバックは行われません。

共通プロパティと基本的な使い方

検証コントロールには、表3-23のような共通のプロパティが存在します。

検証コントロール | Section 03-05

表3-23　検証コントロールの主な共通のプロパティ

プロパティ	意味
ControlToValidate	検証対象となるコントロールを指定する
Display	エラーメッセージを検証コントロールで表示するかどうか。表示しない（None）、静的に表示（Static）、動的に表示（Dynamic）のいずれかを指定。デフォルトはStatic
EnableClientScript	WebブラウザーでのJavaScriptによる検証を行うかどうかを指定する
Enabled	検証コントロールの有効、無効を指定する
ErrorMessage	検証エラー時にValidationSummaryコントロールに表示するメッセージを指定する
Text	検証エラー時に検証コントロールで表示するメッセージを指定する
IsValid	検証が成功したかどうかを取得、設定する
SetFocusOnError	検証失敗時に検証対象コントロールにフォーカスを移動するかどうかを指定する
ValidationGroup	この検証コントロールの属する検証グループを指定する

　それでは、入力必須を検証するRequiredFieldValidatorコントロールで検証コントロールの使い方を見ていきましょう。リスト3-25は、テキストボックスにRequiredFieldValidatorコントロールで検証を行うコードです。

リスト3-25　RequiredFieldValidatorコントロールによる検証（ValidationControl/BasicValidation.aspx）

```
<asp:Label ID="ResultLabel" runat="server" Text=""></asp:Label>
<asp:TextBox ID="TextBox1" runat="server"></asp:TextBox>
<asp:RequiredFieldValidator ID="RequiredFieldValidator1" runat="server"
  ErrorMessage="テキストを入力してください"
  ControlToValidate="TextBox1"></asp:RequiredFieldValidator>

<asp:Button ID="Button1" runat="server" Text="送信" />
```

　RequiredFieldValidatorコントロールのControlToValidateプロパティで、検証対象のTextBox1を指定していることに注目してください。RequiredFieldValidatorコントロールはControlToValidateプロパティを指定することで、入力必須の検証を行います。
　続いてサーバーサイドでの検証処理を行うため、Button1コントロールのClickイベントをリスト3-26のように実装します。

リスト3-26　サーバーサイドでの検証（ValidationControl/BasicValidation.aspx.vb）

```
Protected Sub Button1_Click(sender As Object, e As EventArgs) Handles Button1.Click
    'ページ全体の検証が成功しているかどうかをチェック
    If (Page.IsValid) Then
```

```
            '検証成功時の処理
            ResultLabel.Text = "検証成功です"

    Else
            '検証失敗時の処理
            ResultLabel.Text = "検証失敗です"
    End If
End Sub
```

　サーバーサイドでは、ページ全体の検証が成功したかどうかを表すPageクラスのIsValidプロパティ(8章参照)の値に合わせて処理を行います。なお、PageクラスのIsValidプロパティは、ページに配置された検証コントロールのIsValidプロパティすべてを掛け合わせたものとなります。したがって、ページ中の検証コントロールのうち、一つでも検証に失敗したものがあれば、PageクラスのIsValidプロパティはFalseとなります。

　なお、検証コントロールはクライアントサイドのJavaScriptによる検証機能を持っており、クライアントサイドの検証が失敗した場合には、サーバーへのポストバックは行われず、即座にエラーメッセージが出力されます。

　たとえば今回の場合、テキストボックスに何も入力せずにボタンを押すと、図3-29のようにエラーメッセージが表示されます。

図3-29　入力必須項目の検証

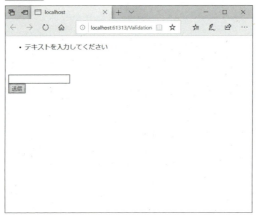

　サーバーサイドに処理が渡っていれば、「検証失敗です」というメッセージが出力されるはずですが、ここではそのメッセージが出力されていないことから、ポストバックが行われていないことが分かります。

　なお、クライアントサイドのJavaScriptが無効化されている場合は、検証はポストバックの際に行われます。今回のコードであれば検証失敗時に「検証失敗です」というメッセージが出力されます。

検証コントロールを使うページでは、クライアントサイドのJavaScriptが有効か無効かに関わりなく、サーバーサイドで必ずPageクラスのIsValidプロパティをチェックしてから処理を行うようにしましょう。

コラム

Emptyプロジェクトテンプレートを使った場合のエラーについて

2章で、プロジェクトの作成時にテンプレートの種類を選択できることを解説しました。「Web Forms」テンプレートを使ってプロジェクトのひな形を作成した場合は問題ありませんが、「Empty」テンプレートを使ってプロジェクトを作成した場合、検証コントロールを使用すると図3-30のようなエラー「WebForms UnobtrusiveValidationMode には、'jquery' の ScriptResource Mapping が必要です。jquery (大文字と小文字が区別されます) という名前の ScriptResource Mapping を追加してください。」が表示されます。

図3-30 Emptyプロジェクトテンプレートを使った場合のエラー

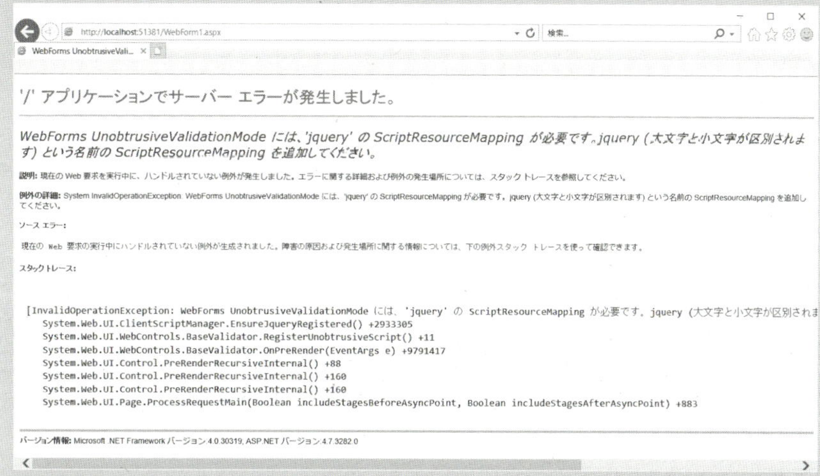

非常に長いエラーメッセージですが、これはプロジェクトでjQueryを読み込む設定になっていない場合に発生するエラーです。検証コントロールはデフォルトでjQueryを使うため、jQueryが読み込まれていないとエラーになります。Webフォームのプロジェクトテンプレートを使用した場合は、2章で解説したようにプロジェクト内にjQueryのスクリプトがあり、自動的に読み込む設定となっているため、このエラーは発生しません。空のテンプレートで作成したプロジェクトで検証コントロールを使用する場合、Global.asax.vbファイルのApplication_Startメソッドにリスト3-27のようにjQueryを読み込むコードを追加する必要があります。

リスト3-27 jQueryの読み込み設定 (Global.asax.vb)

```
Sub Application_Start(sender As Object, e As EventArgs)
    ScriptManager.ScriptResourceMapping.AddDefinition("jquery",
    New ScriptResourceDefinition() With
    {
    .Path = "http://ajax.microsoft.com/ajax/jQuery/jquery-
1.10.2.min.js",
```

Chapter 03 サーバーコントロール

> * CDN：Contents Delivery Network：Web上のコンテンツを配信するためのネットワーク。MicrosoftはjQueryやBootstrapなどのファイルをCDNで公開している。

```
        .DebugPath = "http://ajax.microsoft.com/ajax/jQuery/
jquery-1.10.2.js"}
    )
End Sub
```

これは、jQueryのスクリプトファイルをMicrosoftが公開しているCDN*からダウンロードするよう設定するコードです。このコードを追加して実行すると、検証コントロールが問題無く動作するようになります。

必須入力項目を検証する

それでは順に検証コントロールの使用方法を確認しましょう。

RequiredFieldValidatorコントロールは、Webフォームの必須入力の項目にユーザーが入力したかどうかを検証するためのコントロールです。

先ほどサンプルとして扱いましたが、使い方はシンプルで、対象とするコントロールをControlToValidateプロパティに指定するだけで動作します。デフォルトでは対象とするコントロールの値が空文字列である場合に検証失敗となります。

なお、RequiredFieldValidatorコントロールには入力の初期値を指定するInitialValueプロパティ（デフォルトは空文字列）があり、入力内容がこの値と異なっていなければ検証エラーとなります。このプロパティを使うことで、入力項目に初期値がある場合に、その初期値から変更があったかどうかで検証を行うことができます。

リスト3-28はテキストボックスの初期値として入力を促すメッセージを設定し、RequiredFieldValidatorコントロールのInitialValueプロパティにも同じメッセージを設定したコードです。

リスト3-28 初期値付きの検証例（ValidationControl/RequiredFieldValidator.aspx）

```
<asp:TextBox ID="TextBox1" runat="server"
Text="テキストを入力してください" Columns="50"></asp:TextBox>
<asp:RequiredFieldValidator ID="RequiredFieldValidator1" runat="server"
  ErrorMessage="初期値から値を変更してください" ControlToValidate="TextBox1"
  InitialValue="テキストを入力してください"></asp:RequiredFieldValidator>
<asp:Button ID="Button1" runat="server" Text="送信" />
```

テキストボックスの初期値を変更せずにボタンをクリックした場合、図3-31のような表示となります。

図3-31 初期値のままだとエラーメッセージが表示される

コラム　検証コントロールのエラーメッセージのスタイルについて

　本文の実行例にあるように、検証コントロールのエラーメッセージはデフォルトで色指定なしの黒いフォントで出力されます。ASP.NET 3.5以前は、エラーメッセージがデフォルトで赤文字で出力されていましたが、ASP.NET 4より、デフォルトではフォントの色指定が行われなくなりました。これは、ASP.NETがCSSを前提としたHTMLを出力するようになったためです。
　エラーメッセージを赤文字で出力する際には、検証コントロールに対してCSS（10章参照）でスタイルを指定するようにしてください。

入力範囲を検証する

　RangeValidatorコントロールは、指定したコントロールの値が特定の範囲内であることを検証するためのコントロールです。主に数値入力や日付入力の際に使用します。
　RangeValidatorコントロールには表3-24のようなプロパティがあります。

表3-24 RangeValidatorコントロールのプロパティ

プロパティ	意味
MinimumValue	入力範囲の最小値
MaximumValue	入力範囲の最大値
Type	入力値のデータ型。Integer, String, Double, Date, Currencyのいずれか

　RangeValidatorコントロールでは、まず入力値がTypeプロパティで指定された型に変換可能かどうかが検証され、さらに入力値がMinimumValueプロパティ以上、MaximumValueプロパティ以下の範囲にあるかどうかが検証されます。

なお、入力が空の場合はRangeValidatorコントロールは検証エラーとなりません。したがって、入力必須の項目で範囲を検証する場合、RangeValidatorコントロールとRequiredFieldValidatorコントロールの両方で検証する必要があります。
リスト3-29は年齢と生年月日を入力するページで、RangeValidatorコントロールを使い、整数型と日付型での検証を行うサンプルです。

リスト3-29 RangeValidatorコントロールの使用サンプル（ValidationControl/RangeValidatorControl.aspx）

```
年齢<asp:TextBox ID="Age" runat="server" Text=""></asp:TextBox>
<asp:RangeValidator ID="RangeValidator1" runat="server"
  ControlToValidate="Age" ErrorMessage="年齢は0-150歳の範囲で入力してください"
  MaximumValue="150" Type="Integer" MinimumValue="0"></asp:RangeValidator>

生年月日<asp:TextBox ID="Birthday" runat="server" Text=""></asp:TextBox>
<asp:RangeValidator ID="RangeValidator2" runat="server"
  ControlToValidate="Birthday" Type="Date"
  ErrorMessage="誕生日は1850年以降を指定してください"
  MinimumValue="1850/1/1" MaximumValue="9999/1/1"></asp:RangeValidator>
<asp:Button ID="Button1" runat="server" Text="送信" />
```

ここでは、年齢のテキストボックスに対して、整数型で0-150の範囲にあること、生年月日のテキストボックスに対して、1850/1/1から9999/1/1の範囲にあることをそれぞれ検証しています。正しくない入力があった場合の画面は図3-32のようになります。

図3-32 整数型と日付型の検証

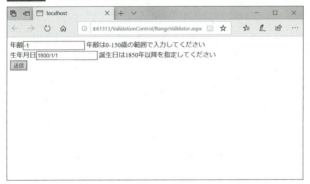

入力内容を比較して検証する

CompareValidatorコントロールは、検証対象のコントロールの値を、定数または他のコントロールの値と比較して検証するコントロールです。
CompareValidatorコントロールには表3-25のようなプロパティがあります。

表3-25　CompareValidatorコントロールのプロパティ

プロパティ	意味
Operator	比較方法を指定する
ControlToCompare	比較対象のコントロールを指定する
ValueToCompare	比較対象の定数値を指定する
Type	入力の型。RangeValidatorコントロールのTypeプロパティと同じ（表3-24参照）

Operatorプロパティには表3-26のような値を指定できます。

表3-26　Operatorプロパティの値と意味

値	意味
Equal	値が等しい
NotEqual	値が等しくない
GreaterThan	値が大きい
GreaterThanEqual	値が等しいか大きい
LessThan	値が小さい
LessThanEqual	値が等しいか小さい
DataTypeCheck	データ型のチェックのみを行う

なお、OperatorプロパティにDataTypeCheckを指定すると、入力値が指定した型であるかどうかだけを検証し、ControlToCompareプロパティとValueToCompareプロパティは無視されます。これにより、入力値の型チェックのみを行うことができます。

リスト3-30は生年と小学校入学年を入力するページで、CompareValidatorコントロールを使い、定数値との比較および他のコントロールとの比較を行うサンプルです。

リスト3-30　CompareValidatorコントロールの使用サンプル
（ValidationControl/CompareValidatorControl.aspx）

```
生年<asp:TextBox ID="Birth" runat="server" Text=""></asp:TextBox>
小学校入学年<asp:TextBox ID="Enroll" runat="server" Text=""></asp:TextBox>

<asp:CompareValidator ID="CompareValidator1" runat="server"
  ErrorMessage="生年は小学校入学年よりも前である必要があります"
  ControlToCompare="Enroll" ControlToValidate="Birth"
  Operator="LessThan" Type="Integer"></asp:CompareValidator>
<asp:CompareValidator ID="CompareValidator2" runat="server"
  ErrorMessage="生年は1850年よりも後である必要があります"
```

```
ControlToValidate="Birth" Operator="GreaterThan"
ValueToCompare="1850" Type="Integer"></asp:CompareValidator>

<asp:Button ID="Button1" runat="server" Text="送信" />
```

　1つめのCompareValidatorコントロールは、生年テキストボックスの値が小学校入学年テキストボックスの値よりも小さいことを検証します。2つめのCompareValidatorコントロールは、生年テキストボックスの値が定数値1850以上であることを、検証します。
　正しくない入力があった場合の画面は図3-33のようになります。

図3-33　生年、小学校入学年の検証結果

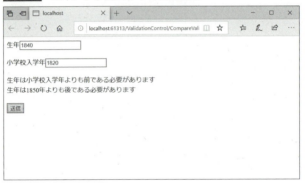

正規表現で検証する

　RegularExpressionValidatorコントロールは、正規表現による検証を行うためのコントロールです。正規表現とは、文字列が満たすべきパターンを表現するための記法のことです。正規表現を用いることで、入力内容が電話番号やメールアドレスなどの特定の書式を満たしているかどうかを検証できます。
　表3-27はいくつかの正規表現の例です。

表3-27　正規表現の例

正規表現	意味
^[A-Za-z0-9]+$	英数文字のみのパターン
¥d{3}	3桁の数字
¥d{3}(-(¥d{4}¦¥d{2}))?	日本の郵便番号のパターン。3桁、5桁、7桁の表記に対応

　正規表現ではメタ文字と呼ばれる記号が特別な意味を持っています。たとえば"¥d"は数字を、"["と"]"の組み合わせは、その中に含まれる文字すべてを表します。正規表現を使うことで、非常に複雑なパターンの文字列を検証することも可能

です。Visual Studioでは、メールアドレスや電話番号など、よく使われるパターンの正規表現を選択することができます。

RegularExpressionValidatorコントロールでは、ValidationExpressionプロパティに、検証に使用する正規表現を指定します。Visual Studioでは、プロパティウィンドウのValidationExpressionプロパティ（図3-34）から、[...]ボタンをクリックすることで、正規表現エディター（図3-35）で正規表現のパターンを選択、編集できます。

図3-34　ValidationExpressionプロパティ

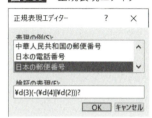

図3-35　正規表現エディター

なお、入力が空の場合はRegularExpressionValidatorコントロールは検証エラーとなりません。したがって、入力必須の項目を正規表現で検証する場合、RegularExpressionValidatorコントロールとRequiredFieldValidatorコントロールの両方で検証する必要があります。

リスト3-31はテキストボックスの入力内容を郵便番号の書式で検証するサンプルです。

リスト3-31　正規表現による検証例（ValidationControl/RegularExpressionValidatorControl.aspx）

```
郵便番号<asp:TextBox ID="TextBox1" runat="server" Text="" Columns="50">
</asp:TextBox>

<asp:RegularExpressionValidator ID="RegularExpressionValidator1" runat="server"
  ErrorMessage="郵便番号を正しく入力してください" ControlToValidate="TextBox1"
  ValidationExpression="\d{3}(-(\d{4}|\d{2}))?">
</asp:RegularExpressionValidator>

<asp:Button ID="Button1" runat="server" Text="送信" />
```

郵便番号の書式に合わない文字列を入力した場合、図3-36のような表示となります。

図3-36　郵便番号の書式で検証

検証方法をカスタマイズする

　ここまで扱ってきた各種の検証コントロールを使うことで、Webアプリケーションで必要とされる検証のうち、頻繁に使われる部分を網羅できます。しかし、入力値をデータベースの値と比較するなど、標準で提供されている検証コントロールでは検証できないパターンも存在します。

　CustomValidatorコントロールを使用することで、独自のコードによる検証を行えます。CustomValidatorコントロールでは、サーバーサイドの検証とクライアントサイドの検証両方をカスタマイズできます。サーバーサイドの検証は必須ですが、クライアントサイドの検証は省略可能です。また、WebブラウザーのJavaScriptが無効な場合には、クライアントサイドでの検証は行われません。

　CustomValidatorコントロールには表3-28のようなプロパティ、イベントがあります。

表3-28　CustomValidatorコントロールのプロパティ、イベント

プロパティ、イベント	意味
ServerValidate イベント	サーバーサイドの検証イベント
ClientValidationFunction プロパティ	クライアントサイドの検証を行う関数名を指定

　リスト3-32はサーバーサイドの検証コードのサンプルです。このメソッドをServerValidate イベントのイベントハンドラーとすることでサーバーサイドでの検証が行われます。

リスト3-32　サーバーサイドでの検証コードの例（ValidationControl/CustomValidator.aspx.vb）

```
Protected Sub CustomValidator1_ServerValidate(source As Object, args As 
ServerValidateEventArgs) Handles CustomValidator1.ServerValidate
    '入力された文字列を取得
    Dim text = args.Value
```

```
    '"ASP.NET"という文字列が含まれていれば検証成功。含まれていなければ失敗
    If text.IndexOf("ASP.NET") >= 0 Then
        args.IsValid = True
    Else
        args.IsValid = False
    End If

End Sub
```

入力された文字列はServerValidateイベントハンドラーのargs引数のValueプロパティから取得できます。ここでは入力された文字列に"ASP.NET"という文字列が含まれているかどうかを検証しています。

リスト3-33はサーバーサイドでの検証だけを指定したサンプルです。

リスト3-33 サーバーサイドでの検証を有効にしたCustomValidatorコントロール
（ValidationControl/CustomValidator.aspx）

```
<asp:TextBox ID="TextBox1" runat="server" Text=""></asp:TextBox>

<asp:CustomValidator ID="CustomValidator1" runat="server"
  ErrorMessage="入力内容にASP.NETという文字列が含まれていません"
  onservervalidate="CustomValidator1_ServerValidate"
  ControlToValidate="TextBox1"></asp:CustomValidator>

<asp:Button ID="Button1" runat="server" Text="送信" />
```

CustomValidatorコントロールのServerValidateイベントに先ほどの検証コードが指定されていることに注目してください。正しくない入力をして送信ボタンを押した場合の表示は図3-37のようになります。

図3-37 "ASP.NET"を含まない文字列に対するエラーメッセージ

続けてクライアントサイドの検証も行ってみましょう。リスト3-34はクライアントサイドの検証をJavaScriptで記述し、ClientValidationFunctionプロパティに関数名を指定したサンプルです。

リスト3-34　クライアントサイドでの検証を有効にしたCustomValidatorコントロール
（ValidationControl/CustomValidator.aspx）

```
<script type="text/javascript">
  //クライアントサイドで検証を行う関数
  function clientValidate(src, args) {
    //サーバーサイドと同じく、ASP.NETという文字列が含まれているかどうかで検証
    if(args.Value.indexOf("ASP.NET") >= 0)
      args.IsValid = true;
    else
      args.IsValid = false;
  }
</script>
...
<asp:CustomValidator ID="CustomValidator1" runat="server"
  ErrorMessage="入力内容にASP.NETという文字列が含まれていません"
  onservervalidate="CustomValidator1_ServerValidate"
  ClientValidationFunction="clientValidate"
  ControlToValidate="TextBox1"></asp:CustomValidator>
```

　ここでは、clientValidateというJavaScriptの関数を作成し、ClientValidationFunctionプロパティに関数名を指定しています。JavaScriptの関数内の記述はサーバーサイドとほぼ同じで、"ASP.NET"という文字列が含まれているかどうかで検証しています。

　クライアントサイドの検証が有効になっているため、先ほどとは異なり、テキストボックスがフォーカスを失った時点でクライアントサイドでの検証が行われ、図3-38のようになります。

図3-38　ポストバック以前にクライアントサイドでの検証が行われる

検証エラーを表示する

　ValidationSummaryコントロールはこれまで解説してきた検証コントロールとは異なり、それ自体はコントロールの検証機能を持たず、他の検証コントロールの出力するエラーメッセージをまとめて表示するためのコントロールです。

ValidationSummaryコントロールには表3-29のようなプロパティがあります。

表3-29 ValidationSummaryコントロールのプロパティ

プロパティ	意味
ShowMessageBox	エラーメッセージをJavaScriptのalert関数を使ってダイアログ表示する
ShowSummary	エラーメッセージをWebページ上に表示する
DisplayMode	表示方式を指定する
HeaderText	エラーメッセージの上に表示するテキストを指定する

表示方式を指定するDisplayModeプロパティでは表3-30のような値を指定できます。

表3-30 DisplayModeプロパティの値と意味

値	意味
List	エラーメッセージごとに改行して表示
BulletList	ulタグ（箇条書きリスト）で表示。デフォルト値
SingleParagraph	改行せず続けて表示

ValidationSummaryコントロールには、各検証コントロールのErrorMessageプロパティがまとめて表示されます。検証コントロールでのプロパティの指定と、エラー発生時の表示の組み合わせは表3-31の通りです。

表3-31 検証コントロールのプロパティと、エラー発生時に表示される内容

検証コントロールのプロパティ	検証コントロールの表示	ValidationSummaryコントロールの表示
ErrorMessageプロパティのみ指定	ErrorMessageプロパティ	ErrorMessageプロパティ
Textプロパティのみ指定	Textプロパティ	表示されない
TextプロパティとErrorMessageプロパティ両方を指定	Textプロパティ	ErrorMessageプロパティ
DisplayプロパティにNoneを指定	表示されない	ErrorMessageプロパティ

検証コントロールのTextプロパティには短いエラーメッセージを、ErrorMessageプロパティには長いエラーメッセージを設定するなどの使い分けが可能です。

リスト3-35は、2つのRangeValidatorコントロールのエラーメッセージをValidationSummaryコントロールで表示するサンプルです。

リスト3-35　ValidationSummaryコントロールでのエラーメッセージの表示
（ValidationControl/ValidationSummaryControl.aspx）

```
<asp:ValidationSummary ID="Summary" runat="server" />

年齢<asp:TextBox ID="Age" runat="server" Text=""></asp:TextBox>
<asp:RangeValidator ID="RangeValidator1" runat="server"
  ControlToValidate="Age" ErrorMessage="年齢は0-150歳の範囲で入力してください"
  Text="*" MaximumValue="150"
  Type="Integer" MinimumValue="0"></asp:RangeValidator>

生年月日<asp:TextBox ID="Birthday" runat="server" Text=""></asp:TextBox>
<asp:RangeValidator ID="RangeValidator2" runat="server"
  ControlToValidate="Birthday" Type="Date" Display="None"
  ErrorMessage="誕生日は1850年以降を指定してください"
  MinimumValue="1850/1/1" MaximumValue="9999/1/1"></asp:RangeValidator>

<asp:Button ID="Button1" runat="server" Text="送信" />
```

　1つ目のRangeValidatorコントロールはTextプロパティとErrorMessageプロパティの両方を指定していますので、検証コントロールでTextプロパティが、ValidationSummaryコントロールでErrorMessageプロパティが表示されます。
　2つめのRangeValidatorコントロールはDisplayModeプロパティにNoneを指定していますので、検証コントロールではメッセージは表示されず、ValidationSummaryコントロールでErrorMessageプロパティが表示されます。
　正しくない入力をした場合の表示は図3-39のようになります。

図3-39　検証コントロールとValidationSummaryコントロールでのエラーメッセージの表示

ボタン系コントロールとの関連

　検証コントロールは自動ポストバックが有効でない限り、ボタン系コントロールでのポストバックに連動して検証を行います。基本的にはページ内のすべての検証コントロールの検証が行われます。しかし、実際のアプリケーションにおいては、特

定のボタンを押した場合は検証を行いたくない場合や、ボタンごとに検証する項目を切り替えたい場合などがあります。ボタン系コントロールの検証に関連するプロパティを使うことで、そうした機能を実現できます。

■（1）CausesValidationプロパティ

ボタン系コントロールのCausesValidationプロパティは、そのコントロールを操作した時に検証を行うかどうかを表すプロパティです。デフォルト値はTrue（検証を行う）です。ただし、特定のボタンを押した時は検証を行いたくない場合などに、CausesValidationプロパティをFalseにすることで、検証なしで処理を進めることができます。

たとえば図3-40は、テキストボックスと2つのボタンがある画面です。送信ボタンを押した場合には、テキストボックスは入力必須ですが、キャンセルボタンの場合はテキストボックスの入力検証は不要なものとします。

図3-40　キャンセルボタンでは検証が不要な画面

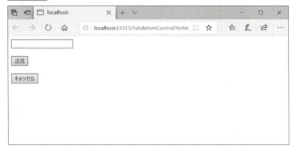

デフォルトの設定では、キャンセルボタンを押した場合も検証コントロールが検証を行ってしまいますので、CausesValidationプロパティを使って、キャンセルボタンでの検証を無効にしてみましょう。対応するコードはリスト3-36のようになります。

リスト3-36　CausesValidationプロパティの使用例（ValidationControl/ButtonCausesValidation.aspx）

```
<asp:TextBox ID="TextBox1" runat="server"></asp:TextBox>
<asp:RequiredFieldValidator ID="RequiredFieldValidator1" runat="server"
  ControlToValidate="TextBox1" ErrorMessage="テキストを入力してください"
  ForeColor="Red"></asp:RequiredFieldValidator>

<asp:Button ID="SendButton" runat="server" onclick="SendButton_Click"
  Text="送信" />

<asp:Button ID="CancelButton" runat="server" onclick="CancelButton_Click"
  Text="キャンセル" CausesValidation="False" />
```

ここでは、キャンセルボタンのCausesValidationプロパティの値をFalseとしています。これにより、キャンセルボタンを押した場合には検証を行わなくなります。

■（2）ValidationGroupプロパティ

検証コントロールとボタン系コントロールの **ValidationGroupプロパティ** は、検証をグループ分けするためのプロパティです。このプロパティを使うことで、ページ内の検証コントロールすべてが一斉に検証を行うのではなく、ボタンごとに検証を行うグループを切り替えることができます。

たとえば図3-41は、メールマガジンの登録、登録解除ページをイメージした画面で、登録ボタン、登録解除ボタンがあり、それぞれのボタンごとにアドレス入力用のテキストボックスが存在します。それぞれのボタンを押した場合は、対応するテキストボックスに値が入力されているかどうか検証を行う必要があります（＝対応しないテキストボックスは検証しません）。

図3-41 メールマガジンの登録、登録解除サンプル

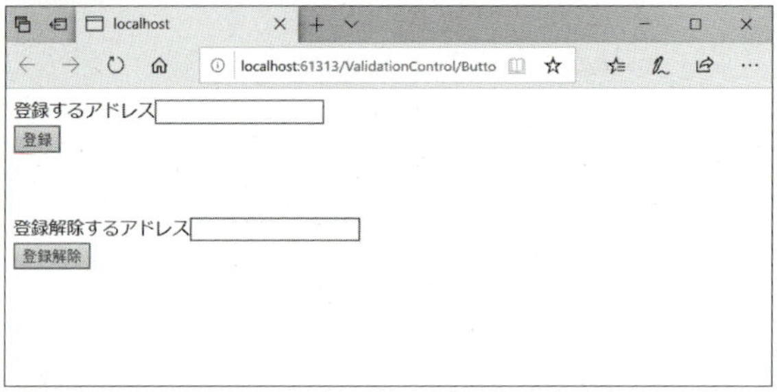

対応するコードはリスト3-37のようになります。

リスト3-37 CausesValidationプロパティの使用例（ValidationControl/ButtonValidationGroup.aspx）

```
<asp:TextBox ID="TextBox1" runat="server"></asp:TextBox>
<asp:RequiredFieldValidator ID="RequiredFieldValidator1" runat="server"
  ControlToValidate="TextBox1"
  ErrorMessage="登録するアドレスを入力してください"
  ValidationGroup="Register"></asp:RequiredFieldValidator>

<asp:Button ID="RegisterButton" runat="server" Text="登録"
  ValidationGroup="Register" />

<asp:TextBox ID="TextBox2" runat="server"></asp:TextBox>
<asp:RequiredFieldValidator ID="RequiredFieldValidator2" runat="server"
  ControlToValidate="TextBox2"
  ErrorMessage="登録解除するアドレスを入力してください"
  ValidationGroup="Unregister"></asp:RequiredFieldValidator>
```

```
<asp:Button ID="UnregisterButton" runat="server" Text="登録解除"
  ValidationGroup="Unregister" />
```

ここでは、RequiredFieldValidatorコントロールのValidationGroupプロパティにRegister、Unregisterという値を割り当ててグループ分けしています。そして、登録ボタン、登録解除ボタンのValidationGroupプロパティで、検証を行うグループ名を指定しています。

これにより、図3-42のように、それぞれのボタンに対応するテキストボックスだけを検証できます。

図3-42 押したボタンに対応するテキストボックスだけが検証される

Section 03-06 ユーザーコントロール

ユーザー独自のコントロールを作成する

このセクションでは、様々なコントロールを組み合わせて独自のコントロールを作成する、ユーザーコントロールについて解説します。

このセクションのポイント
■1 ユーザーコントロールは、開発者が作成できる、再利用可能なコントロールである。
■2 ユーザーコントロールは他のWebフォーム内で使用でき、宣言したプロパティなども呼び出せる。

　ASP.NETのユーザーコントロールは、ユーザーが独自に作成可能で、再利用可能なコントロールです。

　Webアプリケーションでは、複数のページで共通の機能が使われていることがあります。ユーザーコントロールを使うことで、そうした共通の機能を各ページで同じように実装するのではなく、再利用可能な部品として作成できます。これにより、複数の箇所で同じコードを記述することを避けられ、生産性が向上します。

　ユーザーコントロールは通常のWebフォームと同じように、各種のサーバーコントロールを自由に組み合わせて作成します。

　このセクションでは、図3-43のような、時間と分を入力するユーザーコントロールを作成し、使用方法を確認します。

図3-43　時間と分を入力できるユーザーコントロール。検証も行う

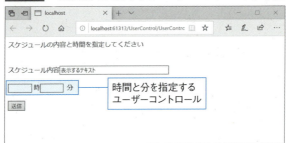

ユーザーコントロールの作成

　ソリューションエクスプローラーで右クリックし、[**追加**] − [**新しい項目の追加**] から、図3-44のように、[**Webフォームのユーザーコントロール**] を選択します。ここではTimeUserControlという名前でユーザーコントロールを作成します。

図3-44 ユーザーコントロールの作成

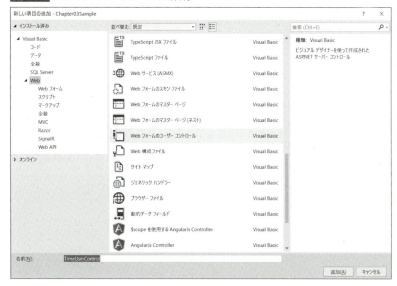

ユーザーコントロールは表3-32のようなファイルで構成されています。ファイルの構成はWebフォームとよく似ていますが、Webフォームが.aspxという拡張子だったのに対し、ユーザーコントロールは.ascxという拡張子を持ちます。

表3-32 ユーザーコントロールを構成するファイルの役割

拡張子	役割
.ascx	ユーザーコントロールのデザイン定義
.ascx.vb	ユーザーコントロールのロジック定義
.ascx.designers.vb	.ascxで定義したコントロールなどを参照するために自動生成されるVisual Basicコード

.ascxファイルの先頭行はリスト3-38のような内容となっています。

リスト3-38 ユーザーコントロールの先頭行（UserControl/TimeUserControl.ascx）

```
<%@ Control Language="vb" AutoEventWireup="false"
  CodeBehind="TimeUserControl.ascx.vb" Inherits="Chapter03Sample.TimeUserControl" %>
```

先頭の<%@ Controlで始まる行はディレクティブで、このユーザーコントロール固有の属性などを設定します。ここではコードビハインドファイルのファイル名とクラス名が指定されています。ディレクティブの詳細については8章で扱います。

Chapter 03 サーバーコントロール

> **メモ**
> Webフォームでは@Pageディレクティブを、ユーザーコントロールでは@Controlディレクティブを使用します。

ユーザーコントロールへの各種のコントロールの配置は、Webフォームと全く同じ手順で行います。リスト3-39は、時間、分を入力するテキストボックスと、検証を行うRangeValidatorコントロールを配置したサンプルです。

リスト3-39 時間を入力するユーザーコントロール（UserControl/TimeUserControl.ascx）

```
<asp:TextBox ID="HourTextBox" runat="server" Columns="4"
  MaxLength="2"></asp:TextBox>時
<asp:TextBox ID="MinuteTextBox" runat="server" Columns="4"
  MaxLength="2"></asp:TextBox>分

<asp:RangeValidator ID="RangeValidator1" runat="server"
  ControlToValidate="HourTextBox"
  ErrorMessage="時間は0-23の値で入力してください"
  MaximumValue="23" MinimumValue="0" Type="Integer" Text="*"
  Display="Dynamic"></asp:RangeValidator>

<asp:RangeValidator ID="RangeValidator2" runat="server"
  ControlToValidate="MinuteTextBox"
  ErrorMessage="分は0-59の値で入力してください"
  MaximumValue="59" MinimumValue="0" Type="Integer" Text="*"
  Display="Dynamic"></asp:RangeValidator>
```

続けて、コードビハインドファイルTimeUserControl.ascx.vbを開き、リスト3-40のコードを追加します。これは、ユーザーコントロールで入力した時間と分を整数型で取得するためのプロパティを実装するコードです。

リスト3-40 Hourプロパティ、Minuteプロパティの定義（UserControl/TimeUserControl.ascx.vb）

```
Public ReadOnly Property Hour As Integer
    Get
        '時間テキストボックスの値を整数型に変換して返す
        Return Integer.Parse(HourTextBox.Text)

    End Get
End Property

Public ReadOnly Property Minute As Integer
    Get
```

```
        '分テキストボックスの値を整数型に変換して返す
            Return Integer.Parse(MinuteTextBox.Text)
        End Get
End Property
```

以上で、入力のためのテキストボックスと、検証のためのコントロール、そして入力内容を取得するためのプロパティ定義ができましたので、ユーザーコントロールの実装は完了です。

ユーザーコントロールの使用

それでは、作成したユーザーコントロールをWebフォームで使用しましょう。

使用したいWebフォームを開き、図3-45のように、ソリューションエクスプローラーのユーザーコントロールをWebフォームデザイナにドラッグアンドドロップすることで、ユーザーコントロールをWebフォームに配置できます。

図3-45 ユーザーコントロールをソリューションエクスプローラーからドラッグアンドドロップで配置

ユーザーコントロールを配置すると、リスト3-41のような内容がWebフォームに追加されます。

リスト3-41 ユーザーコントロールを配置した時に追加されるコード（UserControl/UserControlSample.aspx）

```
...
<%@ Register Src="~/UserControl/TimeUserControl.ascx" tagname="TimeUserControl"
tagprefix="uc1" %>
...
<uc1:TimeUserControl ID="TimeUserControl1" runat="server" />
```

Chapter 03 サーバーコントロール

　<%@ Registerで始まる行はディレクティブで、ユーザーコントロールを使用するために必要な情報を指定しています。ここではユーザーコントロールが定義されているファイル名（TimeUserControl.ascx）と、タグ名（TimeUserControl）、タグのプリフィックス（uc1）を指定しています。

　uc1:TimeUserControlというタグは、ユーザーコントロールを表しています。他のWebサーバーコントロールを定義する際の記述に似ていることに注目してください。

　図3-46は、スケジューラをイメージした画面で、スケジュール内容を入力するテキストボックスと、時間を指定するユーザーコントロールを配置したサンプルです。

図3-46　スケジューラのサンプル

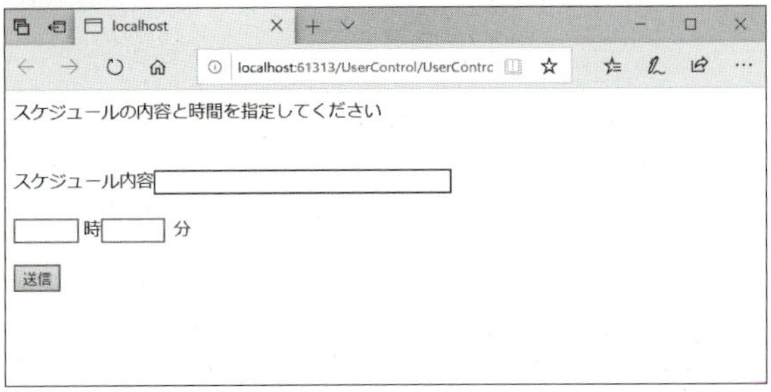

　この画面のコードはリスト3-42のようになります。スケジュール内容のテキストボックスは入力必須なので、RequiredFieldValidatorコントロールで検証します。ユーザーコントロール内の項目については、ユーザーコントロール内で検証が行われますので、Webフォーム側では何もする必要がありません。

リスト3-42　ユーザーコントロールの使用例（UserControl/UserControlSample.aspx）

```
<asp:ValidationSummary ID="ValidationSummary1" runat="server" />
<asp:Label ID="Label1" runat="server"
  Text="スケジュールの内容と時間を指定してください"></asp:Label>

スケジュール内容
<asp:TextBox ID="ScheduleTextBox" runat="server" Columns="40"
  MaxLength="40"></asp:TextBox>

<asp:RequiredFieldValidator ID="RequiredFieldValidator1" runat="server"
  ControlToValidate="ScheduleTextBox" Display="Dynamic"
  ErrorMessage="スケジュール内容を入力してください">
  *</asp:RequiredFieldValidator>

<uc1:TimeUserControl ID="TimeUserControl1" runat="server" />

<asp:Button ID="Button1" runat="server" Text="送信" onclick="Button1_Click"/>
```

まずは検証が正しく働くかどうかを確認しましょう。正しくない入力をした場合の表示は図3-47のようになります。

図3-47 エラーメッセージ。ユーザーコントロール内のエラーメッセージもまとめて表示されていることに注目

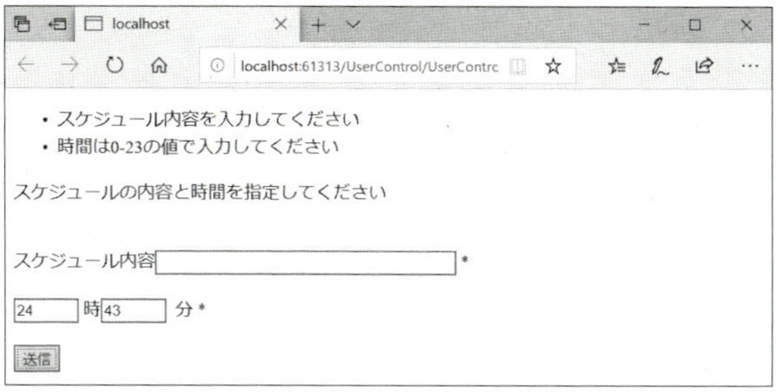

ここでは、Webフォームで配置したRequiredFieldValidatorコントロールのメッセージと、ユーザーコントロール内のRangeValidatorコントロールのメッセージの両方がまとめてValidationSummaryコントロールに表示されています。

続けてコードビハインドファイルから、ユーザーコントロールの入力内容を取得しましょう。リスト3-43はTimeUserControlユーザーコントロールに定義したHourプロパティ、Minuteプロパティを、Webフォームから取得するサンプルです。

リスト3-43 Webフォームからユーザーコントロールのプロパティを取得する（UserControl/UserControlSample.aspx.vb）

```vb
Protected Sub Button1_Click(sender As Object, e As EventArgs) Handles Button1.Click
    'ユーザーコントロールのプロパティをWebフォームから取得
    Label1.Text = String.Format("{0}時{1}分 「{2}」という内容のスケジュールを登録します",
        TimeUserControl1.Hour, TimeUserControl1.Minute, ScheduleTextBox.Text)

End Sub
```

正しい入力を行った場合の表示は図3-48のようになります。

図3-48 ユーザーコントロールのプロパティが表示される

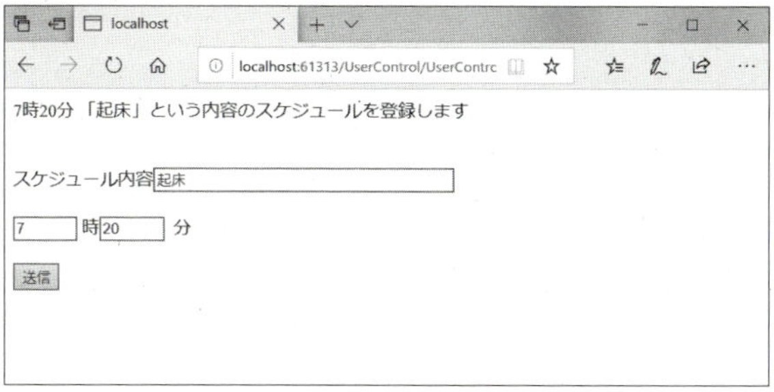

以上がユーザーコントロールの作成方法と使用方法になります。作成、使用のどちらも簡単な手順で行えますので、Webアプリケーション内で再利用可能な部分については、積極的にユーザーコントロールを活用してください。

なお、Webサイト全体の共通デザインには、ユーザーコントロールよりもマスターページ機能の方が適しています。マスターページについては10章を参照してください。

> **コラム**
>
> ### ASP.NETテーマとスキン
>
> ASP.NETのデザインに関する機能として、10章ではマスターページやCSSについて解説しますが、ASP.NETにはそれ以外にテーマとスキンという機能があります。
>
> テーマとは、サイト全体のデザインをまとめて定義したもので、スタイルシートファイル、使用する画像ファイル、スキンファイルなどで構成されます。あらかじめ複数のテーマを用意しておき、使用するテーマを切り替えることで、Webサイトのデザインを一括して切り替えることができます。
>
> スキンとは、サーバーコントロールに対するスタイルを、外部のスキンファイルで定義する機能です。ちょうどHTMLのタグに対してCSSのスタイルシートファイルを適用するのと同じように、サーバーコントロールに対してスキンファイルで定義したスタイルに関連するプロパティが適用されます。
>
> 10章でも解説しますが、サーバーコントロールのスタイル設定はCSSで行うことを推奨します。そのため、スキンファイルを用いたサーバーコントロールのスタイルの切り替えを行うことはお勧めしません。
>
> **メモ**
>
> なお、テーマ機能は元々スキンと組み合わせて導入された機能ですが、スキンファイルを使わず、画像やCSSファイルの切り替えなどに使用することも可能です。

Section 03-07 HTMLサーバーコントロール

HTMLサーバーコントロールを理解する

このセクションでは、HTMLサーバーコントロールの基本的な使用方法と、ASP.NETのWebフォームにおいて特別な意味を持つHtmlFormコントロールについて解説します。

このセクションのポイント
■1 HTMLサーバーコントロールはHTMLタグをコードビハインドファイルから利用するためのコントロールである。
■2 runat属性にserverという値を指定することで、HTMLサーバーコントロールを使用できる。Webサーバーコントロールと同様に、IDプロパティの値が変数名となる。

　HTMLサーバーコントロールは、HTMLのタグをサーバーから操作するためのコントロールで、HTMLのタグそれぞれに対応するコントロールが提供されています。
　HTMLサーバーコントロールの多くは同等の機能がWebサーバーコントロールでも提供されており、Webサーバーコントロールの方が開発者から使いやすいインタフェースを提供しています。しかし、特定のHTMLタグについてはHTMLサーバーコントロールでのみサポートされています。
　HTMLサーバーコントロールの一覧と、対応するHTMLタグは表3-33の通りです。

表3-33　HTMLサーバーコントロールの種類と対応するHTMLタグ

HTMLサーバーコントロール	対応するHTMLタグ
HtmlAnchor	aタグ
HtmlButton	buttonタグ
HtmlForm	formタグ
HtmlGeneric	spanタグ、divタグ、bodyタグ、hrタグ
HtmlImage	imgタグ
HtmlInputButton	inputタグ（type属性がbutton、submit、reset）
HtmlInputCheckBox	inputタグ（type属性がcheckbox）
HtmlInputFile	inputタグ（type属性がfile）
HtmlInputHidden	inputタグ（type属性がhidden）
HtmlInputImage	inputタグ（type属性がimage）
HtmlInputRadioButton	inputタグ（type属性がradio）
HtmlInputText	inputタグ（type属性がtext）
HtmlSelect	selectタグ
HtmlTable	tableタグ
HtmlTableCell	tdタグ、thタグ
HtmlTableRow	trタグ

はじめての ASP.NET Web フォームアプリ開発 Visual Basic 対応 第2版

HtmlTextArea	textarea タグ
HtmlArea	area タグ（ASP.NET 4.5 以降）
HtmlAudio	audio タグ（ASP.NET 4.5 以降）
HtmlEmbed	embed タグ（ASP.NET 4.5 以降）
HtmlIframe	iframe タグ（ASP.NET 4.5 以降）
HtmlTrack	track タグ（ASP.NET 4.5 以降）
HtmlVideo	video タグ（ASP.NET 4.5 以降）

HTMLサーバーコントロールの使用方法

通常のHTMLタグのrunat属性にserverという値を指定することで、そのHTMLタグはHTMLサーバーコントロールとして、コードビハインドファイルからアクセスできるようになります。

ツールボックスのHTMLタブには図3-49のようなコントロールが含まれていますので、Webフォームデザイナにドラッグアンドドロップすることで配置できます。

注意点として、ツールボックスのHTMLタブのコントロールは、Webフォーム上に配置しただけではrunat属性が指定されません。手動でrunat属性にserverという値を指定することで、HTMLサーバーコントロールとして動作するようになります。

リスト3-44は、ツールボックスのHTMLタブの [Input(Text)]（HtmlInputTextコントロールに対応）、[Input(Submit)]（HtmlInputSubmitコントロールに対応）、[Div]（HtmlGenericコントロールに対応）を配置し、それぞれにrunat属性を付加したサンプルです。

図3-49　ツールボックスのHTMLタブ

HTMLサーバーコントロール | Section 03-07

リスト3-44　HTMLサーバーコントロールのサンプル（HTMLServerControl/HTMLControl.aspx）

```
<form id="form1" runat="server">
<div>
  <div id="div1" runat="server">
  </div>
  <input id="Text1" type="text" runat="server" /><br />
  <br />
  <input id="Submit1" type="submit" runat="server"
  onserverclick="Submit1_Click" value="送信" /></div>
</form>
```

　HTMLサーバーコントロールは、対応するHTMLタグの属性と同じ名前のプロパティを持っています。また、表3-34のような共通のプロパティがあります。

表3-34　HTMLサーバーコントロールの主な共通プロパティ

プロパティ	意味
ID	id属性の値
InnerText	そのHTMLタグのテキスト内容

　HTMLサーバーコントロールもWebサーバーコントロールと同様にサーバーサイドで発生するイベントを持っていますが、Visual Studioでは、図3-50のようにプロパティウィンドウにイベントが表示されないため、自分でイベントハンドラーの割り当てを記述する必要があります。

図3-50　HTMLサーバーコントロールのプロパティウィンドウにはイベントが表示されない

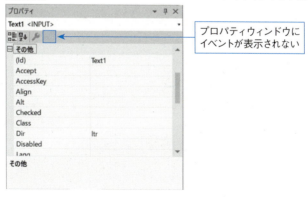

　リスト3-44では、HtmlInputSubmitコントロールを押した場合にサーバーサイドで発生するServerClickイベントを、コードビハインドファイルのSubmit1_Clickというメソッドに割り当てています。
　リスト3-45はSubmit1_Clickメソッドの内容です。

リスト3-45　Submit1_Clickメソッドの定義（HTMLServerControl/HTMLControl.aspx.vb）

```
Protected Sub Submit1_Click(ByVal sender As Object, ByVal e As EventArgs)
Handles Submit1.ServerClick
    'divタグのテキスト内容を表すInnerTextプロパティにメッセージを表示
    'テキストボックスの値はValueプロパティから取得
    div1.InnerText = String.Format(
        "ボタンがクリックされました。テキストボックスには「{0}」が入力されました",
Text1.Value)
End Sub
```

　ここではテキストボックスの値を取得し、メッセージをdivタグに出力しています。テキストボックスの値は、WebサーバーコントロールのTextBoxコントロールであればTextプロパティで取得しますが、HTMLサーバーコントロールのHtmlInputTextコントロールでは、HTMLタグの属性と同じValueプロパティから取得します。

　表示は図3-51のようになります。

図3-51　HTMLサーバーコントロールによるイベント処理の例

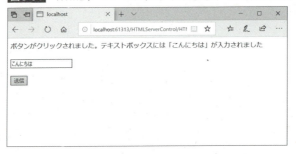

　以上の解説から分かるとおり、HTMLサーバーコントロールは統合開発環境でのサポートも弱く、使い勝手が良くありません。Webサーバーコントロールに存在する機能であれば、あえてHTMLサーバーコントロールを使用する必要は無いでしょう。

HtmlFormコントロールの特別な役割

　HTMLサーバーコントロールの中でも特に重要なのがformタグに対応する**HtmlFormコントロール**です。HtmlFormコントロールは明示的に開発者が配置するのではなく、リスト3-46のように、Webフォームを作成した時点で統合開発環境が自動的に配置を行います。

リスト3-46　空のWebフォームの内容。runat属性付きのformタグが自動的に配置されている
（HTMLControl/EmptyForm.aspx）

```
...
<head runat="server">
  <title></title>
</head>
<body>
  <form id="form1" runat="server">
    <div>
    </div>
  </form>
</body>
```

　HtmlFormコントロールは、Webフォームそのものを表すコントロールです。テキストボックスやドロップダウンリストなどのユーザーの入力を受け付けるコントロールは、すべてHtmlFormコントロールの中で使用する必要があります。

> **メモ**
> Hyperlinkコントロールが出力するリンクは、ユーザーが操作するコントロールですが、ポストバックを行いませんので、HtmlFormコントロールの外でも使用可能です。

　そうした特別な役割を持っているため、HtmlFormコントロールには以下のような制限事項があります。

■（1）複数配置が行えない

　通常のHTMLの場合は、同じページに複数のformタグを配置できますが、ASP.NETのWebフォームでは、1ページに複数のHtmlFormコントロールを配置することはできません。

　通常のHTMLで複数のformタグを使うのは、以下のようなケースが考えられます。

- 複数のボタンを押した場合に別々の処理を行いたい
- ボタンごとに入力検証を行う対象を切り分けたい

　Webフォームにおいては、複数のボタンの処理はコマンドで行えますし、検証をグループごとに行う機能もありますので、複数のHtmlFormコントロールを配置できないこと自体は大きな問題とはなりません。

■(2) いくつかのプロパティは実質的に使用できない

HtmlFormコントロールには、formタグの属性に対応する表3-35のようなプロパティがありますが、これらはASP.NET側で使用するプロパティのため、開発者は使用できません。

表3-35　HtmlFormコントロールのプロパティと意味

プロパティ	意味
Method	フォームの内容をWebサーバーに送信する際のHTTPメソッド（1章参照）を指定する。デフォルトはPOST。GETとPOSTを指定可能だが、ASP.NETではポストバックするサイズが大きくなるため、事実上POSTに固定
Action	フォームの送信先URLを指定する。ASP.NETではポストバックのため、自動的にURLが設定されるため明示的には指定しない

たとえば、先ほどの空のWebフォームは、実行時にリスト3-47のようなHTMLに変換されます。

リスト3-47　空のWebフォームから変換されたHTML

```
<body>
  <form method="post" action="EmptyForm.aspx" id="form1">
    <div class="aspNetHidden">
      <input type="hidden" name="__VIEWSTATE" id="__VIEWSTATE"
        value="/wEPDwULLTE2MTY20DcyMjlkZK/tP0xXg1U8S8s08oxEqZ
          4FpSeMWt9FhI7KqyhuiDM3" />
    </div>
    <div>

    </div>
  </form>
</body>
```

ここで、EmptyForm.aspxファイルのHtmlFormコントロールでは指定していなかった、method属性とaction属性が自動的にformタグに指定されていることに注目してください。

HtmlFormコントロールのこうした働きにより、ユーザーの入力内容はそのページ自身にポストバックされ、サーバーサイドでの処理を行うことができます。

TECHNICAL MASTER

Chapter 04

データベース連携の基本

この章では、ASP.NETでのデータベース連携の基本を解説します。ASP.NETは特定のデータベースに依存せず、データの表示、編集を行うデータバインドコントロールと、データの取得、更新を行うデータソースコントロールの組み合わせでデータベース連携を行います。それぞれのコントロールの基本的な使用方法について解説します。また、SQL Server Express LocalDB（以降、LocalDB）を例に、リレーショナルデータベースの基本的な使用方法についても解説します。

Contents

04-01 ASP.NETのデータベース連携の基本を理解する
　　　　　　　　　　　　　　　　　　［データベースとコントロール］ 124

04-02 データベースを作成する　　　　　［リレーショナルデータベース］ 129

04-03 GridViewコントロールでデータを一覧表示する
　　　　　　　　　　　　　　　　　　　　　　［GridViewコントロール①］ 142

04-04 GridViewコントロールのカスタマイズ
　　　　　　　　　　　　　　　　　　　　　　［GridViewコントロール②］ 157

04-05 TemplateFieldクラスを使用する　　　［TemplateFieldクラス］ 176

はじめてのASP.NET Webフォームアプリ開発 Visual Basic対応 第2版

Section 04-01

データベースとコントロール

ASP.NETのデータベース連携の基本を理解する

このセクションではASP.NETのデータベース連携の基本について解説します。

このセクションのポイント
■1 ASP.NETでのデータ連携は、データバインドコントロールとデータソースコントロールの組み合わせで行う。
■2 データバインドコントロールは汎用のデータ表示、編集用コントロールである。
■3 データソースコントロールは様々なデータソースの情報をデータバインドコントロールに提供するコントロールである。

　実用的なWebサイトの構築に当たり、データベースとの連携は欠かすことができません。ASP.NETでは、データベースと連携するための高機能なコントロールが提供されており、ウィザードを使うことで、手軽にデータの表示、編集を行うことができます。
　このセクションでは、ASP.NETでのデータベース連携の基本を理解するため、一般的にWebアプリケーションで用いられているデータベースの種類と、ASP.NETのデータベース連携の仕組みについて解説します。

様々な種類のデータベース

＊インターネット上の複数のサーバー群を用いるコンピューターの利用形態。一つのサービスを多数のサーバーで運用することもある

　現在一般的に用いられているデータベースには、図4-1のように、リレーショナルデータベース、XMLデータベース、などがあります。また、最近ではKey-Value型データベースもクラウドコンピューティング＊を中心に普及し始めています。

図4-1　様々な種類のデータベース

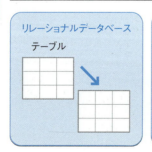

■(1) リレーショナルデータベース

　リレーショナルデータベースは、データを表形式の**テーブル**という単位で表すデータベースです。シンプルな構造と長い歴史を持つデータベース方式で、一般にデータベースといった場合、リレーショナルデータベースを表すことがほとんどです。

■(2) XMLデータベース

　XMLデータベースは、テキストで階層構造を表すことのできるXML形式のデータをそのまま格納できるデータベースです。リレーショナルデータベースが基本的に表形式のデータしか扱えず、階層構造のデータを表すには、いったん表形式に変換しなければならないのに対し、XMLデータベースでは、複雑な階層構造を持つXMLデータをそのまま格納でき、XMLの構造に基づく問い合わせを行うことも可能です。

> **メモ**
> 近年、リレーショナルデータベースにおいてもXMLのサポートが進んでおり、XMLをそのまま格納できるデータベースが増えています。

■(3) Key-Value型データベース

　Key-Value型データベースは、**連想配列**や**ハッシュ**と呼ばれる、データをキー（Key）と値（Value）のセットで管理するデータベースです。リレーショナルデータベースのように厳密なスキーマを持たないことが特徴で、近年では同様のコンセプトを総称してNoSQLや列指向データベースとも呼ばれます。原理は非常にシンプルで古くから用いられている技術ですが、他のデータベースソフトウェアに比べ、多数のサーバー群で実行した場合のパフォーマンスが向上しやすいこともあり、クラウドコンピューティングの流行により、再び脚光を浴びるようになってきました。実際のサービスとしては、Microsoft社のAzure Table StorageやAzure Cosmos DB、Google社のBigTable、Amazon社のAmazon SimpleDBなどがあります。

　このように、一口にデータベースと言っても様々な種類のデータベースがあります。また、最近では自社のデータベースの内容をWebサービスとして外部に公開することも一般的になってきています。
　ASP.NETは、こうした様々な種類のデータベースに対応するための仕組みを用意しています。特に、リレーショナルデータベースとの連携を行うための機能が豊富に用意されています。
　本章から7章では、広く用いられているリレーショナルデータベースをASP.NETで使用する方法について詳しく解説します。

ASP.NETでのデータベース連携

　ASP.NETでは、特定のデータベースに特化した機能を搭載する代わりに、図4-2のようなモジューラブルな（部品ごとに交換可能な）仕組みでデータベースを使用します。

図4-2　ASP.NETのデータアクセスの仕組み

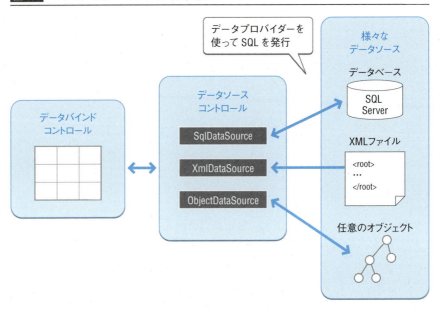

　ここでは、データバインドコントロールとデータソースコントロール、そして.NET Frameworkデータプロバイダーという機能が関係しています。

(1) データバインドコントロール

　データバインドコントロールは、特定のデータベースに依存しない、汎用のデータ表示、編集用コントロール群です。表4-1のように一覧表示用、単票表示用のコントロールが含まれており、登録、編集、削除などの機能も簡単に実装できます。

表4-1　ASP.NETの主なデータバインドコントロールと機能

コントロール	機能	登録	編集/削除
GridView	テーブル形式によるデータの一覧表示	×	○
ListView	テンプレートに基づくデータの一覧表示	○	○
FormView	テンプレートに基づくデータの単票表示	○	○

これらのコントロールは、**データバインド**と呼ばれる、データを表示、編集するための機能に対応しています。データバインドとは、データベースなどのデータをコントロールのプロパティに関連づけるための機能のことです。

もしもデータバインド機能を持たないならば、たとえばリスト4-1のように、コントロールのプロパティとデータをソースコードで関連づける必要があります。

リスト4-1 データバインド機能が無い場合のデータ表示、編集の例

```
'表示の際はコントロールのプロパティにデータを設定
control.Text = datarow.field1

   ...

'保存の際はコントロールのプロパティからデータに書き戻し
datarow.field1 = control.Text
```

こうした記述は、定型的なコードで、対象とするフィールドが増えるほど記述量も増大します。データバインド機能を使うことで、コントロールとデータを関連づけることができ、こうした定型的なコードを記述する必要なく、データの表示、編集を行えます。

表4-1に挙げたコントロール以外の、TextBoxコントロールやLabelコントロールなど多くのサーバーコントロールも、データバインドに対応しています。データバインドコントロールについては本章および5章で解説します。

■ (2) データソースコントロール

データソースコントロールは、データバインドコントロールに対してデータを提供する役割を持つコントロールです。データソースコントロールは、リレーショナルデータベースやXMLファイル、あるいは任意のオブジェクトなどのデータをデータバインドコントロールに提供します。ASP.NETでは表4-2のようなデータソースコントロールが提供されています。

表4-2 ASP.NETの主なデータソースコントロールと機能

コントロール	機能
SqlDataSource	SQL Serverを初めとする一般的なリレーショナルデータベースをデータソースとするコントロール
ObjectDataSource	オブジェクトをデータソースとするコントロール。他のデータソースコントロールではサポートされていない、ソートやページングのカスタマイズをサポート
AccessDataSource	Microsoft Accessをデータソースとするコントロール
XmlDataSource	XMLをデータソースとするコントロール

データソースコントロールのうち一番よく用いられるのはリレーショナルデータベースへの接続を行うSqlDataSourceコントロールです。本章と5章では、SqlDataSourceコントロールを用いて解説します。

■（3）.NET Frameworkデータプロバイダー

.NET Frameworkデータプロバイダー（以下、データプロバイダー）とは、.NET Frameworkでデータアクセスを司るADO.NETの機能で、SqlDataSourceコントロールがリレーショナルデータベースに接続する際に使用するクラス群を指しています。データプロバイダーは使用するリレーショナルデータベースごとに専用のクラス群を使用します。

このように、データバインドコントロールとデータソースコントロールおよびデータプロバイダーを用いることで、特定のデータベースに依存することなく、様々なデータソースを活用できます。

なお、ASP.NETではデータベースにアクセスするための別の手法として、Entity Frameworkというフレームワークが存在します。Entity Frameworkについては、6章で改めて解説します。

Section 04-02

リレーショナルデータベース

データベースを作成する

このセクションではリレーショナルデータベースの基本について解説し、サンプルで使用するデータベースを作成します。

このセクションのポイント
1. リレーショナルデータベースは、データを表形式のテーブルで扱い、テーブル同士を関係させて扱うデータベースである。
2. SQL Server LocalDBは無償で提供され、開発用途に活用できる。
3. アプリケーションからデータベースへの接続する際には接続文字列という文字列を用いて接続先を指定する。

ASP.NETでのリレーショナルデータベースとの連携方法を解説する前に、リレーショナルデータベースの基本となる概念や、SQL Serverについての基礎知識を押さえておきましょう。

リレーショナルデータベースの概要

リレーショナルデータベースは、図4-3のようにデータを表形式のテーブルという単位で扱うデータベースです。

図4-3 リレーショナルデータベースの基本的な概念

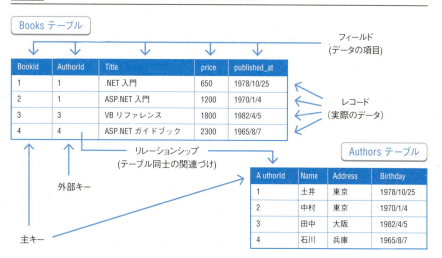

この図では書籍の情報を表すBooksテーブルと、著者の情報を表すAuthorsテーブルが定義されています。テーブルにはデータの項目として複数の**フィールド**（列、カラムとも呼ぶ）が定義されており、実際のデータは**レコード**（行とも呼ぶ）と呼びます。

Chapter 04 データベース連携の基本

　また、リレーショナルデータベースには**主キー**（プライマリキーとも呼ぶ）、**リレーションシップ**という概念があります。

　主キーとは、テーブル内のレコードを一意に表す、ユニークな（他と重複しない）IDのことです。表ではBooksテーブルのBookIdフィールド、AuthorsテーブルのAuthorIdフィールドがそれぞれ主キーと定義されています。複数のフィールドで主キーを構成することも可能です。

　リレーションシップとは、複数のテーブル同士を関連づけるための機能のことです。他のテーブルの主キーを参照するフィールドを持つことで、関連づけを行います。図の例で言えば、BooksテーブルのAuthorIdとAuthorsテーブルのAuthorIdの値が同じ場合に、書籍と著者の情報が関連づけられることになります。なお、リレーショナルデータベースの「リレーショナル」という言葉は、このテーブル同士を関連づける機能に由来しています。リレーションシップで他のテーブルの主キーを参照するフィールドのことを**外部キー**（フォーリンキーとも呼ぶ）と呼びます。

　このように関連づけられたリレーショナルデータベースのテーブルの取得、保存は、**SQL**という言語を用いて行います。SQLの詳細については巻末資料Aを参照してください。

様々なリレーショナルデータベース

　現在一般に用いられているリレーショナルデータベースには、表4-3のようなものがあります。

表4-3　一般に用いられているリレーショナルデータベース

製品名	概要
SQL Server	Microsoft社の提供する業務用のデータベース製品。エンタープライズ用途から、比較的小規模なシステムまで様々なラインナップがある。Windows用
Access	Microsoft社の提供するパーソナルユースのデータベース製品。製品自体にUI機能が付属しており、開発者でなくてもデータベース・アプリケーションを作成可能。Windows用
Oracle Database	Oracle社の提供する業務用のデータベース製品。有償データベース製品の中で高いシェアを持っている。Windows/Unix系OSを含む様々なOSに対応
DB2	IBM社が提供する、長い歴史を持つ業務用のデータベース製品。最近のバージョンではXML対応機能やオブジェクトデータベースの機能も取り込んでいる。Windows/Unix系OSを含む様々なOSに対応
MySQL	Oracle社の提供するオープンソースのデータベース製品。オープンソースのデータベース製品の中では世界的に高いシェアを持つ。無償版と商用版の両方のライセンス形態がある。Windows/Unix系OSに対応
PostgreSQL	オープンソースのデータベース製品。オープンソースのデータベースとして広く利用されている。Windows/Unix系OSに対応

前のセクションで解説したとおり、ASP.NET自体は特定のデータベース製品に依存しておらず、対応するデータプロバイダーを使用することで、様々なデータベースに対応できますが、自社製品であるSQL Serverとの親和性は特に高く、Visual Studioを使うことで、スムーズな開発が行えます。本書でもSQL Serverを対象とした開発について扱います。

SQL Serverのエディション

SQL ServerはMicrosoft社が提供するリレーショナルデータベース製品で、エンタープライズ分野から小規模な開発まで、用途に応じたエディションを提供しています。最新のバージョンであるSQL Server 2017では、表4-4のようなエディションが提供されています。

表4-4 SQL Server 2017のエディションと機能

エディション	概要	有償/無償	対応CPU上限数	最大メモリサイズ	データベースの最大サイズ
Enterprse	大規模システム向けの最上位エディション	有償	無制限	無制限	524PB
Developer	Enterpriseと同等の機能を持つ開発用エディション				
Standard	小規模／部門システム向けエディション		4ソケットもしくは24コア	128GB	
Express	小規模向けの無償製品。開発用途だけでなく実運用も可能	無償	1ソケットもしくは4コア	2GB	10GB
Express LocalDB	Expressの学習、開発向けの簡易バージョン				

2章でVisual Studio 2019と一緒にインストールしたのは、SQL Server Express LocalDBです。SQL Server Expressは無償でダウンロード、インストールでき、開発用途だけでなく、実際の運用でも利用できる製品です。ただし、表4-4にある通り、CPU数、メモリ使用量上限、データベースサイズなど、リソースの使用制限が加えられています。また、データベースのメンテナンスの自動実行なども行えないため、安定した運用を行う面では、有償製品に比べて制限があります。特にデータベースサイズの上限が10GBであるため、画像や動画などの大きなデータを直接データベースに保存するような用途では、すぐに上限に達してしまう可能性があります。

こうした制限事項はあるものの、無償でSQL Serverの機能を利用でき、開発用に有償製品を購入する必要がないというのは大きな魅力です。開発用途や小規

模なWebアプリケーション運営の分野で活用していきましょう。

　SQL Serverの各エディションは、リソースの使用制限や、管理機能などに差異があるものの、基本的に同じ方法で開発することができます。開発時はExpressエディションを使いつつ、テスト、運用時には上位の有償エディションを用いる、といった場合にも、プログラム自体の書き換えは不要で、設定ファイルの書き換えだけで切り替えが可能です。

　SQL Server Express LocalDBは、Expressエディションを学習者、開発向けにさらに簡略化したバージョンです。SQL Server Expressはインストールすると Windowsサービスとして登録されるなど、基本的な構成は上位エディションと同様ですが、LocalDBは接続時に自動的にデータベース機能が開始するようになっており、よりシンプルな構成です。本書では、SQL Server Express LocalDBを用いて解説します。

SQL Serverの論理構造

　SQL Server Express LocalDBでデータベースを作成するにあたり、SQL Serverの論理構造を理解しておきましょう。SQL Serverは図4-4のような論理構造となっています。

> **メモ**
> SQL Serverは1インスタンスに複数のデータベースを含められますが、Oracleでは1インスタンスあたり1つのデータベースしか持つことができないなど、論理構造についてはデータベース製品ごとに差がありますので注意してください。

　まず、**インスタンス**というのがSQL Serverの実体となるプログラムを表しています。SQL Serverは同じデータベースサーバー上で複数のインスタンスを実行することができます。続いて、インスタンス内には複数の**データベース**が含まれています。この場合のデータベースという言葉は、広く用いられているデータベースという単語ではなく、SQL Serverの論理的な単位を意味しています。データベース内には複数のテーブルや**ストアドプロシージャ**（7章参照）などを含むことができます。

図4-4　SQL Serverの論理構造

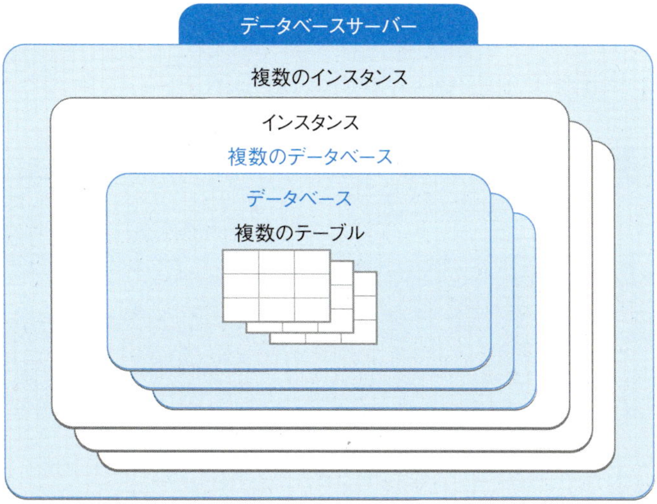

　SQL Serverの論理構造と合わせて理解しておきたいのが、SQL Server Expressの簡易バージョンである **LocalDB** という機能です。データベースの実体は拡張子.mdfのファイルで、通常はSQL Server側で管理されており、そのインスタンスに接続するどのユーザーからもアクセスすることができます。一方LocalDBは、図4-5のようにSQL Serverで管理されていないデータベースファイルを、一時的にデータベースとして扱えるようにする（アタッチする）機能のことです。LocalDBで使用するデータベースファイルはSQL Serverが管理しないため、プログラムと一緒にデータベースファイルを配布することも可能となります。

図4-5　通常のデータベースとLocalDBによるデータベースファイルのアタッチ

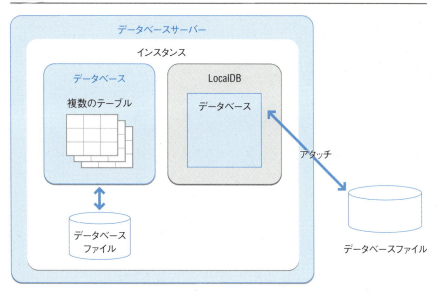

SQL Serverでのデータベースの作成

それでは、Visual Studioからデータベースを作成しましょう。今回サンプルとして作成するのは、図4-6のような構造のデータベースです。

図4-6 作成するデータベースの概要

Employeesテーブル（社員情報テーブル）

フィールド名	意味	データ型	備考
EmployeeId	社員ID	int	主キー
Name	名前	nvarchar(50)	
DepartmentId	課ID	int	Departmentsテーブルへの外部キー
Birthday	誕生日	datetime	
Sales	今期売上高	decimal	
TelNo	電話番号	nvarchar(50)	
Sex	性別	bit	1が男性、0が女性を表す

Departmentsテーブル（課情報テーブル）

フィールド名	意味	データ型	備考
DepartmentId	課ID	int	主キー
Name	名前	nvarchar(50)	

　ここでは、ある会社の社員情報管理をイメージし、社員情報を表すEmployeesテーブルと課情報を表すDepartmentsテーブルを作成します。各社員はいずれかの課に所属しているので、その関係を表すためにEmployeesテーブルのDepartmentIdフィールドをDepartmentsテーブルへの外部キーとしています。このフィールドにより、2つのテーブルを関連づけることができます。

　使用しているデータ型の詳細については巻末資料Bを参照してください。.NET Frameworkの型に似ているものも多いので、ここではbit型が真偽型、nvarchar型が可変長文字列型、decimal型が10進数の数値型であることを意識しておけば十分です。

　それでは、Visual Studioで以下の手順に沿ってデータベース、テーブルを作成し、データを作成していきます。

■ (1) データベースファイルの作成

　まず、ソリューションエクスプローラーのプロジェクト名を右クリックし、コンテキストメニューの [追加] － [新しい項目の追加] から、図4-7のように [SQL Serverデータベース] を選択します。ここではDatabaseSample.mdfという名前でデータベースファイルを作成します。

図 4-7　データベースファイルを作成

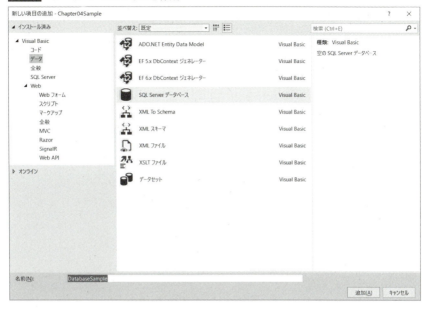

［追加］ボタンをクリックすると、図4-8のようなダイアログが表示されます。これは、データベースファイルをApp_Dataフォルダに配置するかどうかを尋ねるダイアログです。［はい］ボタンをクリックして進みます。

図 4-8　データベースファイルをApp_Dataフォルダに配置するかどうか

作成が完了すると、ソリューションエクスプローラーのApp_Dataフォルダ内にDatabaseSample.mdfファイルが作成されます。なお、同時に作成されているDatabaseSample_log.ldfというファイルは、ログファイルと呼ばれるもので、データベースの更新履歴を収めたファイルです。.mdfファイルと.ldfファイルがセットでデータベースファイルを構成します。

ソリューションエクスプローラーからデータベースファイルをダブルクリックすると、図4-9の**サーバーエクスプローラー**が表示されます。このウィンドウでは、データベース内に存在するテーブルなどのオブジェクトを表示したり、作成、編集を行うことができます。

図4-9 サーバーエクスプローラー

■ (2) テーブルの作成

サーバーエクスプローラーの[**テーブル**]を右クリックし、図4-10のようにコンテキストメニューから[**新しいテーブルの追加**]を実行します。

図4-10 新しいテーブルの追加

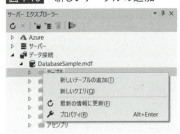

テーブルの各フィールドの定義を入力する画面が表示されますので、図4-11のようにEmployeesテーブルの定義を、先ほどの図4-6に沿って入力します。主キーの設定をするには、EmployeeIdフィールドで右クリックし、コンテキストメニューから[**主キーの設定**]を実行します。

図4-11 テーブルの定義を入力

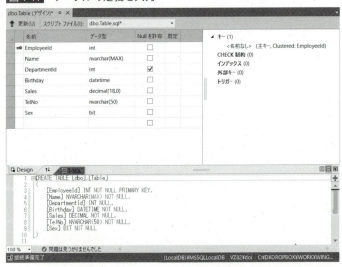

定義の入力が完了したら画面の下側の「CREATE TABLE [dbo].[Table]」の[Table]の部分を[Employees]に書き換え、画面上の**[更新]**ボタンをクリックします。図4-12のように**[データベースの更新のプレビュー]**ウィンドウが表示されますので、**[データベースの更新]**をクリックします。

図4-12 ［データベースの更新のプレビュー］ウィンドウ

同様の手順でDepartmentsテーブルも作成します。作成完了後のサーバーエクスプローラーは図4-13のようになります。

図4-13 2つのテーブルを作成

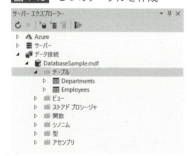

■ (3) データの作成

以上でデータベースの定義は完了ですが、サンプルで表示するためのデータも作成しておきましょう。

サーバーエクスプローラーでDepartmentsテーブルを右クリックし、コンテキストメニューから**[テーブルデータの表示]**を実行し、テーブルの内容を表示します。この画面からはデータの入力も可能ですので、図4-14のようにデータを入力します。

Chapter 04 データベース連携の基本

図4-14 Departmentsテーブルのデータの作成

　ここでは営業1課、営業2課、海外営業課という3つの課情報を入力しています。なお、SQLにはデータを登録するためのINSERT命令があり、それを実行することでもデータの登録が可能です。SQLの詳細については巻末資料を参照してください。

　同様の手順で、Employeesテーブルにもデータを作成します。図4-15はサーバーエクスプローラーでEmployeesテーブルのコンテキストメニューから[**テーブルデータの表示**]を実行し、データを入力した例です。

図4-15 Employeesテーブルのデータを入力

EmployeeId	Name	Departmen...	Birthday	Sales	TelNo	Sex
1	土井	1	1978/10/25 ...	5200000	03-0000-0000	True
2	中村	1	1975/02/03 ...	7000000	042-0000-0000	True
3	川口	2	1980/04/12 ...	6000000	06-0000-0000	False
4	田中	2	1964/04/08 ...	12000000	03-0000-0000	True
5	石川	2	1965/05/04 ...	5000000	050-0000-0000	True
6	関根	2	1958/10/05 ...	8000000	080-0000-0000	False
NULL	NULL	NULL	NULL	NULL	NULL	NULL

　以上の手順でデータベースとテーブルの作成およびサンプル用のテストデータの登録は完了です。次のセクションでは、これらのデータをASP.NETで使用する方法について解説します。

データベースへの接続文字列

　ASP.NETでのSQL Serverとの連携について解説するにあたり、**接続文字列**について理解しておきましょう。接続文字列は、ConnectionString、あるいはそのまま音訳してコネクションストリングとも呼ばれ、データベースに接続するための詳細な情報を含む文字列です。アプリケーションからデータベースにアクセスする際には、この接続文字列を用いてデータベースの接続先を指定します。リスト4-2は接続文字列の例です。

>
> ここでは紙面レイアウトの都合上改行が入っていますが、接続文字列は改行を含めず続けて記述する必要があります。

| リレーショナルデータベース | Section 04-02 |

リスト4-2 接続文字列の例

```
Data Source=(LocalDB)¥MSSQLLocalDB;AttachDbFilename=|DataDirectory|¥DatabaseSample.mdf;Integrated Security=True
```

　接続文字列は、「{パラメータ名}={値};{パラメータ名}={値};・・・」のように、パラメータと値を;(セミコロン)で連結して記述します。接続文字列で使用するパラメータは表4-5のとおりです。

表4-5 接続文字列で使用するパラメータと意味

パラメータ	意味
Data Source	データベースサーバー名とインスタンス名
AttachDbFilename	アタッチするファイル名
Integrated Security	認証方法。TrueならばWindowsサーバー認証を、FalseならばSQL Server認証を使用する
Initial Catalog	接続するデータベース名
User ID	SQL Server認証の際に使用するユーザーID
Password	SQL Server認証の際に使用するパスワード

　Data Sourceパラメータでは、データベースサーバー名およびインスタンス名を指定します。インスタンス名とは、同じサーバー上に存在する複数のSQL Serverインスタンスを識別するための名前です。LocalDBに接続する場合には「(LocalDB)¥MSSQLLocalDB」というデータベースサーバー名、インスタンス名の組み合わせを使用します。サーバー名に「(LocalDB)」という文字列を指定する必要がある点に注意してください。

　LocalDBに接続する場合には、AttachDbFilenameパラメータで使用するデータベースファイル名を指定します。

　LocalDBを使用しない場合は、Initial Catalogパラメータでサーバー上に存在するデータベース名を指定します。

　Integrated SecurityパラメータはSQL Serverへ接続する際に使用する認証方法を表します。

　SQL Server認証とは、SQL Server自体が認証を行う方式です。User IDパラメータのユーザーIDとPasswordパラメータのパスワードで認証を行います。

　Windows認証とは、Windowsのユーザーアカウントに基づく認証を行う方式です。接続してきたユーザーのWindowsユーザーアカウントで認証を行います。この場合は、ユーザーIDやパスワードは使用しませんので、User IDパラメータやPasswordパラメータは不要です(図4-16)。

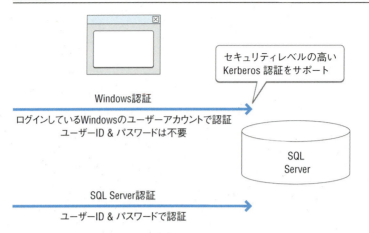

図4-16　Windows認証とSQL Server認証

　SQL Server認証とWindows認証の違いですが、SQL Server認証では接続文字列にユーザーIDやパスワードが含まれるため、接続文字列の管理に注意を払う必要があります。また、Windows認証ではKerberos認証と呼ばれる高度なセキュリティ機能がサポートされています。Windows認証の方が高いセキュリティレベルを保つことができますので、基本的にはWindows認証を使用するようにしましょう。

　実際の接続文字列の例を見てみましょう。リスト4-3はWeb.configのconnectionStrings要素（13章参照）に保存された接続文字列の例です。add要素のconnectionString属性に接続文字列が指定されています。add要素のproviderName属性は、データベースへの接続の際に使用するクラスであるデータプロバイダーを指定します。ここでは、SQL Serverに接続するための「System.Data.SqlClient」が指定されています。

リスト4-3　接続方法による接続文字列の違い

```
<connectionStrings>
    1.アタッチしたデータベースへの接続文字列の例
    <add name="Connection1" connectionString=
"Data Source=(LocalDB)\MSSQLLocalDB;AttachDbFilename=|DataDirectory|\DatabaseSample.mdf;Integrated Security=True"
        providerName="System.Data.SqlClient"/>
    2.データベースサーバーへの接続文字列の例
    <add name="Connection2" connectionString=
"Data Source=XPS\SQLEXPRESS;Initial Catalog=pubs;Integrated Security=True"
        providerName="System.Data.SqlClient"/>
    3.SQL Server認証を使った接続文字列の例
    <add name="Connection3" connectionString=
"Data Source=XPS\SQLEXPRESS;Initial Catalog=pubs;Integrated Security=False;User ID=doi;Password=doidoi1111"
```

```
          providerName="System.Data.SqlClient"/>
</connectionStrings>
```

ここでは3つの接続文字列を定義しています。それぞれの例を解説します。

■(1) LocalDBへの接続

1つめはユーザーインスタンス機能を使った接続文字列の例です。Data Sourceパラメータでは「(LocalDB)¥MSSQLLocalDB」という値を指定しています。これは「LocalDBのインスタンス」を表しています。AttachDbFilenameパラメータでは「|DataDirectory|¥DatabaseSample.mdf」という値を指定しています。「|DataDirectory|」という部分は、ASP.NET WebアプリケーションのApp_Dataフォルダを表す予約文字列です。絶対パスを記述する代わりに予約文字列を用いることで、WebアプリケーションをWebサーバーに配置した場合(巻末資料D参照)などにも、修正の必要がありません。

■(2) データベースサーバーへの接続(Windows認証)

2つめはWindows認証を用いてデータベースサーバーに接続する例です。Data Sourceパラメータの「XPS¥SQLEXPRESS」という値は、XPSというサーバーのSQLEXPRESSというインスタンスを指定しています。LocalDBの場合との違いとして、アタッチするファイル名を指定するAttachDbFilenameパラメータの代わりに、Initial Catalogパラメータを使って接続するデータベース名を指定します。ここではpubsというデータベースを指定しています。また、Windows認証を使用するため、Integrated SecurityパラメータにはTrueを指定します。

■(3) データベースサーバーへの接続(SQL Server認証)

3つめはSQL Server認証を用いてデータベースサーバーに接続する例です。(2)の場合と同じようにData SourceパラメータとInitial Catalogパラメータで接続するデータベースを指定し、SQL Server認証を使用するため、Integrated SecurityパラメータにFalseを指定します。User IDパラメータとPasswordパラメータで、使用するユーザーIDとパスワードを指定します。先述の通り、接続文字列中にユーザーIDやパスワードが含まれるため、情報の管理には注意が必要です。

次のセクションで解説するように、Visual Studioのウィザードを使うことでデータベースへの接続をビジュアルに構成することができますが、その裏側でこのような接続文字列が生成されていますので、接続文字列の基本的なパターンを覚えておきましょう。

GridViewコントロール①

Section 04-03 GridViewコントロールでデータを一覧表示する

このセクションではGridViewコントロールを使い、データベースのデータの一覧表示および編集を行う方法について解説します。

このセクションのポイント
■1 GridViewコントロールは一覧表示を行うコントロールである。ソート、ページング、編集、削除機能などを提供する。

それでは、前のセクションで作成したデータベースのデータをASP.NETで表示、編集しましょう。このセクションでは一覧表示を行う**GridViewコントロール**の使用方法について解説します。GridViewコントロールはHTMLのtableタグを使うため、簡単にデータをレイアウトできます。しかし、表形式でない柔軟な表示を行うためには、tableタグに基づくレイアウトを行うGridViewコントロールでは不足する場合があります。そうしたケースについては5章で解説します。

GridViewコントロールの基本的な使用方法

それでは、前のセクションで作成したデータベースの内容を、GridViewコントロールを使ってテーブル形式で一覧表示してみましょう。以下の手順に沿ってGridViewコントロールを使用します。

■ (1) データソース構成ウィザードの実行

新しいページ (Basic/GridViewSample.aspx) を作成し、GridViewコントロールをページに配置します。GridViewコントロール右のアイコン ▶ から、タスクメニューを開きます。図4-17のように [データソースの選択] から [<新しいデータソース>] を実行します。

図4-17 GridViewコントロールのタスクメニュー

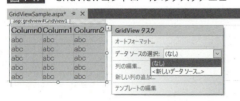

142 TECHNICAL MASTER

■（2）接続先の選択

続いて図4-18の［データソース構成ウィザード］ウィンドウの［アプリケーションがデータを取得する場所］で［データベース］を選択します。なお、この データソース構成ウィザード はデータバインドコントロールで頻繁に使いますので、流れをしっかりつかんでおきましょう。

図4-18　［データソース構成ウィザード］ウィンドウ

次の図4-19の［データ接続の選択］ウィンドウでは、データベースに接続する際の接続文字列を選択します。今回はドロップダウンから先ほど作成したDatabaseSample.mdfを選択し、［次へ］ボタンをクリックして進みます。

図4-19　［データ接続の選択］ウィンドウ

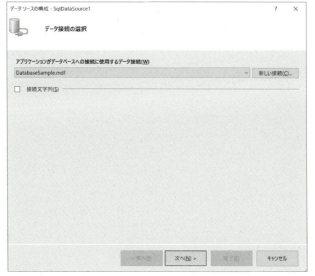

今回はApp_Dataフォルダ内にデータベースファイルを作成し、ユーザーインスタンス機能を用いてSQL Serverにアタッチしますが、既にSQL Server上にデータベースが存在する場合など、他のデータベースに接続する際には、[**新しい接続**]ボタンをクリックし、図4-20の[**接続の追加**]ウィンドウで接続先を指定します。

図4-20 ［接続の追加］ウィンドウ

この画面では、SQL Serverを動かしているサーバー名、サーバーにログオンする方法、接続するデータベース名などを指定します。左下の[**テスト接続**]ボタンをクリックすることで、指定した情報で接続ができるかどうかのテストも行えます。

続く図4-21の画面では、今回の接続文字列をアプリケーション構成ファイルに保存するかどうかを選択します。アプリケーション構成ファイルに保存しない場合は、SqlDataSourceコントロールのConnectionStringプロパティに接続文字列が直接指定されます。

図4-21　接続文字列の保存

　アプリケーション構成ファイルに接続文字列を保存することで、他のページのSqlDataSourceコントロールなどでも同じ接続文字列を共用することができます。また接続文字列を変更する際にも、アプリケーション構成ファイルの接続文字列を書き換えるだけで、その接続文字列を使用しているすべてのページに反映されます。
　ここではConnectionStringという名前で接続文字列を保存します。この情報はアプリケーション構成ファイルのConnectionString要素にリスト4-4のように保存されます。

リスト4-4　アプリケーション構成ファイルに保存された接続文字列（Web.config）

```
<configuration>
  <connectionStrings>
    <add name="ConnectionString"
      connectionString="Data Source=(LocalDB)¥MSSQLLocalDB;AttachDbFilename=|
        DataDirectory|¥DatabaseSample.mdf;Integrated Security=True"
      providerName="System.Data.SqlClient" />
  </connectionStrings>
```

　ここでは、connectionStrings要素内のadd要素で接続文字列を定義しています。name属性で接続文字列の名前を、connectionString属性で接続文字列を指定します。providerName属性では、データベースへの接続の際に使用するクラスであるデータプロバイダーを指定します。ここでは、SQL Serverに接続するための「System.Data.SqlClient」を指定しています。

Chapter 04 データベース連携の基本

■ (3) 取得するデータの指定

図4-22の [**Selectステートメントの構成**] ウィンドウでは、データの取得方法を指定します。[**テーブルまたはビューから列を指定します**] ラジオボタンをチェックし、[**コンピューター**] ドロップダウンでEmployeesテーブルを指定し、[**列**] のリストの先頭の「*」チェックボックスをチェックします。自動的に画面下の [**SELECTステートメント**] 欄に使用するSQLが表示されます。今回は「SELECT * FROM [Employees]」となっており、Employeesテーブルのすべてのフィールドを取得します。

図4-22 取得するデータの指定

このウィンドウの右の [**WHERE**] ボタンでは、データを抽出する条件を指定できます。後ほど使用方法を解説します。

ウィンドウ右下の [**詳細設定**] ボタンをクリックし、図4-23の [**SQL生成の詳細オプション**] ウィンドウを表示させます。

図4-23 [SQL生成の詳細オプション] ウィンドウ

ここでは、[INSERT、UPDATE、およびDELETEステートメントの生成]にチェックして[OK]ボタンをクリックします。これにより、データバインドコントロールでの編集、削除機能が利用可能となります。

■（4）クエリのテスト

図4-24の[クエリのテスト]ウィンドウ右の[クエリのテスト]ボタンをクリックし、データベースからのデータの取得テストを行います。図のようにEmployeesテーブルのデータが表示されることを確認してください。

図4-24　[クエリのテスト]ウィンドウ

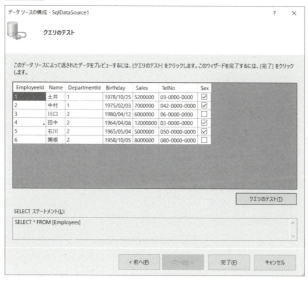

[完了]ボタンをクリックすると、データソース構成ウィザードは終了します。

■（5）GridViewコントロールの動作確認

GridViewコントロールは図4-25のとおり、データソースコントロールで提供されるデータを表示するように、自動的にコントロールを配置します。

図4-25　GridViewコントロールで自動的に各列用のコントロールが配置される

Employeesテーブルのフィールドに対応する列が表示されることに注目してください。

表示の見栄えを良くするため、オートフォーマット機能を使ってスタイルを設定しましょう。GridViewコントロールのタスクメニューから[**オートフォーマット**]を実行します。図4-26のウィンドウで「シンプル」を選択し、[**OK**]ボタンをクリックしましょう。

図4-26 GridViewコントロールのオートフォーマット

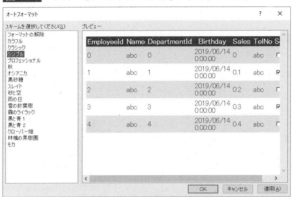

ページを実行すると図4-27のように、Employeesテーブルのデータがテーブル形式で一覧表示されます。なお、課(DepartmentIdフィールド)はDepartmentIdフィールドの値ではなく、実際の課名を表示すべきですし、性別(Sexフィールド)の表示はチェックボックスではなく、男性もしくは女性で表示すべきです。また、誕生日(Birthdayフィールド)の表示書式も、日付のみに修正すべきです。これらは次のセクションで列ごとのカスタマイズ方法を解説する中で修正します。

図4-27 GridViewコントロールの実行結果

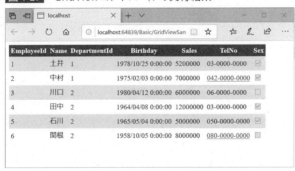

このときのソースはリスト4-5のようになります。

| GridView コントロール① | Section 04-03 |

リスト4-5 GridViewコントロールの配置例（Basic/GridViewSample.aspx）

```
<asp:GridView ID="GridView1" runat="server" AutoGenerateColumns="False"
  DataKeyNames="EmployeeId" DataSourceID="SqlDataSource1">
  <Columns> ─────────────────────────────── 列を定義
    <asp:BoundField DataField="EmployeeId" /> ──────── 各フィールドに対応する定義
    <asp:BoundField DataField="Name" />
    <asp:BoundField DataField="DepartmentId" />
    <asp:BoundField DataField="Birthday" />
    <asp:BoundField DataField="Sales" />
    <asp:BoundField DataField="TelNo" />
    <asp:CheckBoxField DataField="Sex" />
  </Columns>
</asp:GridView>
↓GridViewコントロールで使用するSqlDataSourceコントロールの定義
<asp:SqlDataSource ID="SqlDataSource1" runat="server"
  ConnectionString="<%$ ConnectionStrings:ConnectionString %>"
  SelectCommand="SELECT * FROM [Employees]"
  DeleteCommand="DELETE ・・・"
  InsertCommand="INSERT ・・・"
  UpdateCommand="UPDATE ・・・">
・・・中略・・・
</asp:SqlDataSource>
```

　　GridViewコントロールのDataSourceIDプロパティで、SqlDataSourceコントロールのIDを指定し、データバインドコントロールとデータソースコントロールが関係づけられています。GridViewコントロールのタグの下には列を定義するためのColumnsタグがあり、その下にはデータベースのフィールドに対応して、**BoundFieldコントロール**と**CheckBoxFieldコントロール**が並べられています。各コントロールの**DataFieldプロパティ**が、データベースのフィールド名に対応していることに注目してください。これらのコントロールの詳細については次のセクションで詳しく解説します。

　　SqlDataSourceコントロールはConnectionStringプロパティで、アプリケーション構成ファイルに保存してある接続文字列を参照しています。ここで用いられている<%$ ・・・ %>という構文は、**式ビルダー**と呼ばれ、表4-6のような情報を参照する際に使用します。式ビルダーは「<$ 式プレフィックス:式の値 」のような書式で記述します。

表4-6 式ビルダーで参照できる情報

式プレフィックス	値
AppSettings	アプリケーション構成ファイルのappSettings要素で設定したアプリケーション設定（13章参照）
ConnectionStrings	アプリケーション構成ファイルのconnectionStrings要素で設定した接続文字列
Resources	リソースファイルのリソース

> **メモ**
> リソースファイルとは、アプリケーションで使用するメッセージを保存するファイルのことです。言語ごとにリソースファイルを切り替えることで、メッセージの国際化を行えます。

今回は「<%$ ConnectionStrings:ConnectionString %>」となっていますので、ここでは、アプリケーション構成ファイルのconnectionStrings要素から、「ConnectionString」という名前を持つ接続文字列を参照します。

SelectCommand、InsertCommand、UpdateCommand、DeleteCommandプロパティは、それぞれ取得、登録、編集、削除時に使用するSQLを指定します。データソース構成ウィザードの図4-23で[**INSERT、UPDATE、およびDELETEステートメントの生成**]にチェックしたため、自動的にSQLが生成されています。なお、このサンプルでは取得の際のSelectCommand「SELECT * FROM [Employees]」しか使用していません。

以上のように、GridViewコントロールとSqlDataSourceコントロールを使うことで、簡単な手順でデータベースのデータを表示できます。ここまで、コードビハインドクラスに全くコーディングしていないことに注目してください。

GridViewコントロールの様々な機能を使用する

GridViewコントロールには、ヘッダの編集や、レコードの編集、削除機能やソート、ページングなどの様々な機能が備わっています。それらの機能を試してみましょう。

(1) ヘッダ文字列の編集

まず先ほどの実行結果で不満だったのは、表示されたテーブルのヘッダが、データベースのフィールド名のままだったことです。これを各フィールドの意味が伝わるような文字列に修正しましょう。

GridViewコントロールのタスクメニューから[**列の編集**]を実行し、図4-28の[**フィールド**]ウィンドウを開きます。このウィンドウでは、テーブルの各列のプロパティを設定できます。

図4-28　ヘッダテキストの編集

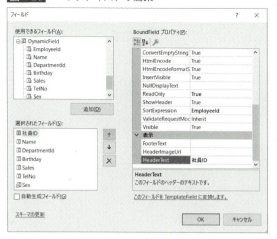

左下の[**選択されたフィールド**]で列を選択し、右側のプロパティウィンドウでその列のプロパティを設定します。今回はテーブルのヘッダ文字列を変更するため、プロパティの一番下のHeaderTextプロパティを変更します。

図4-29はすべての列のHeaderTextプロパティを書き換えて実行した例です。

図4-29　ヘッダを書き換えた例

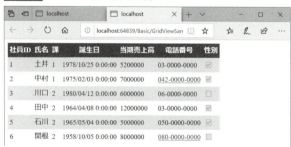

このときのソースはリスト4-6のようになります。各列のHeaderTextプロパティが、入力した文字列に置き換えられていることに注目してください。

リスト4-6　ヘッダ文字列の変更例（Basic/GridViewSample.aspx）

```
<asp:GridView ID="GridView1"
...
  <Columns>
    <asp:BoundField DataField="EmployeeId" HeaderText="社員ID" />
    <asp:BoundField DataField="Name" HeaderText="氏名" />
    <asp:BoundField DataField="DepartmentId" HeaderText="課" />
    <asp:BoundField DataField="Birthday" HeaderText="誕生日" />
...
```

■ (2) ページング機能とソート機能

続いてGridViewコントロールのページングおよびソート機能を使用してみましょう。GridViewコントロールでは、すべての列でソート機能を使用できます。また、行が一定数以上の場合のページング機能も簡単に追加できます。

図4-30のようにGridViewコントロールのタスクメニューから、[**ページングを有効にする**]と[**並べ替えを有効にする**]にチェックを入れます。

図4-30 ソートとページングの有効化

また、ページング機能での1ページ当たりの行数を指定するため、図4-31のようにGridViewコントロールのPageSizeプロパティを5に設定します。

図4-31 GridViewコントロールのPageSizeプロパティの設定

実行結果は図4-32のようになります。

図4-32 表のヘッダにソート用のリンクが表示される

ヘッダ文字列のリンクをクリックすることで、その列での並び替えを行えます。また、下のページ番号のリンクをクリックすることで、ページの切り替えを行えます。図4-33は今期売上高（データベースのSalesフィールド）で並び替えた例です。

図4-33 今期売上高列での並び替え

このときのソースはリスト4-7のようになります。

リスト4-7 ソートとページングを有効にした例（Basic/GridViewSample.aspx）

```
<asp:GridView ID="GridView1" runat="server" AllowPaging="True"
  AllowSorting="True" DataKeyNames="EmployeeId"
  DataSourceID="SqlDataSource1" PageSize="5">
  <Columns>
    <asp:BoundField DataField="EmployeeId"
      HeaderText="社員ID" SortExpression="EmployeeId" />
    <asp:BoundField DataField="Name" HeaderText="氏名" SortExpression="Name" />
    <asp:BoundField DataField="DepartmentId" HeaderText="課"
      SortExpression="DepartmentId" />
    <asp:BoundField DataField="Birthday" HeaderText="誕生日"
      SortExpression="Birthday" />
  </Columns>
</asp:GridView>
```

GridViewコントロールのAllowPagingプロパティとAllowSortingプロパティがTrueとなっており、それぞれページング機能、ソート機能の有効化を表しています。また、1ページあたりの行数を表すPageSizeプロパティの値が、先ほど指定された5となっています。

各列の定義では、SortExpressionプロパティが指定されています。これは、ソートの際に使用するフィールド名を指定するためのプロパティです。

■（3）レコードの編集、削除機能

GridViewコントロールは、テーブル形式によるデータの一覧表示を行うコントロールですが、同時にレコードの編集、削除機能も備えています。

> **メモ**
> なお、GridViewコントロールにはレコードの新規登録機能がありません。もう一つの一覧表示コントロールであるListViewコントロールであれば新規登録が可能です。

図4-34のようにGridViewコントロールのタスクメニューから、[**編集を有効にする**]と[**削除を有効にする**]にチェックを入れます。これにより、GridViewコントロールの編集、削除機能が有効化されます。

図4-34　編集と削除の有効化

なお、データソース構成ウィザードの図4-23で[**INSERT、UPDATE、および DELETEステートメントの生成**]にチェックしていない場合、これらのチェックは表示されません。

編集と削除を有効化した状態での実行結果は図4-35のようになります。

図4-35 レコードごとに編集、削除リンクが表示される

レコードごとに編集、削除リンクが表示されています。編集リンクをクリックすると、図4-36のように、その行が編集モードに切り替わります。

図4-36 レコードごとの編集モード

各フィールドを編集後、更新リンクをクリックすると、レコードが更新されます。なお、ここではすべてのフィールドをテキストボックスで入力するようになっていますが、ドロップダウンやカレンダーでの入力の方が望ましいフィールドもあります。入力方法のカスタマイズについては次章で解説します。

削除リンクをクリックすると、その行が削除されます。図4-37は社員IDが4の行を削除した結果です。

図4-37 社員IDが4の行を削除

以上のように、GridViewコントロールを使うことで、コードビハインドクラスへのコーディング無しに、データベースのレコードの表示から編集まで行うことができます。

■ (4) ビューステートの無効化

GridViewコントロールでデータを一覧表示する際には、ビューステート（9章参照）のサイズが大きくなることに注意が必要です。たとえば、Employeesテーブルのデータを1ページあたり5件表示するサンプルでは、1.3KB強のビューステートが出力されます。

ビューステートはポストバック時に送信されますので、ビューステートサイズのサイズが大きくなると、ページの読み込みが遅くなるだけでなく、ページのポストバックの処理も遅くなってしまいます。

リスト4-8のように、GridViewコントロールのViewStateModeプロパティをDisabledにすることで、GridViewコントロールでビューステートを使用しないように設定できます。

リスト4-8 ビューステートの無効化（Basic/GridViewSample.aspx）

```
<asp:GridView ID="GridView1" runat="server" AllowPaging="True"
  AllowSorting="True" AutoGenerateColumns="False"
  DataKeyNames="EmployeeId" DataSourceID="SqlDataSource1"
  GridLines="None" PageSize="5"
  ViewStateMode="Disabled">
```

> **メモ**
> ただし、オプティミスティック同時実行制御（7章参照）を行う際には、ビューステートを無効化しないようにしてください。これは、データベースから取得した元データがビューステートに格納されているためです。

Section 04-04

GridView コントロール②

GridView コントロールの カスタマイズ

このセクションでは、データバインドコントロールでの表示、編集項目の詳細なカスタマイズについて解説します。

このセクションのポイント
■1 GridView コントロールでは、フィールドの表示、編集を行うクラスを使って列の定義を行う。
■2 BoundField クラスや HyperLinkField クラスなどを用いて、フィールドの定型的な表示を行うことができる。

前のセクションでは GridView コントロールを用い、データベースの内容の表示、編集機能を実装しました。データバインドコントロールとデータソースコントロールを組み合わせることで、コーディング無しで様々な機能を利用できましたが、フィールドの表示方法などの細かな部分については自動的に生成されたものでは不十分な部分がありました。このセクションでは、GridView コントロールの表示や編集を詳細にカスタマイズする方法について解説します。

フィールドを表示、編集するためのクラス群

前のセクションの GridView コントロールのサンプルでは、BoundField クラスや CheckBoxField クラスを用いて各列のデータの表示、編集を行っていました。

このように、GridView コントロールは、○○Field という名前のクラスを使い、フィールドごとのデータの表示および編集を行う仕組みになっています。表4-7は、GridView コントロールの各フィールドで使用可能なクラスの一覧です。

表4-7 GridView コントロールの各フィールドの表示、編集に利用可能なクラス

クラス	機能
BoundField	文字列を出力する。数値や日付などの書式設定が可能
HyperLinkField	リンクを出力する
ImageField	画像を出力する
CheckBoxField	チェックボックスを出力する
CommandField	コマンド付きのボタンを出力する
ButtonField	ボタンを出力する
TemplateField	テンプレートに基づく内容を出力する

このセクションでは、これらのクラスについて使用方法を解説します。なお、TemplateField クラスは他のクラスよりも自由度が高いため、次のセクションで解説します。

はじめての ASP.NET Web フォームアプリ開発 Visual Basic 対応 第2版　157

■（1）BoundFieldクラス

BoundFieldクラスは、データを文字列として出力します。BoundFieldクラスでは表4-8のようなプロパティが利用可能です。

表4-8　BoundFieldクラスで利用可能なプロパティ

プロパティ	意味
DataField	出力するフィールド名
DataFormatString	出力の際の書式指定文字列を指定
ApplyFormatInEditMode	編集時にDataFormatStringプロパティの書式設定を適用するかどうか
ConvertEmptyStringToNull	空文字列をnullに自動変換するか
HtmlEncode	出力する文字列をHTMLエンコード（8章参照）するかどうか
NullDisplayText	フィールドの値がnullの場合に表示する文字列
ReadOnly	編集時に値を編集不可にするかどうか

プロパティの中で重要なのは、書式設定を行うためのDataFormatStringプロパティです。このプロパティでは、出力の書式を設定するための**書式指定文字列**を用い、「{0:書式指定文字列}」という形式の値を記述します。書式指定文字列には、表4-9に示すような**書式指定文字**を含めることができます。

表4-9　書式指定文字の一覧と意味

カテゴリ	書式指定文字	意味
数値 （標準）	C,c	通貨。¥や$などの通貨単位も出力される
	D,d	10進数の整数値
	E,e	指数表示
	F,f	固定小数点表示
	G,g	固定小数点もしくは指数表示のいずれか
	N,n	カンマ区切り付き数値
	P,p	パーセント書式
	X,x	16進数の整数値
数値 （カスタム）	0	数値の桁。桁が達しない場合は0埋め
	#	数値の桁。桁が達しない場合は表示しない
	.	小数点（日本語カルチャでは「.」）
	,	区切り符号（日本語カルチャでは「,」）
	%	パーセント記号
	‰	パーミル（1000分の1）記号

	E0,E+0,E-0 e0,e+0,e-0	指数表記。0の個数で指数の桁数を指定
日付、時間 (標準)	d	短い形式の日付
	D	長い形式の日付
	f	短い形式の日付と時間
	F	長い形式の日付と時間
	g	短い形式の一般的な日付と時間
	G	長い形式の一般的な日付と時間
	M,m	月と日
	t	短い形式の時刻
	T	長い形式の時刻
日付、時間 (カスタム)	y	年と月
	y	年の末尾2桁。1桁の場合はそのまま表示
	yy	年の末尾2桁。1桁の場合は頭に0を付けて表示
	yyy	省略しない年。4桁未満の場合はそのまま表示
	yyyy	省略しない年。4桁未満の場合は頭に0を付けて表示
	yyyyy	5桁の年。5桁未満の場合は頭に0を付けて表示
	M	月。1桁の場合はそのまま表示
	MM	月。1桁の場合は頭に0を付けて表示
	MMM	月の省略名(日本語カルチャでは1-12の数字)
	MMMM	月の完全名(日本語カルチャでは1月-12月)
	d	日付。1桁の場合はそのまま表示
	dd	日付。1桁の場合は頭に0を付けて表示
	ddd	曜日の省略名(月、火・・・)
	dddd	曜日の完全名(月曜日、火曜日・・・)
	h	12時間表記の時刻。1桁の場合はそのまま表示
	hh	12時間表記の時刻。1桁の場合は頭に0を付けて表示
	H	24時間表記の時刻。1桁の場合はそのまま表示
	HH	24時間表記の時刻。1桁の場合は頭に0を付けて表示
	m	分。1桁の場合はそのまま表示
	mm	分。1桁の場合は頭に0を付けて表示
	s	秒。1桁の場合はそのまま表示
	ss	秒。1桁の場合は頭に0を付けて表示
	f,ff,fff・・・, ffffff	1秒未満の表示。指定桁数分を表示

F,FF,FFF・・・FFFFFF		1秒未満の表示。指定桁数分を表示。ただし0の場合は表示しない
K		タイムゾーン
g,gg		年号（「西暦」など）
t		午前/午後の頭文字（日本語カルチャだと「午」しか表示されないので注意）
tt		午前/午後
z		UTC（協定世界時）からの時差。1桁の場合はそのまま表示
zz		UTC（協定世界時）からの時差。1桁の場合は頭に0を付けて表示
zzz		UTC（協定世界時）からの時差。分単位まで表示
:		時刻の区切り符号（日本語カルチャでは「:」）
/		日付の区切り符号（日本語カルチャでは「/」）

　表にあるとおり、数値の場合と日付の場合で書式が異なります。また、標準で用意されている書式指定文字以外にも、カスタムの書式指定文字を組み合わせることで、任意の書式設定が行えます。
　書式指定文字列と表示結果の例を表4-10に示します。

表4-10 書式指定文字列と表示結果の例

指定例	書式指定文字列	表示結果
通貨表示	{0:C}	¥12,000,000
0詰め数値表示	{0:000,000,000}	012,000,000
指数表示	{0:e}	1.200000e+007
曜日付き年月日指定	{0:yyyy/MM/dd dddd}	1975/02/03 月曜日
日付、時間指定	{0:yyyy/MM/dd HH:mm:ss}	1978/10/25 23:03:12
時間指定（12時間表記）	{0:tt hh:mm:ss}	午後 11:03:12

コラム

書式指定文字列とHTMLEncodeプロパティ

　ASP.NET 3.5以前は、出力をHTMLエンコードするHTMLEncodeプロパティの値がTrueの場合には、書式指定文字列が反映されませんでした。HTMLEncodeプロパティはデフォルトでTrueとなっていたため、DataFormatStringプロパティを使用する際には、必ず明示的にHTMLEncodeプロパティをFalseに設定する必要がありました。
　ASP.NET 4以降では、HTMLEncodeプロパティがTrueの場合でも書式指定文字列が有効になっています。以前のバージョンのASP.NETを利用していた場合は注意してください。

実際にサンプルでBoundFieldクラスの書式設定を試してみましょう。図4-38のGridViewコントロールのタスクメニューから、**[列の編集]** を実行します。

図4-38 GridViewコントロールのタスクメニュー

図4-39の **[列の編集]** ウィンドウでは、様々なプロパティの設定や、新しいクラスの配置を行えます。なお、前のセクションではこのウィンドウでヘッダ文字列を表すHeaderTextプロパティを編集しました。

図4-39 [列の編集] ウィンドウ

まずは、誕生日 (Birthdayフィールド) の書式設定を行います。何も書式設定しない状態では「1975/02/03 00:00:00」のように、時刻まで含めた書式で出力されていました。これを年月日だけの表示に修正します。左下のウィンドウで「誕生日」を選択し、図4-40のようにプロパティを設定します。

図4-40　誕生日の書式設定。年月日だけの表示

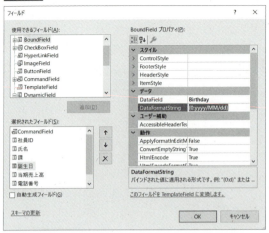

　ここでは、DataFormatStringプロパティに「{0:yyyy/MM/dd}」を指定しています。これにより、年月日のみの出力に変更されます。

　続いて、今期売上高（Salesフィールド）を通貨として出力します。先ほどと同様に「今期売上高」を選択し、図4-41のようにプロパティを設定します。

図4-41　今期売上高の書式設定。通貨として表示

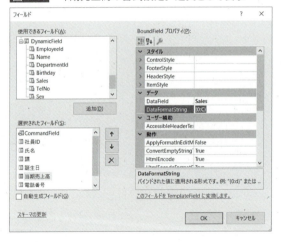

　ここでは、DataFormatStringプロパティに「{0:C}」を指定しています。これにより、Salesフィールドの値が通貨として出力されます。

■（2）HyperLinkFieldクラス、ImageFieldクラス

　HyperLinkFieldクラスはデータに基づいてリンクを出力するクラスです。ImageFieldクラスも同様にデータに基づいて画像を表示するクラスです。機能は異なりますが、使用方法は似ていますのでまとめて解説します。

HyperLinkFieldクラスでは表4-11のようなプロパティを利用可能です。

表4-11 HyperLinkFieldクラスで利用可能なプロパティ

プロパティ	意味
DataNavigateUrlFormatString	リンク先URL生成のための書式指定文字列
DataNavigateUrlFields	リンク先URLを生成するのに使用するフィールド名。複数指定可能
DataTextFormatString	リンクテキスト生成のための書式指定文字列
DataTextField	リンクテキストを生成するのに使用するフィールド名。複数指定可能
NavigateUrl	リンク先URL。固定値
Text	リンクテキスト。固定値
Target	リンクのターゲット

ImageFieldクラスでは表4-12のようなプロパティを利用可能です。

表4-12 ImageFieldクラスで利用可能なプロパティ

プロパティ	意味
DataImageUrlFormatString	画像URL生成のための書式指定文字列コントロールのID。変数名として用いられる
DataImageUrlField	画像URLを生成するのに使用するフィールド名。複数指定可能
DataAlternateTextFormatString	代替テキスト生成のための書式指定文字列
DataAlternateTextField	代替テキストを生成するのに使用するフィールド名。複数指定可能
AlternateText	代替テキスト。固定値
NullImageUrl	フィールドの値がnullの場合に表示する画像のURL
NullDisplayText	フィールドの値がnullの場合の代替テキスト
ReadOnly	編集時に値を編集不可にするかどうか

HyperLinkFieldクラスではリンク先URLとリンクテキストを、ImageFieldクラスでは画像URLと代替テキストを、フィールドの値に基づいて生成できます。表の中で「固定値」と表記してあるプロパティは、フィールドの値とは関係なく、すべてのレコードで指定された値を出力します。これらのクラスでは、図4-42のように、書式指定文字列内の**プレースホルダ**にフィールドの値を埋め込んで出力を行います。

Chapter 04 データベース連携の基本

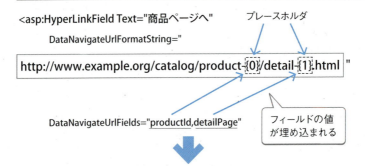

図4-42 書式指定文字列内のプレースホルダへのデータの埋め込み

　プレースホルダとは、{}で数値を囲ったもので、この部分にフィールドの値が埋め込まれます。プレースホルダの数値は0から順に、指定された複数のフィールドに対応します。図では、HyperLinkFieldクラスのDataNavigateUrlFormatStringプロパティ内の「{0}」、「{1}」という2つのプレースホルダに、DataNavigateUrlFieldsプロパティで指定したproductId、detailPageの2つのフィールドの値がそれぞれ埋め込まれます。

> **メモ**
> 　.NET Frameworkで書式設定を行う際に、プレースホルダによるデータの埋め込みは良く用いられます。BoundFieldの書式設定の際に使用した「{0:書式指定文字列}」という記法はプレースホルダに書式設定を追加したものです。

　こちらもサンプルで使用方法を確認しましょう。HyperLinkFieldクラスの使用例として、一覧表示画面から単票表示画面へのリンクをレコードごとに表示しましょう。[**列の編集**]ウィンドウの左上には、使用できるフィールドが羅列されています。この中から図4-43のように「HyperLinkField」を選択し、[**追加**]ボタンをクリックします。

図4-43 HyperLinkFieldクラスの追加

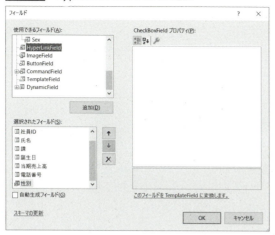

追加したHyperLinkFieldクラスを選択し、右側のウィンドウで図4-44のようにプロパティに値を設定します。

図4-44 HyperLinkFieldクラスのプロパティ設定

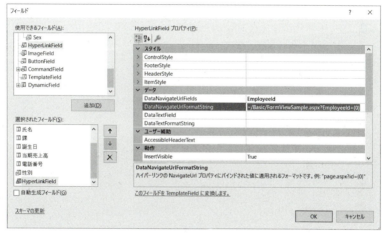

ここでは、表4-13のようにプロパティを設定します。

表4-13 設定するプロパティと値

プロパティ	値
Text	詳細
DataNavigateUrlFields	EmployeeId
DataNavigateUrlFormatString	~/Basic/FormViewSample.aspx?EmployeeId={0}

ここでは、5章で作成する予定の単票画面へのリンクを作成します。リンク先を指定するDataNavigateUrlFormatStringプロパティでEmployeeIdパラメータの値の部分にプレースホルダを置き、そこにDataNavigateUrlFieldsプロパティで指定したEmployeeIdフィールドの値を埋め込みます。これにより、単票画面へのリンクがレコードごとに生成されます。

■ (3) CheckBoxFieldクラス

CheckBoxFieldクラスは、データに合わせてチェックボックスを出力するクラスです。チェックボックスはチェック状態と非チェック状態の2つの状態だけを表しますので、CheckBoxFieldクラスで表示できるのは、Boolean型（SQL Server上ではbit型）の値、または、Boolean型に変換できる文字列型のみです。データがTrueであればチェック状態、Falseであれば非チェック状態のチェックボックスを表示します。また、デフォルトでは編集時には変更不可の状態のチェックボックスを表示します。

> **メモ**
> 文字列型をBoolean型に変換する場合、「True」という文字列がTrueとして、それ以外の値はすべてFalseに変換されます。

CheckBoxFieldクラスでは表4-14のようなプロパティを利用可能です。

表4-14 CheckBoxFieldクラスで利用可能なプロパティ

プロパティ	意味
DataField	出力するフィールド名
Text	チェックボックスに表示する文字列
ReadOnly	編集時に値を編集不可にするかどうか。デフォルトはTrue

CheckBoxFieldクラスの使用例として、前のセクションのサンプルではリスト4-9のように、性別を表すSexフィールドの表示にCheckBoxFieldクラスが用いられていました。

リスト4-9 CheckBoxFieldクラスの使用例（Basic/GridViewSample.aspx）

```
<asp:CheckBoxField DataField="Sex" HeaderText="性別" />
```

■ (4) CommandFieldクラス

CommandFieldクラスは、編集、削除などのよく用いられるコマンド（セクション03-04参照）を持つボタンを出力するクラスです。CommandFieldクラスでサポートされているコマンドは表4-15のとおりです。

GridView コントロール② | Section 04-04

表4-15　CommandFieldクラスで利用可能なコマンドと機能

コマンド名	機能
Select	レコードの選択
Edit	レコードの編集
Insert	レコードの新規登録
Delete	レコードの削除
Update	レコード編集時の更新
Cancel	レコード編集時のキャンセル

　選択ボタン以外のボタンは、デフォルトでGridViewコントロールの持つ編集、削除機能を呼び出します。なお、GridViewコントロールには登録機能がないため、Insertコマンドは動作しません。
　CommandFieldクラスでは表4-16のようなプロパティを利用可能です。なお、表中の○○という部分は、表4-15のコマンドに対応します。

表4-16　CommandFieldクラスで利用可能なプロパティ

プロパティ	意味
ButtonType	ボタンの種類。ボタン（Button）、リンク（Link）、画像（Image）から選択。デフォルトはリンク
○○ImageUrl	ButtonTypeプロパティがImageの時に用いるボタンの画像
○○Text	ボタンの表示文字列
Show○○Button	各ボタンを表示するかどうか。ただし、編集時のUpdateコマンドは自動的に表示されるため、ShowUpdateButtonプロパティは存在しない

　前のセクションのサンプルでは、リスト4-10のようなコードで削除、編集機能が有効化されていました。

リスト4-10　CommandFieldクラスの使用例（Basic/GridViewSample.aspx）

```
<asp:CommandField ShowDeleteButton="True" ShowEditButton="True" />
```

　ShowDeleteButtonプロパティとShowEditButtonプロパティがTrueとなっているため、編集、削除リンクが表示されます。これらをボタン表示に切り替え、テーブルの右端に移動させてみましょう。
　［列の編集］ウィンドウの左下で「CommandField」を選択し、すぐ右の下向き矢印▼で図4-45のように項目を一番下まで移動させます。これにより、表示位置がテーブルの右端に移動します。
　なお、上向き矢印で表示位置を左に、下向き矢印で右に、×ボタンでそのフィールドの削除を行えます。

はじめての ASP.NET Web フォームアプリ開発 Visual Basic 対応 第2版　167

図4-45 CommandFieldを一番下に移動

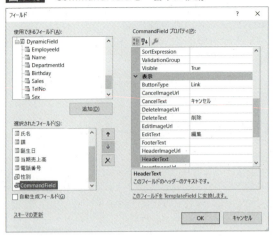

続いてボタンの表示形式を変更しましょう。図4-46のようにButtonTypeプロパティの値をButtonに変更します。

図4-46 ButtonTypeプロパティの値をButtonに変更

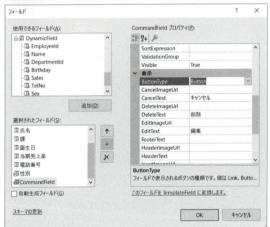

■(5) ButtonFieldクラス

ButtonFieldクラスは、ボタンを出力するためのクラスです。CommandFieldクラスでサポートされているコマンド以外にボタンを表示する場合に使用します。

ButtonFieldクラスでは表4-17のようなプロパティが利用可能です。

GridView コントロール② | Section 04-04

表4-17 ButtonFieldクラスで利用可能なプロパティ

プロパティ	意味
ButtonType	ボタンの種類。ボタン(Button)、リンク(Link)、画像(Image)から選択。デフォルトはリンク
DataTextFormatString	ボタンの表示文字列生成のための書式指定文字列
DataTextField	ボタンの表示文字列を生成するのに使用するフィールド名。複数指定可能
ImageUrl	ButtonTypeプロパティがImageの時に用いるボタンの画像
Text	ボタンの表示文字列。固定値

　ButtonFieldクラスでは、HyperLinkFieldクラスなどと同様に、フィールドの値に基づいてボタンの表示文字列を生成できます。

　なお、ButtonFieldクラスではボタン系コントロールを出力できますが、それぞれのコントロールについて個別のイベントハンドラーを記述することはできません。ButtonFieldクラスで出力されたボタン系コントロールのイベントは、ButtonFieldクラスを含む親コントロールへと渡され、親コントロール側でイベントが発生します。GridViewコントロールの場合はRowCommandイベントが発生します。

　以上がGridViewコントロールで利用可能なフィールドを表示するためのクラス群です。これらのクラスで共通に利用可能なプロパティは表4-18のとおりです。スタイルに関連したプロパティの他、ヘッダー(テーブルの上部)、フッター(テーブルの下部)に関する設定などが含まれています。

表4-18 フィールド表示、編集用のクラスで利用可能なプロパティ

プロパティ	意味
ControlStyle	コントロールのスタイル
HeaderStyle	ヘッダーのスタイル
FooterStyle	フッターのスタイル
ItemStyle	セル内のテキストの外観
ShowHeader	ヘッダーを表示するかどうか
HeaderText	ヘッダー文字列
HeaderImageUrl	ヘッダーに表示する画像のURL
FooterText	フッター文字列
SortExpression	並び替えの際に使用する式
InsertVisible	新規登録時に内容を出力するかどうか

　以上で行ったカスタマイズの実行結果は図4-47のようになります。

図4-47 フィールドのカスタマイズ結果

　BoundFieldクラスの書式設定機能により、誕生日が年月日で、今期売上高が通貨として表示されています。
　実際のコードはリスト4-11のようになります。

リスト4-11 フィールドのカスタマイズ例（Basic/GridViewSample.aspx）

```
<asp:GridView ID="GridView1" runat="server" AutoGenerateColumns="False"
  DataKeyNames="EmployeeId" DataSourceID="SqlDataSource1">
  <Columns>
    <asp:HyperLinkField DataNavigateUrlFields="EmployeeId"
      DataNavigateUrlFormatString="~/Basic/FormViewSample.aspx?EmployeeId={0}"
      Text="詳細" />
    <asp:BoundField DataField="Name" HeaderText="名前" SortExpression="Name" />
    <asp:BoundField DataField="DepartmentId" HeaderText="課"
        SortExpression="DepartmentId" />
    <asp:BoundField DataField="Birthday" HeaderText="誕生日"
        SortExpression="Birthday" DataFormatString="{0:yyyy/MM/dd}" />
    <asp:BoundField DataField="Sales" HeaderText="今期売上高"
        SortExpression="Sales" DataFormatString="{0:C}" />
    <asp:BoundField DataField="TelNo" HeaderText="電話番号"
         SortExpression="TelNo" />
    <asp:CheckBoxField DataField="Sex" HeaderText="性別" SortExpression="Sex" />
    <asp:CommandField ShowDeleteButton="True" ShowEditButton="True"
        ButtonType="Button" />
  </Columns>
</asp:GridView>
```

GridViewコントロールのプロパティとイベント

セクションの最後として、GridViewコントロールのプロパティとイベントについて表4-19にまとめます。

表4-19 GridViewコントロールの主なプロパティとイベント

プロパティ名	意味
ClientIDRowSuffix	各レコードのクライアントIDを生成するのに用いるフィールド名（12章参照）
AllowPaging	ページングを有効化するかどうか
AllowSorting	並び替えを有効化するかどうか
PageIndex	現在表示しているページ番号
PageSize	1ページ当たりのレコード数
PagerSettings	ページャについての指定
AutoGenerateColumns	データソースから取得したデータを元に、実行時に列を自動生成するかどうか。デフォルトはFalse
GridLines	テーブルの罫線を表示するかどうか。表示しない（None）、横罫線のみ表示（Horizontal）、縦罫線のみ表示（Vertical）、縦横両方表示（Both）から指定。デフォルトはNone
ShowHeader	ヘッダーを表示するかどうか。デフォルトはTrue
ShowFooter	フッターを表示するかどうか。デフォルトはFalse
Rows	GridViewコントロールの行のコレクション
SelectedValue	選択されている行のレコードの主キー

プロパティで注目したいのは、GridViewコントロールの行のコレクションを表すRowsプロパティです。このプロパティはGridViewRowCollectionというクラスのオブジェクトで、図4-48のような構造を持っています。

図4-48 GridViewコントロールのRowsプロパティの構造

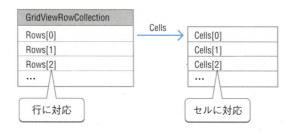

図4-48のように、GridViewRowCollectionオブジェクトにはGridViewコントロールの行が複数含まれており、さらに各々の行にはセルに対応するCellsプ

ロパティがあります。これらのプロパティを使用することで、GridViewコントロールで表示しているテーブルの行やセルの内容を取得、設定できます。Rowsプロパティの使用方法は後ほどRowCommandイベントの使用例で解説します。

GridViewコントロールのイベントは表4-20のとおりです。

表4-20　GridViewコントロールの主なプロパティとイベント

イベント名	意味
RowInserted	レコードの新規登録完了後に発生
RowUpdated	レコードの更新完了後に発生
RowDeleted	レコードの削除完了後に発生
RowCommand	GridViewコントロール内でコマンド付きのボタンがクリックされた場合に発生
SelectedIndexChanged	レコードが選択された場合に発生
Sorting	ソート実行前に発生

イベントで注目したいのは、GridViewコントロール内に配置したコマンド付きのボタンがクリックされた場合に発生するRowCommandイベントとレコードが選択された場合に発生するSelectedIndexChangedイベントです。これらのイベントの使用方法を確認しましょう。なお、レコードの更新完了後に発生するRowUpdatedイベントについては、5章で使用例を示します。

■ (1) SelectedIndexChangedイベントを使用する

最初は、GridViewコントロールでの選択に応じて処理を行うためのSelectedIndexChangedイベントの使い方を解説します。今回は5章で実装する予定の単票画面と連携し、選択したレコードに対応する単票画面に遷移する処理を実装します。

まず、レコードの選択を有効化するため、図4-49のようにGridViewコントロールのタスクメニューから[**選択を有効にする**]をチェックします。

図4-49　[選択を有効にする]をチェック

これにより、図4-50のように [**選択**] ボタンが表示され、行単位の選択が可能となります。

図4-50　[選択] ボタンの表示

続いて、GridViewコントロールのプロパティウィンドウでイベントを表示させ、SelectedIndexChangedイベントでダブルクリックしてイベントハンドラーを作成し、リスト4-12のように実装します。

リスト4-12　SelectedIndexChangedイベントのイベントハンドラー
（Application/GridViewEventSample.aspx.vb）

```
Protected Sub GridView1_SelectedIndexChanged(sender As Object, e As EventArgs)
Handles GridView1.SelectedIndexChanged
    'SelectedValueプロパティで選択されたレコードの主キーを取得する
    Dim employeeId = GridView1.SelectedValue
    'FormViewの単票画面に遷移
    Response.Redirect(String.Format(
            "~/Basic/FormViewSample.aspx?EmployeeId={0}", employeeId))
End Sub
```

ここでは、GridViewコントロールのSelectedValueプロパティから主キー（EmployeeIdフィールド）を取得し、ページを移動させるためのResponse.Redirectメソッド（8章参照）を使って単票画面に遷移させています。

■（2）RowCommandイベントを使用する

次に、コマンド付きボタンとRowCommandイベントの使い方を見てみましょう。今回はGridViewコントロールの各行に [**カスタム**] というボタンを追加し、ボタンをクリックした場合に、その行のスタイルを変更する処理を実装します。コマンド付きボタンを作成するため、GridViewコントロールのタスクメニューの [**列の編集**] を実行します。図4-51のようにButtonFieldクラスを配置します。

図4-51 ButtonFieldクラスを配置

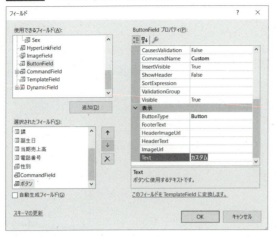

ButtonFieldクラスのプロパティは表4-21のように設定します。

表4-21 ButtonFieldクラスのプロパティ

プロパティ	値
ButtonType	Button
Text	カスタム
CommandName	Custom

これにより、「Custom」というコマンドを持つボタンが配置されます。

続いてイベントハンドラーの実装です。GridViewコントロールのプロパティウィンドウでイベントを表示させ、RowCommandイベントをダブルクリックしてイベントハンドラーを作成します。RowCommandイベントの内容はリスト4-13のように実装します。

リスト4-13 RowCommandイベントのイベントハンドラー（Application/GridViewEventSample.aspx.vb）

```
Protected Sub GridView1_RowCommand(sender As Object, e As 
GridViewCommandEventArgs) Handles GridView1.RowCommand
    'コマンド名を確認
    If e.CommandName = "Custom" Then
        '第2引数のCommandArgumentプロパティから、押されたボタンの行数を取得
        Dim rowNumber = Integer.Parse(e.CommandArgument.ToString())
        'ボタンが押された行の2番目のセルの背景色を赤に設定
        GridView1.Rows(rowNumber).Cells(1).BackColor = System.Drawing.Color.Red
    End If
End Sub
```

ここでは、第2引数のCommandArgumentプロパティから、押されたボタンの行数を取得しています。さらに、GridViewコントロールのRowsプロパティから該当の行を取得し、さらにその行のCellsプロパティで3番目のセル（名前を表示するセル）の背景色を赤に設定しています。実行結果は図4-52のようになります。

図4-52　［カスタム］ボタンをクリックすると名前のセルの背景色が赤になる

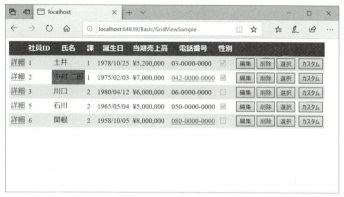

［**カスタム**］ボタンをクリックするとその行の名前のセルの背景色が赤になります。

Section 04-05 TemplateFieldクラス

TemplateFieldクラスを使用する

このセクションでは、GridViewコントロールなどで使用可能なTemplateFieldクラスについて解説します。

このセクションのポイント
■1 TemplateFieldクラスは表示、編集などそれぞれの状況に応じたテンプレートにデータを埋め込んで出力を行うコントロールである。
■2 フィールドとコントロールのプロパティの関連づけはEvalメソッド（片方向バインディング）やBindメソッド（双方向バインディング）を含むデータバインディング式で行う。

　GridViewコントロールで使用可能なもう一つのクラスとして、TemplateFieldクラスがあります。他のクラスは基本的に文字列表示やボタンの出力など、固定の機能を提供するものでしたが、TemplateFieldクラスは他のクラスとは異なり、テンプレートとして記述した内容に基づいて出力を行います。テンプレート内には任意のサーバーコントロールを配置できますので、ドロップダウンやカレンダーなどをGridViewコントロール内で使用できます。

　TemplateFieldクラスを使うことで、非定型の表示、編集機能を実現できます。また、TemplateFieldクラスのテンプレートの概念は5章で解説するListViewコントロールでも応用できます。TemplateFieldクラスの概念と使用方法をしっかり理解しましょう。

1 TemplateFieldクラスで使用するテンプレートの種類

　TemplateFieldクラスでは、データの表示時、編集時など、状況に合わせたテンプレートを使用します。まずはこれらのテンプレートの種類を理解しておきましょう。TemplateFieldクラスでは図4-53のような種類のテンプレートを使用します。

TemplateField クラス | Section 04-05

図4-53 TemplateFieldクラスで使用するテンプレートの種類

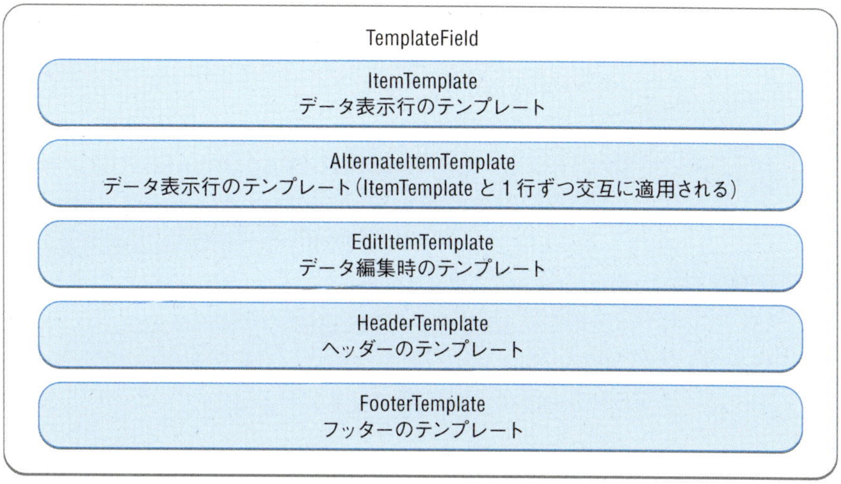

```
TemplateField
  ItemTemplate
  データ表示行のテンプレート

  AlternateItemTemplate
  データ表示行のテンプレート（ItemTemplate と1行ずつ交互に適用される）

  EditItemTemplate
  データ編集時のテンプレート

  HeaderTemplate
  ヘッダーのテンプレート

  FooterTemplate
  フッターのテンプレート
```

　ItemTemplateテンプレートとAlternateItemTemplateテンプレートは、表示時に使用するテンプレートです。AlternateItemTemplateテンプレートが指定されている場合は、両方が1行ずつ交互に用いられます。AlternateItemTemplateテンプレートが指定されていない場合は、ItemTemplateテンプレートが繰り返し用いられます。ItemTemplateテンプレートとAlternateItemTemplateテンプレートで異なるスタイルを使用することで、1行ごとにスタイルが変わり、テーブルを見やすくできます。

　EditItemTemplateテンプレートはレコードの編集時に使用するテンプレートです。任意のサーバーコントロールを配置して編集を行います。また、検証コントロールによる入力検証も可能です。

　HeaderTemplateテンプレートとFooterTemplateテンプレートは、GridViewコントロールのヘッダーとフッターに表示する内容をカスタマイズするためのテンプレートです。標準で用意されている、表示する文字列（HeaderTextプロパティ、FooterTextプロパティ）と表示する画像（HeaderImagerUrlプロパティ、FooterImagerUrlプロパティ）の指定では不足する場合に、これらのテンプレートでのカスタマイズを行います。

　以上がTemplateFieldクラスで使用するテンプレートです。まっさらな状態からすべてのテンプレートを記述することも可能ですが、多数のテンプレートを作成するのは骨が折れます。Visual Studioには既存のフィールドをTemplateFieldクラスに変換する機能がありますので、既存のフィールドで設定した情報を流用できます。

TemplateFieldクラスによるカスタマイズ

それでは、TemplateFieldクラスを使い、GridViewコントロールをさらにカスタマイズしていきましょう。

■（1）フィールド編集時にDropDownListコントロールを使用する

これまでのサンプルでは、社員の所属する課を表すEmployeesテーブルのDepartmentIdフィールドの表示および編集の際、課の名前の代わりにフィールドの値がそのまま用いられていました。表示、編集の際に、課の名前を表すDepartmentsテーブルのNameフィールドを使うように修正しましょう。

まず、図4-54の[**列の編集**]ウィンドウで[**課**]を選択し、右下の[**このフィールドをTemplateFieldに変換します。**]リンクをクリックします。

図4-54　右下の[このフィールドをTemplateFieldに変換します。]リンクで変換を行う

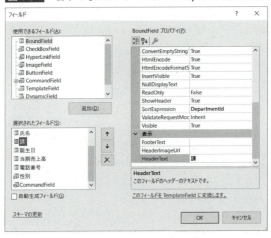

これにより、BoundFieldクラスのカスタマイズ内容を引き継いだ状態で、TemplateFieldクラスのテンプレートが生成されます。生成されたTemplateFieldクラスのテンプレートはリスト4-14のようになります。

リスト4-14　TemplateFieldクラスへの変換結果（Application/GridViewTemplateSample.aspx）

```
<asp:TemplateField HeaderText="課" SortExpression="DepartmentId">
  <EditItemTemplate>
    <asp:TextBox ID="TextBox1" runat="server"
      Text='<%# Bind("DepartmentId") %>'></asp:TextBox>
  </EditItemTemplate>
  <ItemTemplate>
    <asp:Label ID="Label2" runat="server"
      Text='<%# Bind("DepartmentId") %>'></asp:Label>
```

```
    </ItemTemplate>
</asp:TemplateField>
```

　EditItemTemplateテンプレートではTextBoxコントロールを使った入力を、ItemTemplateテンプレートではLabelコントロールでの表示を行うようなテンプレートが生成されています。ここで注目したいのはそれぞれのコントロールのTextプロパティで使用されている「<%# ～ %>」という記述方法です。この記述を**データバインディング式**と呼びます。

　データバインディング式は、データソースのフィールドと、コントロールのプロパティを関連づけるための式です。ここでの**Bindメソッド**は、データソースのフィールドをTextBoxコントロールとLabelコントロールそれぞれのTextプロパティに関連づけています。データバインディング式を用いることで、コードビハインドクラスへコードを記述することなく、柔軟なデータバインドが行えます。

　なお、データバインディング式ではBindメソッド以外に**Evalメソッド**も使用できます。Evalメソッドも Bindメソッドと同様にフィールドの値をプロパティにデータバインドする機能を持っています。EvalメソッドとBindメソッドの違いですが、Bindメソッドでのデータバインディングは**双方向バインディング**と呼ばれる、読み書き両方でデータバインドが行われるのに対し、Evalメソッドでのデータバインディングは**片方向バインディング**と呼ばれ、読み込みの場合にのみデータバインドが行われます。

　データの表示を行うItemTemplateテンプレートでは、EvalメソッドでもBindメソッドでも結果は変わりませんが、データの編集を行うEditItemTemplateテンプレートでEvalメソッドを使ってデータバインドを行うと、編集結果がデータベースに反映されません。これは、Evalメソッドがデータソースからコントロールのプロパティへの片方向だけのデータバインドしか行わないためです。基本的なパターンとして、ItemTemplateテンプレートではEvalメソッドを、EditItemTemplateテンプレートではBindメソッドを使う、と覚えておきましょう。Evalメソッドについては後ほど使用例を紹介します。

　さて、変換したTemplateFieldクラスをさらにカスタマイズしましょう。まずは表示時にDepartmentIdフィールドの値ではなく、DepartmentsテーブルのNameフィールドを使うように修正します。これには、SqlDataSourceコントロールが実行するSQLを、Departmentsテーブルも合わせて取得するように書き換える必要があります。リスト4-15のように、SqlDataSourceコントロールのSelectCommandプロパティを書き換えます。このプロパティは、SqlDataSourceコントロールがデータベースからデータを取得する際に発行するSQLを表しています。

リスト4-15 SqlDataSourceコントロールのSelectCommandプロパティを書き換え
（Application/GridViewTemplateSample.aspx）

```
<asp:SqlDataSource ID="SqlDataSource1" runat="server"
  ConnectionString="<%$ ConnectionStrings:ConnectionString %>"
  SelectCommand="
```

```
  SELECT Departments.Name AS DepartmentName, Employees.* FROM Departments
  INNER JOIN Employees ON Departments.DepartmentId = Employees.DepartmentId
"
...
</asp:SqlDataSource>
```

　ここで用いているSQLは、EmployeesテーブルとDepartmentsテーブルをINNER JOIN句を使って結合させ、DepartmentsテーブルのNameプロパティをDepartmentNameという名前で取得しています。SQLのINNER JOIN句の詳細は巻末資料Aを参照してください。

　続いて、TemplateFieldクラスのItemTemplateテンプレートをリスト4-16のように修正し、課の名前を表示するように変更します。

リスト4-16　ItemTemplateテンプレートの修正（Application/GridViewTemplateSample.aspx）

```
<ItemTemplate>
  <asp:Label ID="Label1" runat="server"
    Text='<%# Bind("DepartmentName") %>'></asp:Label>
</ItemTemplate>
```

　これにより、図4-55のように表示時に課の名前が出力されるようになります。

図4-55　表示時に課の名前が出力される

　続いて編集時の入力方法を変更します。DepartmentIdフィールドを編集する際には、そのままの値をテキストボックスで編集するよりも、Departmentsテーブルの情報を使ったDropDownListコントロール（3章参照）から選択させるのが自然でしょう。

　まず、編集時のEditItemTemplateテンプレートを修正します。図4-56のGridViewコントロールのタスクメニューから、一番下の[**テンプレートの編集**]を実行します。

図4-56　タスクメニュー一番下の[テンプレートの編集]を実行

これにより、GridViewコントロールに配置されたTemplateFieldクラスのテンプレートを選択して編集できるようになります。図4-57のように、ドロップダウンから[**Column[3] - 課**]の[**EditItemTemplate**]を選択します。

図4-57　編集するテンプレートを選択

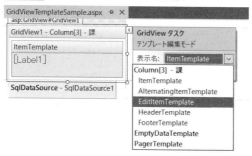

これにより、図4-58のようにTemplateFieldクラスのEditItemTemplateテンプレートだけが表示されます。

図4-58　EditItemTemplateテンプレートが表示される

まずは最初に配置されているTextBoxコントロールを削除し、ツールボックスからDropDownListコントロールを配置します。DropDownListコントロールのタスクメニューから、図4-59のように[**データソースの選択**]を実行します。

図4-59　DropDownListコントロールのタスクメニュー

　図4-60のような[**データソースの選択**]ウィンドウが表示されますので、[**データソースの選択**]からデータソース構成ウィザードを実行します。

図4-60　[データソースの選択]ウィンドウ

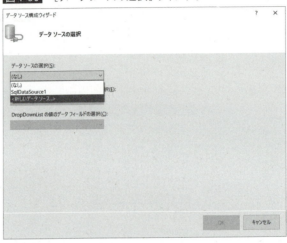

　データソース構成ウィザードの詳細は省略しますが、前章の手順に沿って表4-22のようにDepartmentsテーブルのすべてのフィールドを取得するよう構成してください。データソース構成ウィザードを完了させると、[**データソースの選択**]ウィンドウに戻ってきますので、図4-61のように表示する項目を選択します。

表4-22　データソース構成ウィザードで設定する値

ウィンドウ名	項目	値
[データソースの種類を選びます。]	[アプリケーションがデータを取得する場所]	[データベース]を選択
[データ接続の選択]	[アプリケーションがデータベースへの接続に使用するデータ接続]	[ConnectionString]
[Selectステートメントの構成]	[データベースからデータをどうやって取得しますか?]	[テーブルまたはビューから列を指定します]
	[コンピューター]	[Departments]
	[列]	*

図4-61 ［データソースの選択］ウィンドウで表示と値のフィールドを選択

　3章では、ListItemというクラスを用いてDropDownListコントロールの選択肢を定義しました。ListItemクラスで静的に選択肢を定義する以外にも、データバインドを行うことでデータベースから選択肢を生成することができます。DropDownListコントロールの選択肢には表示用のテキストと値が必要です。ここでは、[**DropDownListで表示するデータフィールドの選択**]でNameフィールド、[**DropDownListの値のデータフィールドの選択**]でDepartmentIdフィールドを、それぞれ指定します。これにより、DropDownListコントロールで課の名前を一覧から選択できるようになります。

　これだけでは、現在のレコードのDepartmentIdフィールドとの関連づけが行われていないため、DropDownListコントロールに現在所属している課の情報が表示されません。現在の行のレコードの値をDropDownListコントロールの選択状態に反映させましょう。

　図4-62のDropDownListコントロールのタスクメニューから、[**DataBindingsの編集**]を実行します。

図4-62 ［DataBindingsの編集］を実行

　図4-63のウィンドウでは、DropDownListコントロールの任意のプロパティに、現在のレコードのフィールドをデータバインドすることができます。

図4-63 SelectedValueプロパティにDepartmentIdフィールドをデータバインド

　今回は図のように、SelectedValueプロパティにDepartmentIdフィールドをデータバインドします。**[カスタムバインド]**－**[コード式]**に「Bind("DepartmentId")」と入力してください。実際のコードはリスト4-17のようになります。

リスト4-17　EditItemTemplateテンプレートの修正結果（Application/GridViewTemplateSample.aspx）

```
<EditItemTemplate>
  <asp:DropDownList ID="DropDownList1" runat="server"
    DataSourceID="SqlDataSource1" DataTextField="Name"
    DataValueField="DepartmentId" SelectedValue='<%# Bind("DepartmentId") %>'>
  </asp:DropDownList>
  <asp:SqlDataSource ID="SqlDataSource1" runat="server"
    ConnectionString="<%$ ConnectionStrings:ConnectionString %>"
    SelectCommand="SELECT * FROM [Departments]"></asp:SqlDataSource>
</EditItemTemplate>
```

　SqlDataSourceコントロールが配置されていますが、これはDropDownListコントロールのデータソースとして、データソース構成ウィザードが作成したものです。SelectCommandの値は「SELECT * FROM [Departments]」となっており、Departmentsテーブルのすべてのデータを取得します。

　DropDownListコントロールではそのSqlDataSourceコントロールをデータソースとし、DataTextFieldプロパティで表示テキストのフィールド（Nameフィールド）を、DataValueFieldプロパティで値のフィールド（DepartmentIdフィールド）を、それぞれ指定しています。また、デフォルトで選択する値を表すSelectedValueプロパティでデータバインディング式が用いられ、DepartmentIdフィールドがデータバインドされています。実行結果は図4-64のようになります。

図4-64 課をDropDownListコントロールで一覧から選択可能に

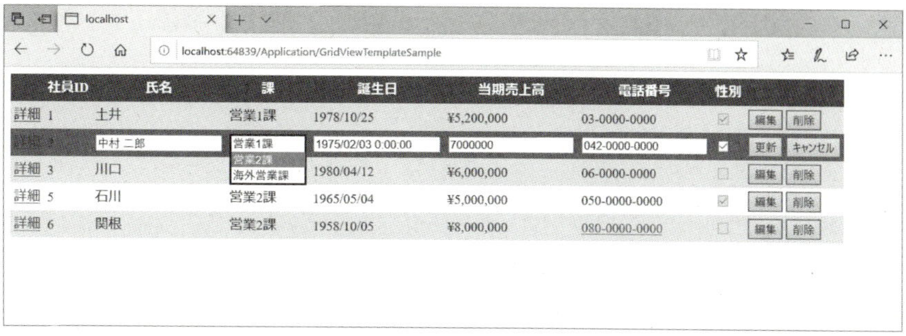

■（2）フィールド編集時にCalendarコントロールを使用する

続いて、誕生日の入力をCalendarコントロール（3章参照）で行いましょう。先ほどと同じ手順で誕生日フィールドをTemplateFieldクラスに変換します。変換結果はリスト4-18のようになります。

リスト4-18 TemplateFieldクラスへの変換結果（Application/GridViewTemplateSample.aspx）

```
<asp:TemplateField HeaderText="誕生日" SortExpression="Birthday">
  <EditItemTemplate>
    <asp:TextBox ID="TextBox1" runat="server"
      Text='<%# Bind("Birthday") %>'></asp:TextBox>
  </EditItemTemplate>
  <ItemTemplate>
    <asp:Label ID="Label2" runat="server"
      Text='<%# Bind("Birthday", "{0:yyyy/MM/dd}") %>'></asp:Label>
  </ItemTemplate>
</asp:TemplateField>
```

ItemTemplateテンプレートのLabelコントロールのTextプロパティのデータバインディング式に注目してください。BoundFieldクラスのDataFormatStringプロパティに指定したのと同じ書式がBindメソッドで用いられています。Bindメソッドにフィールド名だけを指定した場合はそのままデータバインドしますが、今回のように書式指定文字列を指定した場合は、フィールドの値を書式指定文字列に埋め込んでからデータバインドを行います。このようにTemplateFieldクラスへの変換は、変換前のプロパティが反映されますので、BoundFieldクラスなどで表現できる定型的な部分をプロパティで設定してから変換するようにしましょう。

今回は編集部分を差し替えますので、EditItemTemplateテンプレートだけを修正します。GridViewコントロールのタスクメニューから[**テンプレートの編集**]を実行し、図4-65のようにドロップダウンから[**Column[4] - 誕生日**]の[**EditItemTemplate**]を選択します。

図4-65　編集するテンプレートを選択

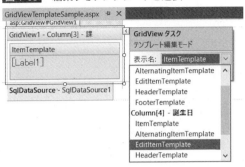

あらかじめ配置されているTextBoxコントロールを削除し、ツールボックスからCalendarコントロールを配置します。Calendarコントロールのタスクメニューから図4-66のように [**DataBindingsの編集**] を実行します。

図4-66　[DataBindingsの編集] を実行

図4-67のウィンドウで、Calendarコントロールのデフォルトで選択する日付であるSelectedDateプロパティにBirthdayフィールドをデータバインドします。[**カスタムバインド**] – [**コード式**] に「Bind("Birthday")」と入力してください。

図4-67　SelectedDateプロパティにBirthdayフィールドをデータバインド

同様の手順で、Calendarコントロールのデフォルトの表示月を表すVisibleDateプロパティにもBirthdayフィールドをデータバインドします。これにより、レコードの編集時には現在の誕生日をデフォルトで選択したCalendarコントロールが表示されるようになります。実行結果は図4-68のようになります。

図4-68 編集時にCalendarコントロールを使用する例

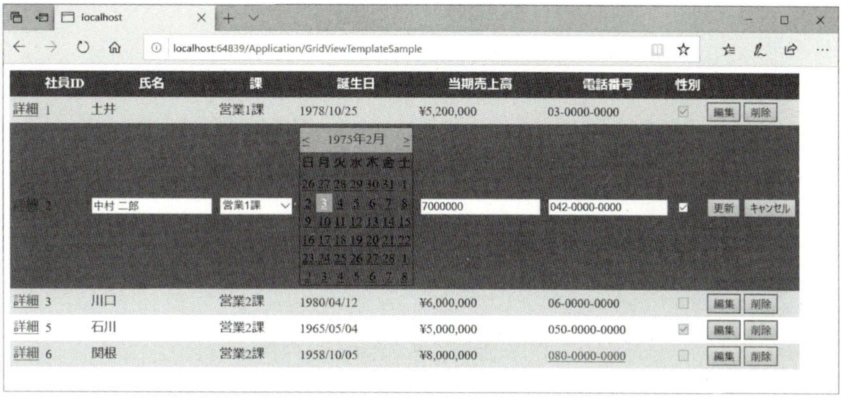

実際のコードはリスト4-19のようになります。

リスト4-19 Calendarコントロールの使用例（Application/GridViewTemplateSample.aspx）

```
<asp:TemplateField HeaderText="誕生日" SortExpression="Birthday">
  <EditItemTemplate>
    <asp:Calendar ID="Calendar1" runat="server"
      SelectedDate='<%# Bind("Birthday") %>'
      VisibleDate='<%# Eval("Birthday") %>'>
    </asp:Calendar>
  </EditItemTemplate>
  <ItemTemplate>
    <asp:Label ID="Label2" runat="server"
      Text='<%# Bind("Birthday", "{0:yyyy/MM/dd}") %>'></asp:Label>
  </ItemTemplate>
</asp:TemplateField>
```

■（3）フィールド編集時に検証を行う

TemplateFieldクラスでは、任意のサーバーコントロールを配置できますので、検証コントロールでの入力検証も行えます。サンプルとして、今期売上高（Salesフィールド）の値の編集時に検証コントロールを使い、入力必須かつ値が負でない、という条件での検証を行いましょう。

これまでの手順通りに、BoundFieldクラスをTemplateFieldクラスに変換し、EditItemTemplateテンプレートを編集します。

ツールボックスから入力必須検証を行うRequiredFieldValidatorコントロールと、比較による検証を行うCompareValidatorコントロールを配置します。検証に必要なプロパティをリスト4-20のように設定します。なお、検証コントロールの使用方法については3章を参照してください。

リスト4-20　検証コントロールの使用例（Application/GridViewTemplateSample.aspx）

```
<EditItemTemplate>
  <asp:TextBox ID="TextBox1" runat="server"
    Text='<%# Bind("Sales") %>'></asp:TextBox>
  <asp:RequiredFieldValidator ID="RequiredFieldValidator1" runat="server"
    ControlToValidate="TextBox1"
    ErrorMessage="今期売上高を入力してください"
    ForeColor="Red">*</asp:RequiredFieldValidator>
  <asp:CompareValidator ID="CompareValidator1" runat="server"
    ControlToValidate="TextBox1"
    ErrorMessage="今期売上高には正の値を入力してください"
    Operator="GreaterThan" ValueToCompare="0"
    ForeColor="Red">*</asp:CompareValidator>
</EditItemTemplate>
```

　両コントロールのControlToValidateプロパティで、検証対象のTextBoxコントロールを指定している他、基本的な使用方法は通常のWebページで検証コントロールを使用する場合と変わりません。

　実行結果は図4-69のようになります。なお、検証コントロールのメッセージを表示するため、ここではGridViewコントロールの外にValidationSummaryコントロールを配置しています。

図4-69　今期売上高に負の値を入力した場合のエラーメッセージ

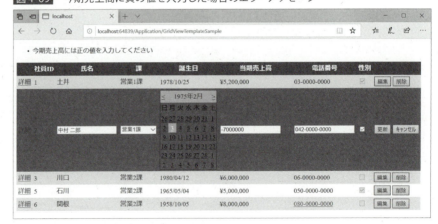

■（4）Evalメソッドを利用して値を取得する

　最後に、性別フィールドの表示および編集を修正します。これまでと同じ手順でTemplateFieldクラスへの変換を行います。表示を行うItemTemplateテンプレートで、Sexフィールドの値をそのままTrue/Falseとして出力する代わりに、リスト4-21のように修正します。

リスト4-21　Evalメソッドを用いたデータバインディング式

```
<ItemTemplate>
  <asp:Label ID="SexLabel" runat="server"
    Text='<%#IIf(Eval("Sex"), "男性", "女性") %>'>
  </asp:Label>
</ItemTemplate>
```

　ここでは、Textプロパティのデータバインディング式でEvalメソッドを用いて値を取得しています。今回はItemTemplateテンプレートで、データの表示のみですので、Evalメソッドを使用しています。ここでは、Sexフィールドの値を取得し、Trueであれば「男性」、Falseであれば「女性」をTextプロパティにデータバインドします。

　実行結果は図4-70のようになります。

図4-70　性別フィールドの表示

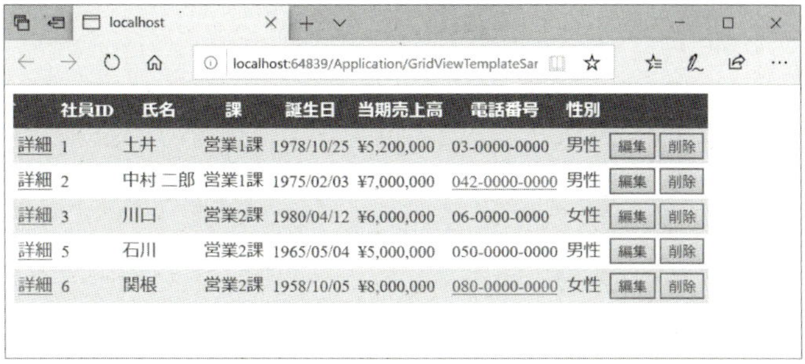

　編集時のEditItemTemplateテンプレートも一緒に修正しておきましょう。ラジオボタンリストを表示するRadioButtonListコントロール（3章参照）を用い、リスト4-22のように修正します。

リスト4-22　性別フィールドの編集時にRadioButtonListコントロールで選択するように修正
（Application/GridViewTemplateSample.aspx）

```
<EditItemTemplate>
  <asp:RadioButtonList ID="RadioButton1" runat="server"
    SelectedValue='<%# Bind("Sex") %>'>
  <asp:ListItem Text="男性" Value="True" />
  <asp:ListItem Text="女性" Value="False" />
  </asp:RadioButtonList>
</EditItemTemplate>
```

　ここでは、RadioButtonListコントロールを使い、男性と女性のどちらかをラジオボタンで選択できるようにしています。また、デフォルトで選択する値であるSelectedValueプロパティにSexフィールドをデータバインドしています。読み書き両方で利用するため、双方向バインディングのBindメソッドでデータバインドを

行います。

　ListItemの選択肢のValueプロパティはTrueとFalseという値を使います。これは、データベースのSexフィールドはbit型の数値ですが、.NET FrameworkではBoolean型として扱われるためです。実行結果は図4-71のようになります。

図4-71　性別フィールドの編集

　GridViewコントロールで利用可能な、フィールドを表示、編集するためのクラスの解説は以上となります。基本的な機能の多くはBoundFieldクラスなどでまかないながら、必要な場合にはTemplateFieldクラスへ変換し、テンプレートを編集するようにしましょう。

> **コラム**
>
> **その他のデータバインドコントロール**
>
> 　本書で紹介するデータバインドコントロール以外に、ASP.NETではDataListコントロール、Repeaterコントロールというデータバインドコントロールが提供されています。これらはASP.NET 1.0時代から提供されているコントロールで、テンプレートを使って複数のレコードを一覧表示する機能を持っています。DataListコントロールはHTMLのテーブル形式を使い、Repeaterコントロールはテンプレートに記述した任意のHTMLを繰り返し出力します。ただし、データの更新の際にはソースコードでの処理を記述する必要があります。
>
> 　5章で解説するListViewコントロールを使うことで、DataListコントロールやRepeaterコントロールに相当する機能を実現でき、またデータの更新もコーディングレスで行うことができます。これらのコントロールは基本的に以前のバージョンとの互換性を保つためのものですので、新しいアプリケーションを作成する際にはListViewコントロールを使用するようにしましょう。
>
> 　なお、同じくASP.NET 1.0で提供されていたDataGridコントロールはGridViewコントロールに完全に置き換えられ、Visual Studioのツールボックスにも表示されていません。
> 　また、DetailsViewコントロールは単票編集画面をテーブル形式（HTMLのtableタグ）で編集可能なコントロールです。5章で解説するFormViewコントロールを使うことで、同じ機能をtableタグに縛られることなく実現できますので、解説は省略します。

TECHNICAL MASTER

Chapter 05

一覧／単票データバインドコントロール

この章では、ASP.NET のデータバインドコントロールについて解説します。前章では GridView コントロールの使用方法を解説しましたが、本章ではテンプレートに基づく柔軟な表示が可能な ListView コントロールと FormView コントロールについて解説します。

Contents

05-01 ListView コントロールの使用方法を理解する　　　［ListView コントロール］ 192

05-02 FormView コントロールを使用する　　　［FormView コントロール］ 218

はじめての ASP.NET Web フォームアプリ開発 Visual Basic 対応 第 2 版

Section 05-01 ListViewコントロール

ListViewコントロールの使用方法を理解する

このセクションでは、テンプレートに基づく表示、編集を行うListViewコントロールについて解説します。

このセクションのポイント
■1 ListViewコントロールはテンプレートに基づいて一覧表示、編集を行うコントロールである。
■2 ListViewコントロールでは、複数のレコードをグループ化した表示が可能である。

　4章で解説したように、テーブル形式でデータの一覧表示を行うGridViewコントロールは、データのレイアウトを簡単に行うことができ、有用なコントロールです。しかし、GridViewコントロールはレイアウトにHTMLのtableタグを使っているため、柔軟なレイアウトを行う面では限界があります。

　ASP.NET 3.5から新規追加されたListViewコントロールは、HTMLのtableタグを使わず、出力するすべてのHTMLをテンプレートに基づいて制御できるコントロールです。余計なタグが出力されることがないため、HTMLをコンパクトに保ち、CSSを使ったデザイン（10章参照）を活用する上でも有用です。

　このセクションでは、ListViewコントロールのテンプレートの構成や使用方法について解説します。

ListViewコントロールのテンプレートの構成

　まずは、ListViewコントロールのテンプレートの構成を理解しておきましょう。ListViewコントロールのテンプレートの一覧は表5-1のとおりです。

表5-1　ListViewコントロールで利用可能なテンプレート

テンプレート	意味
LayoutTemplate	全体のレイアウトを行うテンプレート
ItemTemplate	レコードの表示を行うテンプレート
AlternatingItemTemplate	レコードの表示を行うテンプレート。指定した場合は1レコードごとにItemTemplateテンプレートと交互に表示される
ItemSeparatorTemplate	ItemTemplateテンプレートの間の表示を行うテンプレート
GroupTemplate	グループの表示を行うテンプレート
GroupSeparatorTemplate	GroupTemplateテンプレートの間の表示を行うテンプレート
EmptyItemTemplate	表示するレコードが存在しない場合の表示を行うテンプレート
EmptyDataTemplate	データソースにレコードが存在しない場合のテンプレート

SelectedItemTemplate	選択されたレコードのテンプレート
EditItemTemplate	レコード編集のテンプレート
InsertItemTemplate	レコード登録のテンプレート

　たくさんの種類のテンプレートがあるため、混乱しそうになりますが、基本となる表示時のパターンから押さえておきましょう。まず、基本的なパターンは図5-1のようになります。

図5-1 ListViewの基本の表示パターン

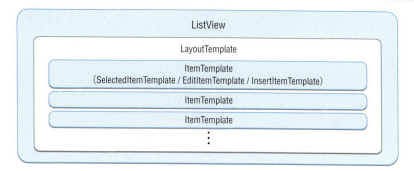

　この基本パターンは、LayoutTemplateテンプレートの中で、表示対象となるレコードの数だけItemTemplateテンプレートの内容が繰り返される、というものです。LayoutTemplateテンプレートにはレコードを配置するための一番外側のタグを記述し、ItemTemplateテンプレートには、各レコードに対応するタグを記述します。レコードが選択されている場合はSelectedItemTemplateテンプレートが、編集中のレコードの場合はEditItemTemplateテンプレートが、新規登録のレコードの場合はInsertItemTemplateテンプレートがそれぞれ用いられます。基本的な仕組みはGridViewのTemplateFieldクラスに似ていますが、GridViewでは自動的にHTMLのtableタグを使った表として出力するのに対し、ListViewでは、HTMLタグが自動的に出力されることはなく、各テンプレートに書いたHTMLタグがそのまま出力されます。もう少し複雑なパターンは図5-2のようになります。

図5-2 ListViewの表示パターン応用編

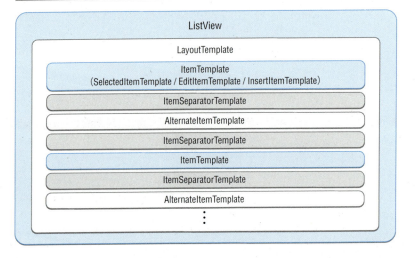

　ここでは、ItemTemplateテンプレートとAlternatingItemTemplateテンプレートが交互に出力されています。AlternatingItemTemplateテンプレートは、例えばレコードを一覧表示する際に1行ごとに背景色を変えたい場合などに使用します。また、ItemTemplateテンプレートとAlternatingItemTemplateテンプレートの間にItemSeparatorTemplateテンプレートも出力されます。レコードごとに区切りを表示したい場合などに、ItemSeparatorTemplateテンプレートを使用します。全種類のテンプレートを使用したパターンは図5-3のようになります。

図5-3 ListViewの全テンプレートを使用したパターン

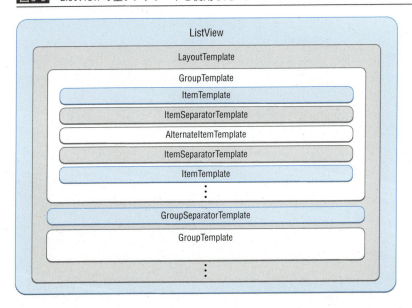

これまでと同様、一番外側に来るのがLayoutTemplateテンプレートで、その中にGroupTemplateテンプレートが複数並びます。これは、グループごとの表示を行うためのテンプレートです。グループとは、任意個数のレコードをまとめたもので、たとえばレコードを1行に3個ずつ並べたい場合には、3レコードを1グループとして並べることで実現します。GroupTemplateテンプレートの間に挟まれるのが、GroupSeparatorTemplateテンプレートです。GroupTemplateテンプレートの中に、実際のレコードの表示を行うItemTemplateテンプレート、AlternatingItemTemplateテンプレート、ItemSeparatorTemplateテンプレートが配置されます。なお、データソースが完全に空の場合はEmptyDataTemplateテンプレートが表示されます。この際、LayoutTemplateテンプレートも含め、他のテンプレートは一切使用されません。この表示のパターンが基本となり、EmptyItemTemplateテンプレートは、グループごとに決まった数のレコードをレイアウトする際に、表示するレコードが足りなくなった場合に用いられます。

　なお、これらのテンプレートは不要なものは省略可能です。最小構成としては、ItemTemplateテンプレートだけ定義すれば、レコードの表示を行えます。図5-1のように、表示の際はLayoutTemplateテンプレートとItemTemplateテンプレートを、編集、追加の際は加えてEditItemTemplateテンプレート、InsertItemTemplateテンプレートなどを使えば、大抵の用途に対応できるでしょう。

ListViewコントロールの使用方法

　それでは、ListViewコントロールを使ったデータの一覧表示を行いましょう。

　使用方法は基本的にGridViewコントロールと同じで、コントロールを配置し、タスクメニューからデータソース構成ウィザードで表示するデータを選択します。今回は最初から課の名前を表示するため、Departmentsテーブルを連結させた結果を取得するようにしましょう。データソース構成ウィザードを実行し、表5-2のように構成し、図5-4の［Selectステートメントの構成］ウィンドウで、［カスタムSQLステートメントまたはストアドプロシージャを指定する］を選択します。

表5-2 データソース構成ウィザードで設定する値

ウィンドウ名	項目	値
［データソースの種類を選びます。］	［アプリケーションがデータを取得する場所］	［データベース］を選択
［データ接続の選択］	［アプリケーションがデータベースへの接続に使用するデータ接続］	[ConnectionString]

図5-4　［カスタムSQLステートメントまたはストアドプロシージャを指定する］を選択

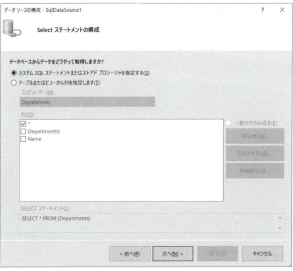

次の図5-5のウィンドウで、SELECT文に指定するSQLを作成するため、［クエリビルダー］ボタンをクリックし、クエリビルダーを実行します。クエリビルダーは、SQLをビジュアルに設計するためのツールで、複数のテーブルを連結させてデータを取得する場合などに有用です。

図5-5　［クエリビルダー］ボタンをクリック

図5-6の［テーブルの追加］ウィンドウで、EmployeesテーブルとDepartmentsテーブルを選択して［追加］ボタンをクリックしてから［閉じる］ボタンをクリックします。

図5-6 ［テーブルの追加］ウィンドウ

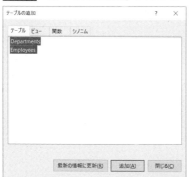

これにより、図5-7のようにクエリビルダーに2つのテーブルが配置されます。

図5-7 クエリビルダー画面

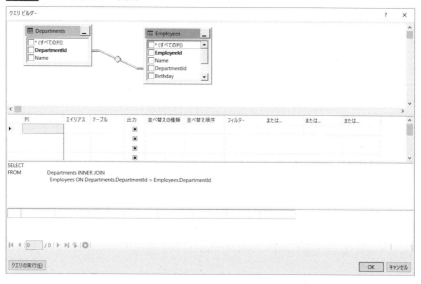

　クエリビルダーでは、上部に表示されているテーブルのフィールドのチェックボックスをチェックすることで、SELECT文で取得するデータを指定できます。また、INNER JOIN句による結合は自動的に行われます。ここでは、EmployeesテーブルとDepartmentsテーブルの間が結ばれています。
　今回はDepartmentsテーブルのNameフィールドと、Employeesテーブルの[*（すべての列）]にチェックを入れましょう。上から二段目の領域の2列目で、取得するフィールドのエイリアス（別名）を設定できます。今回はDepartmentsテーブルのNameフィールド（課の名前）と、EmployeesテーブルのNameフィールド（社員の名前）が重複しますので、DepartmentsテーブルのNameフィールドにDepartmentNameというエイリアスを指定します。

これにより、上から3段目の領域に、実際に使用するSQLが表示されます。左下の[**クエリの実行**]ボタンをクリックすることで、SQLを実行して結果を表示できます。

[**OK**]ボタンをクリックしてクエリビルダーを閉じると、図5-8のようにクエリビルダーで作成したSQLが表示されます。

図5-8 SELECT文の指定。クエリビルダーで作成したSQLが設定される

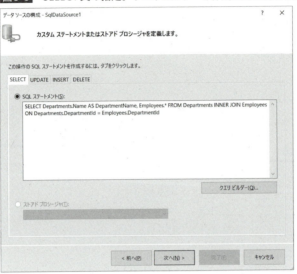

これまでのデータソース構成ウィザードでは、SELECT文を指定すれば、UPDATE、INSERT、DELETE文を自動的に生成することができましたが、[**カスタムSQLステートメントまたはストアドプロシージャを指定する**]を選択して任意のSQLを入力した場合は、SELECT以外のSQLも自分で記述する必要があります。今回Departmentsテーブルにアクセスする必要があるのは表示の場合だけですので、UPDATE、INSERT、DELETE文についてはこれまでのSQLをそのまま使用できます。それぞれのタブで表5-3のようにSQLを設定しましょう。

表5-3 各タブで設定するSQL

タブ名	設定するSQL
UPDATE	UPDATE Employees SET Name = @Name, DepartmentId = @DepartmentId, Birthday = @Birthday, Sales = @Sales, TelNo = @TelNo, Sex = @Sex WHERE (EmployeeId = @EmployeeId)
INSERT	INSERT INTO Employees(EmployeeId, Name, DepartmentId, Birthday, Sales, TelNo, Sex) VALUES (@EmployeeId, @Name, @DepartmentId, @Birthday, @Sales, @TelNo, @Sex)
DELETE	DELETE FROM Employees WHERE (EmployeeId = @EmployeeId)

データソース構成ウィザード完了後、GridViewコントロールであれば自動的にフィールドが配置されますが、ListViewコントロールの場合は図5-9のように、まだフィールドの配置は行われません。

図5-9 データソース構成ウィザード完了後のListViewコントロール

基本的なレイアウトを行うため、図5-10のタスクメニューより、[ListViewの構成]を実行します。

図5-10 ListViewコントロールのタスクメニュー

図5-11の[**ListViewの構成**]ウィンドウでは、[**レイアウトの選択**]から基本的なレイアウトの方法を、[**スタイルの選択**]からスタイル設定を選択できます。出力されたテンプレートを編集することで、さらに詳細なレイアウトの調整が可能です。

図5-11 [ListViewの構成]ウィンドウ

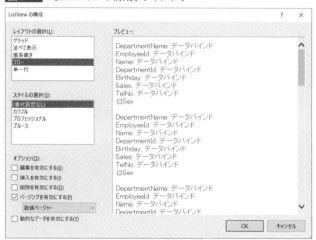

Chapter 05 一覧／単票 データバインドコントロール

今回はシンプルに [**レイアウトの選択**] で「フロー」を、[**スタイルの選択**] で「（書式設定なし）」を選択します。また、[**ページングを有効にする**] をチェックし、ドロップダウンから [**数値ページャー**] を選択します。

出力されたテンプレートはリスト5-1のようになります。なお、同じ内容が続く部分は省略します。

リスト5-1 出力されたListViewコントロールの内容（Application/ListViewSample.aspx）

```
<asp:ListView ID="ListView1" runat="server" DataKeyNames="EmployeeId"
  DataSourceID="SqlDataSource1">
  <AlternatingItemTemplate>
    …ItemTemplateテンプレートと同じなので省略…
  </AlternatingItemTemplate>
  <EditItemTemplate>
    <span style="">
    DepartmentName:
    <asp:TextBox ID="DepartmentNameTextBox" runat="server"
        Text='<%# Bind("DepartmentName") %>' />
    <br />
    Name:
    <asp:TextBox ID="NameTextBox" runat="server" Text='<%# Bind("Name") %>' />
    <br />
    …以降、TextBoxコントロールが並ぶので省略…
    <asp:CheckBox ID="SexCheckBox" runat="server" Checked='<%# Bind("Sex") %>'
      Text="Sex" />
    <br />
    <asp:Button ID="UpdateButton" runat="server"
      CommandName="Update" Text="更新" />
    <asp:Button ID="CancelButton" runat="server" CommandName="Cancel"
      Text="キャンセル" />
    <br /> <br /> </span>
  </EditItemTemplate>
  <EmptyDataTemplate>
    <span>データは返されませんでした。</span>
  </EmptyDataTemplate>
  <InsertItemTemplate>
  …最後のButtonコントロール以外EditItemTemplateテンプレートと同じなので省略…
    <asp:Button ID="InsertButton" runat="server"
      CommandName="Insert" Text="挿入" />
    <asp:Button ID="CancelButton" runat="server"
      CommandName="Cancel" Text="クリア" />
    <br /> <br /> </span>
  </InsertItemTemplate>
  <ItemTemplate>
```

```
    <span style="">
    DepartmentName:
    <asp:Label ID="DepartmentNameLabel" runat="server"
        Text='<%# Eval("DepartmentName") %>' />
    <br />
    Name:
    <asp:Label ID="NameLabel" runat="server" Text='<%# Eval("Name") %>' />
    <br />
    …以降、Labelコントロールが並ぶので省略…
    <br />
    <asp:CheckBox ID="SexCheckBox" runat="server" Checked='<%# Eval("Sex") %>'
        Enabled="false" Text="Sex" />
    <br /> <br /> </span>
  </ItemTemplate>
  <LayoutTemplate>
    <div ID="itemPlaceholderContainer" runat="server" style="">
      <span runat="server" id="itemPlaceholder" />
      ↑ここにItemTemplateなどのテンプレートが埋め込まれる
    </div>
    <div style="">
      <asp:DataPager ID="DataPager1" runat="server">
        <Fields>
          <asp:NextPreviousPagerField ButtonType="Button"
            ShowFirstPageButton="True"
            ShowNextPageButton="False" ShowPreviousPageButton="False" />
          <asp:NumericPagerField />
          <asp:NextPreviousPagerField ButtonType="Button"
            ShowLastPageButton="True"
            ShowNextPageButton="False" ShowPreviousPageButton="False" />
        </Fields>
      </asp:DataPager>
    </div>
  </LayoutTemplate>
<SelectedItemTemplate>
  ・・・内容はItemTemplateテンプレートと同じなので省略・・・
</SelectedItemTemplate>
</asp:ListView>
<asp:SqlDataSource ID="SqlDataSource1" runat="server"
  ConnectionString="<%$ ConnectionStrings:ConnectionString %>"
  SelectCommand="
    SELECT Departments.Name AS DepartmentName, Employees.* FROM Departments
    INNER JOIN Employees ON Departments.DepartmentId = Employees.DepartmentId"
  ・・・UPDATE、INSERT、DELETE文は省略・・・
</asp:SqlDataSource>
```

ここでは、HTMLのtableタグを使用せず、spanタグとbrタグでレコードをレイアウトしています。テンプレートを見て気づくのは、テンプレート内に配置されているのがLabelコントロールやTextBoxコントロールなどの通常のサーバーコントロールであることです。GridViewコントロールで使用したBoundFieldクラスのような、特別な表示用のクラスはありません。基本的なコントロールを並べる必要があるため、テンプレートの内容がやや冗長になるデメリットはありますが、その分最終的に出力される内容を厳密に制御できます。

具体的にどのようにテンプレートが埋め込まれていくのかを理解しましょう。LayoutTemplateテンプレートの最初のdivタグ内のspanタグに注目してください。このspanタグのid属性は「itemPlaceholder」となっています。ListViewコントロールでは図5-12のように、LayoutTemplateテンプレート内のid属性の値に「itemPlaceholder」を持つタグがプレースホルダとなり、ここにItemTemplateテンプレートなどが埋め込まれます。今回はGroupTemplateテンプレートが使用されていないため、LayoutTemplateテンプレートに直接ItemTemplateテンプレートが埋め込まれます。

図5-12 LayoutTemplateテンプレートへのItemTemplateテンプレートの埋め込み

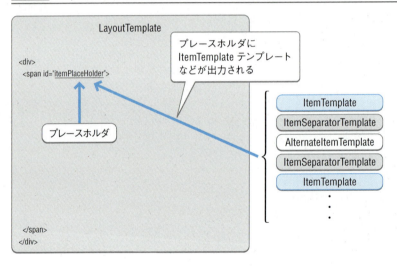

GroupTemplateテンプレートを使用する場合は、図5-13のようにLayoutTemplateテンプレート内のid属性の値に「groupPlaceholder」を持つタグがプレースホルダとなり、そこにGroupTemplateなどのテンプレートが埋め込まれます。同様にGroupTemplateテンプレート内のid属性の値に「itemPlaceholder」を持つタグがItemTemplateなどのテンプレートのプレースホルダとなります。

図5-13 GroupTemplateテンプレートがある場合のプレースホルダへの埋め込み

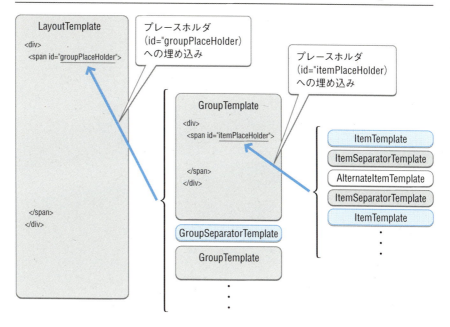

> **メモ**
>
> これらのプレースホルダのIDはListViewコントロールのGroupPlaceHolderIdプロパティとItemPlaceHolderIdプロパティで変更できます。

　テンプレートの埋め込みが行われる階層構造をしっかり理解しておきましょう。なお、プレースホルダに使用したタグ自体はHTMLには出力されず、テンプレートの内容で置き換えられます。気づきづらい点ですので注意しましょう。
　ListViewコントロールでページングを行うためのDataPagerタグについては、後ほど解説します。実行結果は図5-14のようになります。

図5-14　ListViewコントロールの実行例

　このままではかなり殺風景な表示となりますので、ItemTemplateテンプレートをソースビューを使ってリスト5-2のように書き換えます。

リスト5-2　ItemTemplateテンプレートの書き換え（Application/ListViewSample.aspx）

```
<ItemTemplate>
  <span style="">
  社員ID:
  <asp:Label ID="EmployeeIdLabel" runat="server"
      Text='<%# Eval("EmployeeId") %>' />
  <br />
  名前:
  <asp:Label ID="NameLabel" runat="server" Text='<%# Eval("Name") %>' />
  <br />
  課:
  <asp:Label ID="DepartmentNameLabel" runat="server"
      Text='<%# Eval("DepartmentName") %>' />
  <br />
  誕生日:
  <asp:Label ID="BirthdayLabel" runat="server"
      Text='<%# Eval("Birthday", "{0:yyyy/MM/dd}") %>'></asp:Label>
  <br />
```

```
今期売上高:
<asp:Label ID="SalesLabel" runat="server"
    Text='<%# Eval("Sales", "{0:C}") %>'></asp:Label>
<br />
電話番号:
<asp:Label ID="TelNoLabel" runat="server" Text='<%# Eval("TelNo") %>' />
<br />
性別:
<asp:Label ID="SexLabel" runat="server"
    Text='<%#IIf(Eval("Sex"), "男性", "女性")%>'> </asp:Label>
</span>
</ItemTemplate>
<ItemSeparatorTemplate>
  <hr />
</ItemSeparatorTemplate>
```

ここでは、ヘッダを日本語に書き換え、誕生日、今期売上高、性別フィールドについて、前のセクションと同じデータバインディング式で書式設定を行っています。また、レコード同士の間に区切り線を引くため、ItemSeparatorTemplateテンプレートにhrタグを配置しています。実行結果は図5-15のようになります。

レコードの各フィールドの表示に書式設定が適用され、レコード同士が区切り線（hrタグ）で区切られていることに注目してください。適用されるテンプレートを意識することで、柔軟なレイアウトを実現できます。

図5-15 書き換えたListViewコントロールの表示例

データをグループ化して表示する

　GridViewコントロールでは、基本的に1レコードがテーブルの1行に対応し、それ以外のレイアウトを行うのは困難でした。ListViewコントロールでは、複数のレコードをグループとしてまとめることができますので、たとえば1行に3つのレコードを並べるようなレイアウトも可能です。

　実際にデータをグループ化して表示してみましょう。データをグループ化するには、ListViewコントロールのGroupItemCountプロパティを設定する必要があります。図5-16のように、GroupItemCountプロパティに3を設定しましょう。これにより、3レコードごとにグループがまとめられます。

図5-16 GroupItemCountプロパティに3を設定

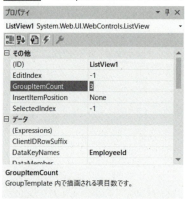

　続いてテンプレートを編集します。今回はグループ化が分かりやすいように、tableタグを用いてレイアウトを行います。リスト5-3のようにテンプレートを編集します。

リスト5-3 データをグループ化した場合のテンプレートの修正（Application/ListViewGroupingSample.aspx）

```
<asp:ListView ID="ListView1" runat="server" DataKeyNames="EmployeeId"
  DataSourceID="SqlDataSource1" GroupItemCount="3">
  <EmptyDataTemplate>
    <span>データは返されませんでした。</span>
  </EmptyDataTemplate>
  <ItemTemplate>
    <td>
      <span style="">
        社員ID：
        <asp:Label ID="EmployeeIdLabel" runat="server"
          Text='<%# Eval("EmployeeId") %>' />
        <br />
```

```
          名前:
          <asp:Label ID="NameLabel" runat="server" Text='<%# Eval("Name") %>' />
          <br />
…以降は前のサンプルと同じ内容なので省略…
        </span>
      </td>
    </ItemTemplate>
    <GroupSeparatorTemplate>
      <tr><td colspan="3" align=center>グループ区切り</td></tr>
    </GroupSeparatorTemplate>
    <GroupTemplate>
      <tr>
        <span runat="server" id="itemPlaceholder" />
        ↑ItemTemplateなどのテンプレートのためのプレースホルダ
      </tr>
    </GroupTemplate>
    <EmptyItemTemplate>
      <td>表示するレコードなし</td>
    </EmptyItemTemplate>
    <LayoutTemplate>
      <table border="1">
        <span runat="server" id="groupPlaceholder" />
        ↑GroupTemplateなどのテンプレートのためのプレースホルダ
      </table>
      <div>
        <asp:DataPager ID="DataPager1" runat="server">
          <Fields>
            <asp:NextPreviousPagerField ButtonType="Button"
              ShowFirstPageButton="True"
              ShowNextPageButton="False" ShowPreviousPageButton="False" />
            <asp:NumericPagerField />
            <asp:NextPreviousPagerField ButtonType="Button"
              ShowLastPageButton="True"
              ShowNextPageButton="False" ShowPreviousPageButton="False" />
          </Fields>
        </asp:DataPager>
      </div>
    </LayoutTemplate>
</asp:ListView>
```

　まず、一番外側となるLayoutTemplateテンプレートでtableタグを記述し、その中にグループを表示するためのプレースホルダを記述します。
　今回は1グループがテーブルの1行に相当しますので、GroupTemplateテンプレートでtrタグを記述し、その中にアイテムを表示するためのプレースホルダを記

述します。

同様に、1レコードがテーブルの列に相当するので、ItemTemplateテンプレートでtdタグを記述し、その中にレコードの内容を表示します。表示内容自体はこれまでのサンプルと同様です。

今回は複数のGroupTemplateテンプレートの間に挟み込まれるGroupSeparatorTemplateテンプレートと、グループで表示するレコードが存在しない場合に使用するEmptyItemTemplateテンプレートも記述しています。実行時にどう表示されるかに注目しましょう。実行結果は図5-17のようになります。

図5-17 データをグループ化したListViewコントロールの表示例

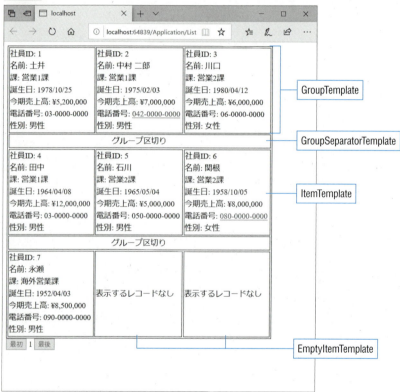

GroupItemCountプロパティで指定したとおりに1行に3レコードが並んでいること、GroupSeparatorTemplateテンプレートがグループ間に挟み込まれていることに注目してください。

また、EmptyItemTemplateテンプレートの表示にも注目です。今回は1グループ3レコードとしたのに対し、実際のデータが7レコードあったため、グループは3つ出力されます。3つめのグループの出力の際は、レコード1つがItemTemplateテンプレートで、残り2回はレコードが存在しないため、EmptyItemTemplateテンプレートが適用され、「表示するレコードなし」という文字列が出力されています。

ListViewコントロールでの新規登録、編集、削除機能とコマンド

次にListViewコントロールでの更新系の機能を使用しましょう。

ListViewコントロールでの新規登録や編集は、InsertItemTemplateテンプレートやEditItemTemplateテンプレートを使うことで行えます。

ListViewコントロールで注意したいのは、GridViewコントロールで編集、削除などのボタン系コントロールを表示するのに使ったCommandFieldのようなクラスが無いことです。したがって、編集、削除などのボタンは自分で配置する必要があります。

ListViewコントロールでは、表5-4のような特定のコマンドを持つボタン系コントロールを配置すると、自動的にListViewコントロールの編集、削除などの機能が呼び出されるようになっています。

表5-4 ListViewコントロールの機能を呼び出すためのコマンド

コマンド名		ボタンを配置するテンプレート
Select	選択	ItemTemplate/AlternateItemTemplate
Insert	新規登録	InsertItemTemplate
Edit	編集	ItemTemplate/AlternateItemTemplate
Update	編集時の更新	EditItemTemplate
Cancel	編集時のキャンセル。新規登録時は入力内容のクリア	EditItemTemplate/InsertItemTemplate
Delete	削除	ItemTemplate/AlternateItemTemplate
Sort	ソート。CommandArgumentsプロパティで並び替える列を指定する	ItemTemplate/AlternateItemTemplate

GridViewコントロールでも、これらのコマンドを持つボタン系コントロールを配置すると、自動的にGridViewコントロールの機能が呼び出されます(Insertコマンドを除く)。ただ、GridViewコントロールの場合はCommandFieldクラスを使う方が簡単です。

それでは、コマンドを持つボタンを配置し、ListViewコントロールの新規登録、編集、削除機能を使用しましょう。

新しいページ(Application/ListViewCommandSample.aspx)を作成し、ListViewコントロールを配置します。タスクメニューからデータソース構成ウィザードを実行し、前回と同じように設定します。タスクメニューから[**ListViewの構成**]を実行し、図5-18のように[**編集を有効にする**]、[**挿入を有効にする**]、[**削除を有効にする**]、[**ページングを有効にする**]にチェックを入れて[**OK**]ボタンをクリックします。

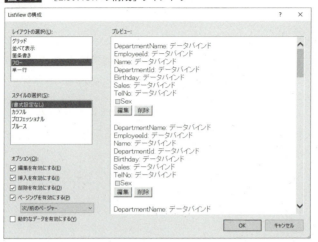

図5-18 ［ListViewの構成］ウィンドウ

　出力されたテンプレートには、編集、削除等の各種のコマンドボタンが配置されています。なお、ListViewコントロールでレコードの新規登録を行う場合、何かのボタンを押した場合に新規登録用のInsertItemTemplateテンプレートを表示するのではなく、常に新規登録用のテンプレートが表示されている状態となります。この仕様はやや癖がありますので覚えておきましょう。InsertItemTemplateテンプレートの表示位置はListViewコントロールのInsertItemPositionプロパティで設定します。

　テンプレートをリスト5-4のように編集します。編集、新規登録の際の入力部分を、4章のGridViewコントロールのカスタマイズサンプル（Application/GridVewTemplateSample.aspx）と同じように差し替えています。

リスト5-4　新規登録、編集、削除機能を有効化したListViewコントロールの例
　　　　　（Application/ListViewCommandSample.aspx）

```
<asp:ListView ID="ListView1" runat="server" DataKeyNames="EmployeeId"
  DataSourceID="SqlDataSource1" InsertItemPosition="LastItem"
  GroupItemCount="3">
  <EditItemTemplate>
    <td runat="server" style="">
      社員ID:
      <asp:Label ID="EmployeeIdLabel1" runat="server"
        Text='<%# Eval("EmployeeId") %>' />
      <br />
      名前:
      <asp:TextBox ID="NameTextBox" runat="server" Text='<%# Bind("Name") %>' />
      <br />
      課:
      <asp:DropDownList ID="DropDownList1" runat="server"
```

```
          DataSourceID="SqlDataSource1" DataTextField="Name"
          DataValueField="DepartmentId"
          SelectedValue='<%# Bind("DepartmentId") %>'></asp:DropDownList>
        <asp:SqlDataSource ID="SqlDataSource1" runat="server"
          ConnectionString="<%$ ConnectionStrings:ConnectionString %>"
          SelectCommand="SELECT * FROM [Departments]"></asp:SqlDataSource>
        <br />
…以降、前のセクションのサンプルからの流用のため省略…
        <asp:Button ID="UpdateButton" runat="server"
          CommandName="Update" Text="更新" />
        <br />
        <asp:Button ID="CancelButton" runat="server" CommandName="Cancel"
          Text="キャンセル" />
        <br /></td>
    </EditItemTemplate>
    <EmptyDataTemplate>
      <table runat="server" style="">
        <tr>
          <td>
            データは返されませんでした。</td>
        </tr>
      </table>
    </EmptyDataTemplate>
    <EmptyItemTemplate>
      <td runat="server" />
    </EmptyItemTemplate>
    <GroupTemplate>
      <tr ID="itemPlaceholderContainer" runat="server">
        <td ID="itemPlaceholder" runat="server">
        </td>
      </tr>
    </GroupTemplate>
    <InsertItemTemplate>
      <td runat="server" style="">
        社員ID:
        <asp:TextBox ID="EmployeeIdTextBox" runat="server"
          Text='<%# Bind("EmployeeId") %>' />
        ↑社員IDはTextBoxコントロールで入力
        <br />
…EditItemTemplateテンプレートと同様のため省略…
        誕生日:
        <asp:Calendar ID="Calendar1" runat="server"
          SelectedDate='<%# Bind("Birthday") %>' VisibleDate="1980/1/1">
        ↑InsertItemTemplateテンプレートではCalendarコントロールの
```

```
                VisibleDateプロパティへのデータバインドは行わない
            </asp:Calendar>
            <br />
…省略…
            <asp:Button ID="InsertButton" runat="server"
                CommandName="Insert" Text="挿入" />
            <br />
            <asp:Button ID="CancelButton" runat="server"
                CommandName="Cancel" Text="クリア" />
            <br />
        </td>
    </InsertItemTemplate>
    <ItemTemplate>
        <td runat="server" style="">
            社員ID:
            <asp:Label ID="EmployeeIdLabel" runat="server"
                Text='<%# Eval("EmployeeId") %>' />
            <br />
…前のサンプルのItemTemplateテンプレートと同じため省略…
            <asp:Button ID="DeleteButton" runat="server"
                CommandName="Delete" Text="削除" />
            <br />
            <asp:Button ID="EditButton" runat="server"
                CommandName="Edit" Text="編集" />
            <br />
        </td>
    </ItemTemplate>
...
```

　ここでは、ListViewコントロールとのInsertItemPositionプロパティの値にLastItemを指定し、新規登録のためのInsertItemTemplateテンプレートを末尾に表示します。

　コマンドを持つボタンとして、ItemTemplateテンプレートに削除（Deleteコマンド）、編集（Editコマンド）、EditItemTemplateテンプレートに更新（Updateコマンド）、キャンセル（Cancelコマンド）、InsertItemTemplateテンプレートに挿入（Insertコマンド）、クリア（Cancelコマンド）ボタンを配置しています。

　編集、新規登録の際に使用するEditItemTemplateテンプレートとInsertItemTemplateテンプレートは、ほぼすべて4章のGridViewコントロールのTemplateFieldクラスを使ったサンプルからの流用です。

| ListView コントロール | Section 05-01

> **コラム**
>
> **CalendarコントロールのVisibleDateプロパティへのデータバインド**
>
> 本文のサンプルは、InsertItemTemplateテンプレートでの誕生日入力の場合だけ、流用元から変更点があります。新規登録用のInsertItemTemplateテンプレートでは、Calendarコントロールがデフォルトで表示する月を指定するためのVisibleDateプロパティにデータバインドを行っていません。
>
> これは、新規登録時にはまだレコードが存在しないため、VisibleDateプロパティにデータバインドを行っても正しい値が設定されないためです。VisibleDateプロパティはデフォルトで表示する月を取得するために参照されますので、正しい値が設定されていないとエラーが発生します。そのため、SelectedDateプロパティはBirthdayフィールドにデータバインドしますが、VisibleDateプロパティには固定の日付を指定します。
>
> InsertItemTemplateテンプレートでCalendarコントロールを使用する際には注意してください。

　実行結果は図5-19のようになります。新規登録用のInsertItemTemplateテンプレートにCalendarコントロールなどを配置しているため、ページが上下に長くなっています。

図5-19 新規登録、編集、削除機能を有効化したListViewコントロール

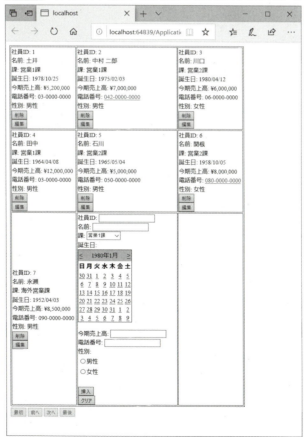

編集ボタンをクリックすると、図5-20のようになります。

図5-20 ListViewコントロールの編集機能

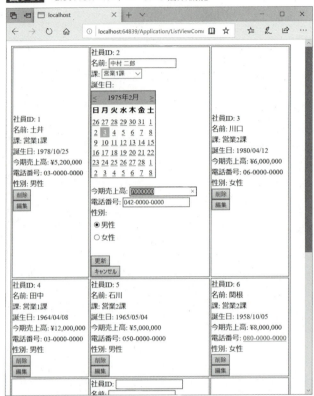

　ListViewコントロールの新規登録機能は常にInsertItemTemplateテンプレートが表示されます。複数レコードをグループ化した場合には常に最後のグループはInsertItemTemplateテンプレートだけになるなど、グループ化との相性があまり良くありません。希望するサイトデザインとの兼ね合いですが、ListViewコントロールの新規登録機能は使わず、単票用のFormViewコントロールで行うのも一つの方法です。

ListViewコントロールでのページングの使用

　GridViewコントロールにはページング機能が内蔵されていたのに対し、ListViewコントロールにはページング機能がなく、**DataPager**という別のコントロールを用いてページング機能を実現しています。
　もっとも、Visual StudioでListViewコントロールを使う範囲では、ListViewコントロールでページングを有効化するとDataPagerコントロールが自動的に配置されますので、実質的には内蔵しているのとそれほど変わりません。

DataPagerコントロールで利用可能なプロパティは表5-5のとおりです。

表5-5 DataPagerコントロールで利用可能な主なプロパティ

プロパティ	意味
PagedControlID	ページング対象のコントロールのID
PageSize	1ページ当たりのレコード数
QueryStringField	現在のページ数を指定するためのクエリストリングのパラメータ名

　DataPagerコントロールはLayoutTemplateテンプレートに配置するのが基本ですが、ListViewコントロールの外に配置することも可能です。その場合はPagedControlIDプロパティを使い、ページング対象のコントロールのIDを明示的に指定する必要があります。

　また、DataPagerコントロールはページングのリンクを表示するためとして、数字による切り替えを行うNumericPagerFieldクラスと、前後ページへのリンクでの切り替えを行うNextPreviousPagerFieldクラスを使用できます。

　NumericPagerFieldクラスとNextPreviousPagerFieldクラスで利用可能なプロパティは表5-6のとおりです。

表5-6 NumericPagerFieldクラス、NextPreviousPagerFieldクラスで利用可能な主なプロパティ

カテゴリ	プロパティ	意味
共通	ButtonType	ページングの表示方法。ボタン（Button）、リンク（Link）、画像（Image）。デフォルトはリンク
NumericPagerField	ButtonCount	一度に表示するページの数。ページ数が多い場合は省略し、PreviousPageTextプロパティ、NextPageTextプロパティを表示する
	PreviousPageText、NextPageText	一度に表示できない部分を示す文字列。デフォルトは「...」
NextPreviousPagerField	ShowFirstPageButton、ShowPreviousPageButton、ShowNextPageButton、ShowLastPageButton	それぞれ最初、前、次、最後のページのボタンを表示するかどうか
	FirstPageText、PreviousPageText、NextPageText、LastPageText	各ページのボタンの表示テキスト

　これらのコントロールはリスト5-5のようにDataPagerコントロールで内で混在させて用いることも可能です。

Chapter 05 一覧／単票 データバインドコントロール

リスト5-5 DataPagerコントロールの使用例（Application/ListViewCommandSample.aspx）

```
<asp:DataPager ID="DataPager1" runat="server">
  <Fields>
    <asp:NextPreviousPagerField ShowFirstPageButton="True"
      ShowNextPageButton="False" ShowPreviousPageButton="False" />
    <asp:NumericPagerField />
    <asp:NextPreviousPagerField ShowLastPageButton="True"
      ShowNextPageButton="False" ShowPreviousPageButton="False" />
  </Fields>
</asp:DataPager>
```

実行結果は図5-21のようになります。

図5-21 ページングのカスタマイズ例

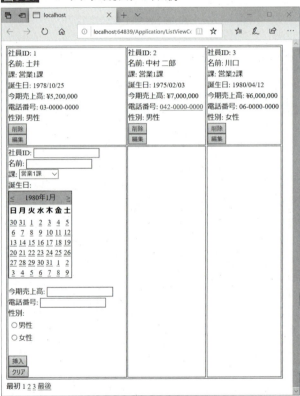

最初のページへのリンク、数値でのページング、最後のページへのリンクが並んでいることに注目してください。

ListViewコントロールのプロパティとイベント

最後に、ListViewコントロールのプロパティとイベントについて表5-7にまとめます。

表5-7 ListViewコントロールの主なプロパティとイベント

分類	プロパティ／イベント名	意味
プロパティ	ClientIDRowSuffix	各レコードのクライアントIDを生成するのに用いるフィールド名（12章参照）
	GroupItemCount	グループあたりのレコード数
	InsertItemPosition	新規登録用のInsertItemTemplateテンプレートを表示する位置。表示しない（None）、先頭に表示（FirstItem）、末尾に表示（LastItem）のいずれかを指定
	GroupPlaceHolderId	グループのプレースホルダのID。デフォルトはgroupPlaceholder
	ItemPlaceHolderId	レコードのプレースホルダのID。デフォルトはitemPlaceholder
	Items	ListViewコントロールのレコードに対応する項目のコレクション
	SelectedValue	選択されているレコードの主キー
イベント	ItemInserted	レコードの新規登録完了後に発生
	ItemUpdated	レコードの更新完了後に発生
	ItemDeleted	レコードの削除完了後に発生
	ItemCommand	ListViewコントロール内でコマンド付きのボタンがクリックされた場合に発生
	SelectedIndexChanged	レコードが選択された場合に発生
	Sorting	ソート実行前に発生

　ListViewコントロールのイベントは、新規登録時のイベントがある他は、GridViewコントロールのイベントとよく似ています。命名則が少し異なり、GridViewコントロールのイベントの多くが「Row」で始まるのに対し、ListViewコントロールのイベントは「Item」で始まっています。使い方についてはGridViewコントロールとほぼ同じですので省略します。

Section 05-02 FormViewコントロール

FormViewコントロールを使用する

このセクションでは、テンプレートに基づく単票表示を行うFormViewコントロールについて解説します。

このセクションのポイント

■ FormViewコントロールはテンプレートに基づいてデータの単票表示を行うコントロールである。テンプレートの構造はTemplateFieldクラスに類似している。

FormViewコントロールは、テンプレートに基づく単票表示を行うコントロールです。ListViewコントロールと同様に、テンプレートを使った柔軟なレイアウトが行えます。このセクションでは、FormViewコントロールのテンプレートの構成や使用方法について解説します。

FormViewコントロールで使用するテンプレート

FormViewコントロールでは次ページの図5-22のようなテンプレートを使用します。テンプレートの種類はTemplateFieldクラスに似ており、空データ用のEmptyDataTemplateテンプレートとカスタムページング機能用のPagerTemplateテンプレートがあること、単票表示のため、AlternateItemTemplateテンプレートが無い以外は、ほぼ同じテンプレートとなっています。

なお、FormViewコントロールにはページング機能が内蔵されており、その機能ではPagerTemplateテンプレートは使用しません。PagerTemplateテンプレートはページング機能を自分でカスタマイズする場合にのみ使用します。

図5-22 FormViewコントロールで使用するテンプレート

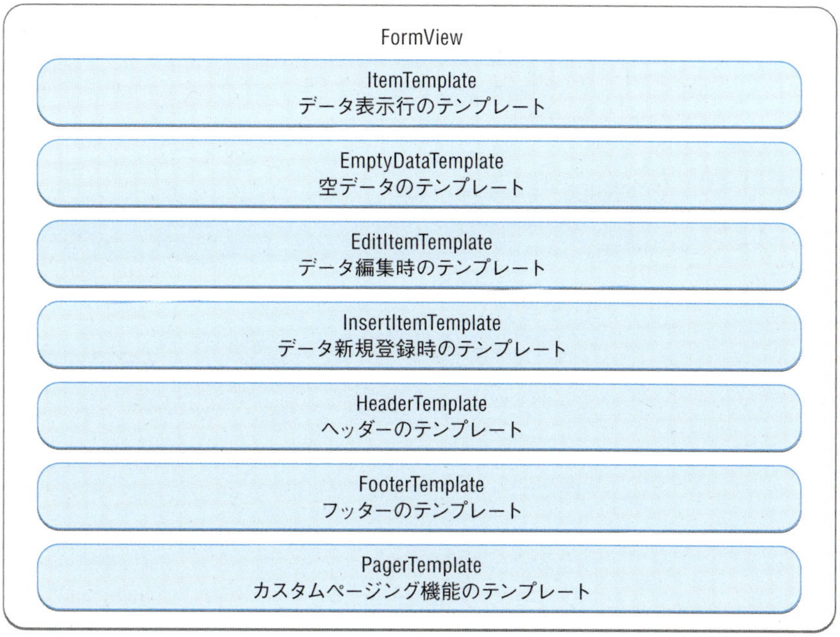

```
FormView
  ItemTemplate
  データ表示行のテンプレート

  EmptyDataTemplate
  空データのテンプレート

  EditItemTemplate
  データ編集時のテンプレート

  InsertItemTemplate
  データ新規登録時のテンプレート

  HeaderTemplate
  ヘッダーのテンプレート

  FooterTemplate
  フッターのテンプレート

  PagerTemplate
  カスタムページング機能のテンプレート
```

FormViewコントロールの使用方法

　FormViewコントロールの使用方法は、ListViewコントロールの使用方法とほぼ同じです。また、テンプレートの構成がTemplateFieldクラスに近いものだと考えれば、これまで解説してきたTemplateFieldクラスとListViewコントロールの知識の多くを流用できます。

　これまでのサンプルと同じように、Employeesテーブルの値を表示、編集するサンプルを作成してみましょう。

　今回は、GridViewコントロールによる一覧表示画面から、FormViewコントロールによる単票表示画面へと遷移することを想定し、表示するレコードのEmployeeIdIDをクエリストリングのEmployeeIdパラメータに指定する仕様とします。たとえば「Basic/FormViewSample.aspx?EmployeeId=1」というURLでアクセスされた場合、EmployeeIdが1のレコードを表示する、という仕様です。SQLのWHERE句を使ってIDでの抽出を行う手順を確認しましょう。

　新しいページ（Basic/FormViewSample.aspx）にFormViewコントロールを配置し、タスクメニューから図5-23のように [**データソースの選択**] － [**＜新しいデータソース＞**] を選択し、データソース構成ウィザードを実行して表5-8のように構成します。

図 5-23 データソース構成ウィザードの実行

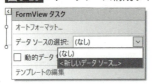

表 5-8 データソース構成ウィザードで設定する値

ウィンドウ名	項目	値
[データソースの種類を選びます。]	[アプリケーションがデータを取得する場所]	[データベース] を選択
[データ接続の選択]	[アプリケーションがデータベースへの接続に使用するデータ接続]	[ConnectionString]
[Select ステートメントの構成]	[データベースからデータをどうやって取得しますか？]	[カスタム SQL ステートメントまたはストアドプロシージャを指定する]
[カスタムステートメントまたはストアドプロシージャを定義します。] - [SELECT] タブ	[SQL ステートメント]	SELECT Departments.Name AS DepartmentName, Employees.* FROM Departments INNER JOIN Employees ON Departments.DepartmentId = Employees.DepartmentId WHERE EmployeeId = @EmployeeId
[カスタムステートメントまたはストアドプロシージャを定義します。] - [UPDATE] タブ	[SQL ステートメント]	UPDATE Employees SET Name = @Name, DepartmentId = @DepartmentId, Birthday = @Birthday, Sales = @Sales, TelNo = @TelNo, Sex = @Sex WHERE (EmployeeId = @EmployeeId)
[カスタムステートメントまたはストアドプロシージャを定義します。] - [INSERT] タブ	[SQL ステートメント]	INSERT INTO Employees(EmployeeId, Name, DepartmentId, Birthday, Sales, TelNo, Sex) VALUES (@EmployeeId, @Name, @DepartmentId, @Birthday, @Sales, @TelNo, @Sex)
[カスタムステートメントまたはストアドプロシージャを定義します。] - [DELETE] タブ	[SQL ステートメント]	DELETE FROM Employees WHERE (EmployeeId = @EmployeeId)

　ここでは、Employees テーブルと Departments テーブルの値を取得しています。UPDATE、INSERT、DELETE 用の SQL はこれまで使っているものと同じです。SELECT 用の SQL の末尾に「WHERE EmployeeId = @EmployeeId」と書いてあることに注目してください。@で始まる部分は SQL の**パラメータ**と呼ばれる機能で、SQL を呼び出す際にプログラムから値を指定します。今回は SQL で

特定のレコードだけを取得するために、@EmployeeIdというパラメータを指定しています。データソース構成ウィザードで次に進もうとすると、図5-24の[**パラメーターの定義**]ウィンドウが表示されますので、表5-9のように設定します。

図5-24 [パラメーターの定義]ウィンドウ

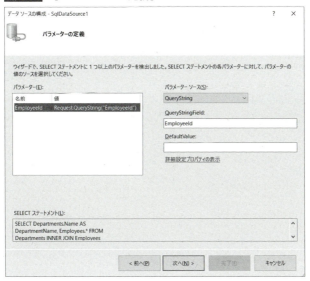

表5-9 [パラメーターの定義]ウィンドウで指定する項目

項目名	値
パラメーターソース	QueryString
QueryStringField	EmployeeId

これにより、クエリストリングのEmployeeIdパラメータで指定した値でレコードの抽出が行われるように設定されます。データソース構成ウィザード完了後、データソースからの情報に基づき、図5-25のようにFormViewコントロールのフィールドが定義されます。

図5-25 自動的なフィールド定義

テンプレートの内容はリスト5-6のように修正します。

リスト5-6 FormViewコントロールの使用例（Basic/FormViewSample.aspx）

```
<asp:FormView ID="FormView1" runat="server" DataKeyNames="EmployeeId"
  DataSourceID="SqlDataSource1">
  <EditItemTemplate>
…ListViewコントロールのEditItemTemplateテンプレートの流用のため省略…
      <asp:Button ID="UpdateButton" runat="server"
        CommandName="Update" Text="更新" />
      <br />
      <asp:Button ID="CancelButton" runat="server"
        CommandName="Cancel" Text="キャンセル" />
      <br />
  </EditItemTemplate>
  <InsertItemTemplate>
…ListViewコントロールのInsertItemTemplateテンプレートの流用のため省略…
      <asp:Button ID="InsertButton" runat="server"
        ValidationGroup="Insert" CommandName="Insert" Text="挿入" />
      <br />
      <asp:Button ID="CancelButton" runat="server"
        CommandName="Cancel" Text="クリア" CausesValidation="False" />
      <br />
  </InsertItemTemplate>
  <ItemTemplate>
…ListViewコントロールのItemTemplateテンプレートの流用のため省略…
      <asp:LinkButton ID="EditButton" runat="server" CausesValidation="False"
        CommandName="Edit" Text="編集" /> 
      <asp:LinkButton ID="DeleteButton" runat="server" CausesValidation="False"
        CommandName="Delete" Text="削除" /> 
      <asp:LinkButton ID="NewButton" runat="server" CausesValidation="False"
        CommandName="New" Text="新規作成" />
  </ItemTemplate>
</asp:FormView>
```

ここでは、編集、新規登録、表示のためのEditItemTemplateテンプレート、InsertItemTemplateテンプレート、ItemTemplateテンプレートをそれぞれ定義しています。実際の定義内容はListViewコントロールのサンプルで使用したものを流用しています。/Basic/FormViewSample.aspx?EmployeeID=2というURLでの実行結果は図5-26のようになります。

図 5-26 FormViewコントロールでのレコードの表示

［**新規作成**］リンクをクリックすると、図5-27のようになります。

図 5-27 FormViewコントロールでのレコードの新規登録

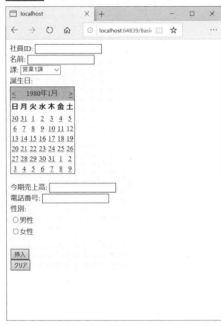

　見ての通り、使用手順もテンプレートの内容も、これまで解説してきたことの繰り返しです。これまでの知識ですぐにFormViewコントロールを使いこなすことができるでしょう。

FormViewコントロールのプロパティとイベント

　最後に、FormViewコントロールで利用可能なプロパティとイベントを表5-10にまとめます。

表5-10 FormViewコントロールで利用可能な主なプロパティとイベント

分類	プロパティ/イベント名	意味
プロパティ	AllowPaging	ページング機能を有効化するかどうか
	RenderOuterTable	FormViewコントロールの外枠にtableタグを出力するかどうか。デフォルトはTrue
	GridLines	テーブルの罫線を表示するかどうか。表示しない（None）、横罫線のみ表示（Horizontal）、縦罫線のみ表示（Vertical）、縦横両方表示（Both）から指定。デフォルトはNone。RenderOuterTableがTrueの場合のみ指定可能
イベント	ItemInserted	レコードの新規登録完了後に発生
	ItemUpdated	レコードの更新完了後に発生
	ItemDeleted	レコードの削除完了後に発生
	ItemCommand	コマンド付きのボタンがクリックされた場合に発生
	Sorting	ソート実行前に発生

注目はASP.NET 4から追加されたRenderOuterTableプロパティです。FormViewコントロールはASP.NET 2.0で追加され、テーブル形式ではなくテンプレートに基づく単票表示を行うコントロールですが、ASP.NET 3.5以前はコントロールの外枠として必ずtableタグを出力する仕様でした。これは、コントロール全体のスタイルに関係するプロパティをスタイルとして適用するためだったようです。ASP.NET 4以降からは、RenderOuterTableプロパティをFalseにすることで、外枠のtableタグを出力しないようになりました。ただしその場合、GridLinesプロパティなどの幾つかのプロパティは使用できません。ASP.NET 4以降では、RenderOuterTableプロパティをFalseに設定し、スタイルはCSSを使って指定することをお勧めします。

FormViewコントロールのイベントは、単票表示のため、レコード選択時のSelectedIndexChangedイベントがない他は、GridViewコントロールやListViewコントロールのイベントに類似していますので、使用方法は省略します。

TECHNICAL MASTER

Chapter
06

Entity Framework での
データベース連携

この章では、.NET Framework でデータベースと連携するためのフレームワークである Entity Framework について解説します。Entity Framework では、SQL を直接記述するのではなく、データベースに関連付けられたオブジェクトを使ってデータアクセスします。また、前章までで解説したデータバインドコントロールとの連携方法についても解説します。

06-01 Entity Framework の基本を理解する

［Entity Framework の基本］226

06-02 Entity Framework を使ったデータベース定義を理解する

［データベース定義とクエリ］232

06-03 データバインドコントロールと Entity Framework の連携方法を知る

［モデルバインディング］257

Contents

はじめての ASP.NET Web フォームアプリ開発 Visual Basic 対応 第 2 版

Section 06-01 Entity Frameworkの基本

Entity Frameworkの基本を理解する

このセクションでは、Entity Frameworkの概要について解説します。

このセクションのポイント

■1 Entity Frameworkとは、データベースの構成要素をソースコードに関連付けてアクセスするフレームワークである。

■2 Entity Frameworkでは、LINQ（Language INtegrated Query）と呼ばれるクエリ機能を用いる。

　4, 5章では、データベース連携方法として、SQL ServerにアクセスしてデータをやりとりするデータソースコントロールであるSqlDataSourceコントロールを使用する方法について解説しました。ASP.NETでは、データベースにアクセスするための別の枠組みとして **Entity Framework** というフレームワークが存在します。SqlDataSourceコントロールは、データベースにアクセスするSQLを直接記述し、その結果がコントロールを介してデータバインドコントロールに返ってくる、という仕組みでした。Entity FrameworkはSqlDataSourceコントロールとは別の方法でデータベースにアクセスする仕組みです。SqlDataSourceコントロールはASP.NET専用の技術ですが、Entity Frameworkは.NET Framework全般で活用できるデータアクセスのフレームワークです。この章でEntity Frameworkの使用方法をしっかり押さえていきましょう。

Entity Frameworkの概要

　Entity Frameworkとは、.NET Framework 3.5からサポートされるようになった新しいデータアクセスフレームワークです。大きな特徴として、直接SQLでデータベースにアクセスするのではなく、データベースの構成要素を**エンティティ**と呼ばれるオブジェクトに対応させ、エンティティに対してデータを操作するフレームワークとなっています。実際には図6-1のように、エンティティに対するデータ操作は、Entity Frameworkによって最終的にSQLとしてデータベースに発行されることになります。

Entity Frameworkの基本 | Section 06-01

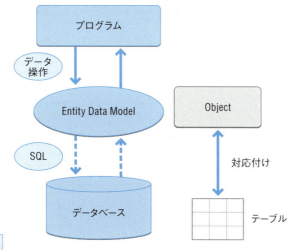

図6-1 Entity Frameworkでのデータアクセス

＊O/Rマッピング：プログラミング言語で扱うオブジェクト(Object)とリレーショナルデータベース(Relational)を対応させ、相互に変換するプログラミング手法

　このように、データベースの構成要素をオブジェクトに対応させてデータアクセスする方法を一般にO/Rマッピング＊と呼びます。一般にデータベースアクセスするために使用するSQLと、通常のプログラミング言語は文法、記法などが大きく異なっており、データベースアクセスするプログラムでは、異なる言語の混在が避けられません。O/Rマッピングを使うことで、通常のオブジェクトにアクセスするのと同じ方式で、データベース上のレコードにアクセスすることができます。

Entity Framework Code Firstの概要

　Entity Frameworkが登場した当時、データベースをエンティティへ関連付ける際は、Entity Data Model(EDM)と呼ばれるモデルをVisual Studio上のデザイナで作成しており、ソースコードで直接対応付けはできませんでした。Entity Framework 4より、Code Firstという機能が追加され、データベース上の構成要素をソースコードで直接マッピングすることができるようになりました。現在のEntity FrameworkではCode Firstが主流の機能となっていますので、デザイナを使った方法については解説を省略します。
　実際のデータベース上の構成要素とプログラミング言語の対応付は表6-1のようになっています。

はじめてのASP.NET Webフォームアプリ開発 Visual Basic 対応 第2版　227

Chapter 06 Entity Frameworkでのデータベース連携

表6-1 データベース上の構成要素とプログラミング言語の対応関係

データベース上の構成要素	プログラミング言語	備考
テーブル	クラス	テーブルに対応するクラスはエンティティと呼ばれる
テーブルの1レコード	エンティティ（クラス）のインスタンス	
テーブルのレコード群	DbSet	DbSetはエンティティのインスタンスの集合を表すクラス
テーブルのフィールド	数値、文字列、日時などの基本型プロパティ	データベースのデータ型とVisual Basicのデータ型が対応する
関連するテーブルへのリレーションシップ	他のエンティティ型のプロパティ	ナビゲーションプロパティと呼ばれる特殊なプロパティ
データベース	コンテキストクラス	コンテキストクラスはデータベースへの接続、データの入出力の基本となるクラス

　このように対応付けることで、データベースへのデータアクセスを、通常のオブジェクトへの操作に置き換えることができます。たとえば「Productsテーブルから、Priceフィールドの値が300未満のレコードを探し、Nameフィールドの値を順に出力する」というデータベースアクセスを考えましょう。通常であれば「SELECT Name FROM Products WHERE Price ＜ 300」というSQLを発行し、その結果をプログラムで処理する、という流れになりますが、Entity Frameworkではどうなるでしょうか。先ほどの表の通り、Prodcutsテーブルのテーブル定義はProductクラスに対応します※。また、ProductsテーブルのPrice、NameフィールドはそれぞれProductクラスのPrice、Nameプロパティに対応します。したがって先ほどのデータベースアクセスをProductクラスを使った操作に置き換えると、「Productクラスのインスタンスのリストから、Priceプロパティの値が300未満のインスタンスを探し、インスタンスごとにNameプロパティの値を出力する」となります。同じ処理を行っていますが、SQLではなく通常のオブジェクトへの操作で完結していることに注目してください。

※ Entity Frameworkでは、テーブル名を複数形とし、対応するクラス名を単数系にすることが一般的です。後述するEntity Frameworkの規約を参照してください。

LINQの基本

　Entity Frameworkを使用する上で欠かせないのが**LINQ（Language INtegrated Query：統合言語クエリ）**というVisual Basicの言語機能です。統合言語クエリという名の通り、LINQはC#やVBなどのプログラミング言語に統合されたクエリ用の言語です。通常データベースにアクセスする際に使用するSQLは、プログラミング言語上では文字列として扱われますが、LINQはそれ自体がプログラミング言語の機能として認識されます。たとえば、SQLの記述ミスをしてSQL構文のエラーがある場合、プログラミング言語上は単なる文字列として扱われるためエラーが起き

ませんが、LINQの記述ミスをした場合には、プログラミング言語上のエラーとなり、Visual Studioがすぐにエラー表示してくれます。また、SQLの対象は通常リレーショナルデータベースに限られますが、LINQの対象はデータベースだけでなく、XMLやオブジェクトの配列、リストなど多岐にわたります。

LINQにはクエリ式とメソッド式という2種類の構文があります。

■ クエリ式

リスト6-1はクエリ式の例です。

リスト6-1 LINQクエリ式の例

```
'県名の配列
Dim prefs As String() = {"福岡", "神奈川", "東京", "大阪", "鹿児島"}
'①県名の長さが3文字のものを選択し、ソートし、"県"を末尾に付加するLINQクエリ式
Dim query = From s In prefs Where s.Length = 3 Order By s Select s + "県"

'カンマを挟んで結果を出力
Console.WriteLine(String.Join(",", query))
'出力結果： 鹿児島県,神奈川県
```

①の部分がLINQクエリ式です。見慣れない記法であるためちょっと戸惑いますが、何となく処理の内容が掴めるでしょうか。

1. 「From s In prefs」は「データをprefsというコレクションから順に取り出す。取り出したデータはsという名前でアクセスする」という意味です。以降のsはprefsから取り出したデータを表しています。SQLのFROM句に対応します。
2. 「Where s.Length = 3」は「取り出したデータ（＝文字列）の長さが3であるデータだけをフィルタする」という意味です。SQLのWHERE句に対応します。
3. 「Order By s」は「取り出したデータを昇順ソートする」という意味です。SQLのORDER BY句に対応します。
4. 「Select s + "県"」は「取り出したデータの末尾に"県"を付加したものを返す」という意味です。SQLのSELECT句に対応します。

■ メソッド式

一方、同じ処理をLINQメソッド式で書いたものがリスト6-2です。

リスト6-2 LINQメソッド式の例

```
'①県名の長さが3文字のものを選択し、ソートし、"県"を末尾に付加するLINQメソッド式
Dim query2 = prefs.Where(Function(s) s.Length = 3).OrderBy(Function(s) s). 
Select(Function(s) s + "県")
```

それぞれの行っていることはクエリ式と同じですが、特別な構文では無く、それぞれの処理をWhere、OrderBy、Selectなどの通常のメソッド呼び出しとして記述している点が違います。LINQのクエリ式で書けるクエリはすべてメソッド式でも書くことができます。また、メソッド式でしか書けない処理も存在します。

ラムダ式の基本

さて、各メソッドの引数の「Function(s) …」という部分がやや特殊な部分です。これは**ラムダ式**という機能で、その場で定義できる関数のようなものです。例えば、WhereメソッドはSQLのWHERE句のように「与えられた条件に基づいてデータをフィルタする」という機能を持っていますが、その条件を「Function(s) s.Length = 3」というラムダ式で与えています。このラムダ式は、関数にすればリスト6-3のようになります。

リスト6-3 ラムダ式を通常の関数で書く

```
Function WhereCondition(s As String) As Boolean
    Return s.Length = 3
End Function
```

関数の機能自体はシンプルで、「与えられた文字列の長さが3であるかどうかを真偽値として返す」というものです。先ほどのラムダ式とこの関数を比較すると、「Function(s)」の「s」が、関数引数の「s As String」に対応し、「s.Length = 3」が関数本体のReturn文に対応することが見えてくるでしょう。関数引数の「s」の名前が任意であるのと同様、ラムダ式の引数名も任意に付けることができます。

ラムダ式と通常の関数を見比べると幾つかの違いがあります。一つはラムダ式には「WhereCondition」のような関数名が存在しないことです。ラムダ式はその場で定義して使用するものですので、外部から呼び出すための名前は存在しません。もう一つは、引数のStringや戻り値のBooleanといったデータ型が存在しないことです。これは、ラムダ式においては型推論という処理が働くためです。まず、引数については、今回クエリの対象となっている変数 prefsがStringの配列ですので、必然的にString 型のデータが引数に渡される、ということになります。また、「s.Length = 3」という式は、値が等しいかどうかを真偽値（Boolean型）で返しますので、こちらも自動的に戻り値がBoolean型である、と推論されます。これにより、引数も戻り値の型も指定する必要がありません。

なお、ラムダ式の引数sは文字列型であるため、リスト6-4のようにString型に存在しないメソッドを呼び出そうとした場合に、エラーが発生します。

リスト6-4 ラムダ式でString型に無いメソッドを呼び出してエラー

```
'エラーの例。String型に存在しないHoge()というメソッドを呼んでいる
Dim query3 = prefs.Where(Function(s) s.Hoge()).OrderBy(Function(s) s. →
Select(Function(s) s + "県")
```

　SQLを書く際に同じようなミスをした場合には実行時までエラーに気付くことはありませんが、LINQであればその場で正しいクエリとなるようにVisual Studioが支援してくれるのです。

　ラムダ式は複雑な言語機能のため、すべてを説明することはできませんが、Entity Frameworkでのデータベースアクセスを記述する上で非常に便利な機能ですので、積極的に活用していきましょう。ここでは配列に対するLINQのサンプルを示しましたが、具体的なデータベースアクセスでのLINQの記述方法については次のセクションで解説します。

Section 06-02

データベース定義とクエリ

Entity Frameworkを使ったデータベース定義を理解する

このセクションでは、Entity Frameworkを使ったデータベース定義と簡単なクエリについて解説します。

このセクションのポイント
■1 データベースへの接続やデータの入出力はコンテキストクラスを通して処理する。
■2 実際のデータベースはソースコードのエンティティ定義から自動生成される。
■3 Entity Frameworkには様々な規約が存在する。規約に沿って設計することで、明示的な設定が不要となる。

本セクションでは、Entity Frameworkを使ってデータベースを定義する方法について解説します。また、基本的なクエリ方法についても解説します。

データベースを定義する

最初に2章と同様にWebフォーム テンプレートを使って新しいプロジェクト（付属サンプルではChapter06Sample）を作成し、[プロジェクト]－[新しい項目の追加]を選択します。[新しい項目の追加]ダイアログの[データ]から[ADO.NET Entity Data Model]を選択し、[名前]にMyModelと入力して[追加]ボタンを押します（図6-2）。

図6-2 ［ADO.NET Entity Data Model］の追加

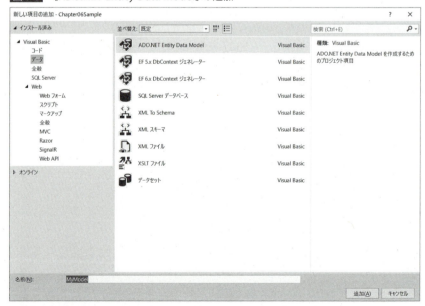

［Entity Data Model ウィザード］ダイアログで、［空のCode Firstモデル］を選択して［完了］ボタンを押します（図6-3）。

図6-3 ［空のCode Firstモデル］の選択

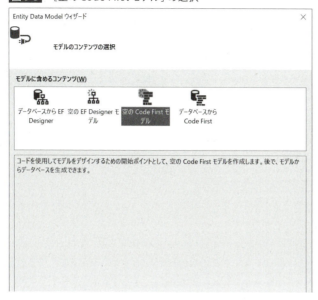

自動的にEntity Frameworkを使用するための設定が行われ、MyModel.vbファイルが追加されます。このMyModelクラスが前セクションで解説したコンテキストクラスです。このコンテキストクラスを通してデータベースへの接続、データの入出力を行います。生成されたMyModel.vbにはリスト6-5のような内容が既に記されています。

リスト6-5 MyModel.vbファイルの内容

```
Public Class MyModel
    Inherits DbContext

    ' コンテキストは、アプリケーションの構成ファイル（App.config または Web.config）から 'MyModel'
    ' 接続文字列を使用するように構成されています。既定では、この接続文字列は LocalDb インスタンス上
    ' の 'Chapter06Sample.MyModel' データベースを対象としています。
    '
    ' 別のデータベースとデータベース プロバイダーまたはそのいずれかを対象とする場合は、
    ' アプリケーション構成ファイルで 'MyModel' 接続文字列を変更してください。                         ①
    Public Sub New()
        MyBase.New("name=MyModel")                                                              ②
    End Sub
```

Chapter 06 Entity Frameworkでのデータベース連携

```
' モデルに含めるエンティティ型ごとに DbSet を追加します。Code First モデルの構成および使用の
' 詳細については、http:'go.microsoft.com/fwlink/?LinkId=390109 を参照してください。
' Public Overridable Property MyEntities() As DbSet(Of MyEntity)
```
――③

End Class

```
'Public Class MyEntity
'    Public Property Id() As Int32
'    Public Property Name() As String
'End Class
```
――④

　まず、MyModelクラスはDbContextというクラスを継承しています。DbContextはコンテキストクラスに必要な機能を実装したクラスで、コンテキストクラスは必ずこのDbContextを継承する必要があります。最初のコメント（①）によれば「このコンテキストクラスがデータベース接続する際には、MyModelという接続文字列を使用する」ということになります。

　実際にWeb.configファイルを確認すると、リスト6-6のように接続文字列が記述されています。ここでは、MyModelという名前の、LocalDBに繋がる接続文字列が作成されていることが確認できます。

リスト6-6 Web.configファイルの内容

```
<connectionStrings>
  <add name="MyModel" connectionString="data source=(LocalDb)\MSSQLLocalDB;
    initial catalog=Chapter06Sample.MyModel;integrated security=True;
    MultipleActiveResultSets=True;App=EntityFramework" providerName="System.Data.
    SqlClient" />
</connectionStrings>
```

　このMyModelという名前の接続文字列は②のMyBase.New("name=MyModel")という部分で指定されています。続いて③のコメントには、エンティティごとにDbSetを追加するように、との指示があります。DbSetはテーブルに含まれる複数のレコード群に対応するクラスとなります。④には、コメントアウトされた状態でサンプルのエンティティ（MyEntity）が定義されています。このような形式でテーブルに対応するクラス定義を行っていくことができます。

　では早速、Entity Framework Code Firstでデータベースを定義していきましょう。4章で作成したのと同じく、EmployeesテーブルとDepartmentsテーブルの2種類のテーブルを定義することにします。Employeesテーブルに対応するエンティティはリスト6-7のような定義となります。

リスト6-7 Employeeエンティティの定義（Employee.vb）

```vb
Imports System.ComponentModel.DataAnnotations

'①社員エンティティクラス
Public Class Employee

    '②社員ID。主キー
    Public Property EmployeeId As Integer
    '③名前（最大長50文字）
    <StringLength(50)>
    Public Property Name As String
    '④誕生日
    Public Property Birthday As DateTime
    '⑤今期売上高
    Public Property Sales As Decimal
    '⑥電話番号（最大長50文字）
    <StringLength(50)>
    Public Property TelNo As String
    '⑦性別（True：男性。False：女性）
    Public Property Sex As Boolean
    '⑧課ID
    Public Property DepartmentId As Integer
    '⑨所属する課のエンティティ
    Public Overridable Property Department As Department

End Class
```

エンティティ定義には幾つかポイントがあります。

・**クラス名とテーブル名**

　エンティティのクラス名は単数形、対応するテーブルの名前は複数形が基本です。今回はEmployeesテーブルに対応するエンティティはEmployeeクラス、ということになります（①）。

・**主キーの定義**

　エンティティクラスに定義したプロパティはそのままテーブルのフィールドに対応します。
　主キーであるEmployeeIdはデータベースではInteger型ですので、ソースコード上でもInteger型のプロパティとして定義します（②）。なお、プロパティ名が「Id」や「{クラス名}Id」となっているプロパティは自動的に主キーとして扱われます（大文字小文字は無視。詳細は後述）。

Chapter 06 Entity Frameworkでのデータベース連携

・その他のプロパティ定義

　社員の名前を表すNameフィールド（③）は、データベースではnvarchar(50)として定義していましたが、ソースコード上では文字列のString型として定義します。ただし、Visual BasicのString型には最大長を表す機能がありませんので、プロパティに対してStringLengthという属性を付加し、最大長を50文字と指定しています。StringLength属性に指定した最大長が、実際のデータベース上のフィールドの文字列最大長として使用されます。

　④、⑤、⑥、⑦、⑧はそれぞれEmployeesテーブルのフィールドに対応するプロパティを定義しています。データベースのdatetime、decimal、bit型はそれぞれVisual BasicのDateTime、Decimal、Boolean型に対応します。

・ナビゲーションプロパティ

　⑨のDepartment型のプロパティは、他のプロパティとは違い、テーブル上に対応するフィールドが存在しません。これは、EmployeesテーブルとDepartmentsテーブルの間のリレーションシップを表すプロパティです。リレーションシップを表すプロパティはナビゲーションプロパティと呼ばれます。なお、DepartmentプロパティにOverridableというキーワードを付加していますが、これはEmployeeエンティティを読み込んだ時には関連するDepartmentエンティティを読み込まず、必要になったときに始めてDepartmentエンティティを読み込む、遅延ローディング機能を有効化するための指定となります。詳細は後述します。

　続いてDepartmentsテーブルに対応するエンティティはリスト6-8のような定義となります。

リスト6-8　Departmentsテーブルの定義（Department.vb）

```
Imports System.ComponentModel.DataAnnotations

'部門エンティティクラス
Public Class Department
    '主キー
    Public Property DepartmentId As Integer

    '部門名
    <StringLength(50)>
    Public Property Name As String

    '①従業員リスト
    Public Overridable Property Employees As ICollection(Of Employee)

End Class
```

単数形でクラス名を定義し、フィールドに対応するプロパティを定義する、という点は先ほどと同じです。注目したいのは①のEmployeesプロパティです。これは、Departmentsテーブルに関連するEmployeesテーブルのレコード群を表すナビゲーションプロパティです。先ほどのEmployeeクラスでは、Department型のプロパティを定義していましたが、今度はICollection(Of Employee)型という、Employee型のコレクションをプロパティとして定義しています。つまり「社員が所属する課は1つなのでDepartment型のプロパティ1つで表現し、課に所属する社員は複数であるので、Employee型のコレクションで表現する」という意味合いになります。

SQLであればJOIN機能を使ってテーブル間のリレーションシップを表現しますが、Code Firstでは図6-4のようにリレーションシップ先のエンティティ型のナビゲーションプロパティを適宜定義することで、エンティティの関連を表現します。

図6-4 リレーションシップで結ばれた複数のテーブルをソースコードで表現する

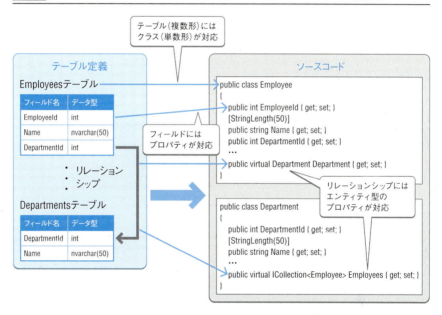

さて、このソースコードでは、EmployeeエンティティとDepartmentエンティティが相互にプロパティで参照し合っていますが、具体的にどの外部キーで繋ぐかが指定されていません。実はEntity Frameworkにおいては、エンティティ間のリレーションシップを繋ぐための外部キーが指定されなかった場合、特定のルールに沿って外部キーが自動的に選ばれる仕組みとなっています。今回のケースでは、EmployeeエンティティのDepartmentIdプロパティが外部キーとして選択されます。この仕組みについては後述します。

次に、今定義したEmployeeクラス、Departmentクラスをコンテキストクラス（MyModel.vb）に登録し、Employeesテーブル、Departmentsテーブルと対応

させます。以下のようにDbSetクラスを用いてプロパティを定義します。

リスト6-9 コンテキストクラスにDbSet型のプロパティを設定（MyModel.vb）

```
Public Class MyModel
    Inherits DbContext
    ・・・
    Public Overridable Property Employees() As DbSet(Of Employee)
    Public Overridable Property Departments() As DbSet(Of Department)

End Class
```

　ここでは、DbSet(Of Employee)型のEmployeesプロパティ、DbSet(Of Department)型のDepartmentsプロパティを定義しています。このプロパティを通して、DB上のEmployeesテーブル、Departmentsテーブルのデータにアクセスできます。

　以上の手順でデータベースをソースコードで定義できました。ちょっとした決まり事はあるものの、比較的シンプルな記述でエンティティを定義できることが分かるでしょう。

データベースの生成方法を指定する

　それでは、作成したエンティティを使ってデータの入出力を行いましょう。まずはデータベースの生成方法について解説します。これまでの章で解説してきたSqlDataSourceコントロールを使用する場合、接続先のデータベースは事前に手動で作成しておく必要がありましたが、Entity Frameworkは使用するデータベースが存在しない場合に、定義されたエンティティの情報を元に、自動的にデータベースを作成する、という機能を持っています。また、定義されたエンティティの状態とデータベースの状態が異なる場合、例えばコードには新しいプロパティが追加されているのに、データベース上のテーブルには対応するフィールドが存在しない場合などには、その変更を検出し、データベースを削除して再生成する機能もあります。

　Entity Frameworkにおいて、こうしたデータベースの生成処理を司るのはSystem.Data.Entity名前空間のDatabaseクラスで、SetInitializerというメソッドを使用することで、どのような方法でデータベースを自動生成するかをカスタマイズできます。

　SetInitializerの引数には、データベースの初期化方法を示すクラスを指定します。Entity Frameworkではあらかじめ表6-2のようなクラスが準備されています。

表6-2　データベースの初期化方法を示すクラス

クラス名	意味
CreateDatabaseIfNotExists	データベースが存在しない場合に自動生成する。存在する場合は何もしない
DropCreateDatabaseAlways	常にデータベースを再生成する
DropCreateDatabaseIfModelChanges	データベースが存在しない場合およびエンティティ定義が変更された場合に、自動的にデータベースを削除して再生成する
MigrateDatabaseToLatestVersion	データベースの状態とエンティティ定義が異なる場合、最新のエンティティ定義に合わせてデータベースを更新する

　データベースの初期化の際に初期データを投入する際には、これらのクラスを継承したクラスに、初期データを投入するコードを追加する必要があります。今回はテスト用に、毎回データベースを削除するDropCreateDatabaseAlwaysクラスを継承したCustomSeedInitializerというクラスを作成することにします（リスト6-10）。

リスト6-10　初期データ投入用クラス（CustomSeedInitializer.vb）

```
Imports System.Data.Entity

Public Class CustomSeedInitializer
    Inherits DropCreateDatabaseAlways(Of MyModel)

    Protected Overrides Sub Seed(context As MyModel)
        MyBase.Seed(context)


        '以降にcontextを使って初期データを投入するロジックを記す
...
    End Sub
End Class
```

　　　　初期データを投入する際には、Seedというメソッドをオーバーライド実装し、その中でデータを登録するロジックを記述します。なお、実際のデータ登録方法は次項で解説します。
　　　次は、先述のデータベース生成を管理するDatabaseクラスのSetInitializerメソッドを使って、Entity Frameworkに対してCustomSeedInitializerを初期データ投入用クラスとして使用することを知らせる必要があります。これはデータベースにアクセスする処理よりも早い段階で指定しなければなりません。通常のデスクトップアプリケーションであれば、起動直後にSetInitializerメソッドを呼び出すのですが、ASP.NETにおいては、Global.asax.vbというファイルのApplication_Start

メソッドにASP.NET起動直後に処理したい内容を記述します（リスト6-11）。なお、Global.asax.vbの詳細については13章を参照してください。

リスト6-11 データベース初期化処理の追加（Global.asax.vb）

```
Public Class Global_asax
    Inherits HttpApplication

    Sub Application_Start(sender As Object, e As EventArgs)
        'Global.asax.vbのApplication_StartはASP.NET起動直後に呼び出されるメソッド
        'データベース初期化にはCustomSeedInitializerを使用する
        System.Data.Entity.Database.SetInitializer(New CustomSeedInitializer())
    End Sub
End Class
```

これにより、CustomSeedInitializerクラスがデータベースに最初にアクセスする際に呼び出され、以下のような順番で処理を行います。

1. 常にデータベースを再生成するDropCreateDatabaseAlwaysクラスを継承しているので、データベースを削除する
2. コンテキストクラスであるMyModelに記されたエンティティ定義を元に、データベースを生成する
3. 初期化したデータベースへの初期データの投入のため、Seedメソッドを呼び出す

データを登録する

続いて、実際のデータ投入処理を記述してみましょう。前項で解説したSeedメソッドの中に、リスト6-12のように実際のデータ登録処理を書いていきます。

リスト6-12 初期データ投入ロジック（CustomSeedInitializer.vb）

```
Protected Overrides Sub Seed(context As MyModel)
    MyBase.Seed(context)


    '以降にcontextを使って初期データを投入するロジックを記す

    '①部門の作成
    Dim department1 = New Department() With
    {
        .Name = "営業1課"
    }
```

```vb
    '②従業員の作成
    Dim employee1 = New Employee() With
        {
            .Name = "土井",
            .Birthday = DateTime.Parse("1978-10-25"),
            .Department = department1    '③所属する部門の設定
        }
    Dim employee2 = New Employee() With
        {
            .Name = "中村",
            .Birthday = DateTime.Parse("1975-2-3"),
            .Department = department1
        }

    '④作成した従業員を追加する
    context.Employees.Add(employee1)
    context.Employees.Add(employee2)

    '⑤すべての内容をデータベースに反映する
    context.SaveChanges()

End Sub
```

　まず、データベースへのアクセスは、コンテキストクラスであるMyModelクラスを通して行いますが、Seedメソッドの場合、メソッドのcontext引数にコンテキストクラスのインスタンスが渡されていますので、これを使用します。

　①では、部門情報を作成しています。実際のコードとしては、部門情報のエンティティであるDepartmentクラスのインスタンスを生成し、Nameプロパティに文字列を設定しています。特別データベースアクセスを感じさせないごく普通のコードであることに注目してください。

　②では、従業員情報を作成しています。先ほどと同様に従業員情報のエンティティであるEmployeeクラスのインスタンスを生成し、プロパティにそれぞれの情報を指定しています。注目ポイントは③で、従業員が所属する部門を表すDepartmentプロパティに、①で作成したdepartment1を設定しています。これにより、「"土井"という従業員が"営業1課"に所属する」というリレーションシップを表現しています。

　④では、コンテキストクラスのEmployeesプロパティに対し、作成した従業員情報をAddメソッドで追加しています。EmployeesプロパティはDBSet(Of Employee)型と定義されており、Employeesテーブルに存在するレコード一覧に対応するプロパティです。Addメソッドを使用することで、引数に指定したエンティティをデータベースに追加する必要がある、ということをEntity Frameworkに通知します。

　⑤では、コンテキストクラスのSaveChangesメソッドを呼び出しています。この

Chapter 06 Entity Frameworkでのデータベース連携

メソッド呼び出しにより、コードで記述したデータベースに対する変更処理がすべてデータベースに反映されます。なお、④では、EmployeesプロパティにのみAddメソッドを呼び出しており、①で作成した部門情報についてはAdd呼び出しをしていませんが、③でemployee1が所属する部門としてdepartment1を設定していますので、自動的にdepartment1の情報もデータベースに挿入されます。

実際のデータベースに対しては、リスト6-13のようなSQLが実行されることになります。

リスト6-13 データベースに発行されるSQL（一部簡略化したもの）

```
INSERT Departments([Name]) VALUES '営業1課';
INSERT Employees([Name], [Birthday], [Sales], [TelNo], [Sex], [DepartmentId])
 VALUES ('土井', '1978/10/25 0:00:00', '0', NULL, 'False', '1');
```

Departmentsテーブルに"営業1課"の情報が、Employeesテーブルに"土井"の情報が、それぞれINSERT文にて挿入されていることが分かります。'営業1課'のDepartmentIdは自動採番されて1となり、EmployeesテーブルのDepartmentIdに'1'が設定されていますので、"土井"と"営業1課"のリレーションシップが正しく保存されていることが分かります。

上記のコードにて、初期データを投入することができました。

データを表示する

それでは、初期データを表示してみましょう。EFTest01.aspxというWebフォームをプロジェクトに追加し、データ表示用のLiteralコントロールをLiteral1というIDで配置します。ページロード時のイベントにリスト6-14のようにコードを実装します。

リスト6-14 データの取得（EFTest01.aspx.vb）

```
Public Class EFTest01
    Inherits System.Web.UI.Page

    Protected Sub Page_Load(ByVal sender As Object, ByVal e As System.EventArgs) Handles Me.Load
        Dim Content As String = ""
        '①コンテキストクラスのインスタンスを作成
        Using context = New MyModel()

            '②従業員一覧を取得
            Dim employees = context.Employees
            '③従業員一人一人について処理
            For Each employee In employees
```

```
            '④従業員ID（EmployeeId），氏名（Name），所属部門名（Department.Name）を
            '文字列にして連結
            Content += String.Format("Id: {0}, Name: {1}, DepartmentName: 
{2} <br />", employee.EmployeeId, employee.Name, employee.Department.Name)
         Next
      End Using
      '文字列を画面表示する（Literal1はLiteralコントロール）
      Literal1.Text = Content
   End Sub

End Class
```

流れを順に追ってみましょう。

①では、データベースにアクセスするためにコンテキストクラスのインスタンスを作成しています。前項の初期データ投入時のSeedメソッドでは、メソッドの引数にコンテキストクラスのインスタンスが渡されていましたが、通常はこのようにコンテキストクラスのコンストラクタを呼び出してインスタンスを作成します。

②では、従業員一覧をemployeesという変数に取得しています。EmployeesプロパティはDbSet(Of Employee)型の、Employeesテーブルのレコード一覧に相当するプロパティです。

③では、For Each文を使って従業員一覧を一件ずつ取り出して処理しています。

④では、取り出した従業員情報であるemployee変数から、従業員ID（EmployeeId），氏名（Name），所属部門名（Department.Name）を取り出しています。注目したいのは所属部門名の取得部分です。本来この情報は、外部のテーブルであるDepartmentsテーブルのNameフィールドに存在しますが、ここでは通常のemployee変数のプロパティを取得するのと同じように、employee.Department.Nameという自然な書き方となっています。

F5キーを押して実行すると、図6-5のように投入した初期データ一覧が表示されます。

図6-5 投入した初期データ一覧

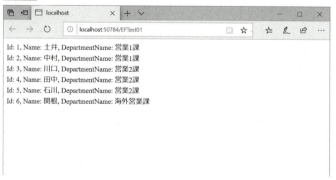

ここでは全従業員一覧を取得していますが、たとえば②の部分をリスト6-15のように書き換えてみましょう。

リスト6-15 条件付きでデータ取得（EFTest01.aspx.vb）

```
'従業員一覧を条件付きで取得
Dim employees = context.Employees.Where(Function(x) x.Department.Name = "営業1課")
```

ここでは、絞り込み処理するWhereメソッドを使って、所属部門の名前が営業1課である従業員だけを取得しています。結果は図6-6のようになります。

図6-6 絞り込んだデータ一覧

実際に発行されるSQLはリスト6-16のようになります。

リスト6-16 条件絞り込みの際に発行されるSQL（一部簡略化したもの）

```
SELECT
    [Extent1].[EmployeeId] AS [EmployeeId],
    [Extent1].[Name] AS [Name],
    [Extent1].[Birthday] AS [Birthday],
    [Extent1].[Sales] AS [Sales],
    [Extent1].[TelNo] AS [TelNo],
    [Extent1].[Sex] AS [Sex],
    [Extent1].[DepartmentId] AS [DepartmentId]
FROM   [dbo].[Employees] AS [Extent1]
INNER JOIN [dbo].[Departments] AS [Extent2] ON [Extent1].[DepartmentId] =
    [Extent2].[DepartmentId]
WHERE N'営業1課' = [Extent2].[Name]
```

所属部門名での絞り込みを実現するため、自動的にSQLのINNER JOINが使用され、DepartmentsテーブルのNameフィールドでの絞り込みが行えるようになっていることが確認できます。

SQLを手動で書くのに比べ、格段にシンプルなコードでデータ取得が行えることが分かるでしょう。

既存のデータベースからソースコードを生成する

　本章では、最初にソースコードでエンティティを定義し、そこからデータベースを生成する方法について解説しました。しかし、実際の開発においては、既に存在するデータベースに対してアクセスするプログラムを開発するケースも多くあることでしょう。Entity Frameworkにおいては、既存のデータベース定義を読み込み、対応するエンティティ定義を生成する機能も存在します。

　簡単な手順だけ確認しておきましょう。[プロジェクト]−[新しい項目の追加]を選択します。[新しい項目の追加]ダイアログの[データ]から[ADO.NET Entity Data Model]を選択し、[名前]にMyModel2と入力して[追加]ボタンを押します。

　[Entity Data Model ウィザード]ダイアログで、[データベースからCode First]を選択して[完了]ボタンを押します（図6-7）。

図6-7　[データベースからCode First]の選択

　次に表示される[データ接続の選択]ダイアログで、[新しい接続]を押して既存のデータベースへの接続を行い、[次へ]ボタンを押します。

　[データベース オブジェクトと設定の選択]ダイアログで、エンティティ定義を生成したいテーブルを選択します（図6-8）。

図6-8 エンティティ定義を生成するテーブルの選択

このダイアログの [生成するオブジェクトの名前を複数化または単数化する] をチェックすると「テーブル名は複数形、対応するエンティティクラス名は単数形」という命名則によってエンティティクラス名が設定されます。[完了] ボタンを押すと、MyModel2というコンテキストクラスと、テーブルに対応するエンティティクラスが適宜生成されます。生成されたエンティティクラスの使い方は、手動でエンティティクラスを作成する場合と同じです。既存データベースに対してアクセスする場合には、データベースからソースコードを生成するこちらの方法をお試しください。

設定よりも規約（Convention over Configuration：CoC）

さて、Entity Frameworkの基本となるのが、「設定よりも規約（Convention over Configuration：CoC）」という考え方です。これは、「すべての設定項目を開発者に設定させる代わりに、標準的な規約を設け、その規約に準じる限り、設定を省略できるようにする」という考え方です。たとえばEntity Frameworkにおいては、「テーブル名は複数形、対応するクラス名はテーブル名の単数形とする」という規約が存在し、その規約に従う限り、クラスとテーブルの関連づけが自動的に行われ「○○クラスに対応するテーブルは△△です」といった明示的に設定する必要はありません。もちろん、あえて規約とは異なる設計をしなければならない場合には、対応付けに関して明示的に設定できるようになっています。「設定よりも規約」という考え方は、Ruby on Railsなどの他の軽量Webフレームワークにも共通する思想で、フレームワークの規約に沿って設計することで、開発者が明示的に設定を記述する手間を削減してくれます。

Entity Frameworkにおいては、以下のような規約があります。

■ データベース名、接続文字列

デフォルトでは、Web.configファイルで定義された接続文字列のうち、コンテキストクラスと同じ名前のものが使用されます。コンテキストクラスと同じ名前の接続が存在しない場合は、コンテキストクラスの完全修飾名（名前空間を含むクラス名）と同じ名前のデータベースを、ローカルのSQL Server上に作成して接続を行います。この規約を設定で上書きするには、リスト6-17のようにコンテキストクラスのコンストラクタで、使用する接続文字列を明記します。

リスト6-17 コンテキストクラスのコンストラクタで使用する接続文字列を指定する

```
Public Class MyModel
    Inherits DbContext

    Public Sub New()
        MyBase.New("name=MyConnection1")
        'MyConnection1という名前の接続文字列を使用する
    End Sub
End Class
```

デフォルトではコンテキストクラスの名前であるMyModelという接続文字列が使用されますが、ここではMyConnection1という接続文字列を使用することを明示的に指定しています。

■ テーブル名

デフォルトでは、エンティティクラスのクラス名を英語の複数形にした名称がテーブル名として使用されます。ただし、日本語のクラス名の場合には、複数形化することができないため、クラス名がそのままテーブル名として使用されます。この規約を設定で上書きするには、リスト6-18のようにエンティティクラスに対してTable属性を付加します。

リスト6-18 エンティティクラスに対応するテーブル名の指定

```
'①日本語名のエンティティクラスを英語名のテーブルと対応付ける
<Table("Employees")>
Public Class 従業員

'②英語名のクラスだが、テーブルと命名則が違うので、テーブル名を明記する
<Table("T_Departments")>
public class Department
```

①では、従業員という名前のクラス名を、Employeesというテーブルと対応付けています。②では、Departmentクラスを、T_Departmentsというテーブルと関連付けています。このように、クラス名が英語の場合でも、データベース側の命名則がEntity Frameworkの規約と異なる場合には、Table属性で明示的に対応するテーブルを指定する必要があります。

■ フィールド名

デフォルトでは、エンティティクラスのプロパティと同じ名前のフィールドが、プロパティのデータ型に対応するデータ型にマッピングされます。この規約を設定で上書きするには、リスト6-19のようにプロパティに対してColumn属性を付加します。

リスト6-19 プロパティに対応するフィールドの指定

```
Public Class Employee

   ...

    '①郵便番号プロパティをZipCodeフィールドに対応づける
    <Column("ZipCode")>
    Public Property 郵便番号 As String

    '②電話番号プロパティをnvarchar型のTelNoフィールドに対応づける
    <Column("TelNo2", TypeName:="nvarchar")>
    Public 電話番号 As String

End Class
```

①では、Column属性を用いて郵便番号プロパティをZipCodeフィールドに対応づけています。②のように、Column属性のTypeNameプロパティを使うことで、データベースで使用するデータ型も指定できます。

■ フィールドのNOT NULL制約

データベースでは、フィールドの値が存在しないことをNULLという値で表しますが、フィールドの値としてNULLを許容せず、常に何らかの値を指定するよう強制したい場合にはNOT NULL制約を付けたフィールドを定義できます。Entity Frameworkでは、リスト6-20のようにプロパティにRequiredという属性を付加することで、NOT NULL制約を付けたフィールドを定義できます。

リスト6-20 Required属性を使ってNOT NULL制約の付いたフィールドを定義する

```
Public Class 従業員
    '名前プロパティにはNOT NULL制約が付く
    <Required>
    public Property 名前 As String
End Class
```

■ 文字列の最大長の定義

　Visual Basicの文字列を表すStringクラスにはあらかじめ最大文字列長を設定する機能がなく、約10億文字までの文字列を扱うことができますが、データベースの文字列には最大長を指定するのが一般的です。既にサンプルで示したとおり**StringLength**属性を付加することで、データベースでの文字列の長さを指定することができます（リスト6-21）。

リスト6-21 StringLength属性を使って文字列の最大長を定義する

```
Public Class 従業員
    'StringLength属性で文字列の最大長を7と定義する
    <StringLength(7)>
    public Property 郵便番号 As String
End Class
```

■ 主キー

　デフォルトでは、「ID」あるいは「＜クラス名＞ID」という名前のプロパティが主キーに対応するプロパティと見なされます。ただし大文字小文字は無視されます。さらに主キーのデータ型がInteger／Long／Short型の場合は自動採番のフィールドとして扱われます。本章で定義したEmployeeクラス、DepartmentクラスにはそれぞれEmployeeId、DepartmentIdというプロパティが存在しましたが、これらは「＜クラス名＞ID（大文字小文字無視）」という規約に沿っているため、自動的に主キーとみなされていました。この規約を設定で上書きするには、リスト6-22のように**Key**属性を使用して、どのプロパティを主キーとするか、明示的に指定します。

リスト6-22 主キーとなるプロパティを指定する

```
Public Class 従業員
    '従業員番号プロパティを主キーとみなす
    <Key>
    public Property 従業員番号 As Integer
End Class
```

ここでは、Key属性を使って、従業員番号という名前のプロパティを主キーに指定しています。データベース設計においては、複数のフィールドを組み合わせて主キーを実現する場合があり、**複合主キー**と呼ばれますが、Entity Frameworkにおいてはリスト6-23のようにKey属性とColumn属性を組み合わせて用いることで、複合主キーを実現できます。

リスト6-23 複合主キーを実現する

```vb
Public Class 従業員
    '従業員番号プロパティを主キーとみなす
    <Key, Column(Order:=0)>
    Public Property 地域番号 As Integer
    <Key, Column(Order:=1)>
    Public Property 従業員番号 As Integer
End Class
```

ここでは、地域番号プロパティと従業員番号プロパティの両方にKey属性を指定し、さらにColumn属性のOrderプロパティに順番を指定することで、2つのプロパティを組み合わせて主キーを実現しています。

■ マッピングしないプロパティ

デフォルトではエンティティクラスのすべてのプロパティがフィールドに対応づけられますが、データベースに保存する必要のないプロパティを追加したい場合もあるでしょう。そのような場合にはリスト6-24のようにプロパティに対して **NotMapped** 属性を付加します。

リスト6-24 エンティティクラスに対応するテーブル名の指定

```vb
Public Class 従業員
    ...

    'データベースに保存しないプロパティにはNotMapped属性を付加
    <NotMapped>
    Public ReadOnly Property 識別文字列 As String
        Get
            '地域番号、従業員番号を連結した文字列を返すプロパティ
            'データベースに保存する必要はない
            Return 地域番号.ToString() + "_" + 従業員番号.ToString()
        End Get
    End Property

End Class
```

このように、他のプロパティから計算できるプロパティなどを定義する場合に使用します。

■ リレーションシップ（1対多）

デフォルトでは、他のエンティティクラスをデータ型とするプロパティはリレーションシップを表す**ナビゲーションプロパティ**として扱われます。またリレーションシップの**多重度**（自レコードに対して関連するレコードが幾つ存在するか）は、プロパティの定義によって自動的に選択されます。リスト6-25のように、他のエンティティクラスのデータ型をそのまま指定した場合は、多重度は1（自レコードに対して関連するレコードは1つだけ）となり、ICollection(Of エンティティクラス型)のように、エンティティクラスのコレクションとして定義した場合、多重度は「多」（自レコードに対して関連するレコードが複数存在する）となります。

リスト6-25　Employee、Departmentクラスでのリレーションシップの定義（Employee.vb／Department.vb）

```
Public Class Employee
    '社員ID。主キー
    Public Property EmployeeId As Integer
    '課ID
    Public Property DepartmentId As Integer
    'Departmentクラスがそのまま指定されているので、多重度は「1」
    Public Overridable Property Department As Department
End Class

Public Class Department
    '主キー
    Public Property DepartmentId As Integer

    'ICollection(Of Employee)なので、多重度は「多」
    Public Overridable Property Employees As ICollection(Of Employee)
End Class
```

■ 外部キー

さて、リレーションシップには、それぞれのレコードを結びつけるキーとなるフィールドである外部キーが必要です。Entity Frameworkにおいては、以下の名前を持つプロパティが外部キーとして選択されます。

1. ＜ナビゲーションプロパティ名＞＜リレーション先の主キープロパティ名＞
2. ＜リレーション先のクラス名＞＜リレーション先の主キープロパティ名＞
3. ＜リレーション先の主キープロパティ名＞

例えばEmployeeクラスからDepartmentクラスへのリレーションシップの場合を考えてみましょう。ナビゲーションプロパティは「Department」、リレーション先の主キープロパティ名は「DepartmentId」となりますので

1. DepartmentDepartmentId
2. DepartmentDepartmentId（結果的に1.と同じ）
3. DepartmentId

となります。外部キーの候補となるプロパティが複数ある場合、上記の順番で外部キーとして1つのプロパティが選択されます。今回のケースでは、Employeesクラスには3.の「DepartmentId」というプロパティが存在しますので、これが外部キーとして選択されます。

この外部キーについての規約を設定で上書きするには、リスト6-26のように外部キーにするプロパティに対して **ForeignKey** 属性を付加します。

リスト6-26 外部キーの設定

```
Public Class Employee
...
    'Departmentナビゲーションプロパティで外部キーにしたいプロパティ
    <ForeignKey("Department")>
    Public Property 課ID As Integer

    'ナビゲーションプロパティ
    Public Overridable Property Department As Department

End Class
```

ここでは、「課ID」という規約に沿わないプロパティをDepartmentナビゲーションプロパティでの外部キーとするため、ForeignKey属性で指定しています。

なお、上記の規約に基づく外部キーが見つからなかった場合、Entity Frameworkは自動的に「＜ナビゲーションプロパティ名＞_＜リレーション先の主キープロパティ名＞」という名前のフィールドをテーブル上に作成し、このフィールドを外部キーとして扱います。例えばEmployee、Departmentクラスの例で、Employeeテーブルに規約に基づく名称のプロパティも、ForeignKey属性の付加されたプロパティも存在しなかった場合、Employeesテーブルに「Department_DepartmentId」という名前のフィールドが自動的に生成され、外部キーとして扱われます。

外部キーの自動生成は便利な仕組みですが、場合によっては注意が必要です。設計時に外部キーとして想定したフィールドに、正しくキーの値が入っておらず、それなのにリレーションシップがそれなりに動いているように見える場合があるからです。そうしたケースでは、Entity Frameworkが規約に基づいて外部キーを選択できず、外部キーとなるフィールドを自動生成して使用している可能性があります。そうした場合には、生成されたテーブル定義を確認し、「＜ナビゲーションプロパティ名＞_＜リレーション先の主キープロパティ名＞」という名前のフィールドが意図せず生成されていないかどうか確認してください。また、外部キーとして想定したフィールドの名前がEntity Frameworkの規約に沿っているかどうか確認し、沿っていない場合はForeignKey属性を付加するなどの対策を講じてください。

■ リレーションシップ（1対1）

先ほどは1対多関係のリレーションシップを表現しましたが、リスト6-27のようにお互いにエンティティクラス型としてナビゲーションプロパティを定義した場合、**1対1関係**となります。ここでは、従業員（Employee）と銀行情報（BankInfo）が1対1関係となり、「従業員は自分の銀行情報を1件だけ持っている」という関係を表現しています。

リスト6-27 1対1関係の定義例

```
Public Class Employee
...
    'BankInfoクラスがそのまま指定されているので、多重度は「1」
    Public Overridable Property BankInfo As BankInfo
End Class


'従業員の銀行情報を表すクラス
Public Class BankInfo

    '主キー兼Employeeクラスへの外部キー
    <Key, ForeignKey("Employee")>
    Public Property EmployeeId As Integer
    '銀行名
    Public Property BankName As String
    'Employeeクラスがそのまま指定されているので、多重度は「1」
    Public Overridable Property Employee As Employee
End Class
```

1対1関係の場合主キーが共通でかつ外部キーとなりますので、BankInfoクラスではEmployeeIdプロパティに主キーとしてのKey属性と、Employeeクラスへの外部キーとしてのForeignKey属性の両方を付加しています。

■ リレーションシップ（多対多）

リスト6-28のようにお互いにICollection(Of エンティティクラス型)として定義した場合、**多対多関係**となります。ここでは、従業員（Employee）と同好会（Club）が多対多関係となっており、「従業員は複数の同好会に所属できる」「同好会には複数の社員がいる」という多対多関係を表しています。

リスト6-28 多対多関係の定義例

```
Public Class Employee
...
    'ICollection(Of Club)なので、多重度は「多」
    Public Overridable Property Clubs As ICollection(Of Club)

End Class

'社内の同好会を表すクラス
Public Class Club
    'ICollection(Of Employee)なので、多重度は「多」
    Public Overridable Property Employees As ICollection(Of Employee)
End Class
```

なお、データベースの基本は、片方のテーブルで相手のレコードのキーを持つ**1対多関係**ですので、多対多関係を直接表現することはできません。ソースコードで多対多関係を表現した場合、自動的に中間テーブルと呼ばれるテーブルが生成されます。

■ 遅延ローディング

エンティティクラスでナビゲーションプロパティを定義する際に、**Overridable**キーワードを付けて定義するかどうかにより、リレーション先のレコードの取得タイミングが変化します。リスト6-29のようにOverridableキーワードを付けた場合には、**遅延ローディング**と呼ばれる機能が働きます。

リスト6-29 Overridableキーワードを付けた場合

```
'社員エンティティクラス
Public Class Employee
...
    'Overridableキーワード付きのナビゲーションプロパティ
    Public Overridable Property Department As Department

End Class
```

Employeesテーブルの内容を一覧表示するコードと、データベース上で実際に発行されるSQLはリスト6-30のようになります。

リスト6-30 遅延ローディング有効な場合の一覧表示コードと実行されるSQL

```
'従業員一覧を取得
Dim employees = context.Employees

'従業員一覧を条件付きで取得
'Dim employees = context.Employees.Where(Function(x) x.Department.Name = "営業1課")
'従業員一人一人について処理
For Each employee In employees

    '従業員ID (EmployeeId), 氏名 (Name), 所属部門名 (Department.Name) を
    '文字列にして連結
    Content += String.Format("Id: {0}, Name: {1}, DepartmentName: {2} <br />", 
employee.EmployeeId, employee.Name, employee.Department.Name)
Next
---

↓実行されるSQL（簡略化したもの）
SELECT * FROM Employees;   ←従業員情報を一括取得
SELECT * FROM Departments WHERE DepartmentId = 1;   ←部署1つの情報を取得
SELECT * FROM Departments WHERE DepartmentId = 2;   ←同上
SELECT * FROM Departments WHERE DepartmentId = 3;   ←同上
```

　ポイントは、Departmentsテーブルを明示的に取得するコードが存在しないにも関わらず、DepartmentsテーブルにアクセスするSQLが発行されていることです。これは、「employee.Department.Name」というナビゲーションプロパティへのアクセスが発生した時点で、Entity Frameworkが自動的に取得しているものです。この機能は必要になる時点までデータベースからのデータ取得を遅らせる、という意味で、遅延ローディングと呼ばれます。

　ナビゲーションプロパティにOverridableキーワードを指定しない場合、この遅延ローディングは行われません。そのため、リスト6-31のように一覧表示する際のコードを書き換える必要があります。

リスト6-31 遅延ローディング無効な場合の一覧表示コードと実行されるSQL

```
Imports System.Data.Entity  'Includeメソッドのために必要

'①従業員一覧を取得
Dim employees = context.Employees.Include(Function(x) x.Department)
```

```
'従業員一人一人について処理
For Each employee In employees

    '従業員ID (EmployeeId), 氏名 (Name), 所属部門名 (Department.Name) を
    '文字列にして連結
    Content += String.Format("Id: {0}, Name: {1}, DepartmentName: {2} <br />", →
employee.EmployeeId, employee.Name, employee.Department.Name)
Next
---
↓実行されるSQL (簡略化したもの)
SELECT ・・・
FROM  [dbo].[Employees] AS [Extent1]
INNER JOIN [dbo].[Departments] AS [Extent2] ON [Extent1].[DepartmentId] = [Extent2].
    [DepartmentId];
↑②最初の時点でDepartmentsテーブルへのINNER JOINが行われる。その後の遅延ローディングは発生しない
```

　①でIncludeというメソッドを呼び出している点に注目してください。このメソッドは、指定したナビゲーションプロパティで関連付けられたエンティティの情報もまとめて取ってくるように指定するメソッドです。なお、コード中にも記したとおり、このIncludeメソッドを使用する際にはファイル先頭に「Imports System.Data.Entity」を追加してください。さて、実際のデータベース上では②のように、EmployeesテーブルからDepartmentsテーブルへINNER JOINしたSQLが発行されます。あらかじめDepartmentsテーブルの内容も読み込んでいますので、遅延ローディングが有効だったときのように、毎回Departmentsテーブルを呼び出す必要はなく、SQLの発行は1回だけになっています。

　ただし、①のIncludeメソッドを忘れてしまうと、遅延ローディングは無効のため、実際にデータが必要になった場合にもDepartmentsテーブルへのアクセスは行われず、Departmentプロパティの値はNothingになってしまいます。

　遅延ローディングを無効にすることで、大量のデータを取得する際に、無駄なSQLの発行を防ぐことができ、パフォーマンス向上に繋がりますが、あらかじめ使用したいエンティティをIncludeメソッドで明示的に指定する必要があります。用途に合わせて遅延ローディングを使用するかどうかを検討してください。

Section 06-03

モデルバインディング

データバインドコントロールとEntity Frameworkの連携方法を知る

このセクションでは、データバインドコントロールとEntity Frameworkを連携させる方法について解説します。

このセクションのポイント
■1 データバインドコントロールとEntity Frameworkを連携させるにはモデルバインディングという機能を使用する。
■2 厳密に型指定されたデータコントロールを使うことで、エンティティのプロパティ名をスムーズに入力できる。
■3 SelectMethod、UpdateMethod、InsertMethod、DeleteMethodプロパティで指定したメソッドで
　Entity Frameworkを使ったデータアクセスコードを記述する。

前のセクションまでEntity Frameworkの概要について解説しました。このセクションでは、4, 5章で解説した各種データバインドコントロールとEntity Frameworkを連携させる方法について解説します。Entity Frameworkでは、**モデルバインディング**と呼ばれる機能を使ってデータバインドコントロールにデータアクセス機能を提供します。また、**厳密に型指定されたデータコントロール**という機能を使用することで、テーブルのフィールド名に文字列でアクセスするのではなく、オブジェクトのプロパティのように扱う方法についても解説します。

■ モデルバインディング

4, 5章では、GridView、ListViewなどのデータバインドコントロールとデータベースを連携させるため、データソースコントロールであるSqlDataSourceコントロールを使用しました。Entity Frameworkとデータバインドコントロールを連携させるには、ASP.NET 4.5から導入されたモデルバインディングという機能を使用します＊。モデルバインディングとは、データバインドコントロールからデータベースに対する選択、挿入、更新、削除処理を、コードビハインドクラスのメソッドに割り当ててデータアクセスする仕組みのことです（図6-9）。

＊ モデルバインディングは、ただデータアクセスに使用するメソッド名を指定するだけの機能ではなく、その名の通りモデルと画面上のコントロールとのバインディングを自動的に行う仕組みです。

はじめてのASP.NET Webフォームアプリ開発 Visual Basic 対応 第2版　257

図6-9 モデルバインディングを使ってEntity Frameworkとデータバインドコントロールを連携させる

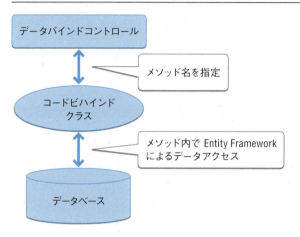

　説明よりも実際の動作を見た方が理解しやすいので、人物の姓名を一覧表示するサンプル（GridViewDataBindingSample.aspx）を見てみましょう。リスト6-32では、GridViewコントロールのSelectMethodプロパティにSelectDataというメソッド名を指定しています。このGridViewコントロールは画面表示時にコードビハインドクラスのSelectDataメソッドを呼び出し、そのメソッドの戻り値をグリッド表示します。Columnsプロパティに2つのTemplateFieldクラスが指定されていますので、1行にLastName、FirstNameが表示されます。

リスト6-32 モデルバインディングの例（GridViewDataBindingSample.aspx）

```
<asp:GridView ID="GridView1" runat="server" SelectMethod="SelectData"
    AutoGenerateColumns="false">
    <Columns>
        <asp:TemplateField HeaderText="姓">
            <ItemTemplate>
                <%#: Eval("LastName") %>
            </ItemTemplate>
        </asp:TemplateField>
        <asp:TemplateField HeaderText="名">
            <ItemTemplate>
                <%#: Eval("FirstName") %>
            </ItemTemplate>
        </asp:TemplateField>
    </Columns>
</asp:GridView>
```

実際のSelectDataメソッドは、コードビハインドクラスであるGridViewData
BindingSample.aspx.vbでリスト6-33のように定義します。

リスト6-33　SelectDataメソッドの内容（GridViewDataBindingSample.aspx.vb）

```
'GridViewにデータを供給する関数
Public Function SelectData() As ICollection(Of Person)
    'Personのリストを作成して返す
    Dim List = New List(Of Person)
    List.Add(New Person() With {.LastName = "土井", .FirstName = "毅"})
    List.Add(New Person() With {.LastName = "山田", .FirstName = "太郎"})
    Return List
End Function

'SelectData関数で返す人物クラス
Public Class Person
    Public Property LastName As String '姓
    Public Property FirstName As String '名

End Class
```

実際の表示は図6-10のようになります。

図6-10　データ・バインディングを使った表示の例

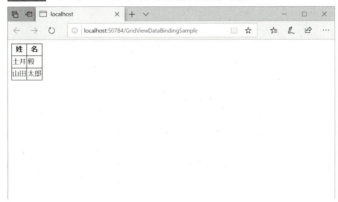

解説をシンプルにするため、ここではデータベースにアクセスせず、Personク
ラスのリストをその場で作って返していますが、SelectMethodプロパティで指定
したメソッドにEntity Frameworkを使ったデータアクセスコードを書くことで、
データバインドコントロールとEntity Frameworkを連携させることができます。
ここではデータ表示用のSelectMethodプロパティだけを使用しましたが、表6-3
のように、データ操作に合わせてプロパティ名を指定することで、データバインドコ
ントロールでのデータ操作がそれぞれのメソッドに関連付けられます。

Chapter 06 Entity Frameworkでのデータベース連携

表6-3 モデルバインディングで使用するプロパティ

プロパティ名	意味
SelectMethod	データ表示時に使用するコードビハインドクラスのメソッド名
InsertMethod	データ挿入時に使用するコードビハインドクラスのメソッド名
UpdateMethod	データ更新時に使用するコードビハインドクラスのメソッド名
DeleteMethod	データ削除時に使用するコードビハインドクラスのメソッド名

　SqlDataSourceコントロールにおいては、SelectCommand／InsertCommand／UpdateCommand／DeleteCommandにそれぞれ表示／挿入／更新／削除処理に対応するSQLを使用していましたが、モデルバインディングにおいてはSQLの代わりに対応するメソッドで処理を行います。まずは「EntityFrameworkとデータバインドコントロールを組み合わせるにはモデルバインディングを使い、データアクセスコードをメソッドで記述する」という点を押さえておきましょう。

GridViewコントロールとの連携方法

　それでは、最初にGridViewコントロールとEntity Frameworkを使った連携方法を解説します。もっとも、GridViewコントロールの列定義などの機能は基本的に4章で扱った内容をそのまま活用できますので、変更する必要がある点はデータをやりとりする部分のみです。Section 04-05（→P.176）でTemplateFieldクラスのサンプルとして使用したGridViewTemplateSample.aspxをベースに、Entity Framework用の対応を行いましょう。

[1] SqlDataSourceコントロールからモデルバインディングに切り替え

　まず大きな変更点は、SqlDataSourceコントロールの代わりにモデルバインディングを使用する点です。リスト6-34のようにGridViewコントロールを書き換えます。

リスト6-34 モデルバインディングを使用するように修正（EFGridView.aspx）

```
<asp:GridView ID="GridView1" runat="server" AutoGenerateColumns="False"
    DataKeyNames="EmployeeId"
    DataSourceID="SqlDataSource1">
↓
<asp:GridView ID="GridView1" runat="server" AutoGenerateColumns="False"
    DataKeyNames="EmployeeId"
    ItemType="Chapter06.Employee" SelectMethod="GridView1_GetData">
```

　まずDataSourceIDプロパティでSqlDataSourceコントロールのIDを指定していた部分を削除し、代わりにSelectMethodプロパティにデータ取得用のメソッド名を指定します。ただし、先にItemTypeプロパティで、表示対象となるデータ型が何

かを指定する必要があります。今回はEmployeeクラスのインスタンスを表示しますので、「Chapter06.Employee」と指定します。なお、クラス名の前に名前空間である「Chapter06.」も指定する必要があるので注意してください。ItemTypeプロパティの役割については後ほど詳しく解説します。

[2] データ取得メソッドの実装

続けてSelectMethodプロパティでデータを取得するメソッドを指定するように変更します。Visual Studio上で「SelectMethod=」という文字列を入力すると、図6-11のように「＜新しいメソッドを作成＞」という項目がポップアップしますので、その項目をクリックします。

図6-11 SelectMethodプロパティ用のメソッドひな形を作成する

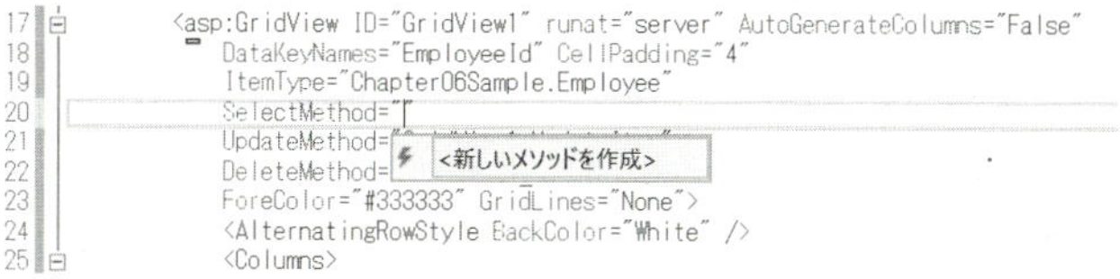

```
17   <asp:GridView ID="GridView1" runat="server" AutoGenerateColumns="False"
18       DataKeyNames="EmployeeId" CellPadding="4"
19       ItemType="Chapter06Sample.Employee"
20       SelectMethod="T
21       UpdateMethod=   ＜新しいメソッドを作成＞
22       DeleteMethod=
23       ForeColor="#333333" GridLines="None">
24       <AlternatingRowStyle BackColor="White" />
25       <Columns>
```

自動的にGridView1_GetDataというメソッドのひな形が作成されますので、ひな形を書き換え、データを取得するGridView1_GetDataメソッドをリスト6-35のように記述します。

リスト6-35 データ取得メソッド（EFGridView.aspx.vb）

```vb
'Employeeのコレクションを返す
'IQueryableはLINQでコレクションを返す時に使用するデータ型
Public Function GridView1_GetData() As IQueryable(Of Employee)
    'コンテキストクラスのインスタンスを生成
    Dim Context = New MyModel()
    '従業員一覧を返す
    Return Context.Employees
End Function
```

このメソッドは、シンプルにデータベースのEmployeesテーブルの全件を取得して返します。コンテキストクラスのインスタンスを生成し、そこから従業員一覧を取得する部分は、前のセクションで解説したとおりの、Entity Frameworkを使ったコードです。戻り値のIQueryable(Of Employee)というのは、LINQでコレクションを返すときに使用するデータ型です。

[3] SqlDataSourceコントロールの削除と外部テーブル表示の修正

不要になったSqlDataSourceコントロール自体も削除しておきましょう。ただし、もう1点だけそのままでは動作しない部分があるので書き換えます。GridViewTemplateSample.aspxで課を表示する部分をリスト6-36のように修正します。

リスト6-36 課表示部分の修正（GridViewTemplateSample.aspx）

```
<ItemTemplate>
    <asp:Label ID="Label1" runat="server"
        Text='<%# Eval("DepartmentName") %>'></asp:Label>
</ItemTemplate>
↓
<ItemTemplate>
    <asp:Label ID="Label1" runat="server"
        Text='<%# Item.Department.Name %>'></asp:Label>
</ItemTemplate>
```

元々のサンプルではSqlDataSourceコントロールのSelectCommandプロパティのSQLでDepartmentテーブルのNameフィールドにDepartmentNameという名前でアクセスできるようにしていたため、「Eval("DepartmentName")」という記述で問題無かったのですが、Entity Frameworkを使用する場合には「Item.Department.Name」のようなナビゲーションプロパティ名も含めた記述とする必要があります。この記法については次項で解説します。

書き換えて実行した結果は図6-12のようになります。

図6-12 Entity Frameworkでデータ取得してGridViewコントロールに表示

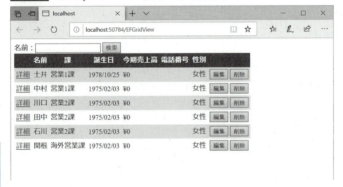

* なお、ここではデータ取得部分のみを書き換えましたので、編集、削除機能は正しく動作しません

以上のように、SqlDataSourceコントロールを使用したサンプルから、わずかな修正だけでEntity Frameworkを使用するコードに切り替えることができました*。

厳密に型指定されたデータコントロール

リスト6-36で、フィールドを参照するための「Eval("DepartmentName")」というコードを、「Item.Department.Name」というコードに書き換えました。これは**厳密に型指定されたデータコントロール**（Strong Typed Data Controls）と呼ばれる機能です。

モデルバインディング | Section 06-03

　厳密に型指定されたデータコントロールとは、データバインドコントロールで扱うデータ型をItemTypeプロパティで宣言することにより、そのデータバインドコントロールで表示するオブジェクトについての型情報が使えるようになる機能です。通常のデータバインドコントロールでは「Bind("DepartmentName")」のように、参照するフィールドを文字列で指定していましたが、厳密に型指定されたデータコントロールであれば、「Item.Department.Name」のように通常のソースコードと同じような表記でオブジェクトのプロパティを参照できます。

　Visual Studioは厳密に型指定されたデータコントロールを認識し、存在するプロパティをIntelliSenseで表示し、プロパティ名をタイプミスした場合はエラー表示してくれますので、開発効率が高まります。今考えているサンプルで言えば「GridViewの1行ごとにバインドされるのはItemTypeで宣言されたEmployee型のオブジェクトである。だとすれば、使用するのは必然的にEmployee型のプロパティに決まるので、入力時のIntelliSenseやエラーチェック時にEmployee型の情報を使おう」となるわけです。

　使用方法はシンプルで、これまでEvalメソッドを使っていた片方向バインディングでは、Itemというプロパティに、ItemTypeプロパティで指定されたクラスのインスタンスが格納されています。同様に、Bindメソッドを使っていた双方向バインディングでは、BindItemというプロパティにインスタンスが格納されています。Item／BindItemプロパティに格納されたインスタンスからは、通常のソースコードと同様にプロパティ（＝データベース上はテーブルのフィールド）にアクセスするコードを書くことができます。幾つかの置き換え例をリスト6-37に示します。

リスト6-37　Eval／BindメソッドからItem／BindItemへの置き換え

```
<%# Eval("Name") %>
↓Evalを使っていた場所ではItemに
<%# Item.Name %>

<%# Bind("Birthday") %>
↓Bindを使っていた場所ではBindItemに
<%# BindItem.Birthday %>
```

　Eval／BindメソッドからItem／BindItemへの置き換えの際、他のテーブルのフィールドを参照するケースには注意が必要です。リスト6-36で、フィールドを参照するための「Eval("DepartmentName")」は、実際にはDepartmentテーブルのNameフィールドを表示していました。元々SqlDataSourceコントロールのSelectCommandプロパティのSQLでDepartmentテーブルのNameフィールドをDepartmentNameという別名に置き換えていましたが、Entity Frameworkを使用する場合は、データを取得するためのSQLを直接書くことはしませんので、別名置き換えは使いません。「Item.Department.Name」のように、通常のEntity Frameworkのコードと同じく、ナビゲーションプロパティを介して外部のテーブルのフィールドにアクセスすることになります。

Chapter 06 Entity Framework でのデータベース連携

■ バインドした値を書式指定する

また、Eval／Bindメソッドの第二引数に書式設定文字列を指定してデータの書式設定を行いましたが、Entity Frameworkの場合はリスト6-38のように、通常のソースコードで書く場合と同様にToStringメソッドなどで書式設定を行います。

リスト6-38 データの書式設定

```
↓Bindメソッドの第二引数で年月日表示を書式設定している
<asp:Label ID="Label2" runat="server"
    Text='<%# Bind("Birthday", "{0:yyyy/MM/dd}") %>'></asp:Label>
↓誕生日の年月日表示をToStringメソッドに置き換え
<asp:Label ID="Label2" runat="server"
    Text='<%# Item.Birthday.ToString("yyyy/MM/dd") %>'></asp:Label>

<asp:Label ID="Label3" runat="server"
    Text='<%# Bind("Sales", "{0:C}") %>'></asp:Label>
↓同様に、通貨表示もToStringメソッドを使う
<asp:Label ID="Label3" runat="server"
    Text='<%# Item.Sales.ToString("C") %>'></asp:Label>
```

以降、4章のGridViewTemplateSample.aspxのデータバインディング式を上記のItem／BindItemプロパティを使って書き換えたものをEFGridView.aspxというファイル名で保存したものとして解説します。

編集処理の実装

次に、GridViewのレコードの編集機能についても、Entity Frameworkとの連携方法を確認しましょう。レコードの編集後にはGridViewコントロールのUpdateMethodプロパティで指定されたメソッドが呼び出されます。

[1] メソッドのひな形を生成

SelectMethodプロパティの場合と同様、コードを書きやすくするため、メソッドのひな形を自動生成させてみましょう。「UpdateMethod=」という文字列を入力し、ポップアップしてきた「＜新しいメソッドを作成＞」という項目をクリックしてリスト6-39のようなひな形を生成します。

リスト6-39 UpdateMethodのひな形（EFGridView.aspx.vb）

```
'①ID パラメーター名は、コントロールに設定されている DataKeyNames 値に一致する必要があります
Public Sub GridView1_UpdateItem(ByVal id As Integer)
    Dim item As Chapter06Sample.Employee = Nothing
    '②ここに項目を読み込みます。例: item = MyDataLayer.Find(id)
```

```
        If item Is Nothing Then
            ' 項目が見つかりませんでした
            ModelState.AddModelError("", String.Format("ID {0} の項目が見つかりませんでした", id))
            Return
        End If
        TryUpdateModel(item)
        If ModelState.IsValid Then
            ' ここに変更を保存します。例: MyDataLayer.SaveChanges()

        End If
End Sub
```

　自動的にGridView_UpdateItemという更新用メソッドのひな形が作成されました。この中に、適宜Entity Frameworkを使ったデータ更新ロジックを書いていきます。まず、このメソッドにはInteger型のidという引数が渡されています。自動生成された①のコメントには「コントロールに設定されているDataKeyNames 値に一致する必要があります」とあります。これは、更新用メソッドの引数名を、GridViewコントロールのDataKeyNamesプロパティに指定したフィールド、今回であればEmployeeIdに合わせなければならない、ということです。

　これまで解説していませんでしたが、DataKeyNameプロパティはGridViewコントロールで扱うレコードを一意に識別するフィールド名を指定するためのプロパティです。通常は主キーのフィールド名を指定します。実は4, 5章で扱ったSqlDataSourceコントロールとの連携の際にもDataKeyNamesプロパティが指定されていましたが、それはGridViewのウィザードを使っている間に、Visual Studioが自動的に主キーをDataKeyNamesプロパティの値として設定したものでした。Entity Frameworkを使って連携する際には、DataKeyNamesプロパティを自分で明示的に設定する必要がありますので、注意してください。

[2] データ取得処理を実装

　さて、更新用メソッドの引数にはDataKeyNamesプロパティで指定したフィールドであるEmployeeIdが渡されますので、後はEntity Frameworkを使ってデータの取得、更新を行いましょう。まずは②の部分にリスト6-40のようにデータを取得するコードを記述します。

リスト6-40　更新のためにデータを取得 (EFGridView.aspx.vb)

```
Public Sub GridView1_UpdateItem(ByVal EmployeeId As Integer)
    'ここに項目を読み込みます。例: item = MyDataLayer.Find(id)

    '以下を追加。
    '①コンテキストクラスのインスタンスを生成
```

```
    Dim context = New MyModel()
    '②Employeesプロパティから、Whereメソッドを使って、主キーであるEmployeeIdでデータを検索する
    'Whereメソッドはコレクションを返すので、コレクションの最初のアイテムを返す
    'FirstOrDefaultメソッドで1件だけ取得する
    Dim item = context.Employees.Where(Function(x) x.EmployeeId = EmployeeId). ⇒
FirstOrDefault()
    '③以下はひな形コードのまま
    If item Is Nothing Then
        ' 項目が見つかりませんでした
        ModelState.AddModelError("", String.Format("ID {0} の項目が見つかりませんで ⇒
した", EmployeeId))
        Return
    End If

    ...
End Sub
```

①のコンテキストクラスのインスタンスの生成は、Entity Frameworkを使う際のお決まりの手順です。②では、コンテキストのEmployeesプロパティからデータを取得しています。少しおさらいすると、context.EmployeesはDbSet(Of Employee)というデータ型で、Employeeエンティティのコレクションを表し、データベース上ではEmployeesテーブル内のレコード一覧に対応するプロパティです。このEmployeesプロパティに対し、Whereメソッドとラムダ式を使ってデータの検索を行っています。ラムダ式の「Function(x) x.EmployeeId = EmployeeId」は、「EmployeeエンティティのEmployeeIdプロパティ(x.EmployeeId)が、EmployeeId変数と同じであるかどうか」という条件になります。Whereメソッドは条件のラムダ式に合致するエンティティのコレクションを返しますが、更新するエンティティは1件であるべきです。今回は主キーでの検索ですので、成功すれば必ず1件のエンティティが返ってくるはずです。ここでは、コレクション内の最初のアイテムを取得する **FirstOrDefault** メソッドを使って、Employeeエンティティを取得しています。なおFirstOrDefaultメソッドはコレクションが空の場合はNothingを返します。それでデータ取得に何かの問題があってコレクションが空の場合には、ひな形コードの③でNothingチェックによりエラーとなります。

[3] データ更新処理を実装

更新対象データの取得ができましたので、今度はユーザーが編集画面で入力した内容をエンティティに反映させるコードを記述します（リスト6-41）。

リスト6-41　データ更新処理（EFGridView.aspx.vb）

```
Public Sub GridView1_UpdateItem(ByVal EmployeeId As Integer)
    ...
    '①ユーザーの入力内容を取得してエンティティに反映
```

```
    TryUpdateModel(item)
    If ModelState.IsValid Then
        ' ここに変更を保存します。例: MyDataLayer.SaveChanges()

        '②SaveChangesメソッドでデータベースに保存
        context.SaveChanges()

    End If
End Sub
```

①のTryUpdateModelメソッド呼び出しが肝となる部分です。このメソッドは、.aspxファイルで双方向データバインディングした項目について、各入力項目を対応するエンティティのプロパティに自動的に代入してくれます。例えばEFGridView.aspxファイルには、リスト6-42のようなデータバインディング式が含まれています（これは4章サンプルのGridViewTemplateSample.aspxのデータバインディング式をItem／BindItemに置き換えたものです）。

リスト6-42 .aspxファイルでのデータバインディング式（EFGridView.aspx）

```
<asp:BoundField DataField="Name" HeaderText="名前" SortExpression="Name" />
<asp:TemplateField HeaderText="誕生日" SortExpression="Birthday">
    <EditItemTemplate>
        <asp:Calendar ID="Calendar1" runat="server"
            SelectedDate='<%# BindItem.Birthday %>'
            VisibleDate='<%# BindItem.Birthday %>'>
        </asp:Calendar>
    </EditItemTemplate>
    <ItemTemplate>
        <asp:Label ID="Label2" runat="server"
            Text='<%# Item.Birthday.ToString("yyyy/MM/dd") %>'></asp:Label>
    </ItemTemplate>
</asp:TemplateField>
```

ここでは、BoundFieldコントロールでNameプロパティが、TemplateFieldコントロールのEditItemTemplateでCalendarコントロールを使ってBirthdayプロパティが、それぞれデータバインディングされています。TryUpdateModelメソッドを実行すると、これらのデータバインディングしたプロパティについて、ユーザーの入力値が収集され、エンティティのプロパティに代入されます。Nameプロパティの場合はBoundFieldコントロールが編集時に表示するテキストボックスへの入力値が、Birthdayプロパティの場合はCalendarコントロールで入力した日付が、それぞれ設定されます。このように、TryUpdateModelメソッドとデータバインディング式を使うことで、ユーザーの入力項目を1つずつ手動で収集するコードを書く必要が無くなります。なお、TryUpdateModelメソッドでは、BindItemプ

ロパティを使ったデータバインディング式だけで無く、Bindメソッドを使ったデータバインディング式も正しく認識し、データを収集しますので、双方向バインディングにBindメソッドを使っているケースでも問題無く動作します。

さて、TryUpdateModelメソッドでエンティティのプロパティに入力値が設定されただけでは、データベースの更新は完了していません。②のSaveChangesメソッドを実行することで、更新対象のEmployeeエンティティについて、SQLのUPDATE文が発行されます。

それではデータの更新を行ってみましょう。GridViewコントロールの編集ボタンを使って編集モードにし、図6-13のようにデータを書き換えます。今回は名前、今期売上高、電話番号、性別を書き換えました。

図6-13 データの編集

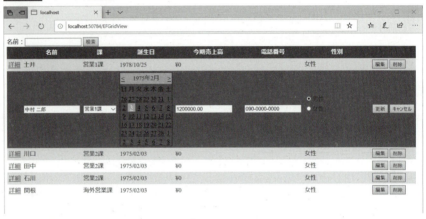

[更新]ボタンをクリックすると、UpdateMethodプロパティに指定されたGridView1_UpdateItemメソッドが呼び出され、データの更新処理が行われます。実際に発行されるSQLはリスト6-43のようになります。

リスト6-43 更新時に発行されるSQL（一部簡略化したもの）

```
↓①データ更新用に1件取得するSELECT文
SELECT TOP (1)
    [Extent1].[EmployeeId] AS [EmployeeId],
    [Extent1].[Name] AS [Name],
    [Extent1].[Birthday] AS [Birthday],
    [Extent1].[Sales] AS [Sales],
    [Extent1].[TelNo] AS [TelNo],
    [Extent1].[Sex] AS [Sex],
    [Extent1].[DepartmentId] AS [DepartmentId],
    FROM [dbo].[Employees] AS [Extent1]
    WHERE [Extent1].[EmployeeId] = '1'
```

↓②データを更新するUPDATE文
```
UPDATE [dbo].[Employees]
SET [Name] = '土井2', [Sales] = '50000', [TelNo] = '090-0000-0000', [Sex] = 'True'
WHERE ([EmployeeId] = '1')
```

①では、データ更新対象のレコードを検索するSELECT文が、②では、実際のデータを更新するUPDATE文が、それぞれ呼び出されていることが分かります。なお、①の「SELECT TOP(1)」は、データを1件だけ取得するSQLになります。

削除処理の実装

続いて削除処理の実装です。レコードの削除後にはDeleteMethodプロパティで指定されたメソッドが呼び出されます。これまでと同様に「DeleteMethod=」と入力し、ポップアップしてきた「＜新しいメソッドを作成＞」という項目をクリックしてリスト6-44のようなひな形を生成します。

リスト6-44 DeleteMethodのひな形（EFGridView.aspx.vb）

```vb
' ID パラメーター名は、コントロールに設定されている DataKeyNames 値に一致する必要があります
Public Sub GridView1_DeleteItem(ByVal id As Integer)

End Sub
```

削除用メソッドの引数も、更新用メソッドの引数と同じく、GridViewコントロールのDataKeyNamesプロパティに指定されたプロパティ（今回はEmployeeId）が渡されます。コードの中身は空ですので、削除用のロジックをリスト6-45のように書きます。

リスト6-45 削除用ロジックの実装（EFGridView.aspx.vb）

```vb
' ID パラメーター名は、コントロールに設定されている DataKeyNames 値に一致する必要があります
Public Sub GridView1_DeleteItem(ByVal EmployeeId As Integer)
    '①コンテキストクラスのインスタンスの生成
    Dim context = New MyModel()
    '②データを取得
    Dim item = context.Employees.Where(Function(x) x.EmployeeId = EmployeeId).FirstOrDefault()
    '③Removeメソッドで削除対象に指定
    context.Employees.Remove(item)
    '④SaveChangesメソッドでデータベースに保存
    context.SaveChanges()
End Sub
```

①のコンテキストクラスのインスタンスの生成と、②のデータ取得は更新時と同じロジックになります。③のEmployeesプロパティのRemoveメソッドで、対象のエンティティを削除することをEntity Frameworkに対して通知します。④のSaveChangesメソッドでデータベースに反映すると、リスト6-46のようなSQLが発行されます。

リスト6-46　削除時に発行されるSQL（一部簡略化したもの）

```sql
↓①データ更新用に1件取得するSELECT文
SELECT TOP (1)
    [Extent1].[EmployeeId] AS [EmployeeId],
    [Extent1].[Name] AS [Name],
    [Extent1].[Birthday] AS [Birthday],
    [Extent1].[Sales] AS [Sales],
    [Extent1].[TelNo] AS [TelNo],
    [Extent1].[Sex] AS [Sex],
    [Extent1].[DepartmentId] AS [DepartmentId],
    FROM [dbo].[Employees] AS [Extent1]
    WHERE [Extent1].[EmployeeId] = '3'

↓②データを削除するDELETE文
DELETE [dbo].[Employees]
WHERE ([EmployeeId] = '3')
```

　①のSELECT文で削除対象のレコードを取得し、②のDELETE文で実際のデータ削除を行っています。
　以上の記述により、GridViewコントロールとEntity Frameworkを連携させ、データの表示、編集、削除処理を実装することができました。SqlDataSourceコントロールではSQLで処理していた部分を、モデルバインディングを使ったメソッドの記述に置き換える流れをしっかり理解しておきましょう

検索処理の実装

　次に、検索処理を実装してみましょう。図6-14のように、従業員名を部分一致検索する処理です。

図6-14　従業員名の部分一致検索

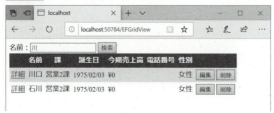

モデルバインディング | Section 06-03

まず、.aspxファイルに検索条件入力用のTextBoxコントロールと、検索するためのButtonコントロールをリスト6-47のように配置します。

リスト6-47 検索用コントロールの配置（EFGridView.aspx）

```
名前 <asp:TextBox ID="NameTB" runat="server"></asp:TextBox>
<asp:Button ID="Button1" runat="server" Text="検索" />
```

配置したNameTBというIDのテキストボックスに入力した内容で、EmployeesテーブルのNameフィールドを部分一致検索する仕様とします。SelectMethodプロパティに指定したデータ取得メソッドをリスト6-48のように書き換えます。

リスト6-48 データ取得メソッドを部分一致検索対応に（EFGridView.aspx.vb）

```vb
Imports System.Web.ModelBinding 'Control属性を使用するために必要な記述
    ...
'①引数を追加。Control属性で対応づけるコントロール名を指定する
Public Function GridView1_GetData(<Control("NameTB")> name As String) As 
IQueryable(Of Employee)
    'コンテキストクラスのインスタンスを生成
    Dim Context = New MyModel()

    '②コントロールに値が入っているかどうか
    If (String.IsNullOrEmpty(name)) Then
        '③入っていなければ全件表示
        Return Context.Employees
    Else
        '④入っていればNameプロパティのContainsメソッドで部分一致検索
        Return Context.Employees.Where(Function(x) x.Name.Contains(name))
    End If
End Function
```

①でSelectMethodプロパティに指定したGridView1_GetDataメソッドにControl属性付きのname引数が追加されていることに注目してください。ここではControl属性の引数として、テキストボックスのIDを渡しています。Control属性の付けられた引数は、メソッドが呼び出されたときに、自動的に指定されたコントロールの値が代入されます。今回の場合であれば、このメソッドのname引数には、「NameTB」というIDのコントロール（今回はテキストボックス）の入力値が自動的に設定されます。

このような、引数に自動的に値が設定される機能もモデルバインディングの特徴であり、表6-4のような属性を使うことで、コントロール以外の様々なデータを引数に割り当てることができます。

表6-4 モデルバインディングで引数に使用できる属性（System.Web.ModelBinding名前空間）

属性名	意味
Control	コントロールから値を取得する
Cookie	Cookie（→P.346）から値を取得する
Form	HTMLフォームから値を取得する
QueryString	クエリ文字列から値を取得する
RouteData	ASP.NETルーティング（→P.529）から値を取得する
Session	セッションから値を取得する
ViewState	ビューステート（→P.347）からデータを取得する

　今回のように、Control属性を使って検索フォームに配置したコントロールの値を自動的に取得するほか、QueryString属性を使ってクエリ文字列に含まれたデータを取得する、といった活用方法があります。

　②では、name引数に値が入っているかどうかを確認し、入っていなければ③で全件表示、入っていれば④で部分一致検索を行っています。④のWhereメソッドに渡すラムダ式「Function(x) x.Name.Contains(name)」では、Containsという文字列部分一致検索メソッドを使っています。このContainsメソッドはEntity Framework特有のメソッドというわけではなく、文字列型に存在する通常のメソッドです。Entity Frameworkは文字列型のContainsメソッドを対応するSQLに置き換えるため、実際には、リスト6-49のようなSQLが発行されます。

リスト6-49 「川」という条件で名前部分一致検索した時に発行されるSQL（一部簡略化したもの）

```
SELECT
    [Extent1].[EmployeeId] AS [EmployeeId],
    [Extent1].[Name] AS [Name],
    [Extent1].[Birthday] AS [Birthday],
    [Extent1].[Sales] AS [Sales],
    [Extent1].[TelNo] AS [TelNo],
    [Extent1].[Sex] AS [Sex],
    [Extent1].[DepartmentId] AS [DepartmentId]
FROM [dbo].[Employees] AS [Extent1]
WHERE [Extent1].[Name] LIKE '%川%'
```

　リスト6-49では、Containsメソッドが「[Extent1].[Name] LIKE '%川%'」という部分一致検索用のSQLに置き換えられていることが分かります。
　以上の流れで、GridViewコントロールとEntity Frameworkを連携させることができます。.aspxファイルに記述する列定義、テンプレートの使い方などは、SqlDataSourceコントロールを使用する場合と基本的に同じですので、4章を参照してください。

モデルバインディング | Section 06-03

DropDownListコントロールでの連携

続いて、DropDownListコントロールとEntity Frameworkの連携方法についても解説します。ちょうど先ほどのサンプル画面では、従業員が所属する課をDropDownListコントロールを使って選択する機能がありましたので、このDropDownListコントロールをEntity Frameworkと連携させるように書き換えましょう。DropDownListコントロールは、データの表示機能だけを持っており、更新、削除、挿入機能は存在しませんので、連携は非常にシンプルです。

リスト6-50のように.aspxファイルを書き換えます。書き換え内容は以下の通りです。

- SqlDataSourceコントロールを削除し、DropDownListからSqlDataSourceコントロールを指定していたDataSourceIDプロパティも削除
- 使用するデータ型「Chapter06Sample.Department」をItemTypeプロパティに設定
- 「SelectMethod=」と入力し、ポップアップしてきた「<新しいメソッドを作成>」という項目をクリックしてデータ取得用メソッドのひな形を生成
- SelectedValueプロパティのBindメソッドをBindItemプロパティを使って書き換え

リスト6-50 DropDownListの書き換え（EFGridView.aspx）

```
<asp:TemplateField HeaderText="課" SortExpression="DepartmentName">
    <EditItemTemplate>
        <asp:DropDownList ID="DropDownList1" runat="server"
            DataSourceID="SqlDataSource1" DataTextField="Name"
            DataValueField="DepartmentId"
                SelectedValue='<%# Bind("DepartmentId") %>' >
        </asp:DropDownList>
        <asp:SqlDataSource ID="SqlDataSource1" runat="server"
            ConnectionString="<%$ ConnectionStrings:ConnectionString %>"
            SelectCommand="SELECT * FROM [Departments]"></asp:SqlDataSource>
    </EditItemTemplate>
    ...
</asp:TemplateField>
↓以下のように書き換え
<asp:TemplateField HeaderText="課" SortExpression="DepartmentName">
    <EditItemTemplate>
        <asp:DropDownList ID="DropDownList1" runat="server"
            DataTextField="Name"
            ItemType="Chapter06Sample.Department" SelectMethod="SelectDepartments"
            DataValueField="DepartmentId"
```

```
            SelectedValue='<%# BindItem.DepartmentId %>'>
        </asp:DropDownList>
    </EditItemTemplate>
</asp:TemplateField>
```

続いて、SelectMethodプロパティに指定したデータ取得用メソッドをリスト6-51のように記述します。

リスト6-51 DropDownList用のデータ取得用メソッド（EFGridView.aspx.vb）

```
Public Function SelectDepartments() As IQueryable(Of Department)
    'コンテキストクラスのインスタンスを生成
    Dim Context = New MyModel()
    '課一覧を返す
    Return Context.Departments
End Function
```

内容は非常にシンプルで、コンテキストを生成し、課一覧を表すDepartmentsプロパティをそのまま返すだけです。実行結果は図6-15のようになります。

図6-15 DropDownListとEntity Frameworkの連携例

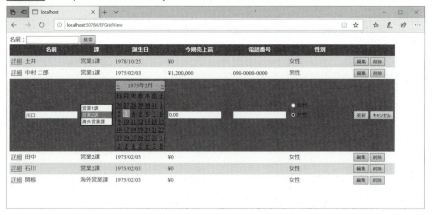

DropDownListコントロールは、SelectMethodプロパティで指定したメソッドからの戻り値のうち、DataTextFieldプロパティに指定したプロパティを表示文字列、DataValueFieldプロパティに指定したプロパティをIDとして選択項目に追加します。SqlDataSourceコントロールを使用した場合と見た目は全く変わりませんが、以上でDropDownListコントロールとEntity Frameworkを連携させることができました。

ListViewコントロールとの連携

次は5章で解説したListViewコントロールとEntity Frameworkの連携方法について解説します。基本的な連携の流れはGridViewコントロールの場合と同様ですが、ListViewコントロールにはデータ挿入機能がありますので、その部分もメソッドで対応する必要があります。以降は5章のListViewCommandSample.aspxの内容をEFListView.aspxというファイル名で保存したものとして解説します。

まず、リスト6-52のように.aspxファイルを書き換えます。書き換え内容は以下の通りです。

- SqlDataSourceコントロールを削除し、ListViewコントロールのDataSourceIDプロパティも削除
- 使用するデータ型「Chapter06Sample.Department」をItemTypeプロパティに設定
- SelectMethod、InsertMethod、UpdateMethod、DeleteMethodプロパティについて、それぞれメソッドのひな形を生成する
- 「Eval("DepartmentName")」となっている課名表示を「Item.Department.Name」に書き換える

リスト6-52 ListViewコントロールの書き換え（EFListView.aspx）

```
<asp:ListView ID="ListView1" runat="server" DataKeyNames="EmployeeId"
    DataSourceID="SqlDataSource1" InsertItemPosition="LastItem" GroupItemCount="3">
...
課:<asp:Label ID="DepartmentNameLabel" runat="server"
    Text='<%# Eval("DepartmentName") %>' />
↓以下のように書き換え
<asp:ListView ID="ListView1" runat="server" DataKeyNames="EmployeeId"
 InsertItemPosition="LastItem" GroupItemCount="3"
 ItemType="Chapter06Sample.Employee"
 SelectMethod="ListView1_GetData"
    UpdateMethod="ListView1_UpdateItem"
    DeleteMethod="ListView1_DeleteItem"
    InsertMethod="ListView1_InsertItem">
...
課:<asp:Label ID="DepartmentNameLabel" runat="server"
    Text='<%# Item.Department.Name %>' />
```

続いて、データ取得・更新・削除用のメソッドを記述します。これはGridViewの場合と全く同じ内容になりますので、それぞれリスト6-36、リスト6-41およびリスト6-42、リスト6-46を参照してください。ListViewコントロールのみで必要になるInsertMethodプロパティで指定したデータ挿入用のメソッドを、リスト6-53のように記述します。

リスト6-53 データ挿入用メソッド（EFListView.aspx.vb）

```vb
Public Sub ListView1_InsertItem()
    '①挿入するエンティティを生成
    Dim item = New Chapter06Sample.Employee()
    '②TryUpdateModelメソッドでユーザーの入力内容を取得してエンティティに反映
    TryUpdateModel(item)
    If (ModelState.IsValid) Then
        '③コンテキストクラスのインスタンスを生成
        Dim context = New MyModel()
        '④Addメソッドで挿入するエンティティを指定
        context.Employees.Add(item)
        '⑤SaveChangesメソッドでデータベースに保存
        context.SaveChanges()
    End If
End Sub
```

データ挿入用メソッドには特に引数はありません。①で挿入するエンティティを生成し、②のTryUpdateModelメソッドでユーザーの入力内容を取得してエンティティに反映します。データベースアクセスのために、③でコンテキストクラスのインスタンスを生成し、④のAddメソッドで、エンティティを新規登録することをEntity Frameworkに通知します。⑤のSaveChangesメソッドは、エンティティの内容を実際にデータベースに挿入するため、SQLのINSERT文を発行します。

それでは動作確認してみましょう。図6-16のようにグルーピングされたListViewコントロールが表示されることが確認できます。

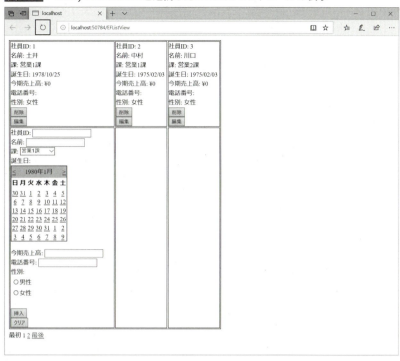

図6-16　Entity Frameworkと連携したListViewコントロールの表示

　編集、削除ボタンも問題無く動作し、データベースへの反映も問題無く動作します。末尾に表示されている新規登録用のフォームに値を入力し、挿入ボタンをクリックすると、InsertMethodプロパティに指定されたListView1_InsertItemメソッドが呼び出され、データの挿入処理が行われます。実際に発行されるSQLはリスト6-54のようになります。

リスト6-54　挿入時に発行されるSQL（一部簡略化したもの）

```
INSERT [dbo].[Employees]([Name], [Birthday], [Sales], [TelNo], [Sex],
    [DepartmentId])
VALUES ('中田', '1980/01/18 0:00:00', '12000000', '080-0000-0000', 'True', '2')
```

　GridViewコントロールとEntity Frameworkの連携方法を押さえておけば、ListViewコントロールとも簡単に連携できます。

FormViewでの連携

次は5章で解説したFormViewコントロールとEntity Frameworkの連携方法です。こちらも基本的な連携の流れはGridView、ListViewコントロールの場合と同様です。以降は5章のFormViewSample.aspxの内容をEFFormView.aspxというファイル名で保存したものとして解説します。

まずこれまでの手順通り、リスト6-55のように.aspxファイルを書き換えます。

- SqlDataSourceコントロールを削除し、FormViewコントロールのDataSource IDプロパティを削除
- 使用するデータ型「Chapter06Sample.Department」をItemTypeプロパティに設定
- SelectMethod、InsertMethod、UpdateMethod、DeleteMethodプロパティについて、それぞれメソッドのひな形を生成する
- 「Eval("DepartmentName")」となっている課名表示を「Item.Department.Name」に書き換える

リスト6-55 FormViewコントロールの書き換え（EFFormView.aspx）

```
<asp:FormView ID="FormView1" runat="server" DataKeyNames="EmployeeId"
    DataSourceID="SqlDataSource1" AllowPaging="True">
...
課:<asp:Label ID="DepartmentNameLabel" runat="server"
    Text='<%# Eval("DepartmentName") %>' />
↓以下のように書き換え
<asp:FormView ID="FormView1" runat="server" DataKeyNames="EmployeeId"
    ItemType="Chapter06Sample.Employee"
    SelectMethod="FormView1_GetItem"
    UpdateMethod="FormView1_UpdateItem"
    DeleteMethod="FormView1_DeleteItem"
    InsertMethod="FormView1_InsertItem">
...
課:<asp:Label ID="DepartmentNameLabel" runat="server"
    Text='<%# Item.Department.Name %>' />
```

データ処理用のメソッドの内容は、UpdateMethod、DeleteMethod、InsertMethodプロパティで指定するデータ更新、削除、挿入メソッドについてはListViewコントロールで扱ったものと同じですので割愛します。FormViewコントロールは単票表示用コントロールですので、SelectMethodプロパティに指定するデータ取得メソッドはエンティティのコレクションでは無く、エンティティを1つだけ返すメソッドとする必要があります。また、5章のFormViewSample.aspxは、表示する社員IDをクエリストリングから取得していましたので、その部分もモデルバイ

ンディングを使ってリスト6-56のように記述します。

リスト6-56 FormViewコントロール用のデータ取得メソッド（EFFormView.aspx.vb）

```
'①戻り値はItemTypeプロパティで指定したChapter06Sample.Employee（コレクションではない）
'②EmployeeId引数にQueryString属性を付加し、クエリストリングから値を取得するよう指定
Public Function FormView1_GetData(<System.Web.ModelBinding.QueryString("EmployeeId")>
EmployeeId As Integer) As Chapter06Sample.Employee
    'コンテキストクラスのインスタンスを生成
    Dim Context = New MyModel()
    '③データ取得の際に、Whereメソッドを使って1件だけデータを取得する
    Return Context.Employees.Where(Function(x) x.EmployeeId = EmployeeId).
FirstOrDefault()
End Function
```

①のように、メソッドの戻り値はItemTypeプロパティで指定したChapter06Sample.Employeeクラスのインスタンスになります。②では、メソッドにEmployeeId引数を指定していますが、QueryString属性（→表6-4）を付加することで、この引数にはクエリストリングに含まれるEmployeeIdの値が設定されます。このEmployeeId引数を使い、③のWHEREメソッドで該当するエンティティを1件だけ取得して返しています。

実際に「EFFormView.aspx?EmployeeId=2」というURLを開くと、EmployeeId引数に「2」が渡され、図6-17のような表示になります。

図6-17 Entity Frameworkと連携したFormViewコントロールによる単票表示

データ取得部分以外はListViewコントロールでの手順と大きく変わるところはありませんので、SqlDataSourceコントロールからEntity Frameworkへの切替は簡単な手順で行えるでしょう。

常にEntity Frameworkを使うべきか?

このセクションでは各種データバインドコントロールとEntity Frameworkの連携方法について解説しました。SqlDataSourceコントロールを使った場合と同等の機能をEntity Frameworkでも実現できることが確認できました。

さて、SqlDataSourceコントロールとEntity Framework、データベースにアクセスするために同じような機能が複数存在するため、「どちらを使えばいいのか?」という疑問がわくかもしれません。表6-5に双方の特徴を比較します。

表6-5 SqlDataSourceコントロールとEntity Frameworkの比較

	SqlDataSourceコントロール	Entity Framework
適用範囲	ASP.NET専用	ASP.NETに限定されない
データアクセスの方法	SQL	ソースコード
Visual Studioのサポート	ウィザード形式で簡単にページを作成できる	基本的にソースコードベースで実装する

特にVisual Studioのサポートについては、現時点で大きな差があります。SqlDataSourceコントロールはレガシーな機能ですが、Visual Studioでのサポートには一日の長があり、コードを全く書かなくても、ウィザードに沿って操作することで簡単なデータの表示、編集画面であれば完成させることができます。これはSqlDataSourceコントロールを使った場合の大きなメリットと言えるでしょう。一方Entity Frameworkの場合、残念ながらVisual StudioのサポートはSqlDataSourceコントロールほど手厚いものではなく、ウィザードを進めるだけで基本的な表示、編集画面を完成させるといったことはできません。

Entity Frameworkはデータアクセス技術として洗練されており、SQLを直接書く必要が無いことや、ASP.NET MVCへの移行も視野に入れることができるなど、大きなメリットを持っていますので、今後新しいWebアプリケーションを作成していく上で推奨される技術です。一方で、管理用のマスタデータの表示、編集画面など、あまり工数をかけられない画面については、SqlDataSourceコントロールを使ってVisual Studioのウィザードでほぼ自動生成させてしまう、というのも現実的な解かもしれません。Entity FrameworkとSqlDataSourceコントロールが混在するのが問題であれば、自動生成したものをEntity Frameworkに手動で書き換える、といった手法も取れるかもしれません。

そういったわけで、本書ではSqlDataSourceコントロールとEntity Framework両方について解説する形としました。実際の開発現場に適したデータアクセス技術をご活用ください。

TECHNICAL MASTER

Chapter
07

データベース連携の応用

この章では、データが同時に更新される際のデータ競合を避けるための同時実行制御の仕組みについて解説します。また、データベース側で定義したストアドプロシージャを呼び出す方法についても解説します。それぞれについて、SqlDataSource コントロールと Entity Framework 両方での使用方法を解説します。

Contents
07-01 同時実行制御を行う　　　　　　　　　　　　［同時実行制御］282
07-02 ストアドプロシージャを使う　　　　　　　［ストアドプロシージャ］301

はじめての ASP.NET Web フォームアプリ開発 Visual Basic 対応 第 2 版

Section 07-01

同時実行制御

同時実行制御を行う

このセクションでは、ASP.NETで同時実行制御を使用する方法について解説します。

このセクションのポイント
■1 同時実行制御とは、データ競合を避けるための仕組みである。
■2 オプティミスティック同時実行制御では、書き込み時にデータの変更があるかどうかを確認する。

　データベース開発を行う上で、同じレコードへの複数の書き込みを制御するための、**同時実行制御**という機能は非常に重要です。とりわけWebアプリケーションのように、多数のユーザーが同じデータベースにアクセスする状況では、同時実行制御を行わないならば、データが失われたり、データの整合性が取れなくなるなど、トラブルの発生は必至です。

　このセクションでは、同時実行制御がなぜ必要になるのかの仕組みと、ASP.NETで同時実行制御を行う方法について解説します。

同時実行制御とは

　同時実行制御の解説を始める前に、リレーショナルデータベースでの**データ競合**という問題について解説しておきます。

　リレーショナルデータベースは様々なアプリケーションやユーザーからのリクエストを処理し、データの読み書きを行っています。時には、同じレコードに対して複数のリクエストが同時に発生することもあります。

　読み込みリクエストが同時に発生した場合は、どちらのリクエストを先に処理しても結果は変わりませんので、全く問題ありません。問題となるのは、データの書き込みを行う場合です。

　データの書き込みに先立って、データの読み込みを行い、読み込んだデータに対して何らかの処理を行い、結果を書き戻す、というのが一般的な流れになります。Webアプリケーションであれば、読み込んだデータを編集画面で表示し、ユーザーの入力で更新する、といった方式です。いずれにしても、データの読み込みと書き込みにはタイムラグがあることがポイントです。

　さて、図7-1のように、2人のユーザーA, Bがデータの更新を行うため、同時にデータの読み込みを行うケースを考えましょう。

図7-1　データ競合の例

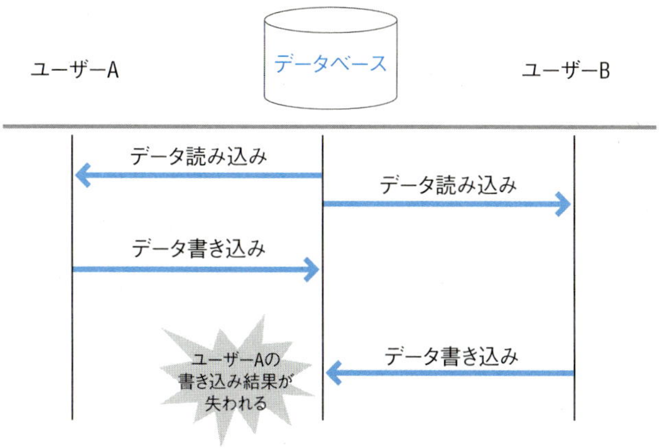

　2人は読み込んだデータを修正し、結果をデータベースに書き込もうとします。実際の書き込みはユーザー A、Bの順で行われました。

　この場合、先に書き込んだユーザー Aの修正内容は、後で書き込んだユーザー Bの修正内容で上書きされてしまうことになります。たとえば、これがイベントのチケット予約システムで、データが空席情報だった場合、ユーザー Aが予約したはずの席がユーザー Bに横取りされてしまうことになります。これをデータ競合と呼びます。データ競合は、この例のようにデータが失われるだけでなく、他のテーブルとのデータの整合性が取れなくなる、といった問題も引き起こすことがあります。たとえば、イベントのチケット予約システムであれば、お金は払っているのに、肝心のチケット情報が他人に上書きされ、見つからない、といったケースです。

　こうしたデータ競合はデータの更新の場合と、データの削除の場合に発生します。データを同時に書き込む際のデータ競合を避けるため、同時実行制御を行う必要があります。

　同時実行制御には、ペシミスティック（悲観的）同時実行制御とオプティミスティック（楽観的）同時実行制御の2種類があります。

　ペシミスティック同時実行制御は図7-2のように、データを読み込む時点で、データの書き込みのためにロックを行います。

図7-2　ペシミスティック同時実行制御の例

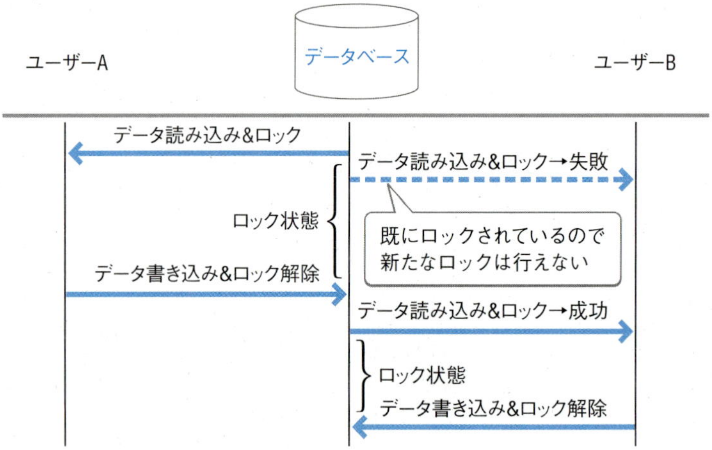

　ロックとは、将来の書き込みのためにデータを仮押さえする仕組みのことで、ロックされたデータは、他のユーザーがさらにロックしようとしても行えません。図の場合、ユーザーAが読み込みと同時にロックを行いますので、ユーザーBはロックに失敗します。ユーザーAは書き込みを終えた時点でロックを解除しますので、その後であればユーザーBのロックは成功します。ロックを使うことで、データの整合性が正しく取れるようになります。「だれかが同時に処理するかもしれないからロックしておこう」という悲観的なアプローチのため、ペシミスティック同時実行制御と呼びます。

　一方、オプティミスティック同時実行制御は図7-3のように、ロックを使わないアプローチです。

　オプティミスティック同時実行制御の場合、読み込みは普通に行います。ただし、データを変更した場合でも、最初に読み込んだ状態の元データを残しておきます。そして書き込み時に、元データとデータベースのデータを比較し、自分が読み込んだ状態と変化していないかどうかを確認した上で書き込みを行います。図の場合、ユーザーAの書き込みは、元データとデータベースのデータに変更がないため成功しますが、ユーザーBの書き込みは、データベースのデータがユーザーAによって更新されているため、失敗します。これにより、データの整合性が保たれます。「書き込もうとしているのはたぶん自分だけだろうからロックは行わず、更新時のチェックだけにしよう」という楽観的なアプローチのため、オプティミスティック同時実行制御と呼びます。

同時実行制御 | Section 07-01

図7-3 オプティミスティック同時実行制御の例

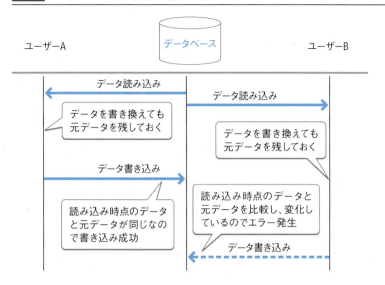

　2種類の同時実行制御を比較すると、オプティミスティック同時実行制御が実際に書き込みを行うまで成功するか失敗するか分からないのに対し、ペシミスティック同時実行制御の方が確実に書き込みが行える保証があるため、優れているように感じます。しかし、ペシミスティック同時実行制御はデータをロックする仕組みのため、多数のユーザーがデータをアクセスするような状況において、性能面でのデメリットがあります。また、Webアプリケーションのように、読み込みから書き込みまでの時間が長い場合、ロックを長時間維持する必要があり、これも性能面での問題を引き起こしてしまいます。

　そのため、Webアプリケーションにおいては、ロックを用いないオプティミスティック同時実行制御の使用が基本となります。ASP.NETはオプティミスティック同時実行制御をサポートしています。以降、SqlDataSourceコントロールとEntity Frameworkそれぞれでオプティミスティック同時実行制御を行う方法について解説します。

　なお、データベース環境の関係上、SqlDataSourceコントロールでのサンプルは4章サンプルに、Entity Frameworkでのサンプルは6章サンプルに、それぞれ含まれますので注意してください。

同時実行制御を行わない場合の挙動の確認

　まず、SqlDataSourceコントロールを使って同時実行制御を行わないページを作成し、データ競合を確認してみましょう。今回対象とするのは、サンプルで課の情報を表すDepartmentsテーブルです。新しいページ（Concurrency/NoControl.aspx）を作成し、GridViewコントロールを配置します。データソース構成ウィザードで図7-4のようにDepartmentsテーブルからデータを取得するよう設定を行います。

はじめてのASP.NET Webフォームアプリ開発 Visual Basic 対応 第2版　**285**

図7-4 Departmentsテーブルのデータを取得

右側の[詳細設定]ボタンをクリックし、図7-5のように[INSERT、UPDATEおよびDELETEステートメントの生成]だけをチェックします。

図7-5 [INSERT、UPDATEおよびDELETEステートメントの生成]だけをチェック

データソース構成ウィザードを完了させ、図7-6のようにGridViewコントロールのタスクメニューから[編集を有効にする]をチェックします。

| 同時実行制御 | Section 07-01

図7-6 ［編集を有効にする］をチェック

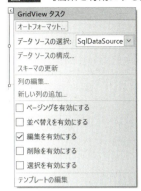

実際のSQLを確認しましょう。SqlDataSourceコントロールのソースはリスト7-1のようになっています。

リスト7-1 同時実行制御を行わないSQL（Concurrency/NoControl.aspx）

```
<asp:SqlDataSource ID="SqlDataSource1" runat="server"
  ConnectionString="<%$ ConnectionStrings:ConnectionString %>"
  DeleteCommand="DELETE FROM [Departments] WHERE [DepartmentId] = @DepartmentId"
  InsertCommand="INSERT INTO [Departments] ([DepartmentId], [Name])
   VALUES (@DepartmentId, @Name)"
  SelectCommand="SELECT * FROM [Departments]"
  UpdateCommand="UPDATE [Departments] SET [Name] = @Name
   WHERE [DepartmentId] = @DepartmentId">
  <DeleteParameters>
      <asp:Parameter Name="DepartmentId" Type="Int32" />
  </DeleteParameters>
  <InsertParameters>
      <asp:Parameter Name="DepartmentId" Type="Int32" />
      <asp:Parameter Name="Name" Type="String" />
  </InsertParameters>
  <UpdateParameters>
      <asp:Parameter Name="Name" Type="String" />
      <asp:Parameter Name="DepartmentId" Type="Int32" />
  </UpdateParameters>
</asp:SqlDataSource>
```

SqlDataSourceコントロールは、表7-1のようなプロパティを持っています。

表7-1　SqlDataSourceコントロールの主なプロパティ

プロパティ	意味
SelectCommand	データ取得に使用するSQL
UpdateCommand	データ更新に使用するSQL
InsertCommand	データ新規登録に使用するSQL
DeleteCommand	データ削除に使用するSQL
ConflictDetection	データ競合を検知する方法。検知しない(OverwriteChanges)、元データと比較(CompareAllValues)のいずれかを指定。デフォルトは検知しない
OldValuesParameterFormatString	元データを指定するためのパラメータ名の書式設定文字列
SelectCommandType、UpdateCommandType、InsertCommandType、DeleteCommandType	データ取得、更新、新規登録、削除にSQLを使用するか(Text)、ストアドプロシージャを使用するか(StoredProcedure)を指定。デフォルトはSQLを使用する。詳細は次のセクション参照

　ここでは、SelectCommand、UpdateCommand、InsertCommand、DeleteCommandにそれぞれSQLが指定されています。SQL中の@で始まる部分は、SQLのパラメータで、SQL実行時にプログラムから値を指定する部分です。実際にはSqlDataSourceコントロールが自動的にユーザーの入力した値などをパラメータとして渡します。また、DeleteParametersタグ、InsertParametersタグ、UpdateParametersタグ はそれぞれDeleteCommand、InsertCommand、UpdateCommandに渡すパラメータの名前と型を定義するものです。

　さて、データ競合の問題となる更新、削除時のSQLはそれぞれWHERE句で、主キーのDepartmentIdフィールドを使って対象のレコードを指定しています。

　データ競合を検知するためのConflictDetectionプロパティは指定されていないため、データ競合が発生する場合でも、書き込みはそのまま行われます。

　実際の挙動を確認してみましょう。図7-7のように、アプリケーションを2つのWebブラウザーで実行します。

図7-7　2つのWebブラウザーで同時に実行

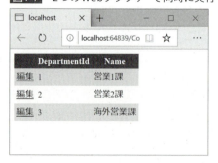 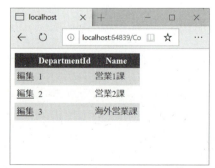

図7-8のようにDepartmentIdが3の課を両方のウィンドウで編集します。左側のウィンドウでは「アジア営業課」、右側のウィンドウでは「北米営業課」と書き換えた後、左側の[**更新**]リンク、右側の[**更新**]リンクの順にクリックして更新を行いましょう。

図7-8 同じレコードを編集

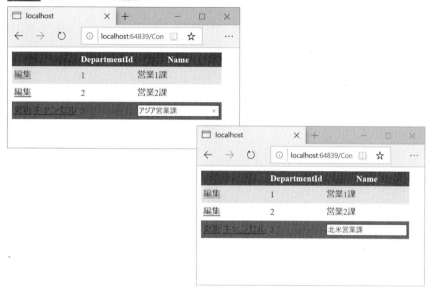

図7-9のようにそれぞれの画面が一覧画面に戻ってきます。左右のウィンドウで結果が異なっていますが、実際の最新の情報は右側の「北米営業課」のはずです。

図7-9 一覧画面に戻るが、結果がそれぞれ異なる

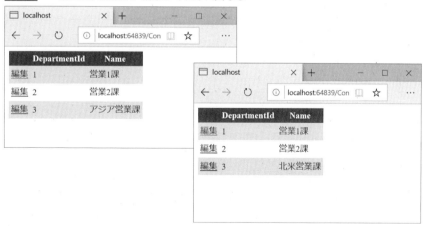

左側のウィンドウで再度DepartmentIdが3の課を編集すると、データベースから最新のデータを読み込み、図7-10のように「北米営業課」と表示されます。

図7-10　実際のデータは「北米営業課」

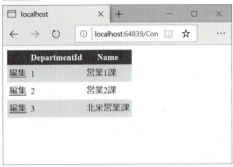

左側のウィンドウで書き込んだはずの「アジア営業課」というデータが失われていることが分かります。これがデータ競合の実例です。

SqlDataSourceコントロールでのオプティミスティック同時実行制御の使用

それでは、オプティミスティック同時実行制御を使ったデータの書き込みを行ってみましょう。

■（1）オプティミスティック同時実行制御対応のSQLの生成

新しいページ（Concurrency/OptimisticConcurrencySample.aspx）を作成し、同様の手順でGridViewコントロールでの編集画面を作成します。ただし今回は図7-11のように [SQL生成の詳細オプション] ウィンドウで [オプティミスティック同時実行制御] をチェックします。

図7-11　[オプティミスティック同時実行制御] をチェック

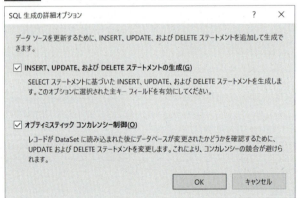

これにより、オプティミスティック同時実行制御対応のSQLが自動生成されます。実際のSQLを確認しましょう。SqlDataSourceコントロールのソースはリスト7-2のようになっています。

リスト7-2 オプティミスティック同時実行制御対応のSQL
（Concurrency/OptimisticConcurrencySample.aspx）

```
<asp:SqlDataSource ID="SqlDataSource1" runat="server"
    ConflictDetection="CompareAllValues"
    ConnectionString="<%$ ConnectionStrings:ConnectionString %>"
    DeleteCommand="
      DELETE FROM [Departments] WHERE [DepartmentId] = @original_DepartmentId
        AND [Name] = @original_Name"
    InsertCommand="INSERT INTO [Departments] ([DepartmentId], [Name])
      VALUES (@DepartmentId, @Name)"
    OldValuesParameterFormatString="original_{0}"
    SelectCommand="SELECT * FROM [Departments]"
    UpdateCommand="
      UPDATE [Departments] SET [Name] = @Name
      WHERE [DepartmentId] = @original_DepartmentId AND [Name] = @original_Name
    ">
```

　データソース構成ウィザードで［**オプティミスティック同時実行制御**］をチェックすると、ConflictDetectionプロパティに「CompareAllValues」が指定され、すべてのフィールドが読み込み時点と同じ状態であるかどうかがチェックされるようになります。

　ここでは、InsertCommandプロパティのINSERT文と、UpdateCommandプロパティのUPDATE文のWHERE句で、DepartmentIdフィールドとNameフィールドを、元データと比較しています。リスト7-1では、主キーのDepartmentIdフィールドだけを指定していたのに対し、今回はNameフィールドを含むすべてのフィールドでの比較を行い、読み込んだ時点からデータが変更されていないかどうかを検出しています。

　元データを指定するためのパラメータ名はOldValuesParameterFormatStringプロパティで書式設定文字列で指定します。ここでは「original_{0}」というプレースホルダ付きの指定が行われています。そのため、DepartmentIdフィールドの元データを指定するパラメータは「original_」を先頭に追加した「@original_DepartmentId」、Nameフィールドも同様に「@original_Name」が対応するパラメータになります。

■（2）挙動の確認

　実際の挙動を確認してみましょう。先ほどと同じように2つのWebブラウザーで同時に更新を行います。図7-12のように左側のウィンドウでは「北米営業課」、右側のウィンドウでは「アジア営業課」と書き換えた後、左側の［**更新**］リンク、右側の［**更新**］リンクの順にクリックして更新を行いましょう。

図7-12 同じレコードを編集

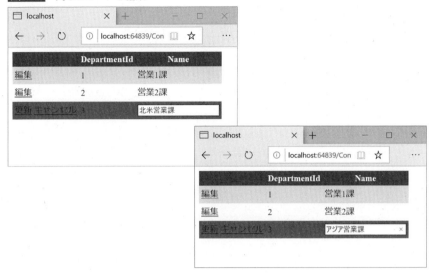

図7-13のようにそれぞれの画面が一覧画面に戻ってきます。左右のウィンドウの結果が同じ「北米営業課」になっていることに注目してください。

図7-13 左右とも同じ結果

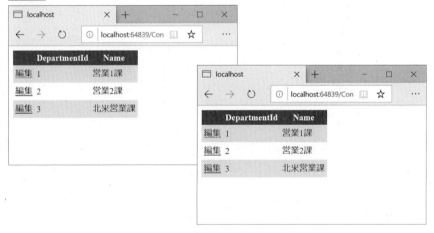

つまり、先に更新を行った左側のウィンドウの結果だけがデータベースに書き込まれ、右側のウィンドウの入力内容は書き込まれなかったことになります。これは、SqlDataSourceコントロールのUpdateCommandプロパティのSQLのWHERE句で、元データとの比較が条件とされており、データベース上のデータが書き換わってUPDATE文の対象レコードが存在しなくなったためです。

■(3) 更新の成功、失敗の検出

　先ほどの実行例で、右側のウィンドウで書き込んだ内容が警告なしに無視されたのはユーザーにとって不可解な挙動です。オプティミスティック同時実行制御によってデータの更新に失敗したことを検出し、メッセージを表示するようにしましょう。

　SQLのUPDATE文は、実行後に更新した行数を返す仕様となっています。そのため、UPDATE文の実行結果が0になっていれば、オプティミスティック同時実行制御によってデータの更新に失敗したことを検出できます。UPDATE文の実行結果を検出するには、SqlDataSourceコントロールでデータ更新後に発生するUpdatedイベントを使用します。

　図7-14のようにSqlDataSourceコントロールのプロパティウィンドウから、Updatedイベントをダブルクリックしてイベントハンドラーを作成します。

図7-14 SqlDataSourceコントロールのUpdatedイベントハンドラーを作成

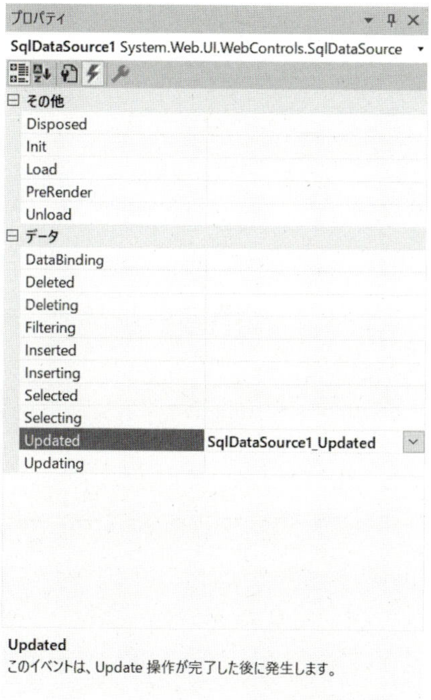

　メッセージ出力用のLabelコントロールを配置した上で、Updatedイベントハンドラーをリスト7-3のように実装します。

リスト7-3 Updatedイベントハンドラー (Concurrency/OptimisticConcurrencySample.aspx.vb)

```
Protected Sub SqlDataSource1_Updated(sender As Object, e As
SqlDataSourceStatusEventArgs) Handles SqlDataSource1.Updated
    '更新の影響を受けた行数が0であれば失敗
    If e.AffectedRows = 0 Then
```

```
            Label1.Text = "データの更新に失敗しました"
        Else
            Label1.Text = "データの更新に成功しました"
        End If

End Sub
```

イベントハンドラーの第2引数のSqlDataSourceStatusEventArgsクラスのAffectedRowsプロパティは、SQLの実行によって影響を受けたレコードの行数を表しています。行数が0であれば更新失敗、1であれば更新成功になります。

先ほどと同じ手順でメッセージを確認しましょう。2つのWebブラウザーで同時に編集し、左ウィンドウ→右ウィンドウの順で更新を行うと、図7-15のようになります。

図7-15 左は成功、右は失敗

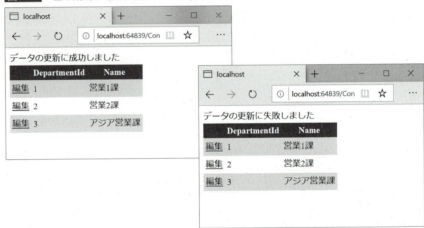

先に更新を行った左側のウィンドウでは、UPDATE文の結果が1となり、更新に成功します。後に更新を行った右側のウィンドウでは、データベースの値が読み込み時の元データから変化しているため、UPDATE文の結果が0となり、更新に失敗します。

このように、Visual Studioのデータソース構成ウィザードを使うことでオプティミスティック同時実行制御が簡単に行えます。実用的なWebアプリケーションにおいては、適切な同時実行制御の実装が必須となりますので、手順をしっかり確認しておきましょう。

> **コラム**
>
> **rowversion型を用いたオプティミスティック同時実行制御**
>
> 本文で解説した、データソース構成ウィザードでVisual Studioが出力するSQLは、レコードのすべてのフィールドをWHERE句で比較することによって、データが変更されていないかどうかを確認してオプティミスティック同時実行制御を行っています。この方法はシンプルですが、SQLが長くなるなどの問題があります。Departmentsテーブルは2つしかフィールドがなかったため、SQLは比較的シンプルでしたが、多数のフィールドを持つテーブルの場合、すべてのフィールドについての比較を行うと、SQLが長くなってしまいます。
>
> SQL Serverには、rowversion型という、行のバージョンを表すデータ型 (巻末資料B参照) があります。この型のフィールドは挿入や更新の際に自動的にSQL Serverによって値が更新されていきますので、オプティミスティック同時実行制御に必要な、元データからの変更の有無を確認するのに適しています。
>
> テーブルにrowversion型のフィールドを追加する必要がありますが、オプティミスティック同時実行制御で使用するSQLがシンプルなものになりますので、多数のフィールドを持つテーブルの更新などの際に有効です。次に解説するEntity Frameworkでのオプティミスティック同時実行制御ではrowversion型のフィールドを使用します。

Entity Frameworkでのオプティミスティック同時実行制御の使用

続いて、Entity Frameworkでのオプティミスティック同時実行制御の方法について解説します。Entity Frameworkでは、先のコラムで解説した、SQL Serverのrowversion型フィールドを用いたオプティミスティック同時実行制御がサポートされており、簡単なコードの追加だけで対応できます。

新しいページ (6章サンプルのConcurrency/EFOptimisticConcurrencySample.aspx) を作成し、SqlDataSourceコントロールの場合と同様にDepartmentsテーブルを一覧表示、編集するGridViewコントロールを配置します (リスト7-4)。

リスト7-4 Entity Frameworkを用いたDepartmentsテーブルの表示編集画面の定義 (Concurrency/EFOptimisticConcurrencySample.aspx)

```
<asp:GridView ID="GridView1" runat="server" AutoGenerateColumns="False"
    DataKeyNames="DepartmentId" ItemType="Chapter06Sample.Department"
    SelectMethod="GridView1_GetData"
    UpdateMethod="GridView1_UpdateItem">
    <Columns>
        <asp:CommandField ShowEditButton="True" />
        <asp:BoundField DataField="DepartmentId" HeaderText="DepartmentId"
            ReadOnly="True" SortExpression="DepartmentId" />
        <asp:BoundField DataField="Name" HeaderText="Name" SortExpression="Name" />
    </Columns>
</asp:GridView>
```

Chapter 07 データベース連携の応用

今回は一覧表示と編集機能だけを使いますので、SelectMethod、UpdateMethodプロパティだけにメソッドを指定しています。ページビハインドクラスのメソッド定義はリスト7-5のようになります。

リスト7-5 SelectMethod、UpdateMethodの実装
（Concurrency/EFOptimisticConcurrencySample.aspx.vb）

```vb
Public Function GridView1_GetData() As IQueryable(Of Chapter06Sample.Department)
    'コンテキストクラスのインスタンスを生成
    Dim Context = New MyModel()

    '課一覧を返す
    Return Context.Departments
End Function

'①更新用メソッドの引数にはDepartment型のインスタンスが直接渡される
Public Sub GridView1_UpdateItem(item As Department)
    Dim Context = New MyModel()

    If ModelState.IsValid Then
        '②Entryメソッドを用いて更新が必要であることをEntity Frameworkに通知する
        '元々contextから取得したインスタンスでは無いため、明示的に更新が必要であることを通知する
        Context.Entry(Of Department)(item).State = System.Data.Entity. ⇒
EntityState.Modified
        Context.SaveChanges()

    End If
End Sub
```

データ取得用のメソッドは戻り値がDepartment型になった以外はこれまで説明したものとあまり変わりませんが、更新用メソッドの方は異なります。これまで解説した、Visual Studioにコードのひな形を作ってもらう場合、引数にDataKeyNamesプロパティで指定したフィールドの値が渡されていましたが、今回は直接ItemTypeプロパティで指定したDepartment型のインスタンスがitem引数として渡されています（①）。これもモデル・バインディングの機能の一つで、TryUpdateModelメソッドによるユーザーの入力内容の収集も済ませた段階のインスタンスが引数として渡されます。インスタンスを引数とする機能を使用する理由については後述します。

もう一つの注意点は、②のEntryメソッドを使用している部分です。これまでの更新用メソッドではSaveChangesメソッドを呼び出すだけで、Entity Frameworkが自動的にSQLのUPDATE文を実行していましたが、今回はEntryメソッドの戻り値（DbEntityEntry型のインスタンス）のStateというプロパティにEntityState.Modifiedという値を設定しています。この値は、エンティティの状態が書き換わったことを示すもので、Entity Frameworkはこの値が設定されている場合に、実際

にデータベースに反映が必要なエンティティとして扱います。Stateプロパティに設定可能な値は表7-2の通りです。

表7-2 DbEntityEntryインスタンスのStateプロパティに設定可能な値と意味

値	意味
Detached	エンティティはコレクションに追加されていない
Unchanged	エンティティは変更されていない
Added	エンティティはコレクションに追加されたが、まだ変更は反映されていない
Deleted	エンティティは削除されている
Modified	エンティティは変更されている

　Entity FrameworkはエンティティごとにStateプロパティの値を確認し、エンティティが変更されているのであれば対応するSQLを発行します。さて、なぜこれまでのサンプルではStateプロパティの設定が不要であったかというと、Entity Frameworkが持っている変更履歴管理機能のおかげです。変更履歴管理とは、エンティティの値が変更されたかどうかの履歴をEntity Frameworkが自動的に管理する機能のことです。これまでの更新用メソッドでは、引数に渡された主キーを使って、contextから一度エンティティを取得し、そのエンティティに対してTryUpdateModelメソッドでデータを収集していました。その際、TryUpdateModelメソッドでエンティティのプロパティにユーザーの入力内容が代入されたのを、変更履歴管理機能が検出し、Stateプロパティの値をModifiedに変更していたわけです。

　今回のサンプルでは、エンティティはコンテキストから取得したのではなく、引数に渡されてきたものですので、Entity Frameworkはエンティティに対する変更履歴を追跡管理することができません。そのため、②で明示的に、このエンティティへの変更をデータベースに反映する必要がある、ということを通知しています。

　さて、少し説明が長くなってしまいましたが、ここまでの部分はまだ同時実行制御を全く意識していないコードです。そのため、2つのWebブラウザーで同時に編集を行うと、データ競合が発生してしまいます。オプティミスティック同時実行制御を使用するためには、リスト7-6のようにエンティティにTimestamp属性を付加したByte()型のプロパティを作成する必要があります。

リスト7-6 Departmentクラスに同時実行制御用のプロパティを追加（Department.vb）

```
'部門エンティティクラス
Public Class Department
    '主キー
    Public Property DepartmentId As Integer

    '部門名
```

```
    <StringLength(50)>
    Public Property Name As String

    '①従業員リスト
    Public Overridable Property Employees As ICollection(Of Employee)

    <Timestamp>
    Public Property TimeStamp As Byte()


End Class
```

　Timestamp属性を付加したByte()型のプロパティは、SQL Server上ではrowversion型のフィールドとして扱われます。rowversion型のフィールドの値は、レコードの内容が更新される度に自動的にカウントアップされます。ですから、更新前に取得した時rowversion型フィールドと更新する際のrowversion型フィールドの値が異なっていれば、その間に他のユーザーが更新を行った、と判断できます。なお、Timestamp属性を付加したプロパティの名前は任意です。また、このプロパティはEntity Frameworkが自動的に使用しますので、明示的にコードで値を取得、設定する必要はありません。

　続いて、GridViewコントロールのDataKeyNamesプロパティに、リスト7-7のようにTimestamp属性を付加したプロパティを追加します。

リスト7-7 DataKeyNamesプロパティにTimestamp属性を付加したプロパティを追加する
（Concurrency/EFOptimisticConcurrencySample.aspx）

```
<asp:GridView ID="GridView1" runat="server" AutoGenerateColumns="False"
    DataKeyNames="DepartmentId,TimeStamp" ItemType="Chapter06Sample.Department"
    SelectMethod="GridView1_GetData"
    UpdateMethod="GridView1_UpdateItem">
```

　元からDataKeyNamesプロパティに設定していた主キーのDepartmentIdの後に、「,」を挟んでTimestamp属性を付加したプロパティであるTimeStampを指定しています。これにより、UpdateMethodプロパティで指定した更新用メソッドの引数のDepartmentエンティティに、画面を表示した時点でのrowversion型フィールドの値が渡されるようになります。Entity FrameworkはDepartmentエンティティのrowversion型フィールドの値を比較することで、オプティミスティック同時実行制御が可能となるわけです。

　なお、前の章まで使用していた、引数にDataKeyNamesプロパティで指定した主キーの値が渡されるパターンでも同時実行制御は可能ですが、その場合、画面を表示した時点でのrowversion型フィールドの値と、データベース上に存在するrowversion型フィールドの値を自分で比較して同時実行制御を行わなければなり

ません。本章で説明した、引数にエンティティが渡されるパターンであれば、Entity Frameworkが Timestamp属性が付加されたプロパティを認識し、自動的にオプティミスティック同時実行制御を行ってくれます。

以上の手順でオプティミスティック同時実行制御が有効となりました。2つのWebブラウザーで同時に更新を行うと、後に更新したWebブラウザーで図7-16のように例外が発生します。

図7-16 データ競合のエラー発生

ここでは、DbUpdateConcurrencyExceptionという例外が発生しています。これはオプティミスティック同時実行制御でデータ競合が発生した場合に投げられる例外です。この例外をキャッチして更新結果を表示することにします（リスト7-8）。

リスト7-8 DbUpdateConcurrencyExceptionをキャッチする
（Concurrency/EFOptimisticConcurrencySample.aspx.vb）

```
Imports System.Data.Entity.Infrastructure 'DbUpdateConcurrencyExceptionを
使用するためのImports

Context.Entry(Of Department)(item).State = System.Data.Entity.EntityState.Modified
'Try～CatchでDbUpdateConcurrencyExceptionをキャッチする
Try
    Context.SaveChanges()
    Label1.Text = "データの更新に成功しました"
```

```
Catch ex As DbUpdateConcurrencyException
    Label1.Text = "データの更新に失敗しました"
End Try
```

ここでは、SaveChangesメソッドをTry～Catch節内に移動させ、DbUpdateConcurrencyExceptionが発生したかどうかでメッセージを変えています。再び2つのWebブラウザーで同時に更新を行うと、図7-17のようになります。

図7-17 左は成功、右は失敗

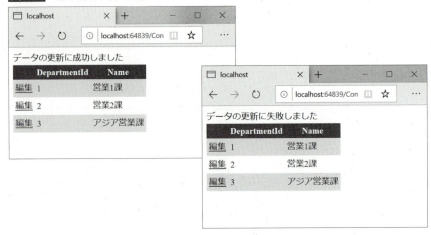

このように、Timestamp属性を付加したプロパティを使用することで、Entity Frameworkでのオプティミスティック同時実行制御への対応を簡単な手順で行うことができます。

Section 07-02

ストアドプロシージャ

ストアドプロシージャを使う

このセクションでは、ASP.NETでストアドプロシージャを使用する方法について解説します。

このセクションのポイント
■ストアドプロシージャとは、SQLで記述された手続きをデータベースに保存したものである。
■SqlDataSourceコントロールでは、SQLと同じ手順でストアドプロシージャを呼び出すことができる。
■Entity FrameworkではSQLを直接実行するSqlQueryメソッドを使ってストアドプロシージャを呼び出すことができる。

ストアドプロシージャとは、SQLで記述された一連の手続きをデータベースに保存したものです。図7-18のように、ストアドプロシージャはテーブルなどと同様のオブジェクトとしてデータベース上に保存されます。

図7-18　ストアドプロシージャはデータベース上に保存される

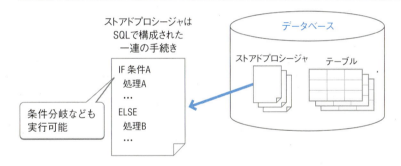

また、通常のSQLが基本的に1つの命令で完結するのに対し、ストアドプロシージャは複数のSQLを組み合わせることができ、条件分岐などのプログラミング言語的な処理も記述することができます。

このセクションでは、ストアドプロシージャの特徴と、ASP.NETからストアドプロシージャを呼び出す方法について解説します。

ストアドプロシージャを使用するメリット

通常のSQLではなく、ストアドプロシージャを使うことには、以下のようなメリットがあります。

■（1）一回のリクエストで複数のSQLを処理できる

ストアドプロシージャには複数のSQLを含めることができるため、連続して処理を行うなど、通常のSQLであれば複数回のリクエストが必要なケースでも、ストアドプロシージャであれば一回のリクエストで処理を行うことができます。これにより、データベースサーバーへのネットワーク・トラフィックを軽減させることができます。

■（2）パフォーマンスの向上

ストアドプロシージャはデータベース上に保存されますが、その際、構文チェックや、内部的に使用する形式へのコンパイルなどが行われます。一方、通常のSQLの場合、クライアントからリクエストされたSQLはその場で構文チェックやコンパイルなどを行います。そのため、パフォーマンスの面ではストアドプロシージャが優れています。

■（3）データ構造の隠蔽

すべての開発者がストアドプロシージャを使ってデータにアクセスすることで、実際のデータ構造に依存しないプログラミングが可能となります。実際のデータ構造が変化しても、ストアドプロシージャの引数と戻り値が同じであれば、アプリケーション側の変更は不要となります。

■（4）データベース開発とアプリケーション開発を分業できる

複数人での開発を行うケースでは、各人が自由にSQLを作成して実行できるようにすると、SQLの書き方や品質などに差が生じてしまいます。とりわけ、SQLはアプリケーション開発に使用する言語とは基本的な思想が異なり、データベースに関する知識が求められる言語ですので、開発者によって品質のばらつきが大きくなりがちです。全員がストアドプロシージャを使うようにし、ストアドプロシージャは専門の担当者が開発することで、実行するSQLの品質を高く保つことができ、データベース開発とアプリケーション開発を分業できます。

コラム

ストアドプロシージャの非互換性

このように、ストアドプロシージャには多くのメリットがありますが、大きなデメリットとして、データベース製品ごとにストアドプロシージャを記述するSQLの仕様が大きく異なる点が挙げられます。

SQLはデータベース製品ごとに異なっていますが、データの取得、更新、新規登録、削除といった基本的な機能については、ある程度互換性が保たれています。しかし、ストアドプロシージャで使用するような複雑な機能については、各製品独自の機能が多く、結果としてストアドプロシージャの互換性は高くありません。

SQL ServerではTransact-SQLという言語で、Oracle DatabaseではPL/SQLという言語で、それぞれストアドプロシージャを記述します。このセクションでは、Transact-SQLの基本的な機能だけを使うストアドプロシージャを紹介します。

Transact-SQLの詳細な機能についてはMSDNなどを参照してください。

SqlDataSourceコントロールでのストアドプロシージャの使用方法

通常のSQLはアプリケーション側にあるのに対し、ストアドプロシージャはデータベース側に保存されていますが、SqlDataSourceコントロールではそうした差異をほとんど感じさせることなく、通常のSQLと同様の方法でストアドプロシージャを呼び出すことができます。

それでは、SqlDataSourceコントロールでストアドプロシージャを呼び出す手順を確認しましょう。

(1) ストアドプロシージャの作成

まず、呼び出すストアドプロシージャを作成します。今回は、Employeesテーブルの値を取得する際に、DepartmentIdという名前のパラメータが指定されたかどうかで条件分岐を行い、指定時はそのパラメータでDepartmentIdフィールドを絞り込んで、指定されなかった場合は全レコードを返すストアドプロシージャとします。同じ機能は条件分岐のない通常のSQLでも実現できますが、条件分岐を行うストアドプロシージャのサンプルとして作成してみましょう。

サーバーエクスプローラーの[**ストアドプロシージャ**]を右クリックしてコンテキストメニューから図7-19のように[**新しいストアドプロシージャの追加**]を実行します。

図7-19 [新しいストアドプロシージャの追加]

ストアドプロシージャを作成するためのSQLを入力するウィンドウが表示されますので、リスト7-9のように入力します。

リスト7-9 GetEmployeesByDepartmentIdストアドプロシージャを作成するSQL

```
CREATE PROCEDURE dbo.GetEmployeesByDepartmentId
        (
        @DepartmentId int
        )
AS
IF @DepartmentId = 0
 SELECT * FROM Employees
ELSE
 SELECT * FROM Employees WHERE DepartmentId = @DepartmentId
```

ここでGetEmployeesByDepartmentIdという名前のストアドプロシージャを作成しています。「CREATE PROCEDURE」というのが、ストアドプロシージャを作成するための命令です。その後の「@DepartmentId int」というのは、ストアドプロシージャの**パラメータ**を表します。パラメータとはストアドプロシージャを実行する際にアプリケーションから渡される値のことで、頭に「@」を付けた名前で定義します。ここではDepartmentIdというパラメータをint型として定義しています。

そのあとの「IF 条件文〜 ELSE」という部分は、見た目通りSQLでの条件分岐を表します。今回は@DepartmentIdというパラメータの値が0かどうかで分岐を行い、EmployeesテーブルのレコードをSELECT文で取得します。

SQLの入力後、[更新]をクリックすると、図7-20のようにデータベースを更新するかどうかの確認ダイアログが表示されますので、[**データベースを更新**]をクリックしてストアドプロシージャをデータベースに保存します。

図7-20 データベースを更新するかどうかの確認ダイアログ

保存後、図7-21のようにサーバーエクスプローラーに作成したストアドプロシージャが表示されることを確認してください。

図7-21 サーバーエクスプローラーに「GetEmployeesByDepartmentId」が表示される

■（2）SqlDataSourceコントロールでのストアドプロシージャの呼び出し

新しいページ（Stored/StoredProcedureSample.aspx）を作成し、GridViewコントロールを配置し、タスクメニューよりデータソース構成ウィザードを実行します。これまでの手順通り進めていきますが、図7-22の[**Selectステートメントの構成**]ウィンドウでは[**カスタムSQLステートメントまたはストアドプロシージャを指定する**]を選択して[**次へ**]ボタンをクリックします。

図7-22 ［カスタムSQLステートメントまたはストアドプロシージャを指定する］を選択

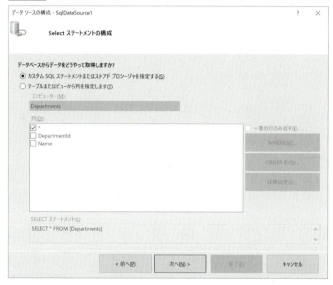

図7-23のウィンドウのSELECTタブで、[**ストアドプロシージャ**]ラジオボタンを選択し、ドロップダウンから[**GetEmployeesByDepartmentId**]を選択し、[**次へ**]ボタンをクリックします。

Chapter 07 | データベース連携の応用

図7-23 GetEmployeesByDepartmentIdストアドプロシージャを選択

　図7-24の[**パラメーターの定義**]ウィンドウでは、ストアドプロシージャのパラメータに渡す値を定義します。今回は、クエリストリングのdidパラメータでDepartmentIdフィールドを指定することにしましょう。表7-3のように項目を入力して[**完了**]ボタンをクリックします。

表7-3　入力項目の意味と値

入力項目	意味	値
パラメーターソース	パラメータに指定するオブジェクト	QueryString
QueryStringField	クエリストリングのパラメータ名	did
DefaultValue	パラメータが指定されなかった場合のデフォルト値	0

　これでストアドプロシージャのDepartmentIdパラメータにクエリストリングのdidパラメータの値が渡されます。また、クエリストリングのdidパラメータが指定されなかった場合は、デフォルト値の0がストアドプロシージャに渡されます。

図7-24　［パラメーターの定義］ウィンドウ

次の［クエリのテスト］ウィンドウで［クエリのテスト］ボタンをクリックして、ストアドプロシージャのテストを行いましょう。図7-25のようにストアドプロシージャに渡すパラメータを指定するウィンドウが表示されますので、最初は「値」に0を入力して［OK］ボタンをクリックします。

図7-25　［パラメーター値のエディター］ウィンドウ

@DepartmentIdが0のため、ストアドプロシージャの条件分岐によって全レコードが取得されます。結果は図7-26のようになります。

図7-26 全レコードが表示される

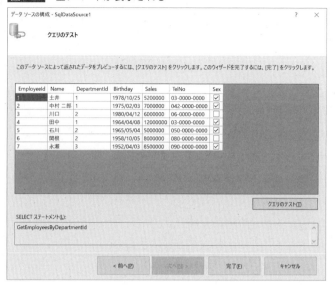

再度 [**クエリのテスト**] ボタンをクリックし、今度はストアドプロシージャに渡すパラメータの値に2を入力して [**OK**] ボタンをクリックします。@DepartmentIdが0でないため、ストアドプロシージャでDepartmentIdフィールドによる絞り込みが行われ、結果は図7-27のようになります。

図7-27 DepartmentIdフィールドが2のレコードだけが表示される

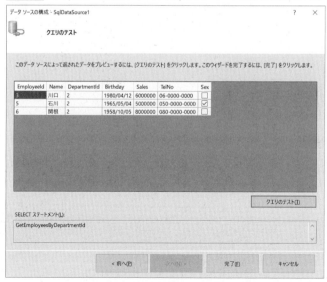

以上でSqlDataSourceコントロールからのストアドプロシージャの呼び出しの手順は完了です。実際のコードはリスト7-10のようになります。

リスト7-10 SqlDataSourceコントロールでのストアドプロシージャの呼び出し例
（Stored/StoredProcedureSample.aspx）

```
<asp:SqlDataSource ID="SqlDataSource1" runat="server"
  ConnectionString="<%$ ConnectionStrings:ConnectionString %>"
  SelectCommand="GetEmployeesByDepartmentId"
  SelectCommandType="StoredProcedure">
  <SelectParameters>
    <asp:QueryStringParameter DefaultValue="0" Name="DepartmentId"
      QueryStringField="did" Type="Int32" />
  </SelectParameters>
</asp:SqlDataSource>
```

　ここでは、データの取得時に実行されるSelectCommandプロパティで「GetEmployeesByDepartmentId」というストアドプロシージャの名前を指定しています。このプロパティは通常SQLのSELECT文を指定しますが、ストアドプロシージャの場合は名前だけを指定します。

　また、ここではストアドプロシージャを使用するため、SelectCommandTypeプロパティに「StoredProcedure」という値を設定しています。このプロパティはデフォルトでは「Text」という値で、SelectCommandプロパティにSQL文を指定していることを表します。今回のように「StoredProcedure」という値を指定すると、SelectCommandプロパティにストアドプロシージャを指定することを表します。

　データソース構成ウィザードでストアドプロシージャを選択した場合、SelectCommandTypeプロパティは自動的に「StoredProcedure」に設定されますが、手動でSqlDataSourceコントロールのSelectCommandプロパティにストアドプロシージャを指定する場合は、SelectCommandTypeプロパティを「StoredProcedure」に設定するのも忘れないようにしましょう。

■ **（3）ストアドプロシージャの確認**

　それでは、ページを実行してストアドプロシージャの確認を行いましょう。クエリストリングを指定せずにページを実行すると、ストアドプロシージャにデフォルトの0が渡され、図7-28のようにEmployeesテーブルの全レコードが表示されます。

図7-28 全レコードが表示される

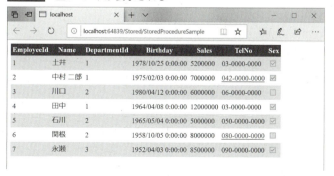

一方クエリストリングにdidパラメータを付けた「/Stored/StoredProcedure
Sample.aspx?did=2」というURLでアクセスした場合、図7-29のように
DepartmentIdフィールドでの絞り込みが行われた結果が表示されます。

図7-29 DepartmentIdが2のレコードだけが表示される

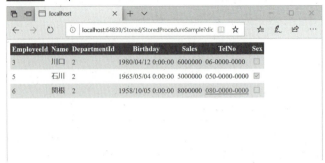

以上、SqlDataSourceコントロールからのストアドプロシージャの呼び出しの手
順を解説しました。手順を見て分かるとおり、ストアドプロシージャの呼び出しは、
通常のSQLの呼び出しの場合とそれほど変わりません。今回はデータ取得の場合
にストアドプロシージャを使用しましたが、更新、新規登録、削除の場合にも同様
の手順でストアドプロシージャを指定できます。

Entity Frameworkでのストアドプロシージャの使用

続いて、Entity Frameworkでのストアドプロシージャの使用方法について解説
します。Entity Frameworkにはストアドプロシージャ専用の機能が存在するわけ
ではなく、SQLを直接実行する機能を使ってストアドプロシージャを呼び出します。

実行するストアドプロシージャは先ほどのサンプルと同じGetEmployeesBy
DepartmentIdで、クエリストリングからパラメータを受け取る部分も同じ仕様とし
ます。まず、新しいページ(6章サンプルのStored/EFStoredProcedureSample.
aspx)を作成し、Employeesテーブルを一覧表示するGridViewコントロールを
配置します(リスト7-11)。

リスト7-11 Entity Frameworkを用いたEmployeesテーブルの表示画面の定義
(Stored/EFStoredProcedureSample.aspx)

```
<asp:GridView ID="GridView1" runat="server" AutoGenerateColumns="False"
    DataKeyNames="EmployeeId" ItemType="Chapter06Sample.Employee"
    SelectMethod="GridView1_GetData">
    <Columns>
        <asp:BoundField DataField="EmployeeId" HeaderText="EmployeeId"
            ReadOnly="True" SortExpression="EmployeeId" />
```

```
        <asp:BoundField DataField="Name" HeaderText="Name" SortExpression="Name" />
        <asp:BoundField DataField="DepartmentId" HeaderText="DepartmentId"
            SortExpression="DepartmentId" />
        <asp:BoundField DataField="Birthday" HeaderText="Birthday"
            SortExpression="Birthday" />
        <asp:BoundField DataField="Sales" HeaderText="Sales"
            SortExpression="Sales" />
        <asp:BoundField DataField="TelNo" HeaderText="TelNo"
            SortExpression="TelNo" />
        <asp:CheckBoxField DataField="Sex" HeaderText="Sex" SortExpression="Sex" />
    </Columns>
</asp:GridView>
```

今回は一覧表示機能だけを使いますので、SelectMethodプロパティだけにメソッドを指定しています。ページビハインドクラスのメソッド定義はリスト7-12のようになります。

リスト7-12 ストアドプロシージャを使ったデータ取得方法（Stored/EFStoredProcedureSample.aspx.vb）

```vb
Imports System.Web.ModelBinding 'QueryString属性のためのImports
Imports System.Data.SqlClient 'SqlParameterクラスのためのImports


'①クエリストリングから課IDを取得する。指定されない場合を考慮し、引数はint?型とする
Public Function GridView1_GetData(<QueryString("did")> DepartmentId As Nullable ⇒
(Of Integer)) As IQueryable(Of Chapter06Sample.Employee)
    Dim context = New MyModel()

    '②ストアドプロシージャに渡すパラメータを作る。
    'クエリストリングで課IDが指定されなかった場合は0とする
    Dim param As Integer
    If (DepartmentId.HasValue) Then
        param = DepartmentId
    Else
        param = 0
    End If
    '③SqlQueryメソッドを使ってストアドプロシージャを実行する
    Dim result = context.Database.SqlQuery(Of Employee)(
        "EXEC dbo.GetEmployeesByDepartmentId @DepartmentId",
         New SqlParameter("@DepartmentId", param))

    '④AsQueryableメソッドでIQueryable<Employee>に変換して返す
    Return result.AsQueryable()

End Function
```

Chapter 07 データベース連携の応用

①では、QueryString属性を使って、クエリストリングのdidというパラメータに指定された課IDをDepartmentId引数に設定しています。ここでは引数の型としてNullable(Of Integer)という**NULL許容型**（→P.546）を指定しています。これは、クエリストリングでdidというパラメータが指定されなかった場合、引数にはNULLが渡され、単なるInteger型ではエラーが発生するためです。ただ、ストアドプロシージャの仕様は「@DepartmentIdに0が指定されたら全検索、それ以外はその値で絞り込み」となっていますので、②でストアドプロシージャに渡すパラメータを作成しています。

注目は実際のデータ取得を行う③で、通常のEntity Frameworkを使ったデータ取得とは異なり、コンテキストクラスのDatabaseプロパティのSqlQueryというメソッドを呼び出しています。コンテキストクラスのDatabaseプロパティには、直接SQLを実行するための表7-4のようなメソッドがあります。

表7-4 コンテキストクラスのDatabaseプロパティでSQLを実行するためのメソッド

メソッド名	意味
ExecuteSqlCommand	指定されたSQLを実行する。結果は返さない
SqlQuery	指定されたSQLを実行し、指定されたデータ型の結果を返す。データ型にはエンティティを指定することも可能

ExecuteSqlCommandメソッドは結果を返さないため、CREATE文などのDDL（→P.534）を実行するのに適しています。SqlQueryメソッドはSQLの実行結果を指定したデータ型として受け取ることができます。今回のようにエンティティの一覧を返すケースや、UPDATE文で更新した行数を取得するケースなどで使用します。どちらのメソッドでも、通常のSQLや、ストアドプロシージャを呼び出すSQLを書くことができます。また、SQLのパラメータを指定することも可能で、その場合は第二引数以降にSqlParameterというSQLのパラメータを表すクラスを使ってパラメータを指定します。

今回は「EXEC dbo.GetEmployeesByDepartmentId @DepartmentId」というストアドプロシージャを呼び出すSQL[*]を実行し、その後に「@DepartmentId」という名前のパラメータに、値としてparam変数を渡しています。なお、ストアドプロシージャを呼び出す場合、ストアドプロシージャで宣言したパラメータを、EXEC文でストアドプロシージャを指定した後にも忘れずに指定する必要がありますので注意してください。例えば「EXEC dbo.GetEmployeesByDepartmentId」だけではパラメータ不足としてエラーが発生します。

※ EXEC文はストアドプロシージャや関数を実行するためのSQL文です

最後に、SqlQueryメソッドの戻り値はDbRawSqlQueryというデータ型になっており、そのままではGridViewコントロールに表示することができないので、④でAsQueryableメソッドを使ってIQueryable型に変換しています。

さて、SqlDataSourceコントロールではあらかじめデータベースにストアドプロシージャを作成して呼び出していましたが、Entity Frameworkにおいては、デー

タベースをソースコードから生成する場合があるため、ストアドプロシージャをソースコードから作成する手順も確認しておきましょう。6章で初期データ投入に使用したCustomSeedInitializerクラスのSeedメソッドの末尾で、リスト7-13のようにExecuteSqlCommandメソッドを使ってストアドプロシージャを作成します。

リスト7-13 ストアドプロシージャの作成（CustomSeedInitializer.vb）

```
・・・様々なエンティティの保存処理

context.SaveChanges()

context.Database.ExecuteSqlCommand(
  "CREATE PROCEDURE dbo.GetEmployeesByDepartmentId(@DepartmentId int)AS IF 
@DepartmentId = 0 SELECT * FROM Employees ELSE SELECT * FROM Employees WHERE 
DepartmentId = @DepartmentId"
)
```

　ストアドプロシージャを作成するCREATE文の内容はSqlDataSourceコントロールのサンプルと同様です。これで、データベースを自動生成して初期データを投入する際に、ストアドプロシージャも作成されるようになりました。
　それでは、ページを実行して確認しましょう。SqlDataSourceコントロールを使用した場合と同様、クエリストリングを指定せずにページを実行した場合は図7-30のように全件表示、didパラメータを付けた場合は図7-31のようにDepartmentIdフィールドでの絞り込みが行われた結果が表示されます。

図7-30 全レコードが表示される

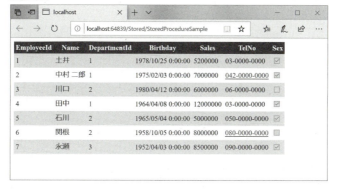

Chapter 07 | データベース連携の応用

図7-31 DepartmentIdで絞り込んだレコードだけが表示される

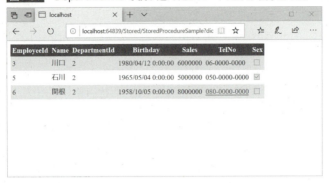

　以上の手順でEntity Frameworkからストアドプロシージャを作成し、呼び出すことができました。SQLを直接扱わないEntity Frameworkの設計思想とストアドプロシージャ呼び出しは、やや毛色が異なる面がありますが、実際の開発現場で多く用いられているストアドプロシージャをEntity Frameworkから簡単な手順で呼び出せることはメリットと言えるでしょう。

> **コラム**
>
> **Microsoft AzureとSQL Database**
>
> 　Microsoft社が運営するMicrosoft Azureは様々なOSをサポートしたクラウドプラットフォームで、ASP.NETアプリケーションを含むWindowsベースのサービスもサポートされているのが大きな特徴です。
>
> 　Microsoft Azureは、1台のサーバーに相当するインスタンスと呼ばれる単位で使用することができ、CPU能力、メモリ容量、ストレージ容量などに合わせ、時間単位でコストが決まっています。そのため、提供するサービスの利用規模に応じて、使用するインスタンスを増減させることで、サービスの運用コストを最適化できます。
>
> 　他のクラウドサービスとの比較としては、ASP.NETなど、これまでWindowsサーバー上で動作させていたサービスを、そのままクラウド上に配置することができる点が大きなメリットといえます。
>
> 　また、Microsoft AzureではSQL Databaseと呼ばれるリレーショナルデータベース機能が提供されています。SQL DatabaseはSQL Serverと高い互換性を持つデータベース機能ですので、本章まで作成してきたようなSQL Serverを使ったASP.NETアプリケーションを、そのままMicrosoft Azure上で動作させることができます。
>
> 　したがって、ASP.NETとSQL Serverを使うことで、将来的にクラウド上でのサービスも視野に含めた開発を行うことができます。

TECHNICAL MASTER

Chapter
08

ディレクティブと Page クラスの機能

この章では、ディレクティブと Page クラスの機能について解説します。ディレクティブは、ASP.NET に対してページなどの処理方法を指定するための機能です。多くのディレクティブは Visual Studio が自動的に作成しますが、キャッシュ設定など、有用な機能もありますので、設定方法を覚えておきましょう。Page クラスには、ページ内の処理を行う際に呼び出すことのできる様々なメソッドやプロパティがありますので、使い方をマスターしましょう。

Contents
08-01 ディレクティブを理解する　　　　　　　　　　　[ディレクティブ] 316
08-02 Page クラスのプロパティやメソッドを使用する　　　[Page クラス] 327

はじめての ASP.NET Web フォームアプリ開発 Visual Basic 対応 第 2 版

Section 08-01 ディレクティブ

ディレクティブを理解する

このセクションでは、ページなどの処理方法の設定を行うためのディレクティブについて解説します。

このセクションのポイント
1. ディレクティブはASP.NETに対し、ページなどの処理方法を指定する。
2. OutputCacheディレクティブは出力キャッシュの設定を行うディレクティブである。クエリストリングやデータベースの内容によるキャッシングを行える。

ディレクティブとは、ASP.NETに対して、ページなどの処理方法を指定するための機能です。Webページのデザインを記述する.aspxファイルや、ユーザーコントロール(3章参照)の.ascxファイル、サイトの共通デザインを定義するためのマスターページ(10章参照)の.masterファイルなどで使われています。

ディレクティブには表8-1のような種類があります。

表8-1　ASP.NETで使用できる主なディレクティブ

ディレクティブ	意味
@Page	Webページの設定を行う。.aspxファイル専用
@Control	ユーザーコントロールの設定を行う。.ascxファイル専用(3章参照)
@Register	ユーザーコントロールとタグのプリフィックスを関連づける(3章参照)
@Master	マスターページの設定を行う。.masterファイル専用(10章参照)
@OutputCache	出力キャッシュの設定を行う

ディレクティブはリスト8-1のような構文で記述します。

リスト8-1　ディレクティブの構文

```
<%@ ディレクティブ名 属性名="値" ... %>
```

XMLのタグとは少し記法が異なるものの、値を属性として渡せる点などはよく似ています。たとえば、Webページの設定を行うPageディレクティブは、リスト8-2のように記述します。ここでは、CodeBehindやInheritsなどの属性を指定しています。

リスト8-2　Pageディレクティブの例

```
<%@ Page
  CodeBehind="Default.aspx.vb" Inherits="Chapter07Sample._Default" %>
```

ページなどの設定を行う

　Pageディレクティブ、Masterディレクティブ、Controlディレクティブは、それぞれWebページ、マスターページ、ユーザーコントロールで使用するディレクティブで、主にコードビハインドクラスとの関連づけを行います。利用可能な属性は表8-2のとおりです。なお、ディレクティブごとに利用可能な属性が少し異なりますので、使用の可否も併記しています。

表8-2 Page、Master、Controlディレクティブの主な属性

属性	Page	Master	Control	意味	デフォルト
AutoEventWireup	○	○	○	イベントハンドラーの関連づけを自動的に行うかどうか	行う（True）
Buffer	○	×	×	出力のバッファリングを行うかどうか	行う（True）
ClientIDMode	○	○	○	コントロールのClientIDを生成するアルゴリズム（12章参照）	AutoID
CodeBehind	○	○	○	コードビハインドファイルのパス	-
EnableSessionState	○	×	×	セッションを有効にするかどうか（9章参照）	有効（True）
EnableViewStateMac	○	×	×	ビューステートの改竄チェックをするかどうか（9章参照）	チェックする（True）
ViewStateMode	○	○	○	ビューステートを有効にするかどうか（9章参照）	有効（True）
Inherits	○	○	○	コードビハインドクラス名	-
Language	○	○	○	このページで使用する言語	-
MaintainScrollPositionOnPostback	○	×	×	ポストバック後にWebブラウザーのスクロール位置を維持するか	維持しない（False）
MasterPageFile	○	○	×	マスターページの指定（10章参照）	-
Title	○	×	×	titleタグで出力するタイトル	-
Trace	○	×	×	トレースを有効化するかどうか	無効（False）
ValidateRequest	○	×	×	HTTPリクエストの危険性を検証するかどうか（13章参照）	検証する（True）

ここでは幾つかの属性について解説します。

■ (1) コードビハインドクラスとの関連づけ

CodeBehind属性、Inherits属性は、指定したファイルとコードビハインドクラスとの関連づけを行うための属性です。CodeBehind属性でコードビハインドファイルのパスを、Inherits属性でクラス名を指定します。コードビハインドクラスとの関連づけは、基本的にはVisual Studioが自動的に行いますので手動で修正する必要はありません。

■ (2) トレースの設定

Trace属性は、ASP.NETでの処理内容のトレースを行うための属性です。トレースとは、処理内容の詳細を追跡するための情報を表示することで、ASP.NETの場合、ページ内のコントロールの関係や、送信されているクッキー情報 (9章参照)、ヘッダ情報などが含まれます。

リスト8-3のようにTrace属性をTrueにすることで、図8-1のように、ページの内容の後ろにトレース情報が付加されます。

リスト8-3 Pageディレクティブでのトレース設定 (TraceSample.aspx)

```
<%@ Page Language="vb" AutoEventWireup="false" Trace="true"
  CodeBehind="TraceSample.aspx.vb" Inherits="Chapter08Sample.TraceSample" %>
```

図8-1 トレース情報の表示

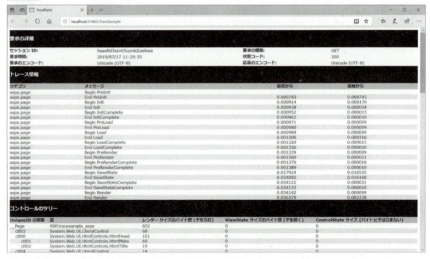

ページ表示のトラブルなどの際にトレースを有効化することで、関連する情報をまとめて表示し、原因の究明に役立てることができます。

なお、PageクラスのプロパティであるTraceオブジェクトを使うことで、デバッグに役立つメッセージや変数の内容などをトレースに出力できます。

Traceオブジェクトで利用可能なメソッドは表8-3のとおりです。

表8-3 Traceオブジェクトの主なメソッド

メソッド	意味
Warn(message As String)	message引数の文字列をトレースに出力する。出力は赤文字で表示される
Write(message As String)	message引数の文字列をトレースに出力する。

リスト8-4は、TraceオブジェクトのWarnメソッドとWriteメソッドを使い、ユーザーがテキストボックスに入力した情報をトレースに出力するコードです。

リスト8-4 トレースへの明示的な出力（TraceWriteSample.aspx.vb）

```
Protected Sub Button1_Click(sender As Object, e As EventArgs) Handles Button1.Click
    Trace.Write(String.Format("TextBox1に入力された文字列は{0}です",
        TextBox1.Text))
    Trace.Warn(String.Format("TextBox2に入力された文字列は{0}です",
        TextBox2.Text))

End Sub
```

実行結果は図8-2のようになります。

図8-2 トレースへのメッセージの出力

Warnメソッドで出力したメッセージが赤文字で表示されることに注目してください。Traceオブジェクトを使うことで、実行時に確認したい情報を、デバッガを使うことなく確認することができます。なお、WarnメソッドとWriteメソッドはディレクティブでトレースを無効化した場合、メッセージの出力を行いません。そのため、デバッグ作業が終わってからも、これらのメソッドをソースから削除する必要はありません。

出力のキャッシュの設定を行う

OutputCacheディレクティブは、ページまたはユーザーコントロールの出力キャッシュに関する設定を行うためのディレクティブです。ASP.NETでは図8-3のように、ページ単位およびユーザーコントロール単位で出力のキャッシュを行うことができます。

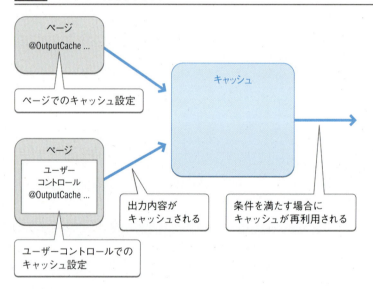

図8-3　ASP.NETの出力キャッシュ

もちろんASP.NETは動的なWebですので、すべてのリクエストに対して全く同じ内容のキャッシュを返すわけにはいきません。しかし、クエリストリングに応じた内容を返すページや、データベースのテーブルを返すページなどは、キャッシュの仕組みをうまく使うことで、Webページの実行を省略し、出力結果を再利用できます。また、ページ全体では内容が異なるためキャッシュできない場合でも、ページ内のユーザーコントロールの単位ではキャッシュが可能な場合もあります。

OutputCacheディレクティブでは、キャッシュを行うかどうか、またキャッシュする際の条件などを設定します。OutputCacheディレクティブで利用可能な属性は表8-4のとおりです。

表8-4 OutputCacheディレクティブの主な属性

属性	意味
Duration	キャッシュが有効な秒数。必須
SqlDependency	データベースの内容に基づくキャッシングの設定
VaryByHeader	ヘッダに基づくキャッシングの設定
VaryByParam	クエリストリングおよびポストデータに基づくキャッシングの設定
Shared	ユーザーコントロールの出力キャッシュを複数のページで共用するかどうか。デフォルトは共用する(True)

ここでは、2種類のキャッシングの設定について解説します。

(1) クエリストリングによるキャッシングの設定

ASP.NETの出力キャッシュで一番良く用いられるのは、クエリストリングに基づいてキャッシングを行うパターンでしょう。リスト8-5は、クエリストリングのcategoryキーに基づいて出力キャッシュを有効にする例です。ここでは、キャッシュの有効時間を表すDuration属性の値を1800秒(30分)としています。

リスト8-5 OutputCacheディレクティブの例 (OutputCacheSample.aspx)

```
<%@ OutputCache Duration="1800" VaryByParam="category" %>
```

キャッシュ条件を表すVaryByParam属性の値は、表8-5のような意味を持ちます。

表8-5 OutputCacheディレクティブ

値	意味
キー [;キー ...]	指定されたキーをキャッシュ条件とする。複数のキーを使う場合は;(セミコロン)区切りで指定する
*	すべてのキーをキャッシュ条件とする
none	キーをキャッシュ条件としない

実際に挙動を確認してみましょう。コードビハインドクラスにリスト8-6のように実装を行います。

リスト8-6 時間とクエリストリングの内容を出力 (OutputCacheSample.aspx.vb)

```
Protected Sub Page_Load(ByVal sender As Object, ByVal e As System.EventArgs)
Handles Me.Load
    '時刻、categoryキー、keywordキーを出力
    Label1.Text =
        String.Format("時刻:{0}<br/>categoryキー:{1}<br/>keywordキー:{2}",
```

```
            DateTime.Now.ToLongTimeString(),
            Request.QueryString("category"),
            Request.QueryString("keyword"))

End Sub
```

ここでは、時刻とクエリストリングの内容を出力しています。このページを「/OutputCacheSample.aspx?category=sports&keyword=abc」というURLで実行した結果は図8-4のようになります。

図8-4　出力キャッシュのサンプル。初めての実行なのでキャッシュは行われない

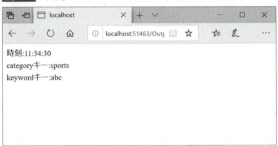

Webブラウザー上で再読み込みを行っても、表示結果は変化しません。表示される時刻も変化しないことに注目してください。

続けて、クエリストリングのkeywordキーの内容を修正し、「/OutputCacheSample.aspx?category=sports&keyword=def」というURLでアクセスしてみましょう。URLが変わったにもかかわらず、表示内容は変化しません。これは、OutputCacheディレクティブのVaryByParam属性で指定したcategoryキーの値が変化していないためです。

OutputCacheディレクティブのVaryByParam属性をリスト8-7のように書き換えることで、categoryキーとkeywordキーの両方をキャッシュ条件に含めることができます。

リスト8-7　categoryキーとkeywordキー両方でのキャッシュ設定（OutputCacheSample.aspx）

```
<%@ OutputCache Duration="1800" VaryByParam="category;keyword" %>
```

今回はキャッシュを再利用するには両方のキーが一致する必要があります。先ほどの「/OutputCacheSample.aspx?category=sports&keyword=def」というURLでアクセスしたところ、今度はキャッシュ条件を満たさないため、Webページが実行され、図8-5のようになります。

図8-5　キャッシュ条件が満たされないため、Webページが実行される

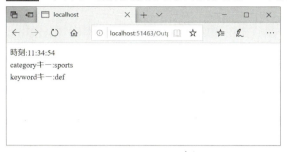

時刻と、keywordキーの値が変化していることに注目してください。

■（2）データベースの内容によるキャッシングの指定

Webページの内容はデータベースに依存することもあります。ASP.NET 2.0から搭載された、データベースの内容によるキャッシング機能により、特定のテーブルの内容が変化しない間はキャッシュを再利用する、という設定を行えます。なお、データベース内容によるキャッシュの対象となるのはSQL Serverのみです。

データベースの内容による出力キャッシュを利用するには、幾つかの手順が必要です。ここでは、4章サンプルで使用したDatabaseSample.mdfファイルとDatabaseSample_log.ldfファイルをApp_Dataフォルダに置き、Employeesテーブルの内容をキャッシュする方法を示します。

まず、SQL Serverのテーブルに対して、出力キャッシュを有効化します。実行例8-1のように、aspnet_regsql.exeを実行します。Visual Studioインストール時にスタートメニューに登録されている「Developer Command Prompt for VS 2019」を使用すると、フォルダを指定しなくてもaspnet_regsql.exeを実行できます。なお、aspnet_regsql.exeを実行する際は、Visual Studioのサーバーエクスプローラーで DatabaseSample.mdfを開いてから実行してください。

>
> aspnet_regsql.exeは通常「C:¥Windows¥Microsoft.NET¥Framework¥v4.0.30319¥」フォルダに含まれています。

実行例8-1　aspnet_regsql.exeコマンドによるキャッシュの有効化（実際には1行で入力する）

```
aspnet_regsql.exe -S (LocalDB)¥MSSQLLocalDB -E
    -d "C:¥Users¥Tsuyoshi_d¥Desktop¥Chapter08Sample¥Chapter08Sample¥App_Data
    ¥DatabaseSample.mdf"
    -ed -et -t Employees
```

やや長いコマンドですが、以下のような意味があります。

- -Sオプション：接続するデータベースサーバー（ここではLocalDB）
- -dオプション：データベースファイル（実際のフォルダパスに合わせること）
- -tオプション：キャッシュ対象のテーブル（ここではEmployeesテーブル）
- -edオプション：データベースでキャッシュを利用する指定
- -etオプション：テーブルでキャッシュを利用する指定

コマンドの実行結果は図8-6のようになります。

図8-6 aspnet_regsql.exeコマンドの実行結果

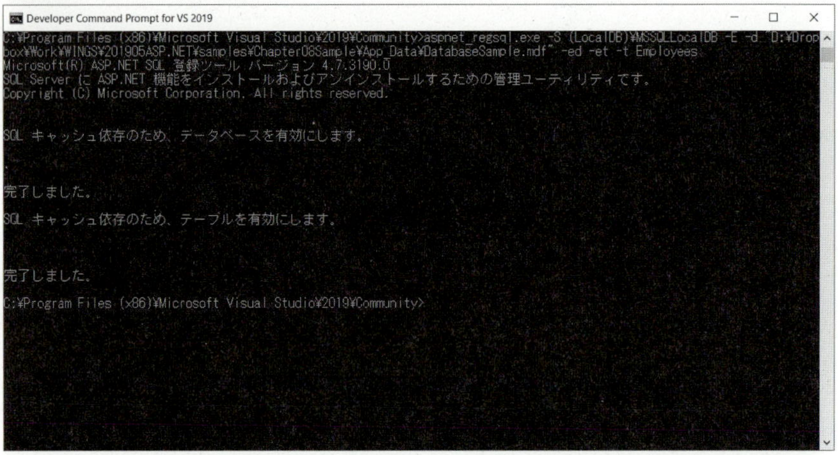

続いてWeb.configファイルにリスト8-8のようにキャッシュの設定を記述します。

リスト8-8 Web.configファイルにキャッシュ設定を記述

```
<configuration>
  <connectionStrings>
    <!-- DatabaseSampleデータベースへの接続文字列定義 -->
    <add name="ConnectionString"
connectionString="Data Source=(LocalDB)¥MSSQLLocalDB;
AttachDbFilename=|DataDirectory|¥DatabaseSample.mdf;Integrated Security=True"
providerName="System.Data.SqlClient"/>
  </connectionStrings>
  <system.web>
    <!-- キャッシュ設定 -->
    <caching>
      <sqlCacheDependency enabled="true" pollTime="1000">
        <databases>
```

```
            <add name="CacheDB" connectionStringName="ConnectionString" />
        </databases>
    </sqlCacheDependency>
</caching>
...
```

　ここでは、system.web要素内のcaching要素を使って、キャッシュの設定を行っています。sqlCacheDependency要素のenabled属性でキャッシュを有効化し、pollTime属性で、テーブルが更新されたかどうかを確認する頻度をミリ秒で指定します。ここでは、1000ミリ秒ごとにテーブルの更新確認を行います。

　つづいてdatabases要素内のadd要素で対象とするデータベースの接続文字列と、キャッシュ設定の名前を指定します。ここでは、接続文字列を指定するconnectionStringName属性で、上で定義したConnectionStringを、キャッシュ設定名を表すname属性でCacheDBという名前を指定しています。これらの設定により、ASP.NETによってDatabaseSampleデータベースの定期的な監視が行われます。

　続いて実際にキャッシュを行うページ（DatabaseCacheSample.aspx）での設定です。今回はGridViewコントロールを使い、図8-7のようにDatabaseSampleデータベースのEmployeesテーブルを一覧表示します。キャッシュの確認のため、Labelコントロールに時刻も表示しています。GridViewコントロールへのデータの表示方法は4章を参照してください。

図8-7 GridViewコントロールによるEmployeesテーブルの一覧表示

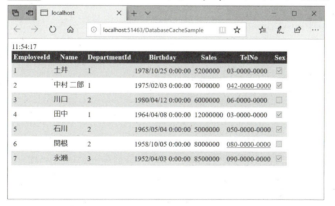

　このページをDatabaseSampleデータベースのEmployeesテーブルの更新状況に基づいてキャッシュさせましょう。OutputCacheディレクティブを使い、リスト8-9のように記述します。

Chapter 08 ディレクティブと Page クラスの機能

リスト8-9　データベースの内容によるキャッシング設定（DatabaseCacheSample.aspx）

```
<%@ OutputCache
  SqlDependency="CacheDB:Employees" VaryByParam="none" Duration="1800" %>
```

ここでは、SqlDependency属性を使い、データベースの内容によるキャッシング設定を行っています。値は「キャッシュ設定名:テーブル名」という形式で記述します。ここでは、先ほどWeb.configのcaching要素で定義した、CacheDBというキャッシュ設定で、Employeesというテーブルを指定しています。これにより、Employeesテーブルが更新されるか、1800秒経つまで、ページの出力キャッシュがずっと有効になります。実際にこのページを何度リロードしても、実行結果は図8-7のままです。

サーバーエクスプローラーなどで、Employeesテーブルを書き換え、再度ページをリロードすると、キャッシュが破棄され、図8-8のようにページ内容が更新されます。今回は先頭行のデータのNameフィールドを「どい」に書き換えています。

図8-8　Employeesテーブルの更新に伴い、キャッシュが破棄されてページが実行される。先頭行のデータが書き換わっている

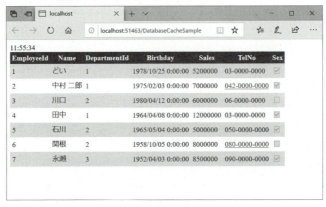

このように、データベースの内容による出力キャッシュを用いることで、データベースへのアクセスを減らし、Webサイトの負荷を軽減できます。更新を行わない、データの参照のみを行うページでは、積極的にデータベースの内容によるキャッシュを設定しましょう。

Section 08-02

Pageクラス

Pageクラスのプロパティやメソッドを使用する

このセクションでは、Pageクラスの持つ様々なプロパティやメソッドについて解説します。

このセクションのポイント
■1 Requestオブジェクト、ResponseオブジェクトはそれぞれHTTPリクエスト、HTTPレスポンスに対応するオブジェクトである。
■2 Serverオブジェクトは有用なヘルパーメソッドを提供する。

1章でも解説したように、ASP.NETのWebページはPageクラスに対応します。Pageクラスには様々なプロパティやメソッドがあり、Webページを実装する際には、イベントハンドラー内でそれらの機能を呼び出しながら実装していくことになります。Pageクラスの主なプロパティは表8-6のとおりです。

表8-6 Pageクラスの主なプロパティ

プロパティ	型	意味
Application	System.Web.HttpApplicationState	アプリケーション情報を含むオブジェクト（13章参照）
IsPostBack	Boolean	ページがポストバックされているかどうか（9章参照）
IsValid	Boolean	ページの検証が成功したかどうか（3章参照）
Request	System.Web.HttpRequest	HTTPリクエスト情報を含むオブジェクト
Response	System.Web.HttpResponse	HTTPレスポンス情報を含むオブジェクト
RouteData	System.Web.Routing.RouteData	URLルーティングで指定されたパラメータを含むオブジェクト（13章参照）
Server	System.Web.HttpServerUtility	サーバー処理に関するメソッドを含むオブジェクト
Session	System.Web.SessionState.HttpSessionState	セッションオブジェクト（9章参照）
ViewState	System.Web.UI.StateBag	ビューステートオブジェクト（9章参照）
Trace	System.Web.TraceContext	トレースオブジェクト（セクション08-01参照）

幾つかのプロパティは他の章やセクションで解説しますので、このセクションではRequest、Response、Serverの3つのプロパティについて解説します。表に示したとおり、これらのプロパティは特定のクラスのオブジェクトであり、それぞれプロパティやメソッドを持っています。これらのオブジェクトについての理解を深めましょう。

Requestオブジェクト

Requestオブジェクトは、System.Web.HttpRequestクラスのインスタンスで、クエリストリングやフォームの情報など、HTTPリクエストに関連した情報を保持しています。Requestオブジェクトの主なプロパティは表8-7のとおりです。

表8-7 Requestオブジェクトの主なプロパティ

プロパティ	意味
Cookies	HTTPリクエストに含まれるクッキーの情報（9章参照）
Headers	HTTPリクエストヘッダの情報
Form	ポストされたフォームの情報
QueryString	クエリストリングの情報
ServerVariables	サーバー変数の情報

このうち、ASP.NET開発で主に使うのはQueryStringプロパティです。QueryStringプロパティを使うことで、URLのクエリストリングに含まれている情報をキーごとに取得できます。たとえば、リスト8-10は、クエリストリングに含まれているcategoryキー、keywordキーの値を取得してLabelコントロールに表示するコードです。

リスト8-10 Request.QueryStringプロパティを使ったクエリストリングの取得（PageObjectSample.aspx.vb）

```
categoryLabel.Text = Request.QueryString("category")
keywordLabel.Text = Request.QueryString("keyword")
```

「/PageObjectSample.aspx?category=sports&keyword=abc」というURLでの処理結果は図8-9のようになります。

図8-9 クエリストリングの取得

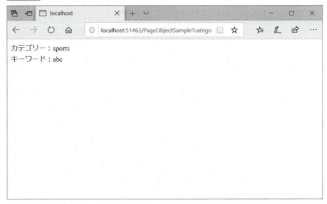

Page クラス | Section 08-02

> **コラム　Formsプロパティについて**
>
> RequestオブジェクトのFormsプロパティは、ページのフォーム項目についての情報を取得するためのプロパティです。ASP.NETの前身であるASP[*]では、QueryStringプロパティと並んで頻繁に用いられるプロパティでした。
> ASP.NETにおいては、フォーム項目についての情報は、サーバーコントロールのプロパティから取得できますので、あえてFormsプロパティを使用する場面はほとんどありません。

＊ Active Server Pages

Responseオブジェクト

Responseオブジェクトは、Webブラウザーに出力するHTTPレスポンスの情報を含むオブジェクトです。Responseオブジェクトで利用可能なプロパティ、メソッドは表8-8のとおりです。

表8-8　Responseオブジェクトの主なプロパティ、メソッド

分類／メソッド	名前	意味
プロパティ	ContentType	レスポンスのコンテンツタイプを設定する
	Cookies	クッキーを設定する（9章参照）
メソッド	BinaryWrite(buffer As Byte())	レスポンスにバイナリ形式でbuffer引数のデータを出力する
	Clear()	ファイルの出力バッファをクリアする
	End()	レスポンス処理を終了し、Webブラウザーに送信する
	Redirect(url As String)	url引数で指定した別のURLに転送する
	RedirectPermanent(url As String)	url引数で指定した別のURLに転送する（ASP.NET 4以降）
	Write(str As String)	レスポンスにテキスト形式でstr引数のデータを出力する
	WriteFile(filename As String)	レスポンスにfilename引数で指定した名前のファイルを出力する

ここでは、Responseオブジェクトの主な用途を2つほど紹介します。特にページ遷移は絶対に覚えておくべき機能です。

■ (1) ページ遷移を行う

ResponseオブジェクトのRedirectメソッドはASP時代から存在するメソッドで、別のURLに遷移する場合に使用します。

はじめての ASP.NET Web フォームアプリ開発 Visual Basic 対応 第2版　329

1章で解説したとおり、ASP.NETは基本的に同じページにポストバックしますので、ユーザーに何かを入力させた上で別のページに遷移する必要がある場合には、このRedirectメソッドを使います。

たとえばリスト8-11は、ボタンのClickイベントハンドラーで、ユーザーの入力を正しく検証できた場合に、次のページに遷移する例です。

リスト8-11 Request.Redirectメソッドを使ったページの遷移（RedirectSample.aspx.vb）

```
Protected Sub Button1_Click(sender As Object, e As EventArgs) Handles Button1.Click
    'ユーザーの入力を正しく検証できた場合
    If Page.IsValid Then
        'NextPage.aspxに遷移
        Response.Redirect("NextPage.aspx")
    End If
End Sub
```

ユーザー入力を受け付けた後、別のページに遷移するこのパターンは定型的に使われますので、是非覚えておきましょう。

また、コンテンツの移動などに伴ってURLが変更になった場合にも、古いページでRedirectメソッドを使うことで、ユーザーを新しいページへと導くことができます。

さて、大変古い歴史を持つRedirectメソッドですが、ASP.NET 4から新たにRedirectPermanentというメソッドが追加されました。RedirectメソッドとRedirectPermanentメソッドはどちらも別のURLに遷移するためのメソッドですが、図8-10のように内部的に使用するHTTPステータスコードが異なります。

図8-10 RedirectメソッドとRedirectPermanentメソッドの違い

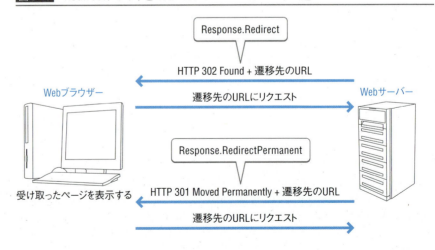

Redirectメソッドを使った場合、Webブラウザーへは302 FoundというHTTPステータスコードと、遷移先のURLが送信されます。このステータスコードは、一

時的なリソースの移動を意味するものです。

　一方、RedirectPermanentメソッドを使った場合、Webブラウザーへは301 Moved PermanentlyというHTTPステータスコードと、遷移先のURLが送信されます。このステータスコードは、リソースが恒久的に移動したことを意味します。

　どちらのメソッドを使っても、受け取ったWebブラウザーは遷移先のURLにアクセスするので挙動に差はありません。ただし、検索エンジンがアクセスしてきた場合、HTTPステータスコードの値は重要になります。

　Redirectメソッドはあくまでも一時的なリソースの移動を意味しますので、検索エンジンは古いURLと新しいURLの両方を認識します。一方RedirectPermanentメソッドは恒久的なリソースの移動を意味しますので、検索エンジンは古いURLが無効になり、新しいURLに移動したことを認識します。これによってURLが一本化されますので、検索のヒット順位の向上が見込めます。

　表8-9のように、コンテンツの移動に伴って、URLが完全に変わった場合は、RedirectPermanentメソッドで、ポストバック処理の後に次のページに遷移する場合などは、これまで通りRedirectメソッドを使いましょう。

表8-9 RedirectメソッドとRedirectPermanentメソッドの使い分け

メソッド	使用するHTTPステータスコード	用途
Redirect	301 Found	ポストバック後のページ遷移。一時的なコンテンツの移動
RedirectPermanent	302 Moved Permanently	恒久的なコンテンツの移動

■（2）ファイルを出力する

　ResponseオブジェクトのWriteFileメソッドを使うことで、Webブラウザーに対してファイルをそのまま送信することができます。リスト8-12は、JPEGファイルを送信するサンプルです。

リスト8-12 WriteFileメソッドを使ったファイルの送信（FileWriteSample.aspx.vb）

```
Protected Sub Page_Load(ByVal sender As Object, ByVal e As System.EventArgs)
Handles Me.Load
    '仮想パスを物理パスに変換（後述）
    Dim filename = Server.MapPath("~/wings.jpg")
    '出力バッファをクリア
    Response.Clear()
    'コンテンツタイプを設定
    Response.ContentType = "image/jpeg"
    'ファイルを出力
    Response.WriteFile(filename)
    'レスポンス処理を終了
    Response.End()
```

```
End Sub
```

　まず、HTMLタグなど、ファイルの内容以外のデータが混ざってしまうことを防ぐため、Clearメソッドで出力バッファをクリアします。続いてContentTypeプロパティにimage/jpegという、JPEG画像を表すコンテンツタイプを設定します。
　ファイルはWriteFileメソッドで出力しますが、ここではファイルの場所を取得するため、ServerオブジェクトのMapPathというメソッドを使っています。MapPathメソッドの詳細については後述します。これにより、アプリケーション直下のwings.jpgというファイルがHTTPレスポンスに出力されます。最後にEndメソッドを使い、レスポンス処理を終了させます。
　ここでは固定的にファイルの内容を出力していますが、バイナリ形式で出力を行うBinaryWriteメソッドを使うことで、プログラム内で作成した画像などのデータも送信できます。

コラム

Response.Write メソッド

　ASP.NETの前身のASPでは、プログラムからの文字列出力はすべてResponse.Writeメソッドで行っていました。
　しかし、ASP.NETにおいては、直接Response.Writeメソッドで出力を行う代わりに、サーバーコントロールのプロパティを介してデータを出力するのが一般的です。Response.Writeメソッドによる出力は、デバッグ用のメッセージ出力など限定的な用途に留め、サーバーコントロールを活用しましょう。

Server オブジェクト

　Serverオブジェクトは、HTTPリクエストを処理する際に有用なヘルパーメソッドを持つオブジェクトです。Serverオブジェクトで利用可能なメソッドは表8-10のとおりです。

表8-10　Serverオブジェクトの主なメソッド

メソッド	意味
HtmlDecode(text As String)	text引数の文字列をHTMLデコードする
HtmlEncode(text As String)	text引数の文字列をHTMLエンコードする
MapPath(path As String)	path引数の仮想パスに対応する物理パスを返す
Transfer(url As String)	url引数の別のURLでの処理を開始する
UrlDecode(text As String)	text引数の文字列をURLデコードする
UrlEncode(text As String)	text引数の文字列をURLエンコードする

ここでは、Serverオブジェクトの幾つかの用途を紹介します。

■（1）物理パスの取得

　MapPathメソッドは、**仮想パス**を**物理パス**に変換するメソッドです。仮想パスとは、ASP.NET Webアプリケーション内で使用しているパスで、「~/App_Data/test.data」のような形式のものです。一方物理パスは、ASP.NETを動作させているWebサーバー上のパスのことで、「C:¥Inetpub¥wwwroot¥ASPNETSample¥App_Data¥test.data」のように、通常のWindowsのパスを表します。

　変換処理が必要になるのは、ASP.NETアプリケーションを展開する際の実際の物理パスがどうなるか、開発時点では分からないためです。そのため、プログラムではWebアプリケーション内で有効な仮想パスを使い、物理パスが必要な場合にはMapPathメソッドを使って変換する必要があります。

　サーバーコントロールのプロパティでファイルを指定する場合などは、仮想パスで問題ありませんが、Responseオブジェクトのサンプルで扱ったように、実際のファイルにアクセスする必要がある場合には、MapPathメソッドによる変換が必要です。

　実際のサンプルで確認してみましょう。先のサンプル（リスト8-12）では、「~/wings.jpg」という仮想パスをMapPathメソッドを使って物理パスに変換しています。

　筆者の環境では、開発時点での物理パスは「C:¥Users¥Tsuyoshi_d¥Desktop¥Chapter08Sample¥Chapter08Sample¥wings.jpg」となりました。一方IISサーバーに配置（巻末資料D参照）した場合には、物理パスは「C:¥Inetpub¥wwwroot¥ASPNETSample¥wings.jpg」となりました。

　もしMapPathメソッドを使わなければ、配置場所に合わせてファイルのパスを書き換える必要があり、配置作業が繁雑なものになります。MapPathメソッドを使えば、仮想パスに基づいて処理を記述できますので、配置の際にプログラムを変更する必要はありません。

■（2）HTMLエンコード、デコードとURLエンコード、デコード

　HtmlEncodeメソッドとHtmlDecodeメソッドは、**HTMLエンコード、デコード**と呼ばれる処理を行うためのメソッドです。HTMLエンコードとは、HTMLで特別な意味を持つ文字を別の文字列に置き換える処理のことです。たとえば「<」、「>」、「&」という3つの文字はそれぞれ「<」、「>」、「&」という文字列に置き換えられます。

　HTMLタグ内やサーバーコントロールにデータを出力する際には、HTMLエンコード処理を先に行う必要があります。たとえば、リスト8-13のようにLabelコントロールのTextプロパティに、HTMLエンコードせずにHTMLのscriptタグを設定してみましょう。

リスト8-13 scriptタグをそのままLabelコントロールで表示（EncodeSample.aspx.vb）

```
Protected Sub Page_Load(ByVal sender As Object, ByVal e As System.EventArgs)
Handles Me.Load
    Label1.Text = "<script>alert('xss');</script>"
End Sub
```

この場合、出力されるHTMLはリスト8-14のようになります。

リスト8-14 scriptタグがそのまま出力される

```
<div>
  <span id="Label1"><script>alert('xss');</script></span>
</div>
```

そのため、図8-11のようにJavaScriptのalertメソッドによるダイアログが表示されます。

図8-11 scriptタグがそのまま処理され、ダイアログが表示される

これは意図した結果とは異なりますし、アプリケーションの脆弱性の原因にもなり得ます。データを出力する際にはHTMLエンコード処理を行い、そのデータがHTMLとして解釈されることを避けなければなりません。リスト8-15はHtmlEncodeメソッドの使用例です。

リスト8-15 HtmlEncodeメソッドによるエンコード処理（EncodeSample.aspx.vb）

```
Protected Sub Page_Load(ByVal sender As Object, ByVal e As System.EventArgs)
Handles Me.Load
    Label1.Text = Server.HtmlEncode("<script>alert('xss');</script>")
End Sub
```

今回の出力されるHTMLはリスト8-16のようになります。HTMLで特別な意味

を持つ文字が変換されているため、タグとしては認識されません。

リスト8-16 HTMLエンコードされた文字列。HTMLとしては解釈されない

```
<div>
  <span id="Label1">&lt;script&gt;alert(&#39;xss&#39;);&lt;/script&gt;</span>
</div>
```

実際の表示は図8-12のようになります。

図8-12 scriptタグはHTMLとして解釈されず、文字列として扱われる

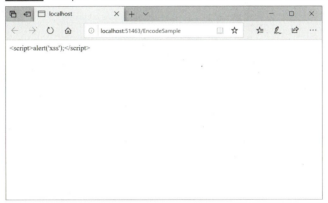

* Cross Site Scripting：クロスサイトスクリプティング

このように文字列をHTMLエンコードすることを**サニタイジング**と呼び、XSS[*]という脆弱性への対応の基本となります。

UrlEncodeメソッドとUrlDecodeメソッドは**URLエンコード、デコード**と呼ばれる処理を行うためのメソッドです。URLエンコードとは、文字列をURLで使える形式に変換する処理のことです。URLでは基本的に英数文字しか使うことができず、記号や日本語などは%xx（xxは16進数）という形式で記述する必要があります。

URLのクエリストリングに記号や日本語などを含めたい場合などに、UrlEncodeメソッドを使ってURLエンコードし、受け取る側でUrlDecodeメソッドを使って元々の値を取り出すことができます。メソッドの使い方はリスト8-17のとおりです。

リスト8-17 URLエンコード、デコード処理（EncodeSample.aspx.vb）

```
'URLエンコード処理。クエリストリングをエンコード
Dim encodedUrl = "search.aspx?" + Server.UrlEncode("keyword=書籍")
'処理結果：search.aspx?keyword%3d%e6%9b%b8%e7%b1%8d
'URLデコード処理
Dim url = Server.UrlDecode(encodedUrl)
'処理結果：search.aspx?keyword=書籍
```

■（3）別のURLで処理を行う

　Transferメソッドは、別のURLでの処理を行うためのメソッドです。別のURLに遷移するという意味ではResponse.Redirect/RedirectPermanentメソッドに似ていますが、図8-13のように、TransferメソッドではWebブラウザーに別のURLへ遷移するよう伝えるのではなく、サーバー内で遷移が行われるという違いがあります。

図8-13　Response.Redirect/RedirectPermanentメソッドとServer.Transferメソッドの違い

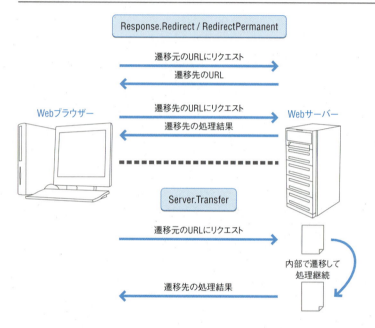

　Response.Redirect/RedirectPermanentメソッドの場合、最初のHTTPリクエストに対していったんWebブラウザーにレスポンスを返し、再度新しいURLへのアクセスが行われますが、Server.Transferメソッドの場合は、最初のHTTPリクエストに対して遷移先の処理結果を返します。HTTPリクエストが1回で済むため、パフォーマンスは向上します。

　また、Server.Transferメソッドでは、サーバー内で転送を行うため、ポストデータ、クエリストリング、ビューステートなどのデータをそのまま遷移先のページに引き継ぐことができます。

　ただし、Server.Transferメソッドを使った場合、Webブラウザーは別のURLに遷移したことを認識できませんので、WebブラウザーのURLは最初にアクセスしたURLのままになってしまい、ユーザーの混乱を招くことがあります。また、Response.Redirectメソッドは任意のURLに遷移できますが、Server.Transferメソッドは仕組み上、遷移先が同一サーバー上のURLに限られます。こうした点を踏まえ、基本的にはServer.Transferメソッドは使わず、Response.Redirect/RedirectPermanentメソッドを使って遷移することをお勧めします。

TECHNICAL MASTER

Chapter
09

ライフサイクルと状態管理

この章では、ASP.NETにおけるライフサイクルと状態管理について解説します。ASP.NETのライフサイクルと各段階における処理やイベント、状態管理の仕組みと使用方法についての理解を深めましょう。

09-01	ASP.NETのライフサイクルを理解する	[ライフサイクル]	338
09-02	ASP.NETにおける状態管理を理解する	[状態管理]	344
09-03	ビューステートを使用してデータを保存する	[ビューステート]	347
09-04	セッションを使用してデータを保存する	[セッション]	353
09-05	アプリケーションの状態管理を理解する	[アプリケーション状態管理]	361

はじめてのASP.NET Webフォームアプリ開発 Visual Basic対応 第2版

Section 09-01 ASP.NETのライフサイクルを理解する

ライフサイクル

このセクションでは、ASP.NETのライフサイクルについて解説します。

このセクションのポイント
■1 ASP.NETのライフサイクルとは、リクエスト毎に繰り返されるサーバー上での一連の処理の流れのことである。
■2 ライフサイクルには、アプリケーションのライフサイクルとページのライフサイクルがある。
■3 ページイベントのイベントハンドラーを作成することにより、アプリケーションの挙動を細かく制御することができる。

ブラウザーからのリクエストの受信、ページの作成や処理、ブラウザーへのレスポンスの送信というサーバー側の一連の処理において、IISとその上で動作するASP.NETの実行環境（ランタイム環境）では、定まった順序でさまざまな処理が実行されイベントが発行されます。このように、リクエスト毎に繰り返されるサーバー上での一連の処理の流れのことを、ライフサイクルと言います。

本格的なWebアプリケーション開発の場合、ASP.NETのライフサイクル、さらにアプリケーションやユーザーごとの状態管理を意識することは必須と言えるでしょう。

ASP.NETにおけるライフサイクルと状態管理の間には、深い関連性があります。ASP.NETのライフサイクルの特定の段階でしか一部の状態管理の方法は使用できませんし、ライフサイクルのある段階で状態管理についての特定のイベントが発生したりするからです。ですから、ASP.NETの状態管理の適切な使用のためには、ライフサイクルの理解が必要となります。

ASP.NETのライフサイクルは、アプリケーションのライフサイクルとページのライフサイクルの2種類に大別できます。ページライフサイクルは、Pageオブジェクトの生成から破棄までの一連の処理やイベントの流れを表すもので、アプリケーションライフサイクルの中に包含されます。

アプリケーションライフサイクル

最初に、ASP.NETアプリケーションのライフサイクルを見ていきましょう。これには、IISとASP.NETランタイム環境による一連の処理やイベントが関係してきます。

アプリケーションライフサイクルを理解することにより、ASP.NETにおけるWebアプリケーション全体の挙動を細かく制御することが可能になります。たとえば、アプリケーションライフサイクルで発生するイベントを受け取るイベントハンドラーを作成し、アプリケーション独自の処理を実行することが可能となります。

なお注意点として、使用するIISのバージョンやパイプラインモード*によって、ア

* IISにおけるリクエストを処理するために規定された一連の手順

プリケーションライフサイクルの仕組みが異なってきます。本書では、IIS 7.0 以降の統合モードを使用を想定して解説します。統合モードとは、ASP.NETのランタイム環境がIISに統合されているという意味で、すべてのリクエストが統合された一つの流れの中で処理されます。図9-1に、IIS 7.0 以降の統合モードとクラシックモードの違いをまとめます。

図9-1 IIS 7.0 以降の統合モードとクラシックモード

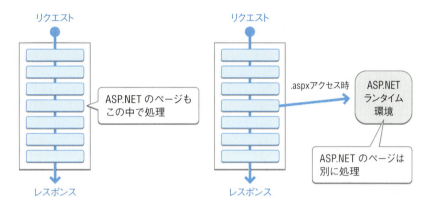

> **コラム**
>
> **IIS 7.0 以降のクラシックモード**
>
> 　IIS 7.0 以降には、本文で説明している統合モードに加えてクラシックモードがあります。クラシックモードは、以前のIIS 5.0/6.0におけるアプリケーションライフサイクルと同じ仕組みで動作します。
> 　クラシックモードでは、ASP.NETのランタイム環境がIISに統合される統合モードとは異なり、ASP.NETページ（.aspx）などのASP.NETに関連付けられたリソースのリクエストを受け取った時点で、IISはリクエストをASP.NETランタイムに渡します。画像やHTMLファイルなどASP.NETに関連付けられていない静的リソースへのリクエストは、IISが直接処理します（図9-1）。

　リクエスト受信からレスポンス送信までの一連のアプリケーションライフサイクルの主な流れを、図9-2に示します。

Chapter 09 ライフサイクルと状態管理

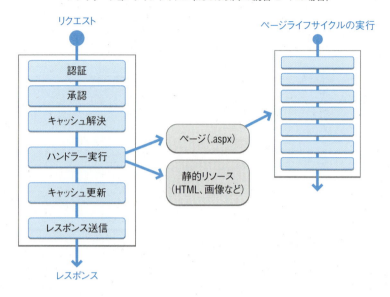

図9-2 アプリケーションライフサイクル

　ブラウザーからのリクエストを受け取ると、まずリクエストされたリソースに対する認証や承認の処理が行われます。リソースに対する権限があるなら、次にキャッシュをチェックし、存在するならそのキャッシュが利用されます。キャッシュが存在しない場合、次にリソースの種類ごとに登録されているハンドラーと呼ばれるプログラムが実行されます。ASP.NETページ(.aspx)へのアクセスの場合、ハンドラーとして後述するページのライフサイクルが実行されます。その後キャッシュを更新し、最後にレスポンスを送信します。

　アプリケーションライフサイクルの各段階で発生するイベントをプログラム側で受け取ることができます。Global.asaxファイル*にイベントハンドラーを追加したり、IHttpModuleインターフェイス*を実装するクラスを作成することにより、発生イベントを受け取り独自の処理を実行することが可能となります。

* ASP.NETアプリケーションファイル。セクション13-02を参照
* モジュールの初期化イベントと破棄イベントを提供するインターフェイス

ページライフサイクル

　次に、ASP.NETのページへのリクエストがなされた場合に実行されるページライフサイクルについて見ていきましょう。

　ページライフサイクルや各段階において発生するイベントを理解しておくことは大切です。それにより、ページとページ内のコントロールの動作や振る舞いを適切な仕方で制御しカスタマイズすることが可能になります。

　ページへのリクエストがなされると、最初にPage派生クラスのオブジェクトが生成されます。次に、定まった順番に従いPageオブジェクトと各コントロールに対して

一連の処理が行われます。特定の処理やその前後のタイミングでイベントも発生します。PageオブジェクトのHTMLレンダリングが終了した後、Pageオブジェクトは破棄されます。

ページライフサイクルの各処理は、表9-1のように3段階に大まかに分類できます。

表9-1 ページライフサイクルの段階

段階	説明
開始処理	Pageオブジェクトを生成する。ページと各コントロールのプロパティが設定される。ポストバック時には、ビューステートの状態が復元される。
ポストバック処理	ポストバックの場合、コントロールのイベントハンドラーが実行される。次に、各コントロールの検証が実行される。
終了処理	ページと各コントロールの状態をビューステートに保存する。その後、ページと各コントロールのHTML出力の生成を行う。最後に、Pageオブジェクトを破棄する。

これらの段階における各処理の実行時には、さまざまなページイベントが発生します。表9-2に、発生するページイベントとその順番についてまとめます。

表9-2 ページサイクルのイベント発生順

順番	ページイベント	段階	説明
1	PreInit	開始処理	初期化段階の開始前に発生する。この時点で、ページとコントロールは作成されており、IsPostBackなどのページプロパティも設定済。このイベントは、マスターページやテーマをプログラムから動的に変更する場合などに使用する。
2	Init	開始処理	各コントロールが初期化され、マスターページやテーマが設定された後に発生する。
3	InitComplete	開始処理	初期化段階の終了時に発生する。Initイベントとこの InitCompleteイベントの間に、ビューステート変更の追跡が有効となる。有効となっていない間に加えられたビューステートに対する変更は保持されない。この時点で、次のポストバック後も存続させたいビューステートに変更を加えることが可能。
4	PreLoad	開始処理	ポストバック時のページやコントロールの状態が復元された後に、発生する。
5	Load	開始処理	このイベントはまずページで発生し、その後、各コントロールのLoadイベントが再帰的に発生する。この時点で、ページとコントロールのプロパティやビューステートなどに完全にアクセス可能である。
-	(各コントロールのイベント)	ポストバック処理	各コントロールのイベントを処理する場合に使用する。ButtonコントロールのClickイベントやTextBoxコントロールのTextChangedイベントなど。

6	LoadComplete	ポストバック処理	ポストバック処理段階の最後に発生する。
7	PreRender	終了処理	このイベントはまずページで発生し、その後、各コントロールのPreRenderイベントが再帰的に発生する。このイベントは、HTMLレンダリング処理の開始前に、ページとコントロールに最終的な更新を加えたい場合に使用する。
8	PreRenderComplete	終了処理	このイベントはページのみ発生する。このイベントにより、ページと各コントロールのPreRenderイベント発生の完了を知ることができる。
9	SaveStateComplete	終了処理	ページと各コントロールの状態がビューステートに保存された後に発生する。故に、この時点でのページやコントロールに対する変更はレンダリングには影響するが、次のポストバック時には変更は復元されないので注意。
10	Unload	終了処理	各コントロールでUnloadイベントが発生した後、ページでこのイベントが発生する。このイベントは、ファイルやデータベース接続のクローズなどの最終的な後処理のために使用する。

　ページイベントや各コントロールのイベントの発生タイミングや順番、発生時のPageオブジェクトの状態などを十分理解しておけば、ページライフサイクルのある段階で実行したいコードを適切なイベントハンドラーに記述することができ、アプリケーションの細かな挙動を正しく制御することが可能となります。

　多くの場合、ASP.NETではコントロールをプログラムから動的に操作するためのコードを、Page_Loadメソッドに記述します。

　リスト9-1は、IsPostBackプロパティを使用して、最初の読み込み時のみコントロールのプロパティを設定したり、ポストバック時のみコントロールのプロパティをチェックするというような典型的なコード例です。

リスト9-1　Page_Loadメソッドでコントロールを動的に操作する

```
Protected Sub Page_Load(ByVal sender As Object, ByVal e As System.EventArgs) 
Handles Me.Load
    If Not IsPostBack Then
        ' 最初の読み込み時
        Label1.Text = "初めまして！"
    Else
        ' ポストバック時
        Label1.Text = "お久しぶりです！"
    End If

End Sub
```

ページ（.aspxファイル）を作成すると、コードビハインドファイル中にPage_Loadメソッド（イベントハンドラー）が自動生成されますので、必要に応じてコードを追加することができます。他のページイベントハンドラーを作成したい場合、Page派生クラス内に「Page_イベント」の名前でメソッドを記述します。

リスト9-2は、PreInitイベントのイベントハンドラーを作成し、動的にマスターページを変更するコード例です。

リスト9-2 PreInitイベントハンドラーの作成

```
Public Class _Default
    Inherits System.Web.UI.Page

    Protected Sub Page_Load(ByVal sender As Object, ByVal e As System.EventArgs) 
Handles Me.Load
    End Sub

    Private Sub Page_PreInit(ByVal sender As Object, ByVal e As System.EventArgs) 
Handles Me.PreInit
        '動的にマスターページを変更
        MasterPageFile = "~/MySite.Master"
    End Sub
End Class
```

「Page_イベント」形式のメソッドを作成するだけで、ページイベントのイベントハンドラーとして自動認識されるのは、ASP.NETの自動バインディングの仕組みのおかげです。@PageディレクティブのAutoEventWireup属性の値がtrueの場合、Pageオブジェクトは「Page_イベント」形式のメソッドを自動検索してイベントハンドラーとして登録します。ページを作成すると、既定でAutoEventWireup属性の値はtrueとなっています（リスト9-3）。

リスト9-3 @PageディレクティブのAutoEventWireup属性

```
<%@ Page Title="ホーム ページ" Language="vb" 
  MasterPageFile="~/Site.master" AutoEventWireup="true" 
  CodeBehind="Default.aspx.vb" Inherits="Chapter08Sample._Default" %>
```

状態管理

Section 09-02 ASP.NETにおける状態管理を理解する

このセクションでは、ASP.NETにおける状態管理の概要について解説します。

このセクションのポイント
■Webはステートレスのため、状態管理のためには何らかの仕組みが必要である。
■ASP.NETでは、状態管理のためのさまざまな方法を使用できる。
■Cookieを利用するには、RequestオブジェクトおよびResponseオブジェクトのCookiesコレクションを使用する。

　ほとんどのアプリケーションでは、アプリケーション全体やユーザーごとの**状態管理**が必要となります。これはWebアプリケーションでも例外ではありません。ユーザーのログイン状態、ショッピングカートの商品情報、入力中のデータなどはすべて、Webアプリケーションが保存し管理する必要のあるデータです。

　セクション01-01で解説したように、WebアプリケーションはHTTPの仕組み上、ステートレスが大前提です。Windowsアプリケーションモデルになるべく似るように設計されたASP.NETであったとしても、Webの仕組みの上に構築されている以上、状態管理のためには何らかの仕組みが必要です（図9-3）。

図9-3　Webアプリケーションにおける状態管理の必要性

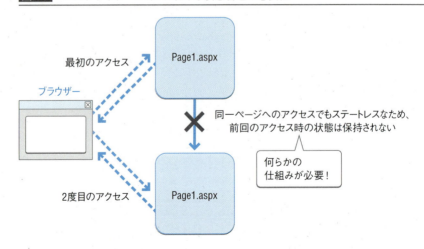

ASP.NETにおける状態管理

ASP.NETには、状態管理のためのさまざまな仕組みが備わっています。表9-3に、ASP.NETにおける状態管理の主な方法をまとめます。

表9-3 ASP.NETにおける状態管理の主な方法

状態管理	データの保存場所	データのスコープ	説明	解説場所
Cookie	クライアント	ユーザー	Web標準の技術。ブラウザーに少量のテキストデータとして保存する。	セクション09-02
クエリ文字列	クライアント	ユーザー	Web標準の技術。ページのURLの末尾に追加されるテキストデータ。	-
ビューステート(ViewStateオブジェクト)	クライアント	ページ	HTMLのhiddenフィールドを使用。ポストバック時にしか使用できないため、同一ページ内の状態管理にしか使用できない。	セクション09-03
セッション(Sessionオブジェクト)	サーバー	ユーザー	異なるページ間でも状態管理ができるため、画面遷移時に利用できる。	セクション09-04
アプリケーション状態(Applicationオブジェクト)	サーバー	アプリケーション	アプリケーション全体で共有するデータ管理のために使用する。	セクション09-05
キャッシュ(Cacheオブジェクト)	サーバー	アプリケーション	アプリケーション全体で共有するデータ管理のために使用する。Applicationオブジェクトよりも高度な機能を持つ。	セクション09-05

この表からも分かるように、データの保存場所（クライアント側か、サーバー側か）、データのスコープ（アプリケーション全体での共有か、ユーザーごとか）、データの安全性、その他の要素を考慮した上で、アプリケーションで使用する状態管理の方法を選択する必要があります。

たとえば、ASP.NETではユーザーごとのデータを管理する場合、一般的にはCookieかセッションのどちらかを検討できます。機密性がさほど求められないデータの保存には、クライアント側の状態管理であるCookieを使用できます。他方、個人情報やクレジットカード番号などの機密性の高いデータを保存する場合には、サーバー側の状態管理であるセッションを使用します。

Cookieを使用する

Webに標準的に備わっている状態管理の仕組みとして、**Cookie**があります。多くのWebアプリケーションでは、ログインユーザーの情報を保存したり、ショッピングカート内の商品データを保存するなどの目的のために、Cookieを使用しています。

Cookieは、キーと値のペアによる少量のテキストデータとしてブラウザーに保存されます。Cookieは扱いやすく便利な半面、扱えるデータサイズがとても少なく（多くのブラウザーでは4KB）、ブラウザーの設定によりCookieを無効にできるなどの制限があります。ASP.NETでもCookieを使用できます。ASP.NETでは、後述するセッションのセッションID管理においてもCookieを使用しています。

ASP.NETでは、RequestオブジェクトのCookiesプロパティを使用してCookieを取得し、ResponseオブジェクトのCookiesプロパティを使用してCookieを保存します。コレクションであるこれらのCookiesプロパティの型は、System.Web名前空間で定義されているHttpCookieCollectionクラスです。

HttpCookieCollectionクラスは、System.Web名前空間で定義されているHttpCookieクラスを管理します。HttpCookieクラスは、一つのCookieを表します。

リスト9-4は、Cookieの取得と保存を行うコード例です。

リスト9-4 Cookieの取得と保存

```
Protected Sub Page_Load(ByVal sender As Object, ByVal e As System.EventArgs)
Handles Me.Load
    If Request.Cookies("nickname") IsNot Nothing Then
        Dim nickname = Request.Cookies("nickname").Value
    Else
        'Cookieの保存
        Response.Cookies("nickname").Value = "dino"
        Response.Cookies("nickname").Expires = DateTime.Now.AddDays(10)
    End If
End Sub
```

ある名前のCookieが存在しなければ、RequestオブジェクトのCookiesプロパティはNothing値を返します。存在する場合、HttpCookieクラスのValueプロパティで値を取得できます。ResponseオブジェクトのCookiesプロパティに値を設定することにより、Cookieを作成できます。例では、HttpCookieクラスのExpiresプロパティを使用して、作成するCookieの有効期限を10日後に設定しています。

次のセクション以降では、ASP.NETが提供している他の状態管理であるビューステート、セッション、アプリケーション状態管理、キャッシュについてそれぞれ解説します。

Section 09-03

ビューステート

ビューステートを使用してデータを保存する

このセクションでは、ページのビューステート（ViewStateオブジェクト）を使用してクライアント側にデータを保存する方法について解説します。

このセクションのポイント
1. ビューステートのデータはページ内の隠しフィールドに保存される。
2. ビューステートにアクセスするには、ページやコントロールのViewStateプロパティを使用する。
3. ビューステートを無効にしたり暗号化することができる。

　ビューステートは、ASP.NETが提供しているクライアント側の状態管理の仕組みで、ポストバックによる同一ページへのアクセスの間保存しておきたい一時的なデータのために使用します。

　セクション09-01で解説したとおり、ASP.NETではこのビューステートの仕組みを利用して、ポストバック時のページやサーバーコントロールの状態（選択項目や入力データなど）の保存や復元を行っています。さらに、同一ページ内におけるアプリケーション独自の一時的なデータ保存のためにも、ビューステートを使用できます。

ビューステートの概要

　ビューステートでは、ポストバックによる同一ページへのアクセスが連続して繰り返されている間、ページ内にデータを保存することができます。次の例が示すように、データはBase64でエンコードされた文字列として、ページ内の隠しフィールド（hiddenフィールド）に埋め込まれます。

```
<input type="hidden" name="__VIEWSTATE" id="__VIEWSTATE" value="
/wEPDwUKMjA0OTM4MTAwNA8WAh4ES2V5MQUP44GC44GE44GG44GI44GKZGT0CNP+
ucZjo34YmkXPcN3qnAhwZxpMRFzvYh636OjzHA==" />
```

　ビューステートは、使用方法の点では次のセクションで解説するセッションとよく似ていますが、データの保存場所や保存期間などの仕組みの点では大きく異なっています。図9-4にあるように、ビューステートはクライアント側に送信するページ内に埋め込まれるのに対して、セッションはサーバー側で保持されます。そして、ビューステートはポストバックによる同一ページのアクセス中のみの一時的なデータ保存なのに対し、セッションはサーバー上にある程度の期間保存されているため異なるページ間でのデータ引き渡しにも使用できます。

はじめてのASP.NET Webフォームアプリ開発 Visual Basic 対応 第2版　347

図9-4　ビューステートとセッションの保存場所と保存期間

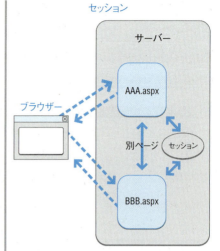

　ビューステートはデータを文字列にシリアライズ*するため、シリアライズ可能なデータ型しか使用することができません。具体的には、文字列、数値、日付などの基本データ型、配列、DataSetオブジェクト、Serializable属性*を持つ型のオブジェクトなどです。

＊ オブジェクトをバイト列や文字列に変換すること。直列化とも言う
＊ オブジェクトをシリアライズできることを示す

　ビューステートのデータはページ内に保存されるため、サーバー上のリソースを消費しないという利点があります。一方、ビューステートにデータ量の多いデータが保存されていたりページ内に沢山のコントロールやデータバインドコントロールが配置されていたりすると、大量のシリアライズデータが生成されることになり、ページ送受信の際のパフォーマンスに悪影響を与える可能性があります。場合によっては、ビューステートをページやコントロール単位で無効にしてデータ量を少なくすることができます。ビューステートを無効にする具体的な方法については後述します。

　パフォーマンスの問題に加えて、セキュリティ上のリスクを意識する必要もあります。ビューステートのデータは、ハッシュされBase64でエンコードされた後、隠しフィールドに保存されます。ハッシュ値の追加により、サーバー側でビューステートのデータ破損や改ざんをチェックできます。しかし、何者かによってページ内のデータをデコードされ内容を読み取られる可能性は存在します。そのため、機密性の高いデータにはビューステートではなく、サーバー側に保存するセッションを使用するというのが通則です。

　機密性の高いデータをどうしてもビューステートに保存する必要がある場合、ビューステートを暗号化することも可能ですが、サーバー負荷が大きくなるためできるだけ避けるべきです。ビューステートを暗号化する方法については後述します。

ビューステートを使用する

　ビューステートにアクセスするには、PageオブジェクトのViewStateプロパティを使用します。加えて、サーバーコントロールも各々ViewStateプロパティを持っています。

　ViewStateプロパティの型は、System.Web.UI名前空間で定義されているStateBagクラスです。StateBagクラスは、キーと値のペアからなる項目を管理するコレクションです。

　StateBagクラスのプロパティやメソッドにより、ページやコントロールの持つビューステートへのデータの追加や削除を行うことができます。StateBagクラスに値を追加する時には自動でStateItemオブジェクトが生成され、StateBagクラスはこのStateItemオブジェクトを項目として管理します。

　ビューステートにデータを追加するには、ページ内に次のように記述します。既に同名のキーが存在する場合、既存の値が上書きされます。

```
ViewState("BackColor") = "Blue"
```

　ビューステートからデータを取得するには、ページ内に次のように記述します。

```
Dim backColorName = ViewState("BackColor")
```

　表9-4に、StateBagクラスのプロパティをまとめます。

表9-4 StateBagクラスのプロパティ

プロパティ	説明
Count	格納されている項目数を取得する。
Item	格納されている項目の値を取得また設定する。
Keys	格納されている項目のキーのコレクションを取得する。
Values	格納されている項目の値のコレクションを取得する。

　表9-5に、StateBagクラスの主要なメソッドをまとめます。

表9-5 StateBagクラスの主要なメソッド

メソッド	説明
Add(key As String, value As Object) As StateItem	新しいStateItemオブジェクトを追加する。項目が既に存在する場合、項目の値を更新する。
Sub Clear()	すべての項目を削除する。
GetEnumerator() As IDictionaryEnumerator	すべての項目を読み取るために使用する列挙子を返す。

IsItemDirty(key As String) As Boolean	指定されたキーを持つ項目が変更されたかどうかを評価する。
Sub Remove(key As String)	指定された項目を削除する。

　StateItemクラスには、オブジェクトが変更されたかどうかを示すIsDirtyプロパティが定義されています。StateBagクラスのIsItemDirtyメソッドにより、コレクション内の特定のStateItemオブジェクトが変更されたかどうかを調べることができます。StateItemオブジェクトのIsDirtyプロパティがtrueの項目だけが、ビューステートの保存時にシリアライズされます。

　リスト9-5に、ビューステートの使用例を示します。この例では、入力されたテキストデータをビューステートに保存し復元することができます。このように、ページ内における一時的なデータ保存のために、ビューステートを使用することができます。

リスト9-5　ビューステートの使用例（ViewStateSample.aspx.vb）

```
Public Class ViewStateSample
    Inherits System.Web.UI.Page

    Protected Sub Page_Load(ByVal sender As Object, ByVal e As System.EventArgs)
Handles Me.Load

    End Sub

    Protected Sub SaveButton_Click(sender As Object, e As EventArgs) Handles
SaveButton.Click
        ' ビューステートに入力データを保存
        ViewState("TextData") = TextBox1.Text

    End Sub

    Protected Sub RestoreButton_Click(sender As Object, e As EventArgs) Handles
RestoreButton.Click
        If ViewState("TextData") IsNot Nothing Then
            ' ビューステートから入力データを復元
            TextBox1.Text = ViewState("TextData")
        End If
    End Sub
End Class
```

　ページには、動作モードが複数行に設定されているTextBoxコントロールと、入力データの保存用と復元用の2つのButtonコントロールを配置しています。保存用ボタンのクリックイベントハンドラー内で、ビューステートにTextBoxコントロールのTextプロパティの値を保存します。次に、復元用ボタンのクリックイベントハンド

ラー内で、ビューステートに保存されている入力データをTextBoxコントロールのTextプロパティに設定します。

実行結果は次のようになります。テキストデータを入力し[**保存**]ボタンをクリックすると、ビューステートに入力データが保存されます（図9-5）。その後、別のテキストデータを入力し[**復元**]ボタンをクリックすると先ほど保存した入力データが復元されます（図9-6）。

図9-5　入力データの保存

図9-6　入力データの復元

ビューステートを無効にする

　前述のとおり、多くのコントロールが配置されているページでは大量のシリアライズデータが生成され、ページ表示時のパフォーマンスに悪影響が及ぶ場合があります。このような場合、ページ全体もしくは一部のコントロールのビューステートを無効にしてデータ量を少なくすることを検討できます。ビューステートを無効にするとページやコントロールが予想に反した挙動となる場合もありますので、慎重に行う必要があります。

　ページのトレース機能を有効にするとページ内の各コントロールのビューステートのサイズを知ることができますので、ビューステートのデータサイズを減らしてパフォーマンスを改善したい場合に活用することができます。セクション08-01で解説したとおり、トレースを有効にするには、@PageディレクティブのTrace属性の値をtrueに設定します。

　ページとページ内のすべてのコントロールのビューステートを無効にするには、次のように、@PageディレクティブのViewStateMode属性の値をDisabledに設定します。ViewStateMode属性の既定値はEnabledです。

```
<%@ Page ViewStateMode="Disabled" %>
```

　ページのEnableViewState属性の値をfalseに設定しても（既定値はtrue）、ページとページ内のすべてのコントロールのビューステートを無効にできます。ViewStateMode属性は、EnableViewState属性の値がtrueの場合のみ有効となります。EnableViewState属性の値がfalseの場合、ViewStateMode属性の値が

Enabledであっても、ビューステートは無効になります。

　ページのビューステートを既定である有効のままにし、ページ内の特定のコントロールのビューステートを無効にするには、次のように、コントロールのViewStateMode属性の値をDisabledに設定します。

```
<asp:GridView ID="GridView1" runat="server"
    ViewStateMode="Disabled">
    ...
</asp:GridView>
```

　コントロールのEnableViewState属性の値をfalseに設定しても、ビューステートを無効にできます。

　ページのビューステートを無効にし、ページ内の特定のコントロールのビューステートを有効にするには、次のように、ページのViewStateMode属性の値をDisabledに設定し、コントロールのViewStateMode属性の値をEnabledに設定します。

```
<%@ Page ViewStateMode="Disabled" %>

    ...

<asp:GridView ID="GridView1" runat="server"
    ViewStateMode="Enabled">
    ...
</asp:GridView>
```

　ページおよびコントロールのViewStateModeプロパティを使用して、プログラムから動的にビューステートを有効／無効にすることもできます。

ビューステートを暗号化する

　ページ内の隠しフィールドに保存されるビューステートのデータは、デコードされて読み取られる危険性があります。機密性の高いデータを管理するには、セッションを使用するかビューステートを暗号化すべきです。

　ビューステートを常に暗号化するには、次のように、@PageディレクティブのViewStateEncryptionMode属性の値をAlwaysに設定します。

```
<%@ Page ViewStateEncryptionMode="Always" %>
```

　ビューステートの暗号化はパフォーマンスに影響する可能性があるため、必要な場合にのみ使用するようにしてください。

Section 09-04 セッションを使用してデータを保存する

セッション

このセクションでは、セッション（Sessionオブジェクト）を使用してサーバー側にデータを保存する方法について解説します。

このセクションのポイント
1. セッションはサーバー上に保存され、セッションIDによって管理される。
2. セッションモードによりサーバー上のセッションの保存先を変更できる。

　セッションは、ASP.NETが提供しているサーバー側の状態管理の仕組みで、ユーザーごとのデータを一定期間にわたりサーバー上に保存します。

　主にセッションは、ページ遷移時に引き渡したいデータや、個人情報など高いセキュリティが求められるためにビューステートやCookieなどクライアント側には保持したくないデータの管理のために使用します。

セッションの概要

　セッションは、前のセクションで解説したビューステートと使用方法の点ではよく似ていますが、図9-4にあったように仕組みは大きく異なります。ビューステートはデータをページ内に一時的に保存するのに対し、セッションはデータをサーバー上に一定期間保存します。セッションはデータをObject型として管理するため、ビューステートとは異なりどのデータ型のオブジェクトでも格納することができます。

　後述するセッションモードが既定のInProc以外の場合、オブジェクトは基本データ型かシリアライズ可能なデータ型である必要があります。Webサーバー上のメモリではなく、外部のデータストアを使用するためです。

　セッションは、ページ間移動時のデータ受け渡しや、ユーザーごとの機密性の高いデータの管理のために使用することができます。しかし、サーバーリソースを消費するので使用には注意が必要です。また仕組み上、永続的なデータの管理には不向きです。一般的にデータの永続化のためには、別途データベース管理システムを使用します。

セッションID

セッションは、**セッションID**と呼ばれる120ビットの文字列によって識別されます。

ブラウザーからセッションIDを含むリクエストを送ることにより、サーバー側では複数あるセッションの中から該当するセッションを見分けることができます。リクエスト中にセッションIDが含まれない場合には、サーバーで新しいセッションを開始し、レスポンスに新しく発行したセクションIDを含めて送信します。

既定では、セッションIDはCookieに保存されます。セッションIDをCookieに保存しないようにすることも可能です。その場合、Web.configファイルで、sessionStateセクションのcookieless属性の値をtrueに設定します（リスト9-6）。

リスト9-6 Cookieを使用しないセッションIDのための設定

```
<configuration>
  <system.web>
    <sessionState cookieless="true" />
  </system.web>
</configuration>
```

この場合、次の例にあるように、セッションIDはページURLの一部としてASP.NETにより埋め込まれます。

```
http://localhost/(S(0qsia2qgdhlv223pj1ujlqet))/Default.aspx
```

このページURLにセッションIDを埋め込む方法には、注意が必要です。このURLが他者に知られてしまった場合、その者がURLにリクエストして元のユーザーのセッションに不正にアクセスすることが可能となります。セキュリティ面から考えると、この方法は無闇に使用すべきではないでしょう。

なお、sessionStateセクションのcookieless属性には、true/falseだけでなく、表9-6のいずれかの値を設定できます。これらの値は、System.Web名前空間のHttpCookieMode列挙体で定義されています。

表9-6 sessionStateセクションのcookieless属性

値	説明
AutoDetect	ブラウザーがCookieをサポートしている場合、CookieにセッションIDを保存する。サポートしていない場合、ページURLにセッションIDを埋め込む。
UseCookies	ブラウザーがCookieをサポートしているかどうかにかかわりなく、CookieにセッションIDを保存する（既定値）。

UseDevice Profile	RequestオブジェクトのBrowserプロパティーの値に基づいて、CookieにセッションIDを保存するかどうかを判断する。値がCookieをサポートしていることを示す場合、CookieにセッションIDを保存する。それ以外の場合、ページURLにセッションIDを埋め込む。
UseUri	ブラウザーがCookieをサポートしているかどうかにかかわりなく、ページURLにセッションIDを埋め込む。

セッションIDは、Cookieに保存するにしてもページURLに埋め込むにしても、読み取り可能なテキストとして送信されます。何者かによってセッションIDが取得されてしまった場合、サーバー上のセッションへの不正アクセスが可能になります。このようなセキュリティ上の危険が存在するため、セッションに機密性の高いデータを保存する場合には、SSL*を使用して通信を暗号化することが大切です。

＊ Secure Sockets Layer

セッションの有効期限

セッションには、有効期限を分単位で設定できます。既定では、20分です。有効期限が切れたセッションはサーバー上で破棄され、セッションIDは無効となります。

セッションの有効期限の設定には、Web.configファイル中の、sessionStateセクションのtimeout属性を使用します。最大値は525,600分(1年)です。リスト9-7では、セッションの有効期限を、60分に設定しています。

リスト9-7 セッションの有効期限の設定

```
<configuration>
  <system.web>
    <sessionState timeout="60" />
  </system.web>
</configuration>
```

セッションモード

セッションモードにより、サーバー上のどこにセッションを保存するかを設定できます。

表9-7に、セッションモードの種類をまとめます。

表9-7 セッションモードの一覧

セッションモード	信頼性	説明
InProc	低	セッションが、Webサーバー上のメモリ上に保存される(既定値)。
StateServer	中	セッションが、ステートサーバーと呼ばれるIISから独立した別プロセスのメモリ上に保存される。

SQLServer	高	セッションが、SQL Serverデータベースに保存される。
Custom	実装による	セッションが、カスタムセッションストアプロバイダーを使用して保存される。
Off	—	セッションを無効にする。

　既定では、InProcモードが使用され、セッションはWebサーバー上のメモリに保存されます。InProcモードはメモリ上のアクセスのためパフォーマンスが高いという利点がある一方で、IIS、ASP.NETのワーカープロセス、アプリケーションの再起動などによって、セッションが失われる可能性が常に存在します。セッションモードに、StateServerかSQLServerのどちらかを使用することにより、セッションが消えてしまうという問題に対処することができます。

　セッションモードの設定には、Web.configファイル中のsessionState要素のmode属性を使用します。InProcとOff以外のモードでは、接続文字列などの属性をさらに追加する必要があります。

　リスト9-8は、ステートサーバーを使用するための設定例です。StateServerモードを使用するためには、予め[**サービス**]ウィンドウからASP.NET State Serviceを起動しておく必要があります。

リスト9-8　セッションモードにステートサーバーを使用

```
<configuration>
  <system.web>
    <sessionState mode="StateServer"
      stateConnectionString="tcpip=MyStateServer:42424" />
  </system.web>
</configuration>
```

　SQLServerモードを使用して、セッションをSQL Serverデータベースに格納することもできます。

　リスト9-9は、SQL Serverを使用するための設定例です。SQLServerモードを使用するためには、aspnet_regsql.exeツールを使用して、予めASP.NETセッション状態データベースをSQL Server上にインストールしておく必要があります（実行例9-1）。

リスト9-9　セッションモードにSQL Serverを使用

```
<configuration>
  <system.web>
    <sessionState mode="SQLServer"
      sqlConnectionString="Integrated Security=SSPI;data source=MySqlServer;" />
  </system.web>
</configuration>
```

実行例9-1 セッションデータベースを生成するコマンド

```
> aspnet_regsql -S .¥SQLEXPRESS -E -ssadd -sstype p
```

セッションを使用する

セッションにアクセスするには、PageオブジェクトのSessionプロパティを使用します。

Sessionプロパティの型は、System.Web.SessionState名前空間で定義されているHttpSessionStateクラスです。HttpSessionStateクラスは、キーまたは数値インデックスによってオブジェクトを取得または設定できるコレクションです。

セッションにデータを追加するには、ページ内に次のように記述します。

```
Session("Email") = "taro@example.com"
```

セッションからデータを取得するには、ページ内に次のように記述します。

```
Dim email = Session("Email")
```

表9-8に、HttpSessionStateクラスの主要なプロパティをまとめます。

表9-8 HttpSessionStateクラスの主要なプロパティ

プロパティ	説明
CookieMode	セッションIDをCookieに保存するかURLに埋め込むかを取得する。Cookieを使用する場合はUseCookies（既定値）を、URLに埋め込む場合はUseUriを返す。
Count	コレクション内の項目数を取得する。
IsCookieless	セッションIDをURLに埋め込むかどうかを示す。
IsNewSession	現在のリクエストでセッションが作成されたかどうかを示す。
IsReadOnly	セッションが読み取り専用かどうかを示す。
Item	キーまたは数値インデックスによって値を取得または設定する。
Keys	コレクション内のすべての項目のキーのコレクションを取得する。
Mode	セッションモードを取得する。Off、InProc、StateServer、SQLServer、Customのいずれかを返す。
SessionID	セッションIDを取得する。
StaticObjects	Global.asaxファイルの<object Runat="Server" Scope="Session"/>タグで宣言されているオブジェクトのコレクションを取得する。
Timeout	セッションの有効期限（分単位）を取得または設定する。

コレクションによく見られるプロパティに加えて、SessionIDプロパティやCookie Modeプロパティにより、セッションIDやIDの保存方法などを取得することができます。

表9-9に、HttpSessionStateクラスの主要なメソッドをまとめます。

表9-9 HttpSessionStateクラスの主要なメソッド

メソッド	説明
Sub Abandon()	現在のセッションをキャンセルする。
Sub Add(name As String, value As Object)	コレクションに項目を追加する。
Sub Clear()	コレクションからすべての項目を削除する。
GetEnumerator() As IEnumerator	コレクションのすべての項目を読み取るために使用する列挙子を返す。
Sub Remove(name As String)	コレクションから項目を削除する。
Sub RemoveAll()	コレクションからすべての項目を削除する。Clearメソッドと同じ。
Sub RemoveAt(index As Integer)	コレクションの指定したインデックス位置の項目を削除する。

コレクションによくみられるメソッドに加えて、Abandonメソッドのようなセッション独特のメソッドも定義されています。Abandonメソッドにより現在のセッションが無効になり、次にリクエスト時に新しいセッションが開始されます。

以下に、セッションの使用例を示します。ショッピングサイトなどでよく見られるように、入力ページで入力された顧客情報を、別の確認ページで表示しています。この例のように、ページ間でまたがりセキュリティが求められるデータの保存のために、セッションを使用することができます。

リスト9-10は、顧客情報の入力ページのプログラムコードです。

リスト9-10 顧客情報の入力ページ (SessionSample1.aspx.vb)

```
Public Class SessionSample1
    Inherits System.Web.UI.Page

    Protected Sub Page_Load(ByVal sender As Object, ByVal e As System.EventArgs) 
Handles Me.Load

    End Sub

    Protected Sub NextButton_Click(sender As Object, e As EventArgs) Handles 
NextButton.Click
        ' セッションに入力データを保存
        Session("Name") = NameTextBox.Text
```

```
            Session("Address") = AddressTextBox.Text
            Session("Tel") = TelTextBox.Text

            ' 次のページにリダイレクト
            Response.Redirect("~/SessionSample2.aspx")

    End Sub
End Class
```

　顧客情報の入力ページには、名前、住所、電話番号入力用の3つのTextBoxコントロールと、Buttonコントロールが配置されています。
　Buttonコントロールのイベントハンドラー内で、まず名前、住所、電話番号の各入力用のTextBoxコントロールのTextプロパティの値をセッションに保存します。次に、顧客情報の確認ページにリダイレクトします。
　リスト9-11は、顧客情報の確認ページのプログラムコードです。

リスト9-11 顧客情報の確認ページ（SessionSample2.aspx.vb）

```
Public Class SessionSample2
    Inherits System.Web.UI.Page

    Protected Sub Page_Load(ByVal sender As Object, ByVal e As System.EventArgs) →
Handles Me.Load
        ' セッションから入力データをHTMLエンコードした上で復元
        NameLabel.Text = HttpUtility.HtmlEncode(Session("Name"))
        AddressLabel.Text = HttpUtility.HtmlEncode(Session("Address"))
        TelLabel.Text = HttpUtility.HtmlEncode(Session("Tel"))

    End Sub

End Class
```

　顧客情報の確認ページには、名前、住所、電話番号表示用の3つのLabelコントロールが配置されています。
　Page_Loadイベントハンドラー内で、セッションに保存されている名前、住所、電話番号の各データを、HttpUtilityクラスのHtmlEncodeメソッドを使用してHTMLエンコードした上で、LabelコントロールのTextプロパティに設定します。
　実行結果は次のようになります。顧客情報の入力ページでデータを入力して［次へ］ボタンをクリックします（図9-7）。すると、顧客情報の確認ページに遷移し、前のページで入力されたデータが表示されます（図9-8）。

Chapter 09 ライフサイクルと状態管理

図9-7 顧客情報の入力ページ

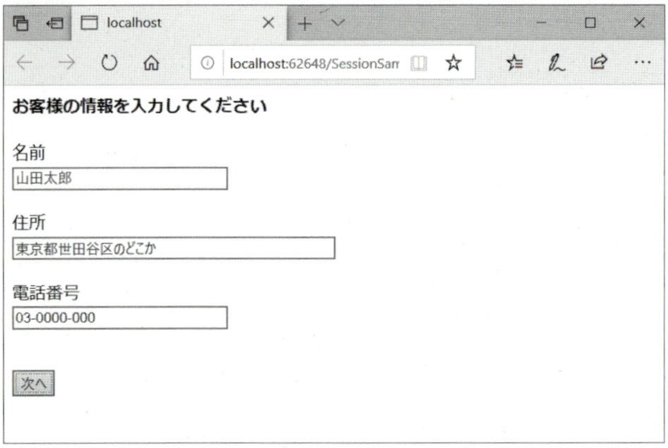

図9-8 顧客情報の確認ページ

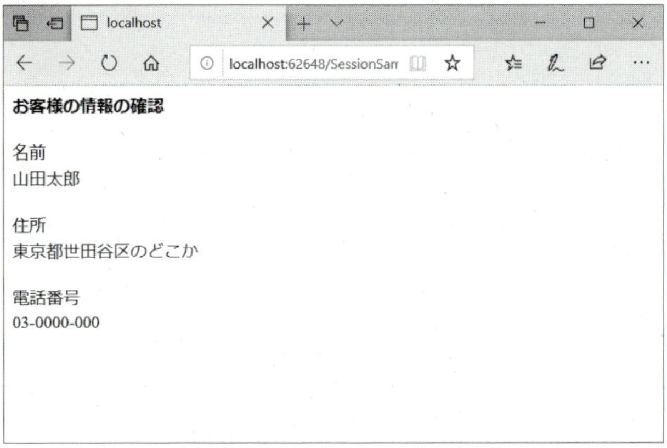

> **コラム**
>
> **コントロールのライフサイクル**
>
> 表9-2で解説したとおり、コントロールにもページと同様のライフサイクルが備わっており、ライフサイクルの各段階で発生するイベントが定義されています。コントロールの挙動やレンダリングをカスタマイズする場合に使用することができます。
>
> コントロールのライフサイクルで発生するのは、ページイベントでも定義されているInit、Load、PreRender、Unloadの各イベントと、コントロール固有のイベントです。
>
> イベントの種類によって、ページとコントロールにおける発生順が異なってきますので、注意が必要です。InitイベントとUnloadイベントは、各コントロールで発生した後、ページで発生します。他方、LoadイベントとPreRenderイベントは、まずページで発生した後、各コントロールで発生します。

Section 09-05 アプリケーションの状態管理を理解する

アプリケーション状態管理

このセクションでは、ApplicationオブジェクトとCacheオブジェクトを使用した、アプリケーションの状態管理の方法について解説します。

このセクションのポイント
1. アプリケーションの状態管理のためには、ApplicationオブジェクトかCacheオブジェクトを使用する。
2. 新規アプリケーション作成時には、より高機能なCacheオブジェクトを使用する。

前のセクションで解説したセッションは、ユーザーごとの状態管理をサーバー上で行う仕組みでした。しかし、アプリケーションによっては、ユーザーごとではなくアプリケーション全体でデータを共有する必要が生じます。

セクション09-02で述べたように、ASP.NETではアプリケーション全体の状態管理のための仕組みも提供しています。それは、ApplicationオブジェクトとCacheオブジェクトです。どちらのオブジェクトもサーバー側に保存され、アプリケーションのどのページからもアクセスできます（図9-9）。

図9-9　ApplicationオブジェクトとCacheオブジェクト

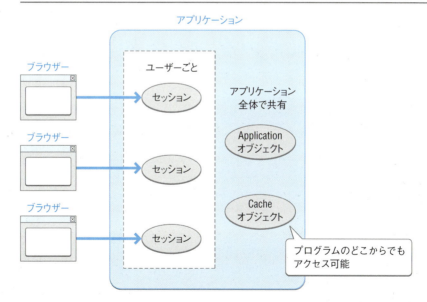

ApplicationオブジェクトとCacheオブジェクトは、どちらもアプリケーションのデータを管理し使用方法も似ていますが、仕組みは異なっています。Applicationオブジェクトは、以前のASPアプリケーションの時代から使用されているディクショ

ナリ形式のオブジェクトです。一方、Cacheオブジェクトは、有効期限の切れたデータを自動的に削除するなどのアプリケーション状態管理のためのより高度な仕組みを備えています。

このように、手軽にデータ共有を行いたい場合にはApplicationオブジェクト、サーバーリソースの有効利用など高度な仕方でデータ共有を行いたい場合にはCacheオブジェクトと、用途や目的に応じて使い分けることができるでしょう。

Applicationオブジェクトを使用する

PageオブジェクトのApplicationプロパティにより、アプリケーションデータにアクセスできます。

Applicationプロパティの型は、System.Web名前空間で定義されているHttpApplicationStateクラスです。HttpApplicationStateクラスは、キーまたは数値インデックスによってオブジェクトを取得または設定できるコレクションです。

HttpApplicationStateクラスは、HttpSessionStateクラスと同様、コレクション操作のためのCountプロパティ、Itemプロパティ、Clearメソッド、Removeメソッドなどを備えています。

Applicationオブジェクトにデータを追加するには、ページ内に次のように記述します。

```
Application("Title") = "サンプルアプリケーション"
```

Applicationオブジェクトからデータを取得するには、ページ内に次のように記述します。

```
Dim message = Application("Title")
```

ページからだけでなく、アプリケーション起動時にApplicationオブジェクトにデータを保存することもできます。そのためには、Global.asax.vbファイルのApplication_Startイベントハンドラー内で、Applicationオブジェクトを使用します。

リスト9-12は、Application_Startイベントハンドラーのコード例です。

リスト9-12 Application_Startイベントハンドラー（Global.asax.vb）

```
Sub Application_Start(sender As Object, e As EventArgs)
    Application("ApplicationStartTime") = DateTime.Now
End Sub
```

コード例では、アプリケーション起動時に発生するApplication_Startイベントのハンドラー内で、Applicationオブジェクトに開始時刻を保存しています。
　Applicationオブジェクトには複数のスレッドが同時にアクセスする可能性があるため、コレクションや格納されているデータに変更を加える場合、Applicationオブジェクトをロックして1つのスレッドのみ書き込みできるようにする必要があります。
　リスト9-13は、Applicationオブジェクトのロックを行うコード例です。

リスト9-13 Applicationオブジェクトのロック

```
Application.Lock()
Application("Counter") = Application("Counter") + 1
Application.UnLock()
```

コード例では、Applicationオブジェクト内のカウンターを安全にインクリメントするために、LockメソッドとUnLockメソッドを使用しています。ロック中は、他のスレッドはこのカウンターの値を変更することはできません。

Cacheオブジェクトを使用する

PageオブジェクトのCacheプロパティにより、アプリケーションのキャッシュデータにアクセスできます。
　Cacheプロパティの型は、System.Web.Caching名前空間で定義されているCacheクラスです。Cacheクラスは、キーによってオブジェクトを取得または設定できるコレクションです。操作のためのCountプロパティ、Itemプロパティ、Addメソッド、Insertメソッド、Removeメソッドなどを備えています。
　Cacheオブジェクトに単純にデータを追加するには、ページ内に次のように記述します。

```
Cache("Item1") = "Item1"
```

Cacheオブジェクトからデータを取得するには、ページ内に次のように記述します。

```
Dim item1 = Cache("Item1")
```

Cacheオブジェクトの利点の一つは、スレッドセーフであることです。Applicationオブジェクトのように明示的なロックは必要なく、データは常に安全に守られます。
　Cacheオブジェクトのデータには、有効期限を設定できます。有効期限が切れたデータは自動的に削除され、使用メモリが解放されます。
　有効期限の設定方法には、絶対有効期限とスライド式有効期限の2種類があります。絶対有効期限では、データが有効期限切れになる時刻を指定します。スライド式有効期限では、データに最後にアクセスしてから有効期限が切れるまでの間隔

を指定します。
　リスト9-14は、絶対有効期限を設定して、今から10分後に削除されるデータを追加するコード例です。

リスト9-14　絶対有効期限を設定したデータの追加

```
Cache.Insert("Item1", "Cached Item 1", Nothing,
  DateTime.Now.AddMinutes(10D),
  System.Web.Caching.Cache.NoSlidingExpiration)
```

　ここでは、Insertメソッドにより、絶対有効期限付きのデータをCacheオブジェクトに挿入しています。4番目のパラメーターには、DateTime型の絶対有効期限を設定します。コード例では、現在の時刻から10分後を設定しています。5番目のパラメーターには、TimeSpan型のスライド式有効期限を設定します。スライド式有効期限を使用しない場合、コード例のようにNoSlidingExpirationフィールドを設定します。
　このように、有効期限を設定してデータを追加するには、CacheオブジェクトのInsertメソッドまたはAddメソッドを使用する必要があります。
　リスト9-15は、スライド式有効期限を設定して、データに最後にアクセスしてから30分後に削除されるデータを追加するコード例です。

リスト9-15　スライド式有効期限を設定したデータの追加

```
Cache.Insert("Item1", "Cached Item 1", Nothing,
  System.Web.Caching.Cache.NoAbsoluteExpiration,
  New TimeSpan(0, 30, 0))
```

　Insertメソッドの5番目のパラメーターに、30分の間隔となるTimeSpan型のスライド式有効期限を設定しています。今回は、絶対有効期限を使用しないので、4番目のパラメーターには、NoAbsoluteExpirationフィールドを設定します。

コラム

コントロールの状態

　ページのポストバック間におけるコントロールの状態保存のために、ASP.NET 2.0以降、コントロールの状態と呼ばれる機能がサポートされています。

　コントロールの状態は、ビューステートと同様にページ内の隠しフィールドに保存されますが、ビューステートとは独立して動作します。そのため、ページおよびコントロールのビューステートが無効にされている場合でも、コントロールの状態は機能し続けます。コントロールの状態を無効にすることはできません。

TECHNICAL MASTER

Chapter
10 →

サイトデザイン

この章では、ASP.NET でサイトをデザインする際に使用する技術やコントロールについて解説します。ASP.NET ではサイトデザインのための幾つかの技術があります。マスターページはサイト共通の画面デザインを実現するための技術です。また、CSS は Web の標準技術で ASP.NET 独自のものではありませんが、ASP.NET でスタイル設定を行う上で重要な役割を果たします。洗練されたサイトデザインを簡単な手順で実現する Bootstrap についても解説します。それぞれの技術の特徴を理解しましょう。

Contents
10-01 マスターページを使用する　　　　　　　　　　［マスターページ］366
10-02 CSS を使用する　　　　　　　　　　　　　　　　　　［CSS］380
10-03 Bootstrap を使用する　　　　　　　　　　　　　［Bootstrap］391

はじめての ASP.NET Web フォームアプリ開発 Visual Basic 対応 第 2 版

Section 10-01 マスターページを使用する

マスターページ

このセクションでは、Webサイト共通の画面デザインを実現するためのマスターページについて解説します。

このセクションのポイント
■1 マスターページとは、Webサイト共通の画面デザインを提供するための仕組みである。
■2 マスターページは入れ子にできる。

　実用的なWebサイトにおいては、全ページで共通のデザインを用いることがあります。たとえば図10-1は秀和システムのWebサイト (http://www.shuwasystem.co.jp/index.html) ですが、最上部には会社ロゴやメニューを含むヘッダが、最下部には問い合わせ先やサイトマップなどを含むフッタが、その間にページごとのコンテンツが配置されています。そして同様の構造がすべてのページで共通となっています。

図10-1 サイトの共通デザインの例

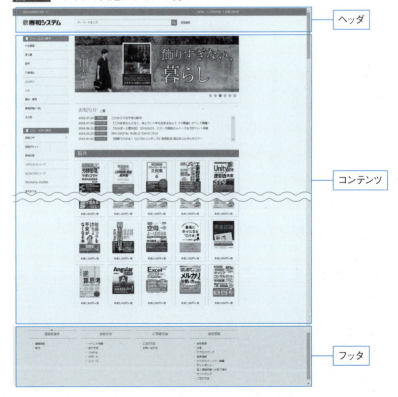

こうした共通のデザインを用いる場合、すべてのページで同じようにコントロールを配置していくのは、作成時に時間が掛かるだけでなく、デザインの修正の手間も大きくなってしまいます。こうした場面で活用できるのがASP.NETの**マスターページ**という機能です。

マスターページとは、ASP.NETのWebアプリケーション全体で共通の画面デザインを提供するための仕組みです。実際には、ひな形となるページ（マスターページ）を通常のWebページと同じようにデザインし、その中に各ページ（**コンテンツページ**）のコンテンツが配置されることになります（図10-2）。

図10-2 マスターページを使ったサイト共通デザイン

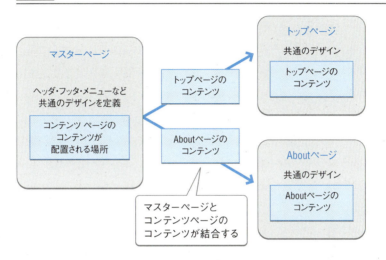

サイト共通デザインはマスターページで記述することで、コンテンツページでは、それぞれのページで提供するコンテンツの実装だけに集中できます。ASP.NETで実用的なサイトを構築する際には、マスターページの活用が前提と言っても過言ではありません。

なお、3章で解説したユーザーコントロールでも、サイトの共通デザインを実現できます。たとえば図10-3のように、ヘッダとフッタをユーザーコントロールとして作成し、各ページでそれらを配置することで、共通のデザインを使用できます。

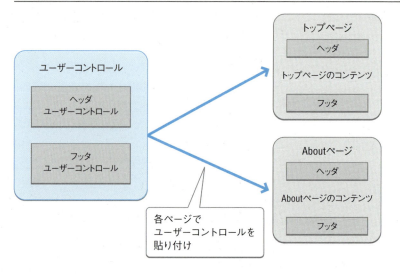

図10-3　ユーザーコントロールを使ったサイト共通デザイン

　ただし、ユーザーコントロールはあくまでも各ページに共通の部品を配置するための技術ですので、サイト共通のデザインのために使おうとすると、いくらか不便な面があります。

　マスターページの場合は、それぞれのページでは、必要なコンテンツを記述するだけですが、ユーザーコントロールの場合は、作成する全ページでユーザーコントロールを配置する必要があります。また、共通デザインに新しい部品、たとえばヘッダ、フッタに加えてメニュー部品を追加したい、といったケースでは、すべてのページでユーザーコントロールの配置を変更していく必要があります。

　サイト共通デザインを実現する際には、そのために準備された機能であるマスターページを使用するようにしましょう。

マスターページの使用方法

　それではVisual Studioを使ってマスターページを作成してみましょう。ソリューションエクスプローラーのプロジェクト名のコンテキストメニューから、[追加] − [新しい項目] を実行し、図10-4のように [Webフォームのマスター ページ] を選択して作成します。マスターページの拡張子は.Masterとなります。ここではSample.Masterという名前で作成しています。

マスターページ | Section 10-01

図10-4 マスターページの作成

作成されたマスターページの内容はリスト10-1のようになります。

リスト10-1 マスターページの内容（Sample.master）

```
<%@ Master Language="VB" AutoEventWireup="false" CodeBehind="Sample.master.vb"
Inherits="Chapter10Sample.Sample" %>

<!DOCTYPE html>

<html xmlns="http://www.w3.org/1999/xhtml">
<head runat="server">
<meta http-equiv="Content-Type" content="text/html; charset=utf-8"/>
    <title></title>
    <asp:ContentPlaceHolder ID="head" runat="server">
    ↑ContentPlaceHolderコントロール。ここにページごとのコンテンツが埋め込まれる
    </asp:ContentPlaceHolder>
</head>
<body>
    <form id="form1" runat="server">
    <div>
        <asp:ContentPlaceHolder ID="ContentPlaceHolder1" runat="server">
        ↑ContentPlaceHolderコントロール。ここにページごとのコンテンツが埋め込まれる
        </asp:ContentPlaceHolder>
    </div>
    </form>
```

```
</body>
</html>
```

通常のWebフォームとの違いとして、以下の2点に注目してください。

- ファイル先頭のディレクティブが@Pageではなく@Masterであること
- ContentPlaceHolderコントロールがあらかじめ配置されていること

@Masterディレクティブは、このページがマスターページであることを表すディレクティブです。@Pageディレクティブと同様に、言語やコードビハインドファイルを指定しています。

自動的に配置されたContentPlaceHolderコントロールは、ページごとのコンテンツが埋め込まれる場所を示します。ページごとのコンテンツがどのように埋め込まれるかについては後述します。

これらの点を除けばマスターページの作成は、コントロールを配置し、コードビハインドでイベントを記述する、という通常のWebフォームと同じ流れになります。

画像とメッセージをマスターページに含めるため、bodyタグ以下をリスト10-2のように書き換えます。

リスト10-2 マスターページの作成例（Sample.master）

```
<body>
    <form id="form1" runat="server">
    <div>
    <img src="http://www.wings.msn.to/image/wings.jpg" />
    <br />
    <h1>マスターページのヘッダ</h1>

        <asp:ContentPlaceHolder ID="ContentPlaceHolder1" runat="server">

        </asp:ContentPlaceHolder>

    <h3>マスターページのフッタ</h3>
    </div>
    </form>
</body>
```

続けてマスターページを利用するコンテンツページを作成しましょう。コンテンツページはいくつかの方法で作成できます。

1. マスターページを開いた状態でメニューの［プロジェクト］－［コンテンツページの追加］を実行

2. メニューの［プロジェクト］およびソリューションエクスプローラーのプロジェクトやフォルダのコンテキストメニューの［追加］から［新しい項目の追加］を実行

1.では、自動的に指定されたマスターページを参照するコンテンツページが作成されます。2.では、参照するマスターページを選択できます。

今回は2.の手順でコンテンツページを作成します。[**新しい項目の追加**]で図10-5のように[**マスターページを含むWebフォーム**]を選択して作成します。今回はContentPageSample.aspxという名前で作成します。

図10-5 コンテンツページの作成

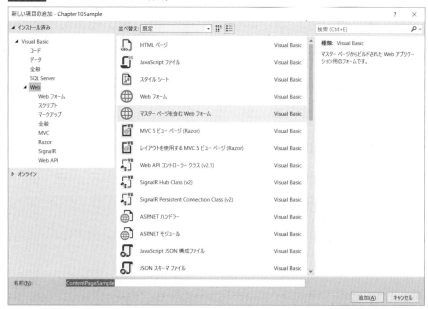

次の画面では図10-6のように参照するマスターページを選択します。先ほど作成したSample.Masterを選択します。

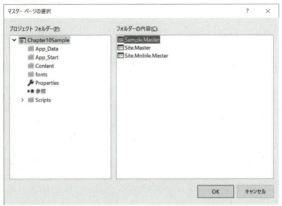

図10-6　参照するマスターページの選択

作成されたコンテンツページはリスト10-3のようになっています。

リスト10-3　作成したコンテンツページの内容（ContentPageSample.aspx）

```
<%@ Page Title="" Language="vb" MasterPageFile="~/Sample.Master"
  AutoEventWireup="true" CodeBehind="ContentPageSample.aspx.vb"
  Inherits="Chapter10Sample.ContentPageSample" %>
<asp:Content ID="Content1" ContentPlaceHolderID="head" runat="server">
</asp:Content>
<asp:Content ID="Content2" ContentPlaceHolderID="ContentPlaceHolder1"
  runat="server">
</asp:Content>
```

このページで注目したいのは以下の2点です。

- @PageディレクティブのMasterPageFile属性
- Contentコントロール

　@PageディレクティブのMasterPageFile属性は、この属性で参照するマスターページを表します。ここではSample.Masterを指定しています。

　Contentコントロールは、マスターページに埋め込むためのコンテンツを記述するためのコントロールです。Contentコントロール以下の内容がマスターページのContentPlaceHolderコントロールに埋め込まれます。

　マスターページのContentPlaceHolderコントロールと、コンテンツページのContentコントロールとの関連づけは、ContentPlaceHolderコントロールのIDプロパティとContentコントロールのContentPlaceHolderIDプロパティで行われます。

このコンテンツページでは、2つのContentコントロールのContentPlaceHolderIDプロパティがheadとContentPlaceHolder1となっています。これはマスターページの2つのContentPlaceHolderコントロールのIDプロパティにそれぞれ対応しており、図10-7のようにそれぞれの位置にコンテンツが埋め込まれます。

図10-7 ContentPlaceHolderコントロールとContentコントロールのIDによる対応付け

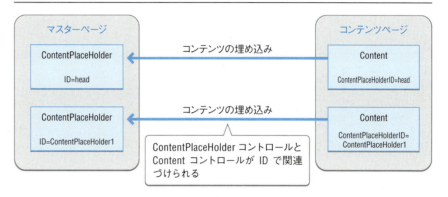

コンテンツページも通常のWebフォームと同様にコントロールの配置やイベントの記述を行うことができます。リスト10-4のように、コンテンツページにコントロールを配置してみましょう。

リスト10-4 コンテンツページのコンテンツの記述例

```
<asp:Content ID="Content2" ContentPlaceHolderID="ContentPlaceHolder1" runat="server">
    <asp:Label ID="Label1" runat="server" Text="コンテンツページのコンテンツ"></asp:Label>
</asp:Content>
```

このコンテンツページの実行結果は図10-8のようになります。マスターページに記述した内容とコンテンツページに記述した内容が組み合わせられていることに注目してください。

Chapter 10 | サイトデザイン

図10-8 マスターページとコンテンツページの組み合わせ

入れ子にされたマスターページ

マスターページはサイト共通デザインを簡単に作成できますが、サイトによっては全ページ共通ではないものの、ある程度のページで共通に使用したいデザインが存在します。

たとえば秀和システムのWebサイトの[会社情報]ページでは、図10-9のようにサイト共通デザインに加え、いくつかのページで共通のメニューが用いられています。

図10-9 いくつかのページで共通のメニューの例

こうした場合、図10-10のようにメニューまで含めたマスターページを、サイト全体のマスターページと別個に作成する方法があります。

図10-10 複数のマスターページを作成するパターン

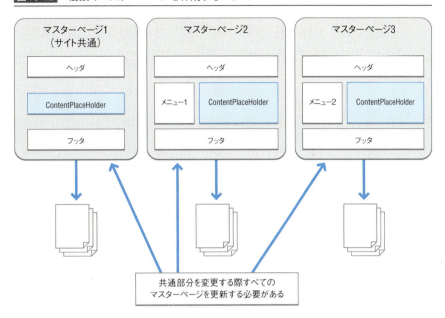

しかし、サイト共通デザインとは別個にマスターページを作成すると、サイト共通デザインを修正する際に、複数のマスターページを修正する必要があるため、管理が複雑になります。

図10-11のように、マスターページを入れ子にすることで、こうしたケースに対応できます。

図10-11 マスターページを入れ子にする

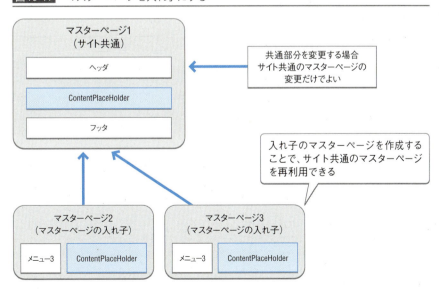

マスターページを入れ子にしておけば、サイト共通デザインを修正する際も、サイト共通のマスターページを調整するだけで対応できます。

入れ子にされたマスターページの作成は、図10-12のように[**新しい項目の追加**]から行うことができます。ここではNestedMasterPageSample.Masterという名前で作成しています。

図10-12 ［Webフォームのマスターページ（ネスト）］の作成

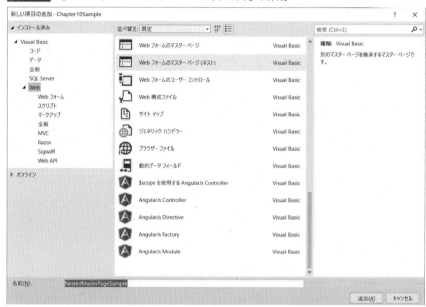

次の画面（図10-13）では、コンテンツページの場合と同様に、親となるマスターページを選択します。

図10-13 親となるマスターページの選択

マスターページ | Section 10-01

入れ子にされたマスターページの内容はリスト10-5のようになります。

リスト10-5 入れ子にされたマスターページの内容（NestedMasterPageSample.Master）

```
<%@ Master Language="vb" MasterPageFile="~/Sample.Master" AutoEventWireup="true"
 CodeBehind="NestedMasterPageSample.master.vb"
 Inherits="Chapter10Sample.NestedMasterPageSample" %>
<asp:Content ID="Content1" ContentPlaceHolderID="head" runat="server">
</asp:Content>
<asp:Content ID="Content2" ContentPlaceHolderID="ContentPlaceHolder1"
  runat="server">
</asp:Content>
```

　@Masterディレクティブで始まるのはマスターページと同じです。また、コンテンツページのようにMasterPageFile属性で親となるマスターページを参照しています。

　デフォルトではコンテンツページと同じく、親となるマスターページに表示するためのContentコントロールが配置されています。注意点として、入れ子にされたマスターページには、デフォルトではコンテンツページの内容を表示するためのContentPlaceHolderコントロールが配置されていませんので、手動で記述する必要があります。

　今回は会社情報メニューをイメージし、リスト10-6のように記述します。

リスト10-6 入れ子にされたマスターページにメニューを記述する（NestedMasterPageSample.Master）

```
<asp:Content ID="Content2" ContentPlaceHolderID="ContentPlaceHolder1" runat="server">
<div style="float:left">　　　　　　　　　　　　　　　 ← CSSを使い、メニューを左に配置
<h3>入れ子にされたマスターページ</h3>
<a href="~/Company/Comapny.aspx">会社情報</a>
<br />
<a href="~/Company/History.aspx">会社沿革</a>
<br />
<a href="~/Company/Access.aspx">アクセスマップ</a>
<br />
</div>
<div style="float:right">　　　　　　　　　　　　　　 ← CSSを使い、コンテンツページを右に配置
<asp:ContentPlaceHolder ID="NestedContent" runat="server" />
↑コンテンツページを埋め込むためのContentPlaceHolderコントロール
</div>
</asp:Content>
```

入れ子にされたマスターページの場合も、コンテンツページの作成方法は変わりません。図10-14のように［**マスターページを含むWebフォーム**］として作成し、次の画面（図10-15）で参照するマスターページを選択します。ここではWebフォームをNestedContentPageSample.aspxとして作成し、NestedMasterPageSample.Masterをマスターページとして参照しています。

図10-14 ［マスターページを含むWebフォーム］の作成

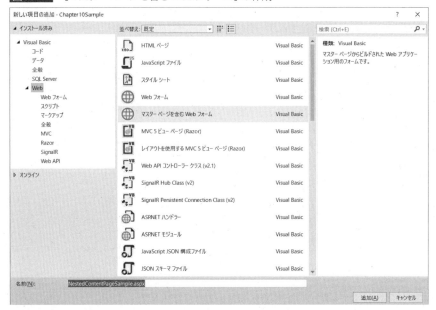

図10-15 親となるマスターページの選択

コンテンツページを記述し、実行すると図10-16のようになります。

図10-16 入れ子にされたマスターページを使ったコンテンツページの例

ここでは、最上位のマスターページ（Sample.Master）、入れ子にされたマスターページ（NestedMasterPageSample.Master）、コンテンツページ（NestedContentPageSample.aspx）が組み合わされて1つのページを構成しています。

入れ子にされたマスターページを活用することで、サイト共通デザインだけでなく、特定のページ群で共通のデザインについてもマスターページで扱うことができます。

Section 10-02 CSS を使用する

このセクションでは、Webページのスタイル設定を行うためのCSSについて解説します。

このセクションのポイント
■ CSSはWebページのスタイル設定を行うための技術である。
■ Visual Studioでは、CSSをビジュアルで設定、管理できる。
■ WebサーバーコントロールではCssClassプロパティにCSSのクラスを指定することでスタイル設定を行うことができる。

* Cascading Style Sheet：カスケーディング・スタイル・シート

魅力的なWebサイトを構築する上で、使用するHTMLタグに適切なスタイル設定を行うことは欠かせません。Webページのスタイル設定を行うための標準技術となっているのが CSS* です。

このセクションでは、CSSの基本とVisual StudioからCSSを使用するための方法について解説します。

HTMLとCSSとASP.NETの関係

最初に、CSSがスタイル設定を行うための標準技術となった経緯について解説します。

HTMLには背景色やフォントなどのスタイルを設定するための機能が元々備わっていました。さらに1990年代のWebブラウザーのシェア争いの際に、様々なWebブラウザー独自のタグや属性が加わるようになり、HTMLでの視覚表現は豊かになっていきましたが、同時にWebブラウザー間のHTMLの非互換性も広がっていきました。

CSS自体は1994年から存在する古い規格ですが、2000年代になってWebブラウザー間のHTMLの非互換性を解決するための標準技術として採用されるようになりました。現在主流のWebブラウザーの多くはCSSのバージョン2.1に対応し、CSS3で策定された幾つかのモジュールにも対応しています。

CSSの特徴は、HTMLからスタイル指定を行う部分を分離したことです。スタイル設定はHTMLとは別の外部のスタイルシートファイルに保存し、それをHTMLから参照するようになっています。スタイルシートファイルの拡張子は一般的に.cssが用いられています。また、CSSではよく用いられるスタイル設定を、使用するタグごとに毎回定義するのではなく、共有できるようになっています。図10-17は、HTMLにスタイル指定を混在した場合と、CSSを使ってスタイルシートファイルにスタイル指定を分離した場合を比較したものです。

図10-17 HTMLのみと、HTMLとCSSの組み合わせの比較

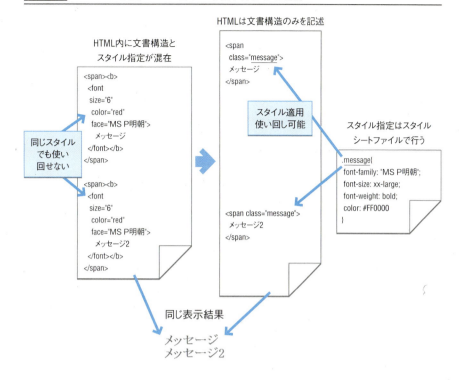

これにより、HTMLは文書の構造を記述することに専念し、スタイル設定はスタイルシートファイルで行う、という役割分担が明確化し、HTMLの内容がシンプルに保たれます。また、Webサイト全体で共通に使用するスタイル設定の再利用も可能となり、一貫性のあるデザインを保つことができます。スタイルの変更の際も、スタイルシートファイルだけを修正するだけで、全体に反映できます。このような経緯で、現在ではCSSを使ったサイトデザインが一般的になっています。

さて、ASP.NETでのスタイル設定についてですが、ASP.NETのサーバーコントロールには、フォントや色などのスタイルを設定するためのプロパティが用意されています。これらのプロパティの多くは、実行時に図10-18の上の例のようにCSSの**インラインスタイルシート**に変換されます。

図10-18 スタイルを設定するためのプロパティを使用した例

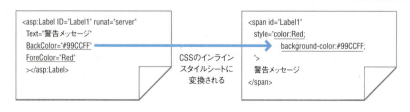

インラインスタイルシートとは、CSSの指定方法の一つで、外部のスタイルシートファイルではなく、スタイル付けを行うタグの style属性 に、使用するCSSのプロパティと値を直接書き込む方法です。ここでは、Labelコントロールの前景色を表すForeColorプロパティと背景色を指定するBackColorプロパティが、CSSのcolorプロパティとbackground-colorプロパティにそれぞれ変換され、spanタグのstyle属性で指定されています。インラインスタイルシートでは、CSSのプロパティは使用できるものの、文書構造とスタイル指定がHTMLに混在したままとなってしまいます。また、使用するタグごとにインラインスタイルシートが記述されるため、スタイルの共有も行えません。

サーバーコントロールにはCSSのスタイルシートファイルで定義したスタイルを使用するための CssClass というプロパティがあります。このプロパティを指定することで、図10-19の下の例のように、外部のスタイルシートファイルのスタイルを参照するようなHTMLが出力されるようになります。

図10-19 CssClassプロパティを使用した例

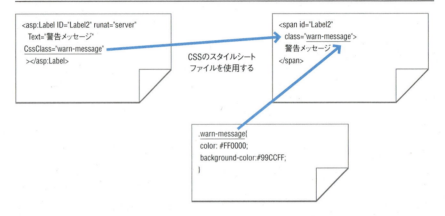

CSSの基本と使用方法

それではCSSの基本について触れた後、ASP.NETでの使用方法について見ていきましょう。

前述の通り、CSSはスタイルシートファイルとHTMLを組み合わせてスタイル設定を行います。スタイルシートファイルは拡張子.cssのファイルで、リスト10-9のような形式で記述します。

> **メモ**
> CSSはHTMLタグのstyle属性や、HTML内のstyleタグでも記述できますが、スタイルの再利用の観点から、外部のスタイルシートファイルに記述するのが一般的です。Visual Studioでプロジェクトを作成した場合、ContentフォルダにSite.cssファイルが配置され、デフォルトではこのCSSファイルが読み込まれます。

リスト10-9 CSSの記述例（Content/Site.css）

```
.mystyle
{
    font-size: large;
    font-weight: bold;
    color: #FF0000;
}
body {
    font-size: medium;
...
```

　CSSは、「プロパティ名: 値;」という形式で、HTMLタグに適用するスタイルを記述します。ここでは、「font-size（フォントのサイズ）」、「font-weight（フォントのボールド指定）」、「color（文字色）」の3つのプロパティの値を定義しています。

　CSSのプロパティは、様々なカテゴリーごとに分類されており、HTMLタグの様々なスタイル設定を行えます。プロパティのカテゴリーには以下のようなものがあります。

- フォント
- テーブル
- テキスト表示
- 幅や高さ
- 罫線
- 表示、配置方法
- （他にも多数のカテゴリー有り）

　またCSSでは、複数のプロパティを{}（中括弧）で囲むことで、1つのスタイルにまとめることができます。ここでは、フォントサイズ大（font-size: large）、フォントボールド指定（font-weight: bold）、文字色赤（color: #FF0000）という3つのプロパティをまとめて、mystyleという名前のスタイルとして定義しています。また、元々存在するbodyタグのスタイルとしてフォントサイズ中（font-size: medium）を追加しています。

　以上がCSSでの基本的なスタイルの定義方法です。一方HTML側では、リスト10-10のようにしてこのスタイルを使用します。

リスト10-10 HTMLでのスタイルの使用例（CssTest.aspx）

```
<link href="~/Content/Site.css" rel="stylesheet" type="text/css" />
↑読み込むスタイルシートファイルをlinkタグで指定
...
<div class="mystyle">HTMLタグでのスタイル設定</div>
```

Chapter 10 サイトデザイン

　まず、linkタグで参照することで、外部のスタイルシートファイルを読み込むことができます。そして、スタイルを使用するタグのclass属性でスタイルを参照します。ここでは、divタグのclass属性にmystyleという値を記述しています。class属性の値は**クラス名**と呼ばれ、CSSで定義したスタイル（ここでは「mystyle」）を指定することで、CSSとの関連づけを行うことができます。

> **メモ**
> 　CSSとHTMLタグの関連付けは、ここに記したクラス名による関連付け以外にも様々な方法があります。たとえば、CSSからタグごとのスタイルを指定することで、HTML側でクラス名を指定しなくても、タグに応じたスタイルを適用できます。

　表示結果は図10-20のようになります。「HTMLタグでのスタイル設定」というメッセージにCSSで指定したスタイルが反映されていることが分かります。

図10-20 CSSによるスタイル設定の例

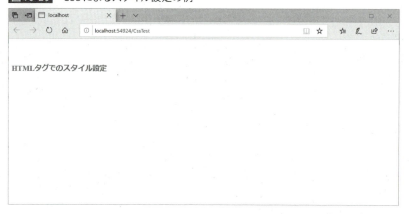

　なおCSSの名前の一部ともなっている「Cascading」つまりスタイルの重ね合わせはCSSの特徴的な機能の一つです。CSSのスタイル設定はHTMLの親タグから子供のタグへと引き継がれていきます。したがって、共通のスタイルは親タグで定義し、子供のタグではそこで必要なスタイルだけを指定することで、必要なスタイル指定が少なくなります。

　以上がCSSの基本となります。なお、CSSにはたくさんの機能があるため、スタイルの詳細については本書では扱いません。詳細については秀和システム刊「TECHNICAL MASTER はじめてのHTML+CSS HTML5対応」などを参照してください。

ASP.NETでのCSSの使用方法

さて、ASP.NETでのCSSの使用方法はごくシンプルです。まず、HTMLタグやHTMLサーバーコントロールについては、先に挙げた例と同じく、class属性にクラス名を指定することでスタイルを参照できます。

また、Webサーバーコントロールについては、CssClassという専用のプロパティがあり、そのプロパティにクラス名を指定することで、スタイルを参照できます。リスト10-11は、Labelコントロールでスタイル設定を行うサンプルです。ここではCssClassプロパティでmystyleというクラス名を指定しています。

リスト10-11 Webサーバーコントロールでのスタイルの使用例（CssTest.aspx）

```
<asp:Label ID="Label1" runat="server"
  Text="Webサーバーコントロールでのスタイル設定"
  CssClass="mystyle"></asp:Label>
```

実行結果は図10-21のようになります。

図10-21 Webサーバーコントロールでのスタイル設定の例

なお、CSSにはインラインスタイルシートと外部のスタイルシートファイルの他に、HTMLのヘッダ内にスタイルシートを記述する方法があり、CssClassプロパティではHTML内に定義したスタイルシート（**埋め込みスタイルシート**と呼ばれる）を参照することもできます。しかし、前述のようにスタイルの分離や再利用の観点から、スタイルは外部のスタイルシートファイルに記述することをお勧めします。

Visual StudioでのCSSの使用方法

ASP.NETからCSSを使うための手順は以上ですが、Visual Studioでは、CSSを活用するための様々な機能が提供されています。そうした機能により、スタイルをビジュアルに作成したり、適用したりできます。

Visual Studioの[**表示**]メニューにある、[**CSSのプロパティ**]、[**スタイルの管理**]、[**スタイルの適用**]という3つのメニューから、CSSに関連する機能を呼び出すことができます（図10-22）。

図10-22 Visual StudioのCSSに関連するメニュー

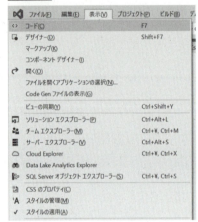

■ (1)[CSSのプロパティ] ウィンドウ

[**CSSのプロパティ**]メニューを実行すると、図10-23のようなウィンドウが表示されます。この画面では、Webページで適用されているスタイルを表示できます。

CSSは複数のスタイル設定を重ね合わせることができるため、スタイルシートファイルとHTMLを見ただけでは、実際に適用されるスタイルがどのようになるかが直感的につかめない場合があります。[**CSSのプロパティ**]ウィンドウを活用することで、希望したスタイルが適用されているかどうかを確認できます。ここでは、CSSのスタイルの重ね合わせにより、bodyタグに適用されたスタイルと、CssClass属性で指定したmystyleの2つのスタイルが重ね合わされて適用されていることが分かります。

図10-23　［CSSのプロパティ］ウィンドウ

　ここでは値が指定されていない項目も含めてすべて表示されていますが、ウィンドウ右上の［**概要**］ボタンをクリックすることで、図10-24のように値が指定されている項目だけを表示できます。

図10-24　［概要］ボタンをクリックし、値が指定されている項目だけを表示

Chapter 10 | サイトデザイン

　このウィンドウでは、スタイルの重ね合わせによって、どの指定が有効になっているかが表示されます。ここでは、文字サイズを表すfont-size指定がbodyタグへの指定とmystyleスタイルでの指定で重複していますが、先ほど作成したmystyleのfont-sizeプロパティ（large）が有効になります。bodyタグのfont-sizeプロパティ（middle）には取消線が引かれており、スタイルが上書きされたことが分かります。

■（2）[スタイルの管理]ウィンドウ

　[**スタイルの管理**]メニューを実行すると、図10-25のようなウィンドウが表示されます。

図10-25　　[スタイルの管理]ウィンドウ

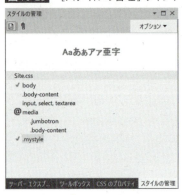

　この画面では、CSSで定義されているスタイルの一覧が表示されます。
　またこのウィンドウでは、それぞれのスタイルがWebページで使用されているかどうかも確認できます。各スタイルの先頭にチェックマークが付いている項目は、そのWebページで使用されています。ここでは、bodyタグへのスタイルと、mystyleの2つが使用されています。
　また、各スタイルのコンテキストメニューから[**このスタイルの適用箇所をすべて選択**]を実行することで、Webページ内のどの項目でこのスタイルが使用されているかも確認できます（図10-26、図10-27）。

図10-26　　指定したスタイルの適用箇所を表示

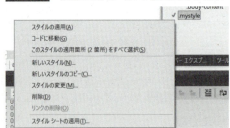

図10-27 スタイルの適用されている箇所が選択される

ここでは、mystyleが適用されている2カ所が選択されています。

[**スタイルの管理**]ウィンドウからは、スタイルの作成、編集も行うことができます。ウィンドウ左上の[**新しいスタイル**]ボタン をクリックするか、既存のスタイルのコンテキストメニューから[**スタイルの変更**]を実行することで、図10-28のようなスタイルの詳細を設定するためのウィンドウが表示されます。

図10-28 スタイルの詳細を設定するためのウィンドウ

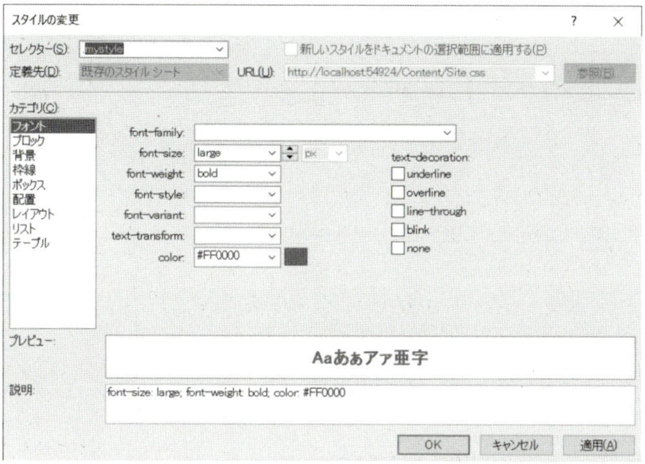

このウィンドウでは、CSSの項目を、フォントや背景、枠線などのカテゴリごとに指定できます。指定した結果はすぐに画面下のプレビュー部分に表示されますので、希望するスタイルをビジュアルに作成できます。

(3)[スタイルの適用]

[**スタイルの適用**]メニューを実行すると、図10-29のようなウィンドウが表示されます。

この画面では、CSSで定義されているスタイルの一覧が表示され、それぞれのスタイルをクリックすることで、現在のタグにスタイルを適用できます。

図10-29 ［スタイルの適用］ウィンドウ

また、これらの3つのウィンドウ以外にも、HTMLタグのclass属性や、Webサーバーコントロールの CssClass プロパティをプロパティウィンドウで設定する際には、図10-30のように、利用可能なスタイル一覧からクラス名を選択できます。

図10-30 スタイル一覧からクラス名を選択

こうしたVisual StudioのCSSをサポートする機能により、Webページのスタイルを視覚的に確認しながら設定できます。CSSは複雑な仕様ですが、Visual Studioの機能により、直感的にスタイルを作成できますので、ぜひ活用していきましょう。

Section 10-03 Bootstrap

Bootstrapを使用する

このセクションでは、Webサイトに統一感あるデザインを素早く適用できるBootstrapについて解説します。

このセクションのポイント
1. BootstrapはWebサイトにすぐに適用できるデザインセットを提供するフレームワークである。
2. Bootstrapのグリッドシステムにより、Webサイトのレイアウトをシンプルな方法で構築できる。

　前のセクションでVisual StudioでCSSを用いてサイトをデザインする方法について解説しました。Visual StudioがCSSの作成、適用をサポートしてくれるとはいえ、実際に見栄えの良いWebサイトを構築するためには、かなりの量のCSSを記述する必要がありますので、Webデザインを生業としていない開発者にとってはハードルが高いと感じる点かもしれません。また「最終製品の正式なデザインはWebデザイナーが受け持つとしても、プロトタイプレベルで見せるWebアプリケーションの見た目があまりに殺風景なのは正直格好悪い…」といった悩みも、多くの開発者が感じているところでしょう。さらには、モバイル機器の急速な普及に伴い、PC用サイトだけでなくモバイル用サイトも構築するよう求められることもあります。

　このセクションで解説するBootstrapは、統一感あるサイトデザインを簡単な手順で適用できるデザインフレームワークです。「それなりの見かけのサイトを簡単な手順で構築できたら良いのに…」といった悩みを抱えている開発者にとって有用なツールです。また、Visual Studioでも標準として組み込まれていますので、ASP.NET開発者にとって取っつきやすいフレームワークでもあります。

Bootstrapの概要

　Bootstrap(http://getbootstrap.com/)は元々Twitter社が自社内で使用するためのフレームワークとして作成したもので、当初のリリースでは「Twitter Bootstrap」として公開されていましたが、現在ではオープンソースとして開発が行われています。

　Bootstrapは主にCSSとJavaScriptファイルで構成されており、CSSファイルとJavaScriptファイルをサイトで読み込むだけで使い始めることができます。実はVisual Studioで新しいASP.NETプロジェクトを作成する際にもBootstrapが使われており、プロジェクト作成時に「空」ではなく「Webフォーム」を選択してプロジェクトのひな形を作成した場合には、Bootstrapが組み込まれたマスターページが生成されます。自動的に生成されるDefault.aspxを実行すると、図10-31のようにBootstrapベースのページが表示されます。

図10-31　自動生成されたDefault.aspxにはBootstrapが使われている

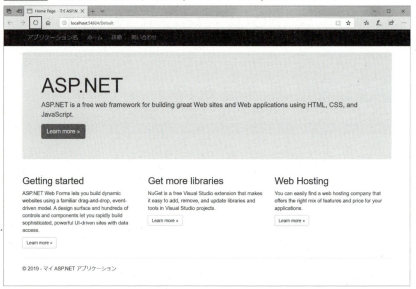

　Bootstrapの大きな特徴は、**レスポンシブデザイン**をサポートしていることです。レスポンシブデザインとは、Webデザインの手法の一つで、PC、タブレット、スマートフォンなど様々な種類、サイズの画面に対して、それぞれにWebページを作り分けるのでは無く、単一のWebページで対応する手法です。たとえば先ほどのDefault.aspxを表示したWebブラウザーの幅を狭めていくと、図10-32のようにレイアウトが自動的に変化します。

図10-32　画面サイズにレイアウトが追従する

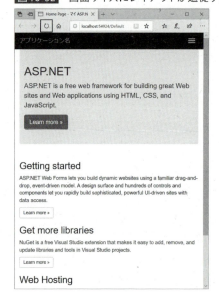

さっと見ただけでも以下のような変化が生じています。

- フォントサイズが自動的に縮小されている
- 上部のリンクメニューがアイコン化されている
- 「Getting Started」以降の段落が、横に3つ並んでいたのが縦に並んでいる

こうしたレイアウトの変化により、モバイル環境のWebブラウザーであっても見やすく使いやすいページとなっています。また、Bootstrapにはテーマ機能が存在し、CSSを入れ替えるだけで簡単に色合いを入れ替えることもできます。

Bootstrapを使用するには、リスト10-12のように、BootstrapのCSSファイル、JavaScriptファイルに加え、JavaScriptライブラリのjQuery(→12章参照)を読み込む必要があります。

リスト10-12 　Bootstrapを使用するためのタグ指定の例

```
<!-- BootstrapのCSS -->
<link rel="stylesheet"
 href="https://maxcdn.bootstrapcdn.com/bootstrap/3.3.5/css/bootstrap.min.css">

<!-- jQueryのJavaScript -->
<script
  src="https://ajax.googleapis.com/ajax/libs/jquery/1.11.3/jquery.min.js">
</script>
<!-- BootstrapのJavaScript -->
<script
  src="https://maxcdn.bootstrapcdn.com/bootstrap/3.3.5/js/bootstrap.min.js">
</script>
```

ただし、Visual StudioでWebフォームプロジェクトのひな形を作成した場合は、バンドルという仕組みによって、Bootstrapに必要なファイル群がまとめて組み込まれていますので、直接Bootstrapのファイル群を指定する必要はありません。バンドルの仕組みについては12章で詳しく解説します。

Bootstrapは多くのWebサイトで使用される基本的なデザインをCSSのクラス群として提供してくれますので、必要なクラスを選択していくだけで見栄えの良いページを構築することができます。幾つかの例を見てみましょう。なお、以降のサンプルはすべてマスターページとしてSite.Masterを指定したページとして作成してください。

ボタン

Webアプリケーションで多用されるボタンについて、Bootstrapは表10-2のような様々なスタイルを提供しています。

表10-2　ボタン関連のクラス名と概要

クラス名	概要
btn	標準的なスタイルのボタン。標準では角丸で灰色地に黒文字
btn-default	デフォルトボタン。標準では白地に黒文字
btn-primary	主要なアクションを表すボタン。標準では青地に白文字
btn-success	成功を表すボタン。標準では緑地に白文字
btn-info	情報を表すボタン。標準では水色地に白文字
btn-warning	警告を表すボタン。標準ではオレンジ地に白文字
btn-danger	危険を表すボタン。標準では赤地に白文字
btn-lg	大サイズボタン
btn-sm	小サイズボタン
btn-xs	極小サイズボタン

リスト10-13はこれらのボタンスタイルを適用した例です。HTMLのinputボタンの場合はclass属性を、Buttonコントロールの場合はCssClassプロパティにそれぞれBootstrapのクラスを指定しています。

リスト10-13　ボタンスタイルの適用例（ButtonSample.aspx）

```
HTMLのinputボタン<br />
<input type="button" value="HTMLのinputボタン" /><p />
<input type="button" value="btnクラス指定" class="btn" /><p />
<p />
Buttonコントロール<br />
<asp:Button ID="Button1" runat="server" Text="CssClass未指定" /><p />
<asp:Button ID="Button2" runat="server" Text="btnクラス指定"
  CssClass="btn" /><p />
<asp:Button ID="Button6" runat="server" Text="btn btn-default"
  CssClass="btn btn-default" /><p />
<asp:Button ID="Button3" runat="server" Text="btn btn-primary"
  CssClass="btn btn-primary" /><p />
<asp:Button ID="Button10" runat="server" Text="btn btn-success"
  CssClass="btn btn-success" /><p />
<asp:Button ID="Button7" runat="server" Text="btn btn-info"
  CssClass="btn btn-info" /><p />
```

```
<asp:Button ID="Button8" runat="server" Text="btn btn-warning"
    CssClass="btn btn-warning" /><p />
<asp:Button ID="Button11" runat="server" Text="btn btn-danger"
    CssClass="btn btn-danger" /><p />

以下はサイズ指定も追加<br />
<asp:Button ID="Button4" runat="server" Text="btn btn-success btn-xs"
    CssClass="btn btn-success btn-xs" /><p />
<asp:Button ID="Button5" runat="server" Text="btn btn-danger btn-lg"
    CssClass="btn btn-danger btn-lg" /><p />
```

実行結果は図10-33のようになります。

図10-33 Bootstrapのクラスを使った様々なボタン

このように、Bootstrapのクラスを指定するだけで、標準に比べグッと見栄えの良いボタンを表現できます。

アイコン

BootstrapはGlyphiconと呼ばれるアイコンを200種類以上提供しています。しかも画像ファイル名などを指定する必要なく、CSSのクラスを指定するだけでアイコンが表示されるというお手軽な仕組みです。

表10-3に一部のアイコンを記します。詳細についてはBootstrap公式Webサイトをご覧ください。

表10-3 Bootstrapが提供するアイコン（一部）

クラス名	概要
glyphicon-search	検索アイコン
glyphicon-envelope	メールアイコン
glyphicon-arrow-up	上矢印アイコン
glyphicon-arrow-down	下矢印アイコン
glyphicon-arrow-left	左矢印アイコン
glyphicon-arrow-right	右矢印アイコン
glyphicon-download	ダウンロードアイコン
glyphicon-cloud-download	クラウドダウンロードアイコン
glyphicon-paperclip	添付アイコン
glyphicon-user	ユーザーアイコン

アイコンを使用する際には、リスト10-14のようにspanタグを用い、クラスとしてglyphiconと表10-3のクラス名の両方を指定します。

リスト10-14 様々なアイコン（IconSample.aspx）

```
<span class="glyphicon glyphicon-search">search</span><p />
<span class="glyphicon glyphicon-envelope">envelope</span><p />
<span class="glyphicon glyphicon-arrow-up">arrow-up</span><p />
<span class="glyphicon glyphicon-arrow-down">arrow-down</span><p />
<span class="glyphicon glyphicon-arrow-left">arrow-left</span><p />
<span class="glyphicon glyphicon-arrow-right">arrow-right</span><p />
<span class="glyphicon glyphicon-star">star</span><p />
<span class="glyphicon glyphicon-download">download</span><p />
<span class="glyphicon glyphicon-cloud-download">cloud-download</span><p />
<span class="glyphicon glyphicon-paperclip">paperclip</span><p />
<span class="glyphicon glyphicon-user">user</span><p />
```

実行結果は図10-34のようになります。

図10-34　Bootstrapのクラスを使った様々なアイコン

グリッドシステム

　Bootstrapは画面をレイアウトするための**グリッドシステム**という仕組みを提供しています。グリッドシステムでは、画面の幅を12カラムに分割したものを1単位とし、それを何カラム分使うか、という指定をすることで、画面をレイアウトします。
　リスト10-15は、画面を3:4:5の幅で3分割してレイアウトした例です。

リスト10-15　（GridSample.aspx）

```
<section class="container">                                    ①containerクラス
  <div class="row">                                            ②rowクラス
          ↓③幅を指定するクラス名
    <div class="col-md-3 mystyle" style="background-color: blue;">
      左側3カラム幅</div>
    <div class="col-md-4 mystyle" style="background-color: grey;">
      真ん中4カラム幅</div>
    <div class="col-md-5 mystyle" style="background-color: green;">
      右側5カラム幅</div>
  </div>
</section>
```

　ここでは、col-md-3、col-md-4、col-md-5のようなクラスを使うことで、それぞれ3, 4, 5カラム幅を使用すると指定しています。このページを実行すると図10-35のようになります。

図10-35 グリッドシステムを使ってレイアウトした例

3分割レイアウトを簡単な手順で実現することができました。また、レスポンシブデザインですのでWebブラウザの幅を縮めると図10-36のようにレイアウトが自動的に変更されます。

図10-36 幅が狭い場合はレイアウトが変更される

グリッドシステムを使用する場合、以下のようにクラスを指定します。

①グリッドシステムでレイアウトする部分の一番上のタグにcontainerクラスを付加する
②横並びにしたいタグの上にrowクラスを付加する

③レイアウトするクラスに「col-{プレフィックス}-{カラム幅}」クラスを付加する。カラムの合計数が12になるように指定する。

③でクラス名の一部として指定するプレフィックスとは、デバイスの種類ごとに決まった文字列のことで、Webブラウザ側の画面解像度に基づいて表10-4のように決まっています。プレフィックスを指定することで、デバイスの種類ごとにレイアウトを変更できます。

表10-4 デバイスの種類と解像度、プレフィックス

デバイスの種類	画面解像度（幅）	プレフィックス
Extra Small	540ピクセル未満	xs
Small	720ピクセル以下	sm
Medium	960ピクセル以下	md
Large	1140ピクセル以下	lg
Extra Large	1140ピクセルを超える	xl

たとえばExtra Small（幅540ピクセル未満の環境）で4カラム幅を使用する場合は「col-xs-4」のようにクラスを指定します。カラム幅指定はデバイスの種類ごとに指定することができます。リスト10-16は、解像度が高い環境では6つの列を2カラムずつ1行に表示し、解像度に応じてカラムを増やしてレイアウトを変更していくサンプルです。

リスト10-16 （ResponsibleGridSample.aspx）

```
<section class="container">
  <div class="row">
          ↓環境に応じて、2，3，4，6カラム幅を使用する指定
    <div class="col-lg-2 col-md-3 col-sm-4 col-xs-6">1列目</div>
    <div class="col-lg-2 col-md-3 col-sm-4 col-xs-6">2列目</div>
    <div class="col-lg-2 col-md-3 col-sm-4 col-xs-6">3列目</div>
    <div class="col-lg-2 col-md-3 col-sm-4 col-xs-6">4列目</div>
    <div class="col-lg-2 col-md-3 col-sm-4 col-xs-6">5列目</div>
    <div class="col-lg-2 col-md-3 col-sm-4 col-xs-6">6列目</div>
  </div>
</section>
```

実行結果は図10-37～図10-40のようになります。ここではWebブラウザの幅を調整しながらレイアウトが変更されることを確認しています。

図10-37　Large環境では2カラム幅6列表示

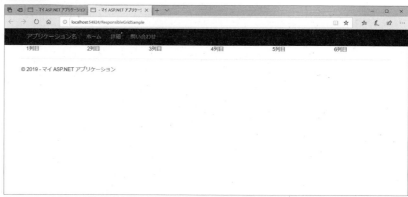

図10-38　Medium環境では3カラム幅4列表示

図10-39　Small環境では4カラム幅3列表示

図10-40　Extra Small環境では6カラム幅2列表示

■ テーブル

BootstrapではHTMLのテーブル（tableタグ）についても、様々なスタイルを指定できます（表10-5）。

表10-5　テーブル関連のクラスと概要

クラス名	概要
table	標準的なテーブルのスタイル。罫線は行間のみ
table-striped	奇数行に背景色を付加してストライプ表示
table-bordered	テーブル全体に罫線を適用

例えばASP.NETではGridViewコントロールがtableタグを使ったHTMLを出力しますが、リスト10-17のようにBootstrapのクラス名を指定することで、GridViewコントロールの出力結果を見やすくレイアウトすることができます。なお、このサンプルは255ページのリスト6-31をベースとしています。

リスト10-17　GridViewコントロールへのBootstrapの適用（BootstrapGridViewSample.aspx）

```
<asp:GridView ID="GridView1" runat="server" SelectMethod="GridView1_GetData" Auto
GenerateColumns="false" CssClass="table table-striped table-bordered">
    <Columns>
        <asp:TemplateField HeaderText="姓">
            <ItemTemplate>
                <%#: Eval("LastName") %>
            </ItemTemplate>
        </asp:TemplateField>
        <asp:TemplateField HeaderText="名">
            <ItemTemplate>
                <%#: Eval("FirstName") %>
            </ItemTemplate>
```

Chapter 10 サイトデザイン

```
        </asp:TemplateField>
    </Columns>
</asp:GridView>
```

ここではGridViewコントロールのCssClassプロパティに「table table-striped table-bordered」という3つのクラスを指定しています。これにより、図10-41のように、全体罫線ありでストライプ表示されたテーブルが出力されます。

図10-41 GridViewコントロールの出力をBootstrapでスタイル付け

TECHNICAL MASTER

ASP.NET Identity

この章では、ASP.NET でユーザー認証およびユーザーの情報を管理するためのフレームワークである ASP.NET Identity について解説します。ASP.NET Identity を使うことで、ログイン認証やユーザー登録など、多くの Web サイトで共通に用いられている機能を簡単に作成することができます。また、ユーザー情報の管理や、外部の SNS などのアカウントを使用したソーシャルログイン機能についても解説します。

Contents

11-01 ASP.NET Identity の概要を理解する ［ASP.NET Identity の概要］ 404

11-02 ユーザー情報をカスタマイズする
　　　　　　　　　　　　　　［ユーザー情報のカスタマイズとロール機能］ 420

11-03 さまざまな認証方法について理解する［メールによるアカウント認証・
　　　アカウント情報検証ルールの変更・2 要素認証］ 429

11-04 ログインに関連するサーバーコントロールを知る
　　　　　　　　　　　　　　　　　　　　［ログイン関連サーバーコントロール］ 441

11-05 外部サービスを使ったログイン機能を理解する
　　　　　　　　　　　　　　　　　　　　　　　　［ソーシャルログイン機能］ 446

はじめての ASP.NET Web フォームアプリ開発 Visual Basic 対応 第 2 版

Section 11-01 ASP.NET Identityの概要

ASP.NET Identityの概要を理解する

このセクションでは、ASP.NET Identityの概要について解説します。

このセクションのポイント

■ASP.NET Identityは様々なアプリケーションから共通に使用可能なユーザー管理用のフレームワークである。
■Visual StudioでASP.NET Identityによる認証を組み込んだプロジェクトを作成できる。

　Webサイトでサービスを提供する際に、会員登録やログイン認証などの機能は頻繁に用いられます。そうした機能は多くのWebサイトで共通であるため、毎回手動で実装するよりも、フレームワークの提供する共通機能を使用するのが効率的です。
　ASP.NETでも ASP.NET Identity というユーザーを管理するための機能が提供されています。ASP.NET Identityは、主に以下の3つの機能を提供します。

- ユーザーの認証機能
- ユーザー情報の管理機能
- 外部サービスによるソーシャルログイン機能

本章ではそれぞれの機能について解説します。

ASP.NET Identity 登場の経緯と特徴

　ASP.NET IdentityはVisual Studio 2013以降でサポートされていますが、それ以前からもASP.NETではユーザー管理機能がサポートされてきました。ASP.NET 1.0にはSQL ServerやXMLファイルなどに格納した情報によってユーザーを認証する機能がありました。ASP.NET 2.0ではASP.NETメンバーシップというユーザー管理用のフレームワークが導入されました。ASP.NETメンバーシップではユーザー認証に関連した様々なサーバーコントロールが用意される他、ユーザー固有の情報をデータベースに保存することもできるようになりました。ただ、ASP.NETメンバーシップは対応するデータベースがSQL Serverに限られるほか、外部サービスなどによるソーシャルログイン機能にも対応していないことなど、幾つかの問題がありました。
　こうした問題点を踏まえてASP.NET Identityがリリースされました。ASP.NET Identityの主な特徴は以下の通りです。

■ One ASP.NETへの対応

ASP.NET IdentityはASP.NET Webフォーム専用ではなく、ASP.NET MVCやWeb APIなど、ASP.NET上の様々なアプリケーションから使用できます。

■ Entity Frameworkへの対応

ASP.NET IdentityはデータベースアクセスにEntity Frameworkを使用しています。これにより、対応するデータベースがSQL Serverに限定されません。

■ 独自のユーザー情報との統合

ASP.NET Identityが使用するユーザー情報はEntity Frameworkのエンティティとして定義されており、ユーザーに必要な項目を任意に追加できます。これにより、認証用情報と独自のユーザー情報を別々に管理する必要がありません。

■ 2要素認証

電話やSMSによる2要素認証[*]に対応します。

■ 外部サービスでのログインへの対応

Microsoft、Google、Twitter、Facebookなどの外部サービスのアカウントでのログインに対応します。

[*] パスワードだけで認証を行うのではなく、電話やSMSなどで伝えたワンタイムパスワードを使って認証する方式。2段階認証とも呼ばれる

ASP.NET Identityは多数の機能を提供するフレームワークであり、その機能のすべてを本書で解説することはできません。また、ASP.NET Identityは柔軟な構成を実現する一方で、基本的な認証を実装する場合でも、一定量のコードを記述する必要があります。

幸いなことにVisual Studio 2019はASP.NET Identityをサポートしており、一般的なWebサイトで必要とされるような認証機能を組み込んだWebアプリケーションを自動生成する機能があります。自動生成された認証機能は単なるサンプルコードではなく、Webサイトで必要とされる機能の多くが実装された実用的なものです。

まずはVisual Studioが自動生成した認証関連のコードを見ながら、ASP.NET Identityの大まかな流れを確認しましょう。その後、ASP.NET Identityの提供する機能について、使用方法を解説します。

ASP.NET Identityを使ったプロジェクトの作成

それでは、Visual StudioでASP.NET Identityを使ったWebアプリケーションを作成し、自動生成されるコードを確認していきましょう。最初に新しいプロジェクト（付属サンプルではChapter11Sample）を作成します（図11-1）。

Chapter 11 ASP.NET Identity

図11-1 ［新しいプロジェクトの作成］画面で［ASP.NET Webアプリケーション］を選択

続いて、ASP.NETプロジェクトのテンプレートとして［**Web フォーム**］を選択します（図11-2）。

図11-2 ［新しいASP.NET Web アプリケーションを作成する］画面

画面右上の［**認証**］部分の［**変更**］リンクを押し、［**個別のユーザーアカウント**］を選択し、プロジェクトを作成します（図11-3）。

図11-3 ［認証の変更］画面

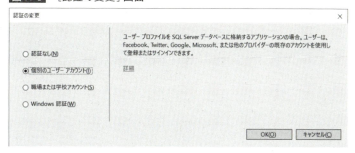

この[**認証の変更**]画面で選択可能な認証方法には表11-1のような4種類があります。一般的なWebアプリケーションでは、認証が不要であれば[**認証なし**]、必要であれば[**個別のユーザーアカウント**]を選択します。

表11-1 ［認証の変更］画面で選択可能な認証の種類

認証の種類	意味
認証なし	一切の認証を行わない
個別のユーザーアカウント	ASP.NET Identityで認証する
職場または学校のアカウント	Active Directoryの情報で認証する
Windows認証	Windowsのユーザー情報で認証する

ASP.NET Identityによる認証付きのプロジェクトが生成されると、図11-4、図11-5のようなファイル構成となっています。

図11-4 全体のファイル構成

図11-5 Account、App_Startフォルダのファイル構成

注目したいのは表11-2のような認証に関連するファイル群です。

表11-2 ASP.NET Identityに関連したファイル群

ファイル、フォルダ	意味
Accountフォルダ	ログイン、登録画面などユーザー認証に関連するページの.aspxファイルが入ったフォルダ
App_Start/Startup.Auth.vb	ASP.NET Identityの設定を構成するクラス。後述のStartup.vbから呼び出される
App_Start/IdentityConfig.vb	パスワードのルールなどユーザー認証に関連した設定を構成するクラス
Models/IdentityModels.vb	ASP.NET Identityが使用するEntity Frameworkのコンテキストクラス
Startup.vb	ASP.NET Identity初期化処理用にアプリケーション起動時に呼び出されるクラス。内部的にApp_Start/Startup.Auth.vbを呼び出して認証の設定を行う
Site.Master	マスターページ（→10章）ファイル。ログイン、ログオフ時で表示が切り替わる

それぞれのファイルの詳細については後ほど解説します。

プロジェクト生成直後の状態で F5 キーを押して実行すると、図11-6のようなデフォルト画面が表示されます。

図11-6 デフォルト画面。右上に登録、ログインリンクが表示されている

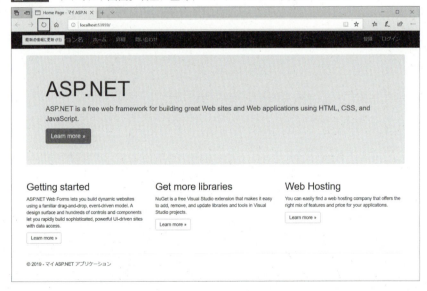

注目は右上で、登録、ログインリンクが表示されています。ログインリンクをクリックすると、図11-7のようなログイン画面が表示されます。

図11-7 電子メールアドレスとパスワードで認証するログイン画面

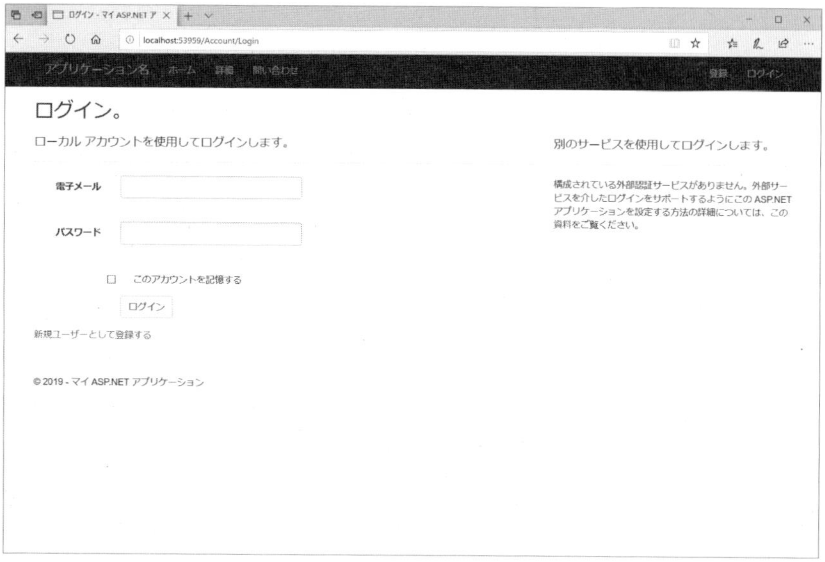

登録リンクをクリックすると図11-8のような、新しいアカウントの登録画面が表示されます。

図11-8 新しいアカウントの登録画面

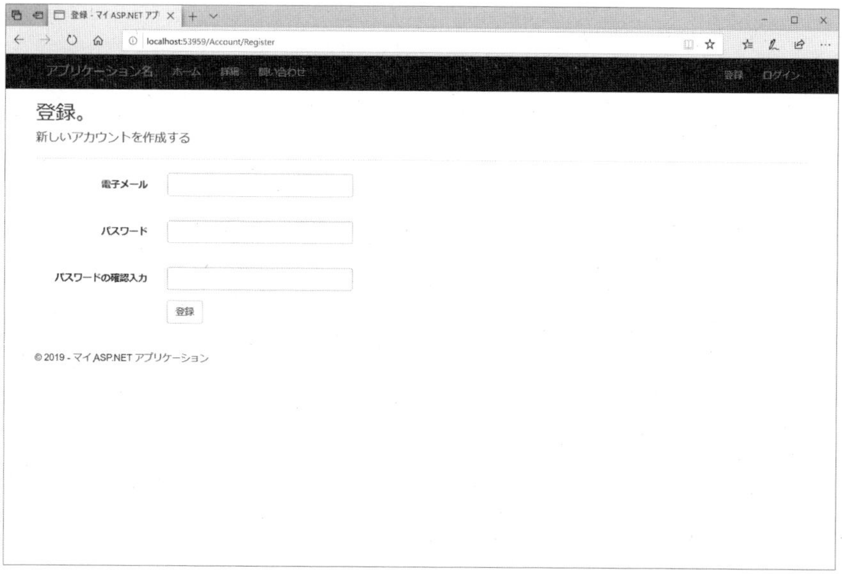

これらの画面は実際に機能しており、アカウントを登録すれば、すぐにログインが可能となります。図11-9はログイン中のデフォルト画面です。右上にログインしているアカウントのメールアドレスとログオフリンクが表示されています。

Chapter 11 ASP.NET Identity

図11-9 ログイン中のデフォルト画面。右上にメールアドレスが表示される

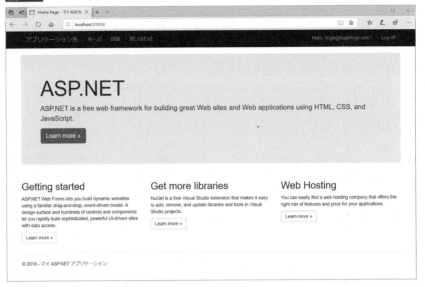

登録したアカウント情報は図11-10のようにデータベースのAspNetUsersというテーブルに保存されていますので、Webアプリケーションを終了させても、情報は保持され続けます。

図11-10 登録したアカウント情報が保存されているAspNetUsersテーブル

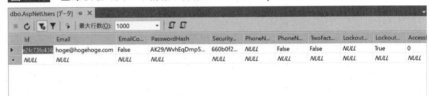

また、ログイン状態で右上のメールアドレスをクリックすると、アカウントの管理画面に遷移します（図11-11）。

図11-11 アカウントの管理画面。パスワード変更や外部ログインの設定機能を呼び出せる

パスワードの [**変更**] リンクをクリックすると、図11-12のようなパスワード変更画面に遷移します。

図11-12 パスワードの変更画面

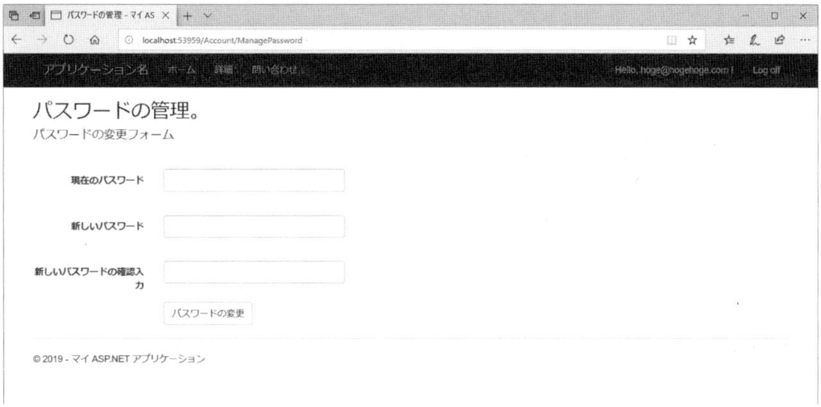

以上の通り、自動生成された認証機能には、Webサイトで必要とされる機能の多くが既に実装されています。前述の通り、ASP.NET Identityを使用するためのコードを1から実装するのではなく、自動生成された機能をベースに、必要な部分をカスタマイズしていくことを推奨します。

認証の必要なページを設定する

さて、プロジェクトを作成した時点では、認証の有無によってデフォルト画面の一部の表示が切り替わるだけで、Webサイトで利用可能な機能はそれほど変わりません。実際のWebサイトでは、会員専用ページなど、認証されたユーザーだけが閲覧できるページなどが存在するでしょう。ASP.NET Identityでは、どのペー

ジが認証の必要なページか、あるいは未認証のユーザーでも閲覧できるかといったアクセス規則を設定することができます。

アクセス規則に関連して理解しておきたいのが、**ロール**という概念です。アクセス規則はユーザーごとに設定することもできますが、「管理者グループのユーザーのみ」や「営業部のユーザーのみ」など、特定の集団に対してアクセス規則を設けたい場合も少なくありません。ASP.NET Identityはユーザーが所属するロールを管理することができ、ロールごとにアクセス規則を設定できます。ロールについては次のセクションで詳しく解説します。

アクセス規則の設定は、Web.configファイルで行います。Web.configについては13章で詳しく解説しますが、アクセス規則に関連する部分については本章で解説します。

Web.configファイルはプロジェクトのフォルダごとに置くことができるXMLファイルです。たとえばAccountフォルダにはリスト11-1のような内容のWeb.configファイルが置かれています。

リスト11-1 AccountフォルダのWeb.configファイルの内容

```xml
<?xml version="1.0"?>
<configuration>

  <location path="Manage.aspx">
    <system.web>
      <authorization>
        <deny users="?"/>
      </authorization>
    </system.web>
  </location>

</configuration>
```

configuration要素の下にlocation要素があり、path属性でManage.aspxファイルを指定しています。その下にsystem.web要素、authorization要素が並んでおり、アクセスを禁じることを示すdeny要素が指定されています。deny要素のusers属性に「?」が指定されていますが、これは認証されていないユーザーを表しています。したがってこのXMLファイルは「Manage.aspxファイルに対して、認証されていないユーザーのアクセスを禁じる」という意味になります。Manage.aspxは先述のアカウント管理ページですので、認証されていないユーザーがアクセスできないのは自然です。

試しにAccount/Manage.aspxファイルを右クリックして「スタートページに設定」した上でプロジェクトを実行すると、Manage.aspxページでは無く、図11-13のようにログイン画面に自動的に遷移します。

図11-13　認証されていない状態ではログイン画面に飛ばされる

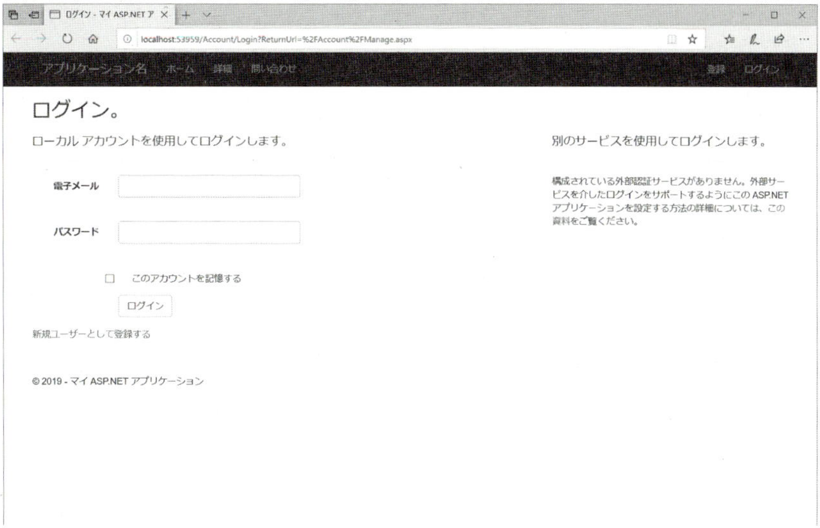

なお、アクセス規則が指定されていないファイルについては、認証されていないユーザーでも自由にアクセスできます。当然のことですが、ログイン画面であるAccount/Login.aspxファイルは認証されていないユーザーでもアクセスできるようになっています。

Web.configファイルでのアクセス規則の設定方法は以下の通りです。

- location要素を使うと特定のファイルについてのアクセス規則を記すことができる
- location要素を使わない場合（configuration要素の直下にsystem.web要素を置く）、フォルダ全体のアクセス規則を記すことができる
- アクセスを許可する場合はallow要素、拒否する場合はdeny要素を使う。それぞれusers要素、role要素で対象のユーザー、ロールを指定できる
- ユーザー名の代わりに「?」を使うと認証されていないユーザーを、「*」を使うと全ユーザーを表せる

リスト11-2はフォルダ内の全ファイルについて、認証されていないユーザーのアクセスを禁止するサンプルです。deny要素で「?」を指定していますので、認証されていないユーザーはアクセスできません。

リスト11-2　認証されていないユーザーのアクセスを禁止するサンプル（Members/Web.config）

```
<?xml version="1.0"?>
<configuration>
  <system.web>
    <authorization>
```

```
      <deny users="?"/>
    </authorization>
  </system.web>
</configuration>
```

リスト11-3は特定のロールだけにアクセスを許可するサンプルです。deny要素で「*」を指定することで、全ユーザーのアクセスを禁止した上で、allow要素で「Admins」というロールだけにアクセスを許可しています。

リスト11-3 Adminsロールだけを許可するサンプル（Admin/Web.config）

```
<?xml version="1.0"?>
<configuration>
  <system.web>
    <authorization>
      <allow roles="Admins"/>
      <deny users="*"/>
    </authorization>
  </system.web>
</configuration>
```

> **コラム**
>
> **認証と認可**
>
> 　一般的に、ログイン機能や閲覧可能かどうかの制御といった機能を、「ユーザー認証」とか「ユーザー管理」といった言葉でひとくくりにしてしまいがちですが、セキュリティ分野では、パスワードなどによる本人性の確認のことを認証（Authentication）、利用者がどのような機能、ページにアクセスできるかを認可（Authorization）と呼びます。例えば、「ログイン機能」は認証、「会員専用ページに認証されたユーザーだけがアクセスできるようにする機能」は認可に該当します。

ASP.NET Identityの基本的な処理の流れ

　前項までユーザの登録、認証処理、およびページごとのアクセス規則の設定方法を解説しました。Visual Studioが自動生成したひな形コードだけでも、Webサイトで基本的に必要とされる機能の多くを網羅していることが分かります。

　しかし、ASP.NET Identityの機能をさらに使用する上では、ASP.NET Identityを使った認証処理がどのように行われているか、ある程度理解しておく必要があります。まずはASP.NET Identityに関連した重要なクラスを押さえておきましょう（表11-3）。

表11-3 ASP.NET Identityに関連する重要なクラス

クラス名	概要	定義されているファイル
Startup	ASP.NET Identityの構成を行うクラス	Startup.vb、App_Start/Startup.Auth.vb
ApplicationUserManager	ユーザーの検索など、ユーザー管理用のクラス。パスワードの複雑度のルールなど、ユーザーに関する設定を行う	Startup/IdentityConfig.vb
ApplicationSignInManager	ログイン処理を担当するクラス。2要素認証やロックアウトなどの機能を提供する	Startup/IdentityConfig.vb
ApplicationUser	ユーザー情報を表すクラス。プロパティを自由に追加して拡張可能	Models/IdentityModels.vb
IdentityContext	Entity Frameworkのコンテキストクラス。	Models/IdentityModels.vb

　Startup、ApplicationUserManager、ApplicationSignInManagerの3つはASP.NET Identityの構成、ユーザーの管理、ログイン処理に関連したクラスで、これらは自動生成されたものをそのまま使用し、必要に応じてカスタマイズするもの、という理解で良いでしょう。

　ユーザー情報を表すApplicationUserクラスは、Entity Frameworkのエンティティクラスです。あらかじめメールアドレスやパスワードなどの情報を格納できるようになっていますが、通常のエンティティクラスと同様に自由にユーザー情報のプロパティを追加できます。次のセクションでユーザー情報のカスタマイズ方法について解説します。

　IdentityContextクラスはEntity Frameworkのコンテキストクラス（→6章）です。このコンテキストクラスを通して、ユーザー情報のエンティティであるApplicationUserクラスのインスタンスにアクセスできます。IdentityContextクラスはASP.NET Identityのみで使用する専用のクラスではなく、汎用のEntity Frameworkのコンテキストクラスとして使用できます。ユーザー情報とは関係の無い、Webアプリケーションで使用する他のエンティティもIdentityContextクラスで管理できます。このように、Entity Frameworkベースで認証が行われることにより、認証用のユーザー情報と他のデータ項目を同じデータベース上で扱うことができ、リレーションシップも自由に構成できます。

　続いて、ログイン時、アカウント登録時の大まかな流れを追ってみましょう。ログイン画面のAccount/Login.aspxですが、まず.aspxファイル自体は特別なページではありません（図11-14）。

Chapter 11 ASP.NET Identity

図11-14 ログイン画面

認証用の電子メールアドレスとパスワード、並びに「このアカウントを記憶する」チェックが、それぞれTextBox、CheckBoxコントロールで配置されているだけで、特別なコントロールは使用されていません。実際のログイン処理はLogInメソッドに記されています（リスト11-4）。

リスト11-4 ログイン時の処理（Account/Login.aspx.vb）

```
Protected Sub LogIn(sender As Object, e As EventArgs)
    If IsValid Then '①入力検証をクリアしているか
        ' ユーザーのパスワードを検証します
        '②ApplicationUserManager、ApplicationSignInManagerを取得
        Dim manager = Context.GetOwinContext().GetUserManager(Of Application
UserManager)()
        Dim signinManager = Context.GetOwinContext().GetUserManager(Of
ApplicationSignInManager)()

        ' ここではアカウントのロックアウトを目的としてログイン エラーが考慮されません
        ' パスワード エラーによってロックアウトが実行されるようにするには、shouldLockout :=
True に変更します
        '③ApplicationSignInManagerのPasswordSignInメソッドでログイン処理
        Dim result = signinManager.PasswordSignIn(Email.Text, Password.Text,
RememberMe.Checked, shouldLockout:=False)

        '④ログイン処理結果に基づいて分岐
        Select Case result
            '⑤ログイン成功時はクエリストリングに記されたURLに遷移
            Case SignInStatus.Success
                IdentityHelper.RedirectToReturnUrl(Request.QueryString
("ReturnUrl"), Response)
```

```
                    Exit Select
            '⑥ロックアウトされていればロックアウト画面に遷移
                Case SignInStatus.LockedOut
                    Response.Redirect("/Account/Lockout")
                    Exit Select
            '⑦2要素認証が必要であれば2要素認証画面に遷移
                Case SignInStatus.RequiresVerification
                    Response.Redirect(String.Format("/Account/TwoFactorAuthenti
cationSignIn?ReturnUrl={0}&RememberMe={1}",
                                            Request.QueryString("ReturnUrl"),
                                            RememberMe.Checked),
                                    True)
                    Exit Select
            '⑧ログイン失敗時はエラーメッセージを出す
                Case Else
                    FailureText.Text = "無効なログインです"
                    ErrorMessage.Visible = True
                    Exit Select
            End Select
        End If
End Sub
```

まず、①はユーザーの入力検証です。入力必須のメールアドレス、パスワードについてRequiredFieldValidatorが配置されていますので、それをクリアしているかどうかをチェックしています。

②ではApplicationUserManager、ApplicationSignInManagerクラスのインスタンスをそれぞれ取得しています。これらのクラスを通してASP.NET Identityの機能にアクセスします。

③では、ApplicationSignInManagerクラスのPasswordSignInメソッドで実際のログイン処理を行い、④～⑧で、その結果に応じた処理を行っています。

通常のログイン成功時の⑤では、クエリストリングのReturnUrlパラメータに渡されたURLに遷移しています。例えば、「/Account/Manage」にアクセスしようとしてログイン画面に遷移した場合は、以下のようなURLとして呼び出されます。なお、ReturnUrlパラメータはURLエンコード（→8章）されるため、「/」は「%2F」に変換されています。

/Account/Login?ReturnUrl=%2FAccount%2FManage

ここではIdentityHelperクラスのRedirectToReturnUrlというメソッドを呼び出していますが、これはModels/IdentityModels.vbファイルに自動生成されたユーティリティメソッドの一つで、遷移先URLをチェックした後、ResponseクラスのRedirectメソッド（→8章）でページを遷移させるメソッドです。

もう1パターン、今度はアカウント登録時の流れを見てみましょう。アカウント登録用のAccount/Register.aspxには、図11-15のようにアカウント情報を入力するためのフォームが配置されています。

図11-15 新しいアカウントの登録画面

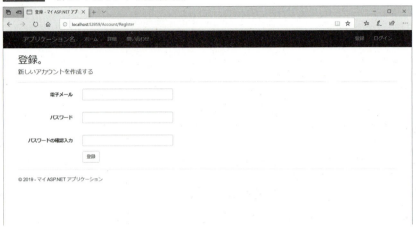

この画面もログイン画面と同様に、通常のTextBoxコントロールと、入力必須検証用のRequiredFieldValidatorコントロールおよびパスワードがパスワードの確認入力と同じになっているかを検証するCompareValidatorコントロールが配置されているだけで、特別なページではありません。実際のアカウント登録処理はCreateUser_Clickメソッドに記されています（リスト11-5）。

リスト11-5 アカウント登録時の処理（Account/Register.aspx.vb）

```
Protected Sub CreateUser_Click(sender As Object, e As EventArgs)
    Dim userName As String = Email.Text

    '①ApplicationUserManager、ApplicationSignInManagerを取得
    Dim manager = Context.GetOwinContext().GetUserManager(Of ApplicationUserManager)()
    Dim signInManager = Context.GetOwinContext().Get(Of ApplicationSignInManager)()

    '②新しいユーザー情報を作成する
    Dim user = New ApplicationUser() With {.UserName = userName, .Email = userName}

    '③新しいユーザー情報を登録する
    Dim result = manager.Create(user, Password.Text)

    '登録結果で分岐する
    If result.Succeeded Then
        ' アカウントの確認とパスワードの再設定を有効にする方法については、http://go.microsoft.
com/fwlink/?LinkID=320771 を参照してください
```

```
        ' Dim code = manager.GenerateEmailConfirmationToken(user.Id)
        ' Dim callbackUrl = IdentityHelper.GetUserConfirmationRedirectUrl(code,
user.Id, Request)
        ' manager.SendEmail(user.Id, "アカウントの確認", "このリンクをクリックすることに
よってアカウントを確認してください <a href=""" & callbackUrl & """>こちら</a>.")

        '④登録が成功したらサインイン処理する
        signInManager.SignIn(user, isPersistent:=False, rememberBrowser:=False)
        '⑤クエリストリングに記されたURLに遷移する
        IdentityHelper.RedirectToReturnUrl(Request.QueryString("ReturnUrl"), Response)
    Else
        '登録が失敗したらエラーメッセージを表示する
        ErrorMessage.Text = result.Errors.FirstOrDefault()
    End If
End Sub
```

①のApplicationUserManager、ApplicationSignInManagerクラスのインスタンスの取得はログインページと同様の定型処理です。

②が重要なポイントで、入力された情報(Emailはメールアドレスを入力したTextBoxコントロールを表す)を元に、新しいユーザー情報を作成しています。ここで作成しているのはEntity FrameworkのエンティティであるApplicationUserクラスのインスタンスです。

③では新しいユーザー情報を、ApplicationSignInManagerクラスのCreateメソッドで登録しています。Createメソッドは内部的にEntity Frameworkを使ってユーザー情報をデータベースへ登録します。

登録が成功したら、④でApplicationSignInManagerクラスのSignInメソッドを使ってサインイン処理を行っています。ログイン時はパスワードを使ってサインイン処理するPasswordSignInメソッドを呼び出していましたが、登録成功直後は改めてパスワードでの認証を行う必要が無いため、無条件でサインイン状態に切り替えるSignInメソッドを呼び出しています。

⑤では、ログイン画面と同様にクエリストリングに設定されたURLに遷移しています。

ここまで、各クラスの役割およびログインと新しいアカウント登録の処理の流れを見てきましたが、.aspx側には特別な記述はなく、実際にログインやアカウント登録を処理する場合にのみ、ロジック側でASP.NET Identityの機能を呼び出していたことが分かります。したがって、ASP.NET Identityにおいて、ログイン画面やアカウント登録画面の見た目には特に制約はなく、自由にカスタマイズすることができます。

Section 11-02 ユーザー情報をカスタマイズする

ユーザー情報のカスタマイズとロール機能

このセクションでは、ASP.NET Identityで管理するユーザー情報のカスタマイズおよびロール機能について解説します。

このセクションのポイント
■① ユーザー情報はApplicationUserクラスで定義されており、自由に拡張可能である。
■② ロールを使用する場合はApplicationRole、ApplicationRoleManagerクラスを自作する。

　前セクションで解説したとおり、ASP.NET Identityはユーザー情報をEntity Frameworkのエンティティとして管理しており、そのエンティティは自由に拡張が可能です。このセクションでは、エンティティにプロパティを追加し、ユーザー情報をカスタマイズする方法について解説します。
　また、ロール機能を使用する方法についても解説します。

ApplicationUserクラスへのプロパティの追加

　前述の通りApplicationUserクラスはEntity Frameworkのエンティティクラスで、デフォルトの定義はリスト11-6のようになっています。

リスト11-6 ApplicationUserクラスの定義（Models/IdentityModels.vb）

```vb
Public Class ApplicationUser
    Inherits IdentityUser

    Public Function GenerateUserIdentity(manager As ApplicationUserManager) As ClaimsIdentity
        ' authenticationType は、CookieAuthenticationOptions.AuthenticationType に定義されている種類と一致する必要があります
        Dim userIdentity = manager.CreateIdentity(Me, DefaultAuthenticationTypes.ApplicationCookie)
        ' カスタム ユーザー要求をここに追加します
        Return userIdentity
    End Function

    Public Function GenerateUserIdentityAsync(manager As ApplicationUserManager) As Task(Of ClaimsIdentity)
        Return Task.FromResult(GenerateUserIdentity(manager))
    End Function
End Class
```

ApplicationUserクラスは、ASP.NET Identityで定義されるIdentityUserというクラスを継承しており、2つのメソッドを実装しています。GenerateUserIdentity、GenerateUserIdentityAsyncの両メソッドは、認証に必要な情報を作成するためのメソッドで、特に手を加える必要はありません。

さて、このクラス定義を見るだけでは、ApplicationUserクラスにどんなプロパティが存在するのか分かりませんが、継承元をたどって定義を確認すると、表11-4のようなプロパティが存在することが分かります。

表11-4 ApplicationUserクラスの主なプロパティ

プロパティ定義	意味
UserName As String	認証に使用するユーザー名
Email As String	メールアドレス
PhoneNumber As String	電話番号
AccessFailedCount As Integer	認証失敗回数
EmailConfirmed As Boolean	メールによるアカウント確認が行われたかどうか
PhoneNumberConfirmed As Boolean	電話番号によるアカウント確認が行われたかどうか
LockoutEnabled As Boolean	ロックアウトが有効かどうか
LockoutEndDateUtc As Nullable (Of DateTime)	ロックアウトが終了する日時
PasswordHash As String	パスワードのハッシュ
TwoFactorEnabled As Boolean	2要素認証が有効化されているかどうか

ASP.NET IdentityはUserNameプロパティとPasswordHashプロパティで認証を行います。なお、自動生成されたプロジェクトでは、メールアドレスとパスワードで認証を行うようになっています。これは、自動生成されたアカウント登録ページで、ユーザーが入力したメールアドレスをユーザー名としても扱い、EmailプロパティとUserNameプロパティ両方に保存するように実装されているためです。アカウント登録ページの処理を書き換えることで、ユーザー名とメールアドレスを別々に設定し、ログイン時にユーザー名を使ってログインするようにもできます。

今回はユーザー情報をカスタマイズし、住所情報を保存できるようにしましょう。カスタマイズの手順は簡単で、リスト11-7のように住所を保存するAddressプロパティをApplicationUserクラスに宣言するだけです。

リスト11-7 ApplicationUserクラスの定義（Models/IdentityModels.vb）

```
Public Class ApplicationUser
    Inherits IdentityUser

    '住所プロパティを追加
    Public Property Address As String
...
```

これでASP.NET Identityで使用しているユーザー情報に、独自のプロパティを追加することができました。

さらに、Global.asax.vbに以下のコードを追加します。ここでは、Entity Frameworkの初期化方法として、データベーススキーマが変更された時にデータベースを削除して再生成するDropCreateDatabaseIfModelChangesクラス（→P.239参照）を指定します。これは、ユーザー情報へのAddressプロパティの追加をデータベースに反映するためです。

リスト11-8 Global.asax.vb

```vb
Sub Application_Start(sender As Object, e As EventArgs)
    'データベース初期化方法を設定
    System.Data.Entity.Database.SetInitializer(New DropCreateDatabaseIfModelChanges(
Of Chapter11Sample.Models.ApplicationDbContext)())
    ...
End Sub
```

アカウント登録画面への項目追加

続いて、アカウント登録画面に住所登録機能を追加しましょう。Account/Register.aspxファイルを修正し、リスト11-9のように住所登録用のAddressテキストボックスを追加します。ここでは、入力必須用のRequiredFieldValidator検証コントロールも配置しています。

リスト11-9 アカウント登録画面に住所登録用テキストボックスを追加（Account/Register.aspx）

```
...
<div class="form-group">
    <asp:Label runat="server" AssociatedControlID="Address"
      CssClass="col-md-2 control-label">住所</asp:Label>
    <div class="col-md-10">
        <asp:TextBox runat="server" ID="Address" CssClass="form-control" />
        <asp:RequiredFieldValidator runat="server" ControlToValidate="Address"
          CssClass="text-danger" ErrorMessage="住所フィールドは必須です。" />
    </div>
</div>
...
```

続いて、アカウント登録を行うCreateUser_Clickメソッドを、リスト11-10のように修正します。

リスト11-10 登録時に住所情報も保存するように修正（Account/Register.aspx.vb）

```
...
Dim manager = Context.GetOwinContext().GetUserManager(Of ApplicationUserManager)()
Dim signInManager = Context.GetOwinContext().Get(Of ApplicationSignInManager)()

Dim user = New ApplicationUser() With {.UserName = userName, .Email = userName,
    .Address = Address.Text} ─ 入力された住所をApplicationUserクラスのAddressプロパティに設定

Dim result = manager.Create(user, Password.Text)

If result.Succeeded Then
...
```

これにより、ユーザーが入力した住所情報がApplicationUserクラスのAddressプロパティに設定され、データベースに反映されるようになります。アプリケーションを実行して図11-16のようにアカウント登録画面で住所付きのユーザー情報を入力します。

図11-16 カスタマイズしたアカウント登録画面

登録ボタンをクリックすると、住所付きのユーザー情報がデータベースに保存されます。AspNetUsersテーブルにAddressフィールドが追加されていることが確認できます（図11-17）。

図11-17 AspNetUsersテーブルにAddressフィールドが追加されている

以上の手順で、ユーザー情報のカスタマイズを行うことができました。

ロール機能の追加

次に、ロール機能を追加してみましょう。デフォルトではロール機能は実装されていないため、登録されたユーザーはどのロールにも所属していない状態です。ロール機能を使用するためには、以下の実装を行う必要があります。

1. ロールを表すApplicationRoleクラスの実装
2. ロールを管理するApplicationRoleManagerクラスの実装
3. ApplicationRoleManagerクラスの登録
4. アカウント登録画面でのロール選択機能の実装

なお、今回は説明の簡略化のため、ロールはAdminsロールのみを固定で登録し、アカウント登録画面で自分がAdminsロールに所属するかどうかをチェックボックスで選択させる方式としています。実アプリケーションでは、別途ユーザー管理画面等でロールの作成、編集などの機能を実装することになるでしょう。

1. ロールを表すApplicationRoleクラスの実装

最初はロールを表すApplicationRoleクラスの実装です。ユーザーを表すApplicationUserクラスと同じく、ApplicationRoleクラスもEntity Frameworkのエンティティクラスです。リスト11-11のように、IdentityRoleというクラスを継承して実装します。

リスト11-11 ApplicationRoleクラスの実装 (Models/IdentityModels.vb)

```
Public Class ApplicationRole
    Inherits IdentityRole

End Class
```

継承元で必要なプロパティが定義されていますので、ApplicationRoleクラスでは何も実装する必要はありません。

■ 2. ロールを管理するApplicationRoleManagerクラスの実装

次に、ロールを管理するApplicationRoleManagerクラスを実装します。ユーザーを管理するApplicationUserManagerクラスを真似ながら、リスト11-12のように実装します。

リスト11-12 ApplicationRoleManagerクラスの実装（App_Start/IdentityConfig.vb）

```
Public Class ApplicationRoleManager
    Inherits RoleManager(Of ApplicationRole)
    Public Sub New(store As RoleStore(Of ApplicationRole))
        MyBase.New(store)
    End Sub

    Public Shared Function Create(options As IdentityFactoryOptions(Of →
ApplicationRoleManager), context As IOwinContext) As ApplicationRoleManager
        Dim manager = New ApplicationRoleManager(New RoleStore(Of Application →
Role)(context.[Get](Of ApplicationDbContext)()))

        '①ロールが存在しない場合は固定でAdminsロールを作成して登録しておく
        If manager.Roles.Count() = 0 Then
            manager.Create(New ApplicationRole() With
            {
              .Name = "Admins"
            })
        End If
        Return manager
    End Function
End Class
```

これらのコードは、基本的にApplicationUserManagerクラスの定義の「User」を「Role」に置き換えたものです。ただし、ApplicationUserManagerクラスのCreateメソッドには次項で解説するパスワード、ユーザー名検証ルールなどのコードが含まれていますが、その部分はApplicationRoleManagerクラスでは不要なので削除しています。

①では、ロールが存在しない場合（登録済みのロールの数を返すmanager.Roles.Count()メソッドの戻り値が0の場合）に、固定で「Admins」という名前を持つロールを登録しています。

■ 3. ApplicationRoleManagerクラスの登録

実装したロール管理用のApplicationRoleManagerクラスを使用するよう、ASP.NET Identityに登録します。App_Start/Startup.Auth.vbには、ユーザー管理用のApplicationUserManagerクラスを登録するコードがありますので、同じように

Chapter 11 ASP.NET Identity

リスト11-13のように追加します。

リスト11-13 ApplicationRoleManagerクラスの登録（App_Start/Startup.Auth.vb）

```
'↓デフォルトで生成されているApplicationUserManagerクラスの登録コード
app.CreatePerOwinContext(Of ApplicationUserManager)(AddressOf ApplicationUser ⤑
Manager.Create)
'↓ApplicationRoleManagerクラスの登録コードを追加
app.CreatePerOwinContext(Of ApplicationRoleManager)(AddressOf ApplicationRole ⤑
Manager.Create)
```

■ 4. アカウント登録画面でのロール選択機能の実装

アカウント登録画面に、リスト11-14のようにAdminsロールかどうかを指定するチェックボックスを追加します。

リスト11-14 ロール登録用チェックボックスの追加（Account/Register.aspx）

```
<div class="form-group">
    <asp:Label runat="server" AssociatedControlID="Admin"
      CssClass="col-md-2 control-label">管理者ロール</asp:Label>
    <div class="col-md-10">
        <asp:CheckBox runat="server" ID="Admin"
          CssClass="form-control" Text="Admins" />
    </div>
</div>
```

アカウント登録時にユーザーをAdminsロールに所属させるため、リスト11-15のように実装します。

リスト11-15 Adminsロールへの追加（Account/Register.aspx.vb）

```
'ここでアカウントを登録
Dim result = manager.Create(user, Password.Text)
'登録結果で分岐する
If result.Succeeded Then
    'AdminチェックボックスがチェックされていたらIf Admin.Checked Then

        '①ApplicationRoleManagerクラスのインスタンスを取得する
        Dim RoleManager = Context.GetOwinContext().GetUserManager(Of Application ⤑
RoleManager)()
        '②AddToRoleメソッドでAdminsロールに所属させる
        manager.AddToRole(user.Id, "Admins")
    End If
```

ここでは、アカウント登録に成功しAdminチェックボックスがチェックされていた場合に、Adminsロールに所属させるよう実装しています。①では、ロール管理用のApplicationRoleManagerクラスのインスタンスを取得しています。このコードはユーザー管理用のApplicationUserManagerクラスのインスタンスを取得する場合とほぼ同様です。②では、ApplicationRoleManagerクラスのAddToRoleメソッドを使って、登録したユーザーをAdminsロールに所属させています。

確認用のAdminsロール専用ページも作成しておきましょう。AdminフォルダにAdminsロールだけを許可するリスト11-3のWeb.configを置きます。そして、リスト11-16のようなAdminsロール専用ページも作成します。

リスト11-16 Adminsロール専用ページ（Admin/AdminMenu.aspx）

```
<%@ Page Title="" Language="vb" AutoEventWireup="false" MasterPageFile="~/Site.
Master"
 CodeBehind="AdminMenu.aspx.vb" Inherits="Chapter11Sample.AdminMenu" %>
<asp:Content ID="Content1" ContentPlaceHolderID="MainContent" runat="server">
Adminロール専用ページ
</asp:Content>
```

それではWebアプリケーションを実行して確認しましょう。Adminsロールに所属する新しいユーザーを図11-18のように登録します。

図11-18 Adminsロールに所属する新しいユーザーの登録

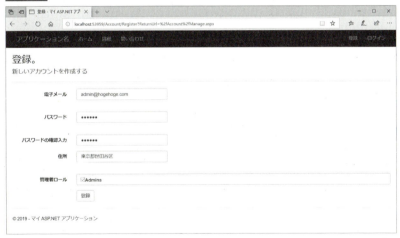

登録完了後、Admin/AdminMenu.aspxページにアクセスすると、図11-19のようにAdminsロール専用ページが表示されます。

図11-19　Adminsロール専用ページの表示

　Adminsロール以外のユーザーでアクセスした場合は、アクセス権限が無いため、再度ログイン画面に遷移します。
　以上の手順でロール機能を実装することができました。

Section 11-03 さまざまな認証方法について理解する

メールによるアカウント認証・アカウント情報検証ルールの変更・2要素認証

このセクションでは、メールによるアカウント認証、アカウント情報の検証ルールを変更する方法および2要素認証について解説します。

このセクションのポイント
■1 メールによるアカウント認証を有効にするには、EmailServiceクラスを実装する。
■2 パスワード、ユーザー名検証ルールはPasswordValidator、UserValidatorクラスのプロパティで設定可能である。
■3 2要素認証により、ワンタイムパスワードを使った認証が行える。

このセクションでは、ASP.NET Identityが提供する以下の機能について解説します。

- メールによるアカウント認証機能
- デフォルトのパスワード、ユーザー名検証ルールを変更する方法
- 2要素認証

メールによるアカウント認証機能

前のセクションまでは、アカウントの登録は任意のメールアドレスで自由に行うことができました。しかし、アカウントを登録しようとしている利用者が、本当にそのメールアドレスを正規に所有しているのかどうかを確認していないため、このままでは不正利用者が勝手にアカウントを作成してしまう可能性があります。

ASP.NET Identityは作成されたアカウントについて、図11-20のような確認メールを送信してアカウント情報を確認する機能をサポートしています。

図11-20 登録されたメールアドレスへ送信されたメール

メールによるアカウント認証機能を有効にするには、以下の実装が必要です。

1. メールを送信するためのEmailServiceクラスの実装
2. アカウント登録時に確認メールを送信するように変更

はじめてのASP.NET Webフォームアプリ開発 Visual Basic 対応 第2版　429

3. ログイン時に、メールによる認証済かどうかを確認するように修正

順を追って実装していきましょう。

■ 1. メールを送信するためのEmailServiceクラスの実装

ASP.NET Identityでメールを使った処理を行う場合、EmailServiceクラスが呼び出されます。デフォルトではEmailServiceクラスはリスト11-17のようにSendAsyncメソッドのひな形だけを実装したクラスのため、ここにメール送信処理を記述する必要があります。

リスト11-17　空のEmailServiceクラス（App_Start/IdentityConfig.vb）

```
Public Class EmailService
    Implements IIdentityMessageService
    Public Function SendAsync(message As IdentityMessage) As Task Implements ⇒
IIdentityMessageService.SendAsync
        ' 電子メールを送信するには、電子メール サービスをここにプラグインします。
        Return Task.FromResult(0)
    End Function
End Class
```

今回はSendAsyncメソッドでSMTPサーバーを経由してメールを送信する処理をリスト11-18のように実装しました。SMTPサーバーの情報およびアカウント情報については適宜書き換えてください。

リスト11-18　SMTPサーバを使ってメールを送信する実装を追加（App_Start/IdentityConfig.vb）

```
Imports System.Net.Mail

Public Class EmailService
    Implements IIdentityMessageService
    Public Function SendAsync(message As IdentityMessage) As Task Implements ⇒
IIdentityMessageService.SendAsync
        ' 電子メールを送信するには、電子メール サービスをここにプラグインします。

        'SMTP送信用のSmtpClientクラスを使ってメール送信
        Using client = New SmtpClient()
            Using msg = New MailMessage("********", 'メールのFromを設定
            message.Destination,
            message.Subject,
            message.Body)

                'SMTPサーバー、ポート番号を設定する
                client.Host = "XXXX.XXXX.XXXX" 'SMTPサーバーを設定
```

```
                    client.Port = 587  'SMTPサーバーのポートを設定
                    client.DeliveryMethod = SmtpDeliveryMethod.Network
                    'SMTP認証のユーザー名、パスワードを設定
                    client.Credentials = New System.Net.NetworkCredential(
                        "XXXXXXXX", "XXXXXXXX")
                    client.Send(msg)
                End Using
            End Using
            Return Task.FromResult(0)
        End Function
End Class
```

ここでは、SMTPでメールを送信するSystem.Net.Mail.SmtpClientクラスを使い、SMTPサーバーにSMTP認証を使って接続した上で、メールを送信しています。

なお、EmailServiceクラスはデフォルトでApplicationUserManagerクラスのCreateメソッドでリスト11-19のように使用するよう設定されていますので、追加で設定を行う必要はありません。

リスト11-19　EmailServiceクラスの使用（App_Start/IdentityConfig.vb）

```
Public Class ApplicationUserManager
    Inherits UserManager(Of ApplicationUser)

    Public Shared Function Create(options As IdentityFactoryOptions(Of ⇒
ApplicationUserManager), context As IOwinContext) As ApplicationUserManager
...
        manager.EmailService = New EmailService()
```

2. アカウント登録時に確認メールを送信するように変更

続いて、アカウント登録時に即ログインするのではなく、一旦確認メールを送信するように変更します。アカウント登録時の確認メールの送信処理はコメントアウト状態で既に記述されていますので、リスト11-20のようにコメントアウト、コメント解除します。

リスト11-20　アカウント登録時にメールを送信する処理の追加（Account/Register.aspx.vb）

```
Dim result = manager.Create(user, Password.Text)

If result.Succeeded Then

    '以下の行をコメント解除する
```

```
    '①アカウント認証用のトークン生成
    Dim code = manager.GenerateEmailConfirmationToken(user.Id)
    '②アカウント確認用URLの生成
    Dim callbackUrl = IdentityHelper.GetUserConfirmationRedirectUrl(code, user.
Id, Request)
    '③メールの送信
    manager.SendEmail(user.Id, "アカウントの確認", "このリンクをクリックすることによって
アカウントを確認してください <a href=""" & callbackUrl & """>こちら</a>.")

    '通常ログインの場合に使用する以下の行をコメントアウトする
    'signInManager.SignIn(user, isPersistent:=False, rememberBrowser:=False)
    'IdentityHelper.RedirectToReturnUrl(Request.QueryString("ReturnUrl"), Response)
```

①では、ApplicationUserManagerクラスのGenerateEmailConfirmationTokenメソッドを使ってアカウント認証用のトークンを生成しています。②では、IdentityHelperクラスのGetUserConfirmationRedirectUrlメソッドを使ってアカウント確認用のURLを生成しています。実際には以下のように末尾にトークンが付加されたURLが生成されます。

http://localhost:49298/Account/Confirm?code=XXXXXXXXXXXXXXXX

③では、ApplicationUserManagerクラスのSendMailメソッドでメールを送信しています。SendMailメソッドは内部的に、先ほど実装したEmailServiceクラスのSendAsyncメソッドを呼び出し、SMTPサーバー経由でメールを送信します。

■ 3. ログイン時に、メールによる認証済かどうかを確認するように修正

続いて、ログイン時に、メールによる認証済かどうかを確認するように修正します。Login.aspx.vbファイルのLogInメソッドをリスト11-21のように書き換えます。

リスト11-21 ログイン処理前に認証済みチェック追加（Account/Login.aspx.vb）

```
Protected Sub LogIn(sender As Object, e As EventArgs)
    If IsValid Then
        ' ユーザーのパスワードを検証します
        Dim manager = Context.GetOwinContext().GetUserManager(Of ApplicationUser
Manager)()
        Dim signinManager = Context.GetOwinContext().GetUserManager(Of
ApplicationSignInManager)()

        '①メールアドレスでユーザーを検索
        Dim user = manager.FindByName(Email.Text)
        '②ユーザーが無効でなく、メールによる認証済みでなければエラー表示
```

```
    If (user IsNot Nothing And Not manager.IsEmailConfirmed(user.Id)) Then
        FailureText.Text = "メールによる認証が行われていません"
        ErrorMessage.Visible = True
        Return
    End If
    '以降は通常のログイン処理

    Dim result = signinManager.PasswordSignIn(Email.Text, Password.Text, →
RememberMe.Checked, shouldLockout:=False)
```

　ここでは、通常のログイン処理の前に①、②の処理を追加しています。①では、ApplicationUserManagerクラスのFindByNameメソッドを使い、メールアドレスからユーザーを検索しています。②では、ApplicationUserManagerクラスのIsEmailConfirmedメソッドを使い、このユーザーがメールによる認証済みかどうかをチェックし、認証済みでなければエラーメッセージを出し、ログイン処理を中断しています。

　実際に挙動を確認してみましょう。アカウント登録後、メールによる認証を終えていない段階でログインしようとすると、図11-21のようにエラーメッセージが表示されます。

図11-21　メールによる認証前のためログインできない

　確認メールのURLをクリックすると、図11-22のように確認画面が表示されます。

図 11-22　アカウント確認画面

なお、この確認画面（Account/Confirm.aspx）は自動生成されたページをそのまま使っています。確認後は通常通りログインが可能となります。

パスワード、ユーザー名検証ルールの変更

Visual Studioが生成するプロジェクトひな形は以下のような比較的厳しいパスワードルールとなっています。

- 長さは6文字以上
- アルファベット・数字以外の文字を含めなければならない
- 数字を含めなければならない
- アルファベットの大文字小文字の両方を使わなければならない

例えば、アカウント登録時に数字と小文字だけのパスワードを設定すると、図11-23のようなエラーメッセージが表示されます。

図11-23 パスワードルールに基づくエラーメッセージ

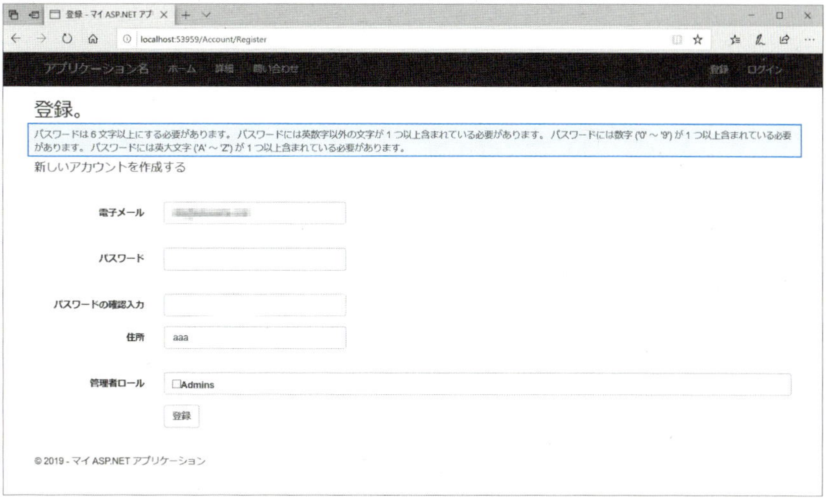

ここでは、「アルファベット・数字以外の文字が入っていない」「大文字が入っていない」ことについてエラーが表示されています。

このパスワードルール設定は、ApplicationUserManagerクラスのCreateメソッドのコードで行われています（リスト11-22）。

リスト11-22 デフォルトで設定されているパスワードルール（App_Start/IdentityConfig.vb）

```vb
Public Class ApplicationUserManager
    Inherits UserManager(Of ApplicationUser)

    Public Shared Function Create(options As IdentityFactoryOptions(Of ApplicationUserManager), context As IOwinContext) As ApplicationUserManager
        Dim manager = New ApplicationUserManager(New UserStore(Of ApplicationUser)(context.[Get](Of ApplicationDbContext)()))

        ...

        ' ①パスワードの検証ロジックを設定します
        manager.PasswordValidator = New PasswordValidator() With {
          .RequiredLength = 6,
          .RequireNonLetterOrDigit = True,
          .RequireDigit = True,
          .RequireLowercase = True,
          .RequireUppercase = True
        }
```

Createメソッドはユーザー管理用のApplicationUserManagerクラスのインスタンスを返すメソッドです。①では、ApplicationUserManagerクラスのパスワード検証方法を表すプロパティであるPasswordValidatorプロパティに、PasswordValidatorクラスのインスタンスを設定しています。PasswordValidatorクラスは表11-5のようなプロパティを持っており、これらのプロパティの値に基づいてパスワードルールが設定されます。

表11-5　PasswordValidatorクラスのプロパティ

プロパティ	意味
RequiredLength As Integer	パスワードの最低文字数
RequireDigit As Boolean	数字を必須とするかどうか
RequireLowercase As Boolean	小文字を必須とするかどうか
RequireNonLetterOrDigit As Boolean	アルファベット・数字以外の文字を必須とするかどうか
RequireUppercase As Boolean	大文字を必須とするかどうか

例えば、リスト11-23は以下のルールをPasswordValidatorクラスのプロパティで表現したものです。

- 長さは8文字以上
- 数字を含めなければならない
- アルファベットの大文字小文字の使用は任意（アルファベットを使用しなくても良い）
- アルファベット・数字以外の文字の使用は任意（使用しなくても良い）

リスト11-23　パスワードルールの変更例

```
' パスワードの検証ロジックを設定します
manager.PasswordValidator = New PasswordValidator() With {
  .RequiredLength = 8,
  .RequireNonLetterOrDigit = False,
  .RequireDigit = True,
  .RequireLowercase = False,
  .RequireUppercase = False
}
```

このように、ApplicationUserManagerクラスのCreateメソッドを書き換えることで、パスワードルールを変更できます。

ユーザー名の検証ルールは同じメソッドでリスト11-24のように設定されています。

リスト11-24　デフォルトで設定されているユーザー名の検証ルール（App_Start/IdentityConfig.vb）

```
' ユーザー名の検証ロジックを設定します
manager.UserValidator = New UserValidator(Of ApplicationUser)(manager) With {
  .AllowOnlyAlphanumericUserNames = False,
  .RequireUniqueEmail = True
}
```

　パスワードルールの場合と同様に、ここではApplicationUserManagerクラスのユーザー名検証方法を表すUserValidatorプロパティに、UserValidatorクラスのインスタンスを設定しています。UserValidatorクラスは表11-6のようなプロパティを持っており、これらのプロパティの値に基づいてユーザー名の検証ルールが設定されます。

表11-6　UserValidatorクラスのプロパティ

プロパティ	意味
AllowOnlyAlphanumericUserNames As Boolean	ユーザー名に使用できるのはアルファベットと数字のみかどうか
RequireUniqueEmail As Boolean	ユーザー名が一意なメールアドレスでなければならないかどうか

　RequireUniqueEmailプロパティを真にした場合、ユーザー名がメールアドレス形式で入力されているか、また、既に登録済みのメールアドレスとバッティングしていないか、チェックが行われます。

　前述の通り、自動生成されたプロジェクトでは、アカウント登録時に入力されたメールアドレスをユーザー名として使用するため、AllowOnlyAlphanumericUserNamesプロパティはfalseでユーザー名に使用できる文字の制限はなく、RequireUniqueEmailプロパティはtrueで一意なメールアドレスであるかどうかが検証されます。

　ユーザー名とメールアドレスを別に管理する場合には、このUserValidatorクラスのプロパティを適宜設定することで、メールアドレス以外の形式のユーザー名を使用できます。

2要素認証の使用

　2要素認証とは、ユーザー名とパスワードだけで認証するのではなく、ワンタイムパスワードと呼ばれる使い捨てのパスワードを使って認証する方式のことです。ワンタイムパスワードは別途電話、SMS、メールその他の手段でユーザーに伝えます。ユーザー名とパスワードが漏洩しただけではワンタイムパスワードを入手することができないため、セキュリティの強度を高めることができます。

Chapter 11 ASP.NET Identity

　　　　　　ASP.NET Identityには、**セキュリティコード**と呼ばれるワンタイムパスワードをメールもしくはSMSで送信する機能があります。ただ、前述のメールによるアカウント認証の場合と同様、ASP.NET IdentityがメールやSMS送信機能を直接提供するのではなく、SMTPサーバーやSMS送信サービスなどを使って送信する機能を自前で実装する必要があります。ここでは、先ほど実装したEmailServiceクラスを使って、メールでセキュリティコードを送信する方法を確認しましょう。

　　　　　　といっても2要素認証に必要な機能はほとんど自動生成されており、必要なのはユーザーごとに2要素認証を有効化するだけです。アカウント登録後の処理をリスト11-25のように書き換えます。

リスト11-25　2要素認証の有効化（Account/Register.aspx.vb）

```vb
'通常のアカウント登録処理
Dim result = manager.Create(user, Password.Text)

'アカウント登録に成功したら
If result.Succeeded Then
    '以下の行を追加し、2要素認証を有効化する
    manager.SetTwoFactorEnabled(user.Id, True)
```

　　　　　　ここでは、ApplicationUserManagerクラスのSetTwoFactorEnabledメソッドを使い、指定されたユーザーについて2要素認証を有効化しています。

　　　　　　ログイン画面では元々2要素認証がサポートされており、2要素認証が有効化されたユーザーの場合、ログイン画面でのパスワードによる認証成功後、リスト11-26のように2要素認証画面へ遷移します。

リスト11-26　ログイン後2要素認証画面へ遷移（Account/Login.aspx.vb）

```vb
'①ユーザー名、パスワードによる認証
Dim result = signinManager.PasswordSignIn(Email.Text, Password.Text, RememberMe.
Checked, shouldLockout:=False)

'ログイン処理結果に基づいて分岐
Select Case result
    '通常の認証成功時
    Case SignInStatus.Success
        IdentityHelper.RedirectToReturnUrl(Request.QueryString("ReturnUrl"), 
Response)
        Exit Select
    '②2要素認証が有効化されたユーザーの場合
    Case SignInStatus.RequiresVerification
        '2要素認証画面へ遷移
        Response.Redirect(String.Format("/Account/TwoFactorAuthenticationSignIn?
ReturnUrl={0}&RememberMe={1}",
```

```
                            Request.QueryString("ReturnUrl"),
                            RememberMe.Checked),
                    True)
        Exit Select
```

　ここでは、①ApplicationUserManagerクラスのPasswordSignInメソッドでユーザー名、パスワードによる認証を行った後、認証結果で分岐しています。②では、2要素認証が有効化されたユーザーの場合に、2要素認証画面(/Account/TwoFactorAuthenticationSignIn.aspx)へ遷移させています。

　2要素認証画面は自動生成されたページで、図11-24のようにセキュリティコードを送信する方法を選択させるページです。

図11-24　セキュリティコード送信画面

　送信ボタンをクリックすると、図11-25のようなメールが登録されたメールアドレス宛に送信されます。

図11-25　送られたメール。セキュリティコードが含まれている

　セキュリティコードを送信すると、図11-26のようなセキュリティコード確認画面に遷移します。セキュリティコードを正しく入力することで、ログインできます。この画面も自動生成されたページです。

図11-26　セキュリティコード確認画面

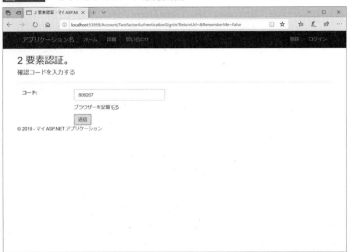

　以上の手順で2要素認証の有効化は完了です。必要な画面のほとんどが自動生成されているため、EmailServiceクラスの実装と、ユーザーごとに2要素認証を有効化するコードを1行追加するだけで、2要素認証機能を簡単に実現できます。

Section 11-04

ログイン関連サーバーコントロール

ログインに関連する
サーバーコントロールを知る

このセクションでは、ログイン状態に合わせて表示を切り替えるためのサーバーコントロールについて解説します。

このセクションのポイント
■1 LoginNameコントロールはログインしているユーザー名を表示するコントロールである。
■2 LoginViewコントロールはログイン状態に合わせて表示内容を切り替えるコントロールである。

ログイン状態に合わせて画面の一部の表示を切り替える機能はWebサイトでも一般的に用いられています。こうした用途に合わせ、ASP.NETは図11-27のようなログイン関連のサーバーコントロールを提供しています。

図11-27 ツールボックスの [ログイン] に含まれるコントロール

```
▲ ログイン
    ポインター
    ChangePassword
    CreateUserWizard
    Login
    LoginName
    LoginStatus
    LoginView
    PasswordRecovery
```

ツールボックスの **[ログイン]** には基本的にASP.NETメンバーシップ用のコントロールが含まれていますが、以下の2つのコントロールはASP.NET Identityでもそのまま使用できます。

- LoginName
- LoginView

それぞれシンプルな機能を提供するコントロールです。以下に、使用方法を解説します。

> **コラム**
>
> **LoginStatusコントロールについて**
>
> ツールボックスの **[ログイン]** にはログイン状態に合わせてログイン、ログアウトリンクを表示するためのLoginStatusというコントロールもあります。ただし、LoginStatusコントロールはASP.NET Identityへの対応に問題があるようで、ログアウト時のログインリンクが正しく動作しません。その代わりにLoginViewコントロールを使うことで、ログイン状態に合わせたログイン、ログアウトリンクの表示が可能です。

LoginNameコントロール

　LoginNameコントロールは現在ログインしているユーザー名を表示するためのコントロールです。

　FormatStringプロパティで書式を設定することで、表11-7のように表示内容を変更できます。デフォルトではユーザー名のみを表示する"{0}"となっています。

表11-7 FormatStringプロパティの値と表示例

FormatStringプロパティの値	表示例（ユーザー名がhoge@hogehoge.comの場合）
{0}	hoge@hogehoge.com
{0}様	hoge@hogehoge.com 様
こんにちは、{0}さん	こんにちは、hoge@hogehoge.com さん

　なお、LoginNameコントロールはログインしていない場合は何も表示しませんので、「こんにちは、さん」のように、ユーザー名が抜けたような変なメッセージが表示されることはありません。

　リスト11-27はLoginNameコントロールの使用例です。

リスト11-27 LoginNameコントロールの使用例（Login/LoginNameSample.aspx）

```
<asp:LoginName ID="LoginName1" runat="server"
  FormatString="こんにちは、{0}さん" />
```

　ここではFormatStringプロパティで表示文字列を指定しています。実行すると、ログインしていない時の表示は図11-28のようになります。ログインしていないため、LoginNameコントロールには何も表示されません。

図11-28 ログインしていない時の表示。何も表示されない

ログイン時の表示は図11-29のようになります。

図11-29 ログイン時の表示

　LoginNameコントロールはシンプルなコントロールですが、マスターページなどに配置することで機能を発揮します。実際、デフォルトで作成されるマスターページであるSite.Masterファイルでも利用されています。

LoginViewコントロール

　LoginViewコントロールは、アクセスしているユーザーがログインしているかどうかに合わせて複数のビューを切り替えることのできるコントロールです。未ログイン時とログイン時に表示内容を切り替えたい場合などに使用します。

　LoginViewコントロールは5章で解説したListViewコントロールのように、複数のテンプレートを切り替えて表示するコントロールです。LoginViewコントロールはAnonymousTemplate、LoggedInTemplateというテンプレートを持っており、ログインしていない状態ではAnonymousTemplateテンプレートの内容を、ログインしている状態ではLoggedInTemplateテンプレートの内容を、それぞれ表示します。また、RoleGroupsというタグの中でロールごとにテンプレートを切り替えることもできます。各テンプレートの中には自由にテキストやコントロールを配置できます。リスト11-28はそれぞれのテンプレートにメッセージを配置した使用例です。

リスト11-28 LoginViewコントロールの使用例((Login/LoginViewSample.aspx)

```
<asp:LoginView ID="LoginView1" runat="server">
    <AnonymousTemplate>
        ログインしていない状態 <br />
        ログインは<a href="/Account/Login">こちら</a>
    </AnonymousTemplate>
    <LoggedInTemplate>
        ログイン状態 <br />
        こんにちは、<asp:LoginName runat="server" />さん
    </LoggedInTemplate>
```

```
    <RoleGroups>
        <asp:RoleGroup Roles="Admins">
            <ContentTemplate>
                Adminロールとしてログイン中
            </ContentTemplate>
        </asp:RoleGroup>
    </RoleGroups>
</asp:LoginView>
```

　ここでは、ログインしていない時はログインリンクを、ログイン時はLoginNameコントロールを使ってユーザー名を、それぞれ表示しています。また、RoleGroups要素以下のRoleGroup要素のRoles属性でAdminsロールを指定しているため、Adminsロールとしてログインしている場合には表示が切り替わります。

　図11-30はログインしていない時の実行例です。

図11-30 ログアウト時の表示

　図11-31はログイン時の実行例です。

図11-31 ログイン時の表示

図11-32はAdminsロールとしてログインしている時の実行例です。なお、Role Groups要素の中で自分のロールに該当するRoleGroup要素が見つかった場合、LoggedInTemplateテンプレートの内容は表示されず、RoleGroup要素以下のContentTemplateテンプレートの内容だけが表示されます。

図11-32 Adminsロールとしてログインしている時の表示

LoginViewコントロールもマスターページで使用するのに適しているコントロールです。デフォルトで生成されるSite.Masterファイルの右上のリンクも、LoginViewコントロールを使って表示しています。

Section 11-05

ソーシャルログイン機能

外部サービスを使ったログイン機能を理解する

このセクションでは、ASP.NET Identityで外部サービスを使ったログイン機能を使用するための方法について解説します。

このセクションのポイント

■ ASP.NET IdentityはMicrosoft、Google、Facebook、Twitterアカウントでの認証に対応している。

前セクションまで解説してきたユーザー認証は、SQL Serverに保存されているユーザー情報にEntity Frameworkを介してアクセスして行っていました。ASP.NET Identityはデータベース上のユーザー情報に基づく認証だけでなく、外部サービスを用いたユーザー認証にも対応しています。

外部サービスを使ったユーザー認証とは

そもそも外部サービスを使ったユーザー認証が必要な理由は何でしょうか。様々なWebサイトがサービスを提供する際にユーザー認証を行うため、ユーザーが管理すべきIDとパスワードの組み合わせは非常に多くなっています。年々増え続けるIDとパスワードをどのように管理すれば良いか、というのは多くのユーザーを頭を悩ませている問題です。IDとパスワードの管理を面倒に感じて複数のWebサイトで共通のパスワードを使ってしまい、結果的に一部のWebサイトのパスワード漏洩によって、他のWebサイトへの侵入も許してしまう、といったニュースもしばしば報道されています。

近年、Microsoft、Google、Facebook、Twitterといった、多くのユーザーを抱えている大規模Webサービスの提供者が、他のWebサイトに対してユーザー認証機能を提供するようになりました。ソーシャルネットワーキングサービスの大手であるFacebookやGoogle+が機能を提供していることから、しばしばソーシャルログインとも呼ばれています。

そうした外部サービスによるユーザー認証を採用しているサービスについては、ユーザーは専用のIDとパスワードを管理する必要がなくなります。また、Webサイト運営者にとっても、ユーザーの会員登録に掛かるステップが削減されることにより、より多くのユーザーを獲得できる可能性が出てくるため、双方にとってメリットの大きい機能といえるでしょう。

ASP.NET Identityは外部サービスによるユーザー認証に対応しており、先に挙げたMicrosoft、Google、Facebook、Twitterの提供するユーザー認証機能を簡単な手順で使用できます。ここでは、Facebookを使ったユーザー認証について解説します。

Facebookにアプリを登録する

まず、Facebookのユーザー認証機能を使用するにあたり、Facebook側でアプリを登録する必要があります。この場合のアプリとは、スマートフォン、タブレットアプリやWebサイトなど、Facebookの機能を使用するサービスの総称です。この作業はFacebookに「このWebサイトに対してユーザー認証機能を提供してください」とお願いすることに相当します。

Facebookにログインした状態で以下のURLにアクセスし、右上の [**マイアプリ**] メニューから [**アプリの作成**] を選びます。（図11-33）。

Facebook デベロッパーサイト
https://developers.facebook.com/

図11-33 ［アプリの作成］を選んで新しいアプリを作成する

次の画面で、アプリの名前を設定します。ここでは [**AspnetIdentitySample**] という名前で作成しました（図11-34）。

図 11-34　アプリの名前を設定

次の [シナリオの選択] 画面から、左上の [設定] – [ベーシック] をクリックしてください。

図 11-35　[シナリオの選択] 画面

次の画面では、[アプリドメイン] という欄にWebサイトのURLを指定します (図11-36)。ここには、[http://localhost:49298] のようなURLを設定します。「:49298」の部分は環境によって異なりますので、手元の環境でWebアプリケーションを実行し、実際の番号に合わせてください。

ソーシャルログイン機能 | Section 11-05

図11-36 WebサイトのURLを設定する

［変更を保存］ボタンを押して設定を保存します（図11-37）。

図11-37 保存後の設定画面。アプリIDとapp secretが表示されている

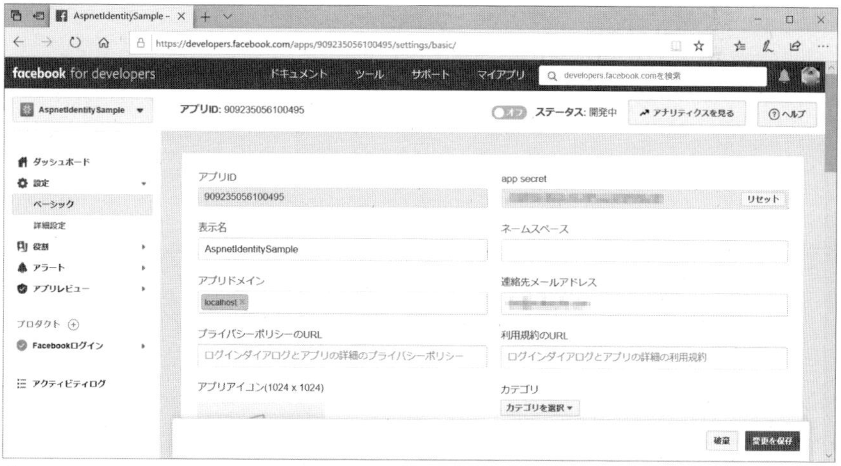

　ここで重要なのが、画面上部に表示されているアプリIDとapp secretです。app secretは機密性の高い情報のため「●●●●●●●●」のように表示が隠されていますが、[Show]ボタンをクリックすると実際の値が表示されます。このアプリIDとapp secretをWebアプリケーション側で設定する必要がありますので、忘れずにメモしておきましょう。

　以上でFacebook側の設定は完了です。

はじめてのASP.NET Webフォームアプリ開発 Visual Basic対応 第2版　**449**

Chapter 11 ASP.NET Identity

ASP.NET Identityに対してFacebookアカウントによるログインを設定する

続いてASP.NET Identityに対し、Facebookアカウントを使ってログインできるよう設定します。StartupクラスのConfigureAuthメソッドには、外部サービスを使ったログインを有効化するためのコードが、コメントアウト状態で生成されています(リスト11-29)。

リスト11-29 コメントアウトされた外部サービスログイン有効化コード (App_Start/Startup.Auth.vb)

```
Public Sub ConfigureAuth(app As IAppBuilder)
...
    ' 次の行のコメントを解除して、サード パーティ ログイン プロバイダーを使用したログインを有効にします
    'app.UseMicrosoftAccountAuthentication(
    '    clientId:= "",
    '    clientSecret:= "")

    'app.UseTwitterAuthentication(
    '    consumerKey:= "",
    '    consumerSecret:= "")

    'app.UseFacebookAuthentication(
    '    appId:= "",
    '    appSecret:= "")

    'app.UseGoogleAuthentication(New GoogleOAuth2AuthenticationOptions() With {
    '    .ClientId = "",
    '    .ClientSecret = ""})
```

UseMicrosoftAccountAuthentication、UseTwitterAuthentication、UseFacebookAuthentication、UseGoogleAuthenticationというメソッドが、それぞれMicrosoft、Twitter、Facebook、Googleアカウントでの認証に対応しています。今回はFacebookアカウントでの認証ですので、UseFacebookAuthenticationメソッド部分のコメントを解除し、appId、appSecretにFacebookデベロッパーサイトに表示されたアプリID、app secretの値を指定します(リスト11-30)。サンプルではアプリID、app secretの値は伏せていますので、実際の値に置き換えてください。

リスト11-30 コメントアウトされた外部サービスログイン有効化コード (App_Start/Startup.Auth.vb)

```
app.UseFacebookAuthentication(
    appId:="XXXXXXXXXXXXXXXXXX",      '←実際のアプリIDを設定する
    appSecret:="XXXXXXXXXXXXXXXXXX")  '←実際のapp secretを設定する
```

以上の手順でASP.NET Identityに対してFacebookアカウントでの認証を有効化することができました。
　実際にWebアプリケーションを実行し、ログインリンクをクリックすると、ログイン画面の右側の「別のサービスを使用してログインします。」の下に、「Facebook」というボタンが表示されます（図11-38）。なお、複数のサービスでのログインが有効化されると、それぞれのサービス用のボタンが縦に並んでいきます。

図11-38　ログイン画面にFacebookボタンが表示される

　「Facebook」ボタンをクリックすると、図11-39のような確認画面が表示されます。これはFacebook側が表示している画面で、このWebサイトに対してFacebookのプロフィール情報を提供するかどうかを確認させる画面です。

図11-39　Facebookアカウントによる登録

　7「OK」ボタンを押すと、Facebook側での認証結果がASP.NET側に渡され、初回のみ図11-40のような画面になります。ここでは、Facebook側で認証されたユーザーのメールアドレスを入力させています。

図11-40　メールアドレスの登録

　ここで入力したメールアドレスは、ASP.NET Identityでのユーザー名として登録されます。Facebookアカウントを使って2回目以降ログインした場合はこの画面は表示されず、初回に登録したメールアドレスのユーザーとしてログインした状態になります。ユーザーにとってはFacebookにログインしていれば、ワンタッチでログインすることができ、利便性が高まることが良く分かるでしょう。

　本セクションではFacebookアカウントによるログインを有効化する方法について解説しました。Facebookの場合はFacebook側でAppを登録する必要がありましたが、他のサービスでのログインを有効化する場合、App登録に相当する手順はそれぞれのサービスごとに異なります。ASP.NET Identity側の手順は大差なく、StartupクラスのConfigureAuthメソッドでコメントアウトされている部分のコメントを解除し、各サービスでの登録後に発行されるIDやパスワード（サービスによって呼び名が異なります）を設定することでログインを有効化できます。ごく簡単な手順で外部サービスによるログインを実装できますので、ぜひ活用しましょう。

TECHNICAL MASTER

Chapter
12

ASP.NET AJAX

この章では、ASP.NET から Ajax 機能を使用するための ASP.NET AJAX について解説します。ASP.NET AJAX には ASP.NET の延長線上で Ajax 開発を行うための UpdatePanel コントロールがあり、クライアントサイドの JavaScript をほとんど記述することなく Ajax 機能を使用できます。また、jQuery を使うことで、JavaScript を使って Ajax 機能を実装することも可能です。Web API を使ったサーバーサイドの Web サービスとの連動も可能です。Ajax 開発の様々なアプローチを押さえておきましょう。

Contents

12-01 ASP.NET AJAX を理解する　　　　　　　　　　　　［ASP.NET AJAX］　454
12-02 UpdatePanel コントロールでページの部分更新を行う
　　　　　　　　　　　　　　　　　　　　　　　　　　［UpdatePanel］　459
12-03 クライアントサイドの JavaScript で Ajax を実装する　　［jQuery］　476
12-04 Web API で Web サービスを公開する　　　　　　　　　　［Web API］　490
12-05 JavaScript ファイルの管理を理解する　［バンドルとミニファイ］　503

はじめての ASP.NET Web フォームアプリ開発 Visual Basic 対応 第 2 版

ASP.NET AJAX

Section 12-01 ASP.NET AJAXを理解する

このセクションでは、Ajaxの仕組みと、ASP.NETにおけるAjax利用の基本である ASP.NET AJAXの概要について解説します。

このセクションのポイント
■1 Ajaxとは、非同期通信で取得したデータを使い、JavaScriptによるDOM操作でWebページを更新する技術である。
■2 広義のAjaxには、非同期通信を使わない、JavaScriptによるリッチなUI機能も含まれる。
■3 ASP.NET AJAXには、サーバーコントロールを中心としたAjaxと、クライアントサイドのJavaScriptを中心としたAjaxの2つのアプローチがある。

　Ajaxとは、Asynchronous JAvascript + Xmlの頭文字を取った略語で、Webブラウザーで非同期通信を使ってHTMLを操作する技術のことです。Ajaxは専用の仕様が定められているわけではなく、JavaScriptの非同期通信機能とHTMLの書き換え機能という既存技術の組み合わせによって、リッチなWebを可能にしています。Ajaxという略語はソフトウェア コンサルティング会社を経営するJesse James Garrett氏が2005年2月に「Ajax: A New Approach to Web Applications」（Ajax：Webアプリケーションへの新しいアプローチ）というコラムで命名したのが始まりのようです。Ajaxの普及に一役買ったのは、Ajaxを使ってスムーズな地図閲覧を可能にしたGoogleマップやGmailなどのサービスでしょう。その後Ajaxは多くのWebサイトで取り入れられ、ユーザーの使い勝手の良いサイトをデザインする上で大きな役割を果たしています。

　ASP.NETにおいてもAjax機能を取り込む動きが活発化し、.NET Framework 3.5からはASP.NET AJAXが標準機能としてサポートされるようになりました。ASP.NET AJAXを使うことで、ASP.NET開発の延長線上でAjax機能を使用できます。

　このセクションでは、Ajaxの仕組みと、ASP.NET AJAXのアプローチについて解説します。

Ajaxの仕組み

　Ajaxの仕組みを理解するには、通常のWebページの処理の流れとの比較が役に立ちます。通常のWebページでの処理の流れは図12-1のようになります。

図12-1 通常のWebページでの処理の流れ

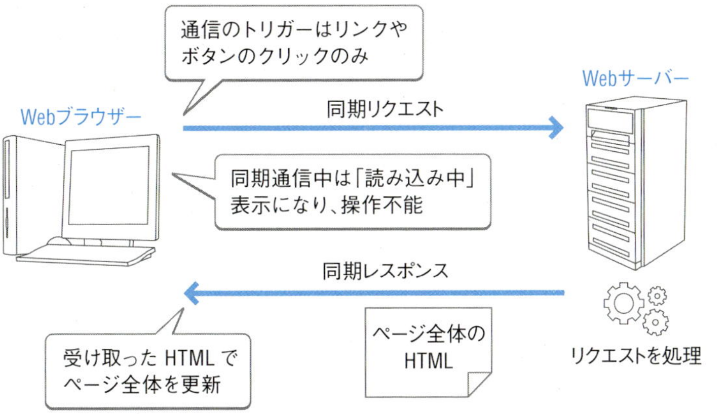

ここでのポイントは4つです。

1. 通信のトリガーはリンクのクリックか、ボタンのクリックによるフォーム送信のどちらか
2. Webブラウザーは同期通信、つまり通信結果が返ってくるまで待つ方式で通信を行う。通信中、ユーザーはWebページの操作を行えない
3. Webサーバーはページ全体のHTMLを返す
4. Webブラウザーはページ全体を更新する

一方、Ajaxでの処理の流れは図12-2のようになります。

図12-2 Ajaxでの処理の流れ

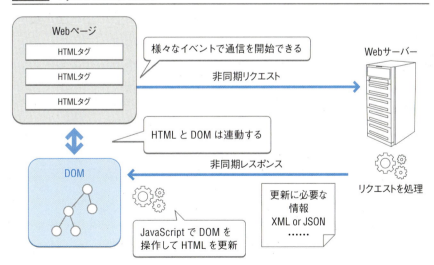

同じくポイントは4つです。

1. 様々なイベントをトリガーとして通信を開始できる
2. WebブラウザーはJavaScriptで非同期通信、つまり通信中も他の処理を行える方式で通信を行う。通信中であってもユーザーはWebページの操作を行える
3. Webサーバーは要求された情報だけをXMLやJSON*形式で返す
4. Webブラウザーは受け取った情報を元に、JavaScriptによるDOM*操作でページの一部分を更新する

> * JavaScript Object Notation：JavaScriptでそのまま扱えるデータ表現形式
> * Document Object Model：HTMLの構造をオブジェクトのツリーで表現したもの。JavaScriptからDOMを操作すると、変更結果がHTMLにも反映される

このような違いにより、Ajaxには通常のWebページと比べ、以下のようなメリットがあります。

1. マウスの移動など、様々なイベントで非同期通信を開始できるため、インタラクティブなUIが可能
2. 非同期通信中もユーザーの操作を妨げることがない
3. ページの必要な部分だけを書き換えるため、Webサーバーとの間でやりとりするデータを小さくでき、高速に動作する

一方、AjaxではクライアントサイドのJavaScriptを多用するため、Webブラウザー間でのJavaScript実装の違いの影響を受けます。また、HTMLやCSSの機能のサポート状況の差によって、表示結果が異なることもあります。初期のAjax開発においては、Webブラウザーを判別し、Webブラウザーごとに異なるコードで非同期通信を行う、というコードが定型的に用いられていました。

現在ではそうしたWebブラウザー間のJavaScript、HTML、CSSの実装の差を吸収する、JavaScriptのライブラリが多数開発されており、それらを活用することで、Webブラウザー間の非互換性を意識せずにAjax開発が行えるようになっています。

Ajaxの普及と、JavaScriptの活用が広がった時期がちょうど重なる関係で、JavaScriptの非同期通信を行わず、ただJavaScriptでWebページの外観を変更するだけの機能であっても、Ajaxと呼ぶことがあります。この辺りは、厳密な仕様が存在しないAjaxならではの話といえます。

本書では、非同期通信を行う本来のAjax（狭義のAjax）と、クライアントサイドのJavaScriptでリッチなUIを実現するAjax（広義のAjax）の両方を解説していきます。

ASP.NET AJAXの2種類のアプローチ

ASP.NET AJAXが提供する機能は図12-3のとおりです。

図12-3 ASP.NETでの2種類のAjaxアプローチ

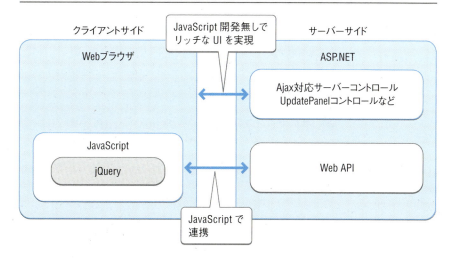

　ASP.NET AJAXが提供する機能の詳細を考える前に、ASP.NET AJAX登場の経緯を見ておきましょう。Ajax開発のためのJavaScriptライブラリが多数開発され、Ajaxが普及するにつれ、開発面での幾つかの問題が浮上してきました。
　一つは、Ajax開発で使用するJavaScriptが、多くのWebアプリケーション開発者が慣れ親しんでいた言語（C#, VB, Java, PHPなど）とはかなり異なる特徴を持っていたことです。そのため、サーバーサイド実装のための知識に加え、クライアントサイド実装のJavaScriptについての知識も要求されるようになってきました。
　もう一つは、既存のWebアプリケーション開発フレームワークとの連携の問題です。Ajaxはクライアントサイドの技術ですので、Webアプリケーションを構築するにあたっては、サーバーサイドのWebアプリケーション開発フレームワークを引き続き活用する必要があります。しかし、サーバーサイドでページ全体のHTMLを構築することを前提とした開発フレームワークと、クライアントサイドでページの一部を書き換えるためのAjax技術では、そもそものアプローチが異なり、すっきりとした形で統合するのは容易ではありません。
　とりわけ、ASP.NETはWebページをWebフォームという概念で抽象化し、多機能なサーバーコントロールを使って開発を行うため、出力されるHTMLの内容にあまり触れることがないフレームワークです。そのため、HTMLをDOM操作によって直接更新するAjaxとの相性はあまり良くありません。
　そこで、ASP.NET AJAXにおいては大きく分けて2つのAjax開発へのアプローチが採用されています。

■（1）サーバーコントロールを中心にしたアプローチ

　1つめは、これまでのASP.NET開発の流れに準拠する形で、Ajax対応のサーバーコントロールを利用し、開発者が記述すべきクライアントサイドでのJavaScriptを少なくするアプローチです。

このアプローチには、Webページの部分更新を行う**UpdatePanelコントロール**とそれに関連するコントロールが該当します。これらのコントロールには必要なJavaScriptコードが埋め込まれているため、開発者は通常のサーバーコントロールの場合と同様に、挙動に関するプロパティやイベントを設定するだけで使用できます。

サーバーコントロールを中心にしたアプローチを採用することで、JavaScriptの知識がそれほど無くても、リッチなUIを持つWebアプリケーションを構築できます。

■(2) クライアントサイドのJavaScriptを中心にしたアプローチ

2つめは、Ajax開発用のライブラリを使用し、クライアントサイドのJavaScriptを多用してAjaxを実現するアプローチです。ASP.NETでは定評のあるJavaScriptライブラリであるjQueryが正式にサポートされています。たとえば、Visual Studioのコードウィンドウでは、jQueryの関数などのIntelliSense機能がサポートされています。また、新しいプロジェクトを作成する際にテンプレートとして「Webフォーム」を選択した場合は、図12-4のようにScriptsフォルダにjQueryのスクリプトファイルが自動的に配置されるようになっています。

図12-4 ASP.NET Webアプリケーションのテンプレートに jQuery のスクリプトファイルが含まれている

この章では、ASP.NET AJAXの2種類のアプローチについて解説していきます。

Section 12-02

UpdatePanel

UpdatePanelコントロールでページの部分更新を行う

このセクションでは、サーバーコントロールを中心としたAjaxのアプローチとして、ページの部分更新を行うUpdatePanelコントロールについて解説します。

このセクションのポイント
1. UpdatePanelコントロールはページの部分更新を行うコントロールである。様々なサーバーコントロールをAjax化できる。
2. ASP.NET AJAXを使用する際にはScriptManagerコントロールでJavaScriptファイルを読み込ませる。

UpdatePanelコントロールは、ASP.NETでページの部分更新を行うためのコントロールです。UpdatePanelコントロールは他の様々なサーバーコントロールを子に持ち、ポストバック時にUpdatePanelコントロール内だけを更新することができます。つまり、UpdatePanelコントロールを使うことで、ASP.NETの様々なサーバーコントロールをAjax化できる、ということになります。また、Timerコントロールと組み合わせて使うことで、ページの一部分の自動更新も可能です。UpdatePanelコントロールでは、JavaScriptを使わなくても、ASP.NET開発の延長線上でAjaxを使うことができます。Ajax開発の手始めに、UpdatePanelコントロールの使い方をマスターしましょう。

ASP.NET AJAX Extensionsに含まれるサーバーコントロール

UpdatePanelコントロールは、ASP.NET AJAX Extensionsに含まれるサーバーコントロールです。ASP.NET AJAX Extensionsには表12-1のようなサーバーコントロールが含まれています。UpdatePanelコントロール以外のコントロールについても概観しておきましょう。

表12-1 ASP.NET AJAX Extensionsに含まれるサーバーコントロール

コントロール	機能
ScriptManager	ASP.NET AJAXで使用するJavaScriptを管理する
ScriptManagerProxy	ユーザーコントロールなどで使用するScriptManagerコントロールのプロキシ
Timer	一定時間ごとに処理を行う
UpdatePanel	部分的に内容を更新する
UpdateProgress	非同期通信中の表示を行う

ScriptManagerコントロールは、UpdatePanelコントロールを使用する際には必須のコントロールです。ASP.NET AJAXはサーバーサイドとクライアントサイドのJavaScriptが連携して処理を行っていますが、それらのJavaScriptファイルを読み込ませるのがScriptManagerコントロールです。ScriptManagerコントロールは、最終的にはHTMLのscriptタグを出力し、ASP.NET AJAXに必要なJavaScriptファイルを読み込むようWebブラウザーに指示します。

> **メモ**
> ScriptManagerコントロールを配置せず、ASP.NET AJAXで使用するJavaScriptファイルをscriptタグで明示的に指定することも可能ですが、通常はScriptManagerコントロールを配置するようにしましょう。

ScriptManagerコントロールはページ内に1つしか配置できません。マスターページを参照するコンテンツページやユーザーコントロールなど、外部にScriptManagerコントロールが配置されている場合には、ScriptManagerProxyコントロールを使用します。ScriptManagerProxyコントロールは、外部に配置されたScriptManagerコントロールと連携し、自分に指定されたJavaScriptファイルを読み込ませるよう依頼します。ScriptManagerコントロールおよびScriptManagerProxyコントロールで使用可能なプロパティは表12-2のとおりです。

表12-2 ScriptManagerコントロール、ScriptManagerProxyコントロールで使用可能な主なプロパティ

プロパティ	意味
EnableCdn	JavaScriptファイルをCDNから読み込むかどうか（コラム参照）。デフォルトはCDNを使用しない（False）。ScriptManagerコントロールのみ
Scripts	Webブラウザーに読み込ませたいJavaScriptファイルのパス（複数指定可能）

Scriptsプロパティは、明示的に読み込ませたいJavaScriptファイルがある場合に指定します。

UpdatePanelコントロールを使用する際には、デフォルトで必要なJavaScriptファイルが読み込まれますので、ScriptManagerコントロールを配置するだけで問題ありません。TimerコントロールとUpdateProgressコントロールの使用方法については後述します。

* Contents Delivery Network：コンテンツ配信ネットワーク。要求されたコンテンツをWebブラウザーに近いサーバーから読み込むことができ、配信が高速化される

> **コラム**
> **EnableCdnプロパティ**
> EnableCdnプロパティは、JavaScriptファイルをCDN*から読み込むかどうかを指定するプロパティです。このプロパティをTrueにすると、Microsoft Ajax CDNという、様々なJavaScriptライブラリが登録されたCDNからJavaScriptファイルを読み込むようになり、読み込み時間が短縮されます。WebサーバーとWebブラウザーが地理的に離れている場合などに有効です。

UpdatePanelコントロールで部分更新を行う

それでは、UpdatePanelコントロールを使い、ページの部分更新を行ってみましょう。リスト12-1のようにコントロールを配置します。なお、本章のサンプルプロジェクトを作成する際には[**Webフォーム**]テンプレートを選択し、「フォルダーおよびコア参照を追加する」の下のチェックボックスで[**Web API**]にチェックしてください。

リスト12-1 UpdatePanelコントロールの配置例（UpdatePanel/UpdatePanelSample.aspx）

```
<asp:ScriptManager ID="ScriptManager1" runat="server">
</asp:ScriptManager>
UpdatePanelの外<br />
<asp:Label ID="Label1" runat="server" Text=""></asp:Label>
<asp:Button ID="Button1" runat="server" Text="更新" />
<asp:UpdatePanel ID="UpdatePanel1" runat="server">
  <ContentTemplate>
    UpdatePanelの中<br />
    <asp:Label ID="Label2" runat="server" Text=""></asp:Label>
    <asp:Button ID="Button2" runat="server" Text="更新" />
  </ContentTemplate>
</asp:UpdatePanel>
```

ここでは、UpdatePanelコントロールの外部と内部に、LabelコントロールとButtonコントロールを配置しています。UpdatePanelコントロール内にコントロールを配置する際には、テンプレートとしてContentTemplate要素を用います。

コードビハインドクラスではリスト12-2のように、それぞれのLabelコントロールに現在時刻を設定します。

リスト12-2 2つのLabelコントロールに現在時刻を設定（UpdatePanel/UpdatePanelSample.aspx.vb）

```
Protected Sub Page_Load(ByVal sender As Object, ByVal e As System.EventArgs)
Handles Me.Load
    Label1.Text = DateTime.Now.ToLongTimeString()
    Label2.Text = DateTime.Now.ToLongTimeString()
End Sub
```

UpdatePanelコントロール内外での挙動の違いを確認しましょう。

UpdatePanelコントロールの外のButtonコントロールをクリックした場合は、ページ全体が更新され、図12-5のように両方のLabelコントロールの時刻が更新されます。これは通常の挙動です。

図 12-5 ページ全体が更新される

　一方、UpdatePanelコントロール内のButtonコントロールをクリックした場合は、挙動が異なります。ページ全体が更新される代わりに、UpdatePanelコントロール内だけが更新され、図12-6のようにUpdatePanelコントロール内のLabelコントロールの時刻だけが更新されます。この際、ページ全体が再読込されることはありませんので、ユーザーにとってはいつの間にか（＝非同期に）UpdatePanelコントロール内だけが更新されることになります。

図 12-6 UpdatePanelコントロールの中だけが更新されるため、時刻が異なる

　このようにUpdatePanelコントロールを用いることで、様々なサーバーコントロールを非同期更新できます。しかも、Ajaxに関連したJavaScriptを記述する必要はありません。

　たとえば、4章で解説したGridViewコントロールにはソート機能やページング機能が付いていますが、ソートやページ切り替えを行うたびにページ全体が更新されます。UpdatePanelコントロールを使うことで、GridViewコントロールでのソートやページ切り替えの際にページ全体を更新することなく、部分更新で処理できます。

　リスト12-3はUpdatePanelコントロール内にGridViewコントロールを配置した例です。

リスト12-3 UpdatePanelコントロール内にGridViewコントロールを配置
（UpdatePanel/GridViewSample.aspx）

```
<asp:UpdatePanel ID="UpdatePanel1" runat="server">
<ContentTemplate>
<asp:GridView ID="GridView1" runat="server" AutoGenerateColumns="False"
    DataKeyNames="EmployeeId" CellPadding="4"
    ItemType="Chapter12Sample.Employee"
    SelectMethod="GridView1_GetData"
    UpdateMethod="GridView1_UpdateItem"
    DeleteMethod="GridView1_DeleteItem"
    ForeColor="#333333" GridLines="None"
    AllowSorting="true" AllowPaging="true"
    >
...
```

ここでは、GridViewコントロールのAllowSortingプロパティとAllowPagingプロパティでソートとページングを有効にしています。実行すると図12-7のように、UpdatePanelコントロール内だけが部分更新されます。

図12-7 GridViewコントロールの部分更新

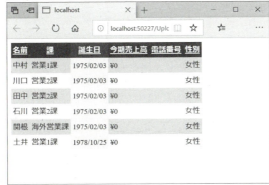

UpdatePanelコントロール内にGridViewコントロールを配置するだけで、部分更新が可能になることに注目してください。

なお、UpdatePanelコントロール内に配置するコントロールの種類にはいくらか制限があり、以下のコントロールはUpdatePanelコントロール内で使用することができません。

- ファイルをアップロードするためのFileUpload、HtmlInputFileコントロール
- EnableSortingAndPagingCallbacksプロパティをTrueに設定したGridViewコントロール

また、Responseオブジェクトで利用可能な以下のメソッドについても、Update Panelコントロールで部分更新を行う際には無効となります。これらのメソッドの詳細については8章を参照してください。

- BinaryWrite
- Clear
- Close
- End
- Flush
- Write
- WriteFile

これらのメソッドによってHTTPレスポンスに出力を行っても、UpdatePanelコントロールで部分更新を行った場合には出力結果が反映されませんので注意が必要です。

> これらのメソッドが無効になるのは部分更新の場合のみで、ページ全体が更新される際には、UpdatePanelコントロール内に出力を行った結果も反映されます。

UpdatePanelコントロールのプロパティ

UpdatePanelコントロールで利用可能なプロパティは表12-3のとおりです。

表12-3 UpdatePanelコントロールで使用可能な主なプロパティ

プロパティ	意味	デフォルト値
ChildrenAsTriggers	UpdatePanelコントロール内のコントロールの既定のイベントで部分更新を行うかどうか	行う(True)
Triggers	部分更新を行うイベントの定義。複数指定可能	-
UpdateMode	部分更新をポストバックごとに行うかどうか(Always | Conditional)	行う(Always)
IsInAsyncPostBack	リクエストが通常のポストバックか非同期ポストバックか	-

ChildrenAsTriggersプロパティをFalseにすると、UpdatePanelコントロール内のコントロールのポストバックでの部分更新は行われなくなり、部分更新を行うトリガーとなるコントロールのイベントを明示的にTriggersプロパティで定義する必要があります。リスト12-4は、Triggersプロパティで明示的に部分更新を行うトリガーを定義した例です。

UpdatePanel | Section 12-02

リスト12-4 Button2コントロールのClickイベントで部分更新（UpdatePanel/TriggerSample.aspx）

```
<asp:UpdatePanel ID="UpdatePanel1" runat="server"
    ChildrenAsTriggers="False" UpdateMode="Conditional">
  <ContentTemplate>
    <asp:Label ID="Label2" runat="server" Text=""></asp:Label>
    <asp:Button ID="Button2" runat="server" Text="更新" />
    <asp:Button ID="Button3" runat="server" Text="部分更新できないボタン" />
  </ContentTemplate>
  <Triggers>
    <asp:AsyncPostBackTrigger ControlID="Button2" EventName="Click" />
  </Triggers>
</asp:UpdatePanel>
```

　ここでは部分更新のトリガーとしてButton2コントロールのClickイベントを指定しています。ChildrenAsTriggersプロパティがFalseとなっていますので、Triggersプロパティに指定されていないButton3コントロールをクリックしても、部分更新は行われません（図12-8）。

図12-8 Triggersプロパティで指定されたボタンだけが更新可能

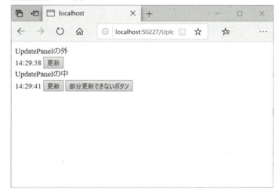

　UpdateModeプロパティは、ポストバックが行われた場合に部分更新を行うかどうかを指定するプロパティです。デフォルトはAlwaysで、すべてのポストバックの際に部分更新を行います。ページ上に複数のUpdatePanelコントロールが配置され、他のUpdatePanelコントロールで部分更新が行われる際にも、合わせて更新されます。UpdateModeプロパティをConditionalに設定すると、他のUpdatePanelコントロールでのポストバックの際には部分更新は行われません。

　リスト12-5は、UpdateModeプロパティをAlwaysとConditionalに設定した2つのUpdatePanelコントロールのサンプルです。なお、サーバーサイドではLabelコントロールに現在時刻の設定を行いますが、これまでのコードと同様ですので省略します。

はじめてのASP.NET Webフォームアプリ開発 Visual Basic 対応 第2版　**465**

Chapter 12 ASP.NET AJAX

リスト12-5 UpdateModeプロパティの異なるUpdatePanelコントロール
（UpdatePanel/UpdateModeSample.aspx）

```
<asp:UpdatePanel ID="UpdatePanel1" runat="server" UpdateMode="Always">
  <ContentTemplate>
    UpdatePanel1<br />
    <asp:Label ID="Label1" runat="server" Text=""></asp:Label>
    <asp:Button ID="Button2" runat="server" Text="更新"/>
  </ContentTemplate>
</asp:UpdatePanel>

<asp:UpdatePanel ID="UpdatePanel2" runat="server" UpdateMode="Conditional">
  <ContentTemplate>
    UpdatePanel2<br />
    <asp:Label ID="Label2" runat="server" Text=""></asp:Label>
    <asp:Button ID="Button1" runat="server" Text="更新"/>
  </ContentTemplate>
</asp:UpdatePanel>
```

　実行してUpdatePanel1内の更新ボタンをクリックすると、図12-9のように、UpdatePanel1だけが更新されます。これは、UpdatePanel2のUpdateModeプロパティがConditionalとなっているためです。

図12-9 UpdatePanel1だけが更新

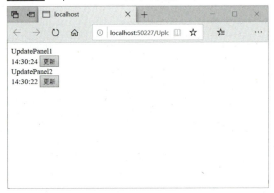

　一方、UpdatePanel2内の更新ボタンをクリックすると、図12-10のように、両方のUpdatePanelコントロールが更新されます。これは、UpdatePanel1のUpdateModeプロパティがAlwaysとなっており、自分以外の場所で発生したポストバックでも更新を行うためです。

図12-10　両方のUpdatePanelコントロールが更新

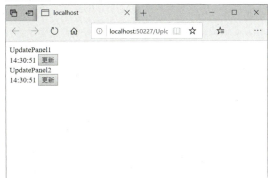

　ページ内の複数のUpdatePanelコントロールの更新を連動させたい場合はUpdateModeプロパティにAlwaysを、個々に更新させたい場合はConditionalを指定するようにしましょう。

UpdatePanelコントロールの部分更新の仕組み

　UpdatePanelコントロールはその中に配置したサーバーコントロールをAjax化できる強力なコントロールですが、比較的シンプルな仕組みで動作しています。
　図12-11はUpdatePanelコントロールでの部分更新の仕組みを図示したものです。

図12-11　UpdatePanelコントロールでの部分更新の仕組み

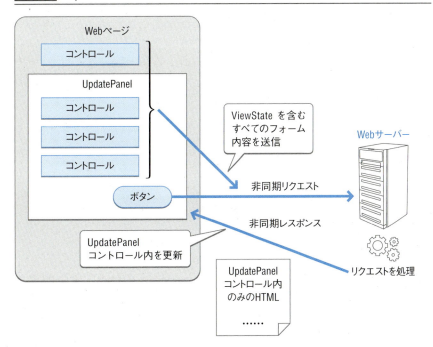

まず、UpdatePanelコントロール内でトリガーとなるイベントが発生すると、通常のポストバック時と同じように、ページ内のすべてのフォーム内容が送信されます。送信内容がUpdatePanelコントロール内のコントロールに限定されていないことに注意してください。

Webサーバーでは、通常のポストバック時と同様にリクエストの処理が行われます。したがって、Page_Loadメソッドや他の変更系のイベントなども処理されます。ただし、レスポンスとしてページ全体を返す代わりに、UpdatePanelコントロール内のHTMLのみを返す点が、通常のポストバックとは異なります。レスポンスを受け取ったWebブラウザーは、UpdatePanelコントロールの内容を受け取ったHTMLに置き換えることで、部分更新を実現します。

リスト12-6は、先ほどのサンプルUpdatePanel/UpdatePanelSample.aspxで部分更新を行った際のレスポンスの内容です（ただしビューステートの内容は適宜改行を入れています）。

リスト12-6 部分更新の際のレスポンスの内容

```
1|#||4|167|updatePanel|UpdatePanel1|
        UpdatePanelの中
        <br />
        <span id="Label2">2:03:37</span>
            <input type="submit" name="Button2" value="更新" id="Button2" />
            |192|hiddenField|__VIEWSTATE|O6st4dpFn2aKjnsrAQKswmBQzMy/4msFxsJGd0WsgkvS
JcAXL/Ui1lK1f+JVWK5zymjaVzsj/TrNmSp8KYSGIAymDvxoRkszjeOgggoHS/VTnG0W0rZMFnw/6wW9+
+EmI4mv9vVdjL+1LqXaDlMcqn85xtOvgrMRKChPXQvO32xgDLS3bPm232VIDgmYcLip|8|hiddenField
|__VIEWSTATEGENERATOR|AC4806B0|152|hiddenField|__EVENTVALIDATION|MyPDyPNDseA4Kxvm
sFlANoJWWqqy9vZO2SgZegAk083h3aZA1wOzWs9GE6anQnYCIimSTCR8fs6GEy01WcSQbuyhv+ceVVTNv
RnDJUbEymL9Yc9IQXKzsTKIUFWK2W7llKGyuaOOmepjzd6sjnBSWA==|0|asyncPostBackControlIDs
|||0|postBackControlIDs|||26|updatePanelIDs||tUpdatePanel1,UpdatePanel1|0|childUp
datePanelIDs|||25|panelsToRefreshIDs||UpdatePanel1,UpdatePanel1|2|asyncPostBackTi
meout||90|17|formAction||UploadPanelSample|
```

ビューステートや管理のための情報が追加されているものの、UpdatePanelコントロール内に表示すべきHTMLがそのまま含まれていることに注目してください。

このように、通常のポストバックの仕組みをそのまま使いながら、レスポンスの処理の部分だけを入れ替えているのがUpdatePanelコントロールの仕組みです。そのため、一部をのぞき、ほとんどのコントロールを簡単にAjax化することができます。

こうした仕組みを持っているため、UpdatePanelコントロールを使用するには幾つかの点に注意が必要です。

■（1）ページ全体のViewStateのサイズに注意する

先述の通り、部分更新を行う際の非同期リクエストにおいても、ViewStateを含むページ全体のフォーム内容が送信されます。UpdatePanelコントロール内で

ViewStateを使っているかどうかに関わりなく自動的に送信されますので、ページ全体のViewStateのサイズに注意してください。4章で解説したとおり、GridViewコントロールのようなデータバインドコントロールでは、可能な限りViewStateを無効にしておきましょう。

■（2）UpdatePanelコントロールの範囲を限定する

通常のAjaxでは、非同期通信のレスポンスとしては、更新する必要のある値だけを返し、その値をJavaScriptでHTMLに反映させるのが一般的です。

しかし、UpdatePanelコントロールの部分更新では、図12-11のとおりレスポンスにUpdatePanelコントロール内のすべてのHTMLが含まれます。実際に更新すべきコントロールがごくわずかであっても、すべてのHTMLが出力されますので、UpdatePanelコントロール内に配置するコントロールやHTMLの量が多いと、通信のオーバーヘッドになってしまいます。

UpdatePanelコントロール内には必要最低限のコントロールを配置し、部分更新のタイミングが異なるものについては、別のUpdatePanelコントロール内に配置するようにしましょう。

■（3）通常のポストバックと非同期ポストバックの区別を行う

通常のポストバックと非同期ポストバックは、Webサーバーでは基本的に同じ処理が行われます。実際には出力されないUpdatePanelコントロール外のコントロールへの操作も、処理自体は行われます。それで、部分更新の際に行う必要のない処理や、部分更新の場合にのみ行いたい処理については、ScriptManagerコントロールのIsInAsyncPostBackプロパティを使って切り分けを行う必要があります。リスト12-7は、通常のポストバック時と、部分更新の場合で出力するメッセージを変える例です。

リスト12-7 IsInAsyncPostBackプロパティを使った処理の切り分け（UpdatePanel/PostbackSample.aspx.vb）

```
Protected Sub Page_Load(ByVal sender As Object, ByVal e As System.EventArgs)
Handles Me.Load
    Label1.Text = DateTime.Now.ToLongTimeString()
    Label2.Text = DateTime.Now.ToLongTimeString()

    If (IsPostBack) Then
        If (ScriptManager1.IsInAsyncPostBack) Then
            Label2.Text += " UpdatePanelコントロールによる部分更新"
        Else
            Label2.Text += " ポストバックによる更新"
        End If
    End If
End Sub
```

ここでは、IsInAsyncPostBackプロパティを使い、通常のポストバック時と、部分更新時の処理の切り分けを行っています。通常のポストバックと部分更新の実行結果は、それぞれ図12-12、図12-13のようになります。

図12-12 通常のポストバック時の表示

図12-13 部分更新時の表示

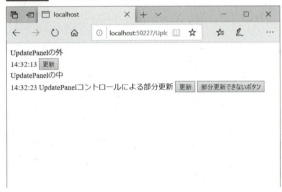

Timerコントロールによる自動更新

ポータルサイトのニュースや株価情報、SNSの更新情報などは、頻繁に更新されるため、更新されたかどうかを定期的にチェックすることがあります。しかし、Webページ内の一部分が更新されたかどうかをチェックするため、ページ全体をリロードするのは、ネットワークのトラフィックやサーバー負荷の面からも望ましいものではありません。こうしたケースで、ページ内の一部分を自動的に更新することができれば、トラフィックやサーバー負荷を低減できます。

ASP.NET AJAX Extensionsに含まれるTimerコントロールは、一定時間ごとに処理を行うためのコントロールで、主にUpdatePanelコントロールと組み合わせ、自動更新を行うために使用します。Timerコントロールで利用可能なプロパティ、イベントは表12-4のとおりです。

表12-4　Timerコントロールの主なプロパティとイベント

名前	意味
Interval プロパティ	Tickイベントを発生させる間隔（ミリ秒）。デフォルトは60000ミリ秒（60秒）
Tick イベント	Intervalプロパティで指定された時間ごとに発生するイベント

　TimerコントロールでUpdatePanelコントロールを更新するには、UpdatePanelコントロールのTriggersプロパティで明示的にTimerコントロールのTickイベントをトリガーとして定義する必要があります。Timerコントロールを配置し、プロパティウィンドウのTriggersプロパティ右端の［…］をクリックし、図12-14の[**UpdatePanelTrigger コレクション エディター**]からトリガーを定義します。左下の[**追加**]ボタンをクリックし、トリガー対象のコントロールを表すControlIDプロパティにTimer1を、対象のイベントを表すEventNameプロパティにTickを指定します。

図12-14　トリガーの定義

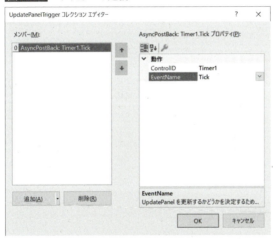

　実際のコードはリスト12-8のようになります。

リスト12-8　UpdatePanelコントロールのトリガー定義例（UpdatePanel/TimerSample.aspx）

```
<!-- Timerコントロール -->
<asp:Timer ID="Timer1" runat="server" Interval="3000">
</asp:Timer>

<!-- UpdatePanelコントロール -->
<asp:UpdatePanel ID="UpdatePanel1" runat="server" UpdateMode="Conditional">
  <ContentTemplate>
    UpdatePanel1<br />
    <asp:Label ID="Label1" runat="server" Text=""></asp:Label>
```

はじめてのASP.NET Web フォームアプリ開発 Visual Basic 対応 第2版　471

```
      </ContentTemplate>
      <!-- トリガーを定義 -->
      <Triggers>
        <asp:AsyncPostBackTrigger ControlID="Timer1" EventName="Tick" />
      </Triggers>
</asp:UpdatePanel>

<asp:UpdatePanel ID="UpdatePanel2" runat="server" UpdateMode="Conditional">
      <ContentTemplate>
        UpdatePanel2<br />
        <asp:Label ID="Label2" runat="server" Text=""></asp:Label>
      </ContentTemplate>
      <!-- トリガーを定義せず -->
</asp:UpdatePanel>

<asp:UpdatePanel ID="UpdatePanel3" runat="server" UpdateMode="Conditional">
      <ContentTemplate>
        UpdatePanel3<br />
        <asp:Label ID="Label3" runat="server" Text=""></asp:Label>
      </ContentTemplate>
      <!-- トリガーを定義 -->
      <Triggers>
        <asp:AsyncPostBackTrigger ControlID="Timer1" EventName="Tick" />
      </Triggers>
</asp:UpdatePanel>
```

　ここでは、3つのUpdatePanelコントロールのうち、UpdatePanel1とUpdatePanel3でTimerコントロールのTickイベントをトリガーとして定義しています。ここではIntervalプロパティに3000を指定していますので、3秒ごとに自動更新が行われます。なお、サンプル確認のため短い間隔を指定していますが、通常はサーバー負荷を下げるため、数十秒以上の単位を指定すべきです。サーバーサイドでは、3つのLabelコントロールに現在時刻を設定します。コードは省略します。

　実行すると図12-15のようになります。

図 12-15 TimerコントロールのTickイベントをトリガーにした自動更新

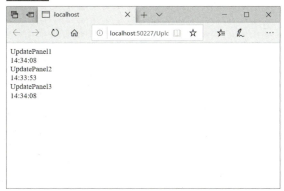

トリガーを定義したUpdatePanel1とUpdatePanel3だけが自動更新され、トリガー未定義のUpdatePanel2は更新されていないことに注目してください。

> **コラム**
>
> **TimerコントロールはUpdatePanelコントロール内に配置しない**
>
> 　本文では、TimerコントロールはUpdatePanelコントロールとは別個に配置し、トリガーで関連づけを行いました。実はTimerコントロールはUpdatePanelコントロール内に配置することで、トリガーの定義をしなくても時間間隔ごとにUpdatePanelコントロールを更新することができます。ただし、UpdatePanelコントロール内にTimerコントロールを配置すると、一回の更新に対して2回の通信が行われるようになり、負荷が高くなるという問題があります（通常のUpdatePanel更新用の通信に加え、JavaScriptファイルの更新が行われる）。
>
> 　本文にあるとおり、TimerコントロールはUpdatePanelコントロールの外側に配置し、UpdatePanelコントロールのトリガーを定義して連携させるようにしましょう。

UpdateProgressコントロールによる非同期通信中の表示

　Ajaxを使わず、ページ全体の更新を行う場合、一般的なWebブラウザーはユーザーに対してアニメーションなどでページを読み込み中であることを示します。これにより、ユーザーは自分の行った操作（リンクやボタンのクリックなど）が処理中であることを理解できます。

　一方、Ajaxによる非同期通信の場合、Webブラウザー上では特別な表示は行われず、通信が行われていることはユーザーには分かりません。そのため、ユーザーは自分の行った操作がきちんと処理されているかどうかが分からず、何度も操作を繰り返してしまうことがあります。

　UpdateProgressコントロールは非同期通信中であることをユーザーに知らせるためのコントロールです。文字列や画像のアニメーションで通信状況を示すことができます。ただし、Ajaxの仕組み上、具体的な進捗状況のパーセンテージなどは取得できないため、通信中であることを知らせることしかできません。

UpdateProgressコントロールで利用可能なプロパティは表12-5のとおりです。

表12-5 UpdateProgressコントロールで利用可能な主なプロパティ

プロパティ	意味
AssociatedUpdatePanelID	対象のUpdatePanelコントロールのID
DisplayAfter	表示を行うまでの時間（ミリ秒）。デフォルトは500ミリ秒

　DisplayAfterプロパティは、非同期通信を開始してからUpdateProgressコントロールで通信中の表示を行うまでの時間を設定します。Webサーバーのレスポンスが高速で、非同期通信が一瞬で終わるような場合、非同期通信を開始してすぐに通信中の表示を行うと、すぐに通信が完了して表示が消え、画面上にちらつきが発生してしまいます。DisplayAfterプロパティを使って表示を遅延させることで、一定時間以上かかる非同期通信の場合にのみ通信中の表示を行えます。
　リスト12-9は、UpdateProgressコントロールを使い、通信中にメッセージを表示する例です。

リスト12-9 UpdateProgressコントロールによる通信中表示の例（UpdatePanel/UpdateProgressSample.aspx）

```
<asp:UpdatePanel ID="UpdatePanel1" runat="server">
  <ContentTemplate>
    <asp:Label ID="Label1" runat="server" Text=""></asp:Label><br />
    <asp:Button ID="Button1" runat="server" Text="更新"
      onclick="Button1_Click" />
  </ContentTemplate>
</asp:UpdatePanel>
<asp:UpdateProgress ID="UpdateProgress1" runat="server"
    AssociatedUpdatePanelID="UpdatePanel1" DisplayAfter="1000">
    <ProgressTemplate>
    現在更新中
    </ProgressTemplate>
</asp:UpdateProgress>
```

　ここでは、AssociatedUpdatePanelIDプロパティでUpdateProgress1を対象に設定し、DisplayAfterプロパティで1000ミリ秒（1秒）の遅延で通信中表示を行うよう指定しています。実際の表示内容はProgressTemplateという要素の中で定義します。この要素の中には任意のサーバーコントロールやHTMLを配置できます。今回は「現在更新中」というメッセージを表示します。
　UpdateProgressコントロールの動作確認のため、サーバーサイドのコードをリスト12-10のように記述します。

リスト12-10 サーバーサイドでウェイトをかける（UpdatePanel/UpdateProgressSample.aspx.vb）

```
Protected Sub Page_Load(ByVal sender As Object, ByVal e As System.EventArgs) 
Handles Me.Load
    '時刻を表示
    Label1.Text = DateTime.Now.ToLongTimeString()

End Sub

Protected Sub Button1_Click(sender As Object, e As EventArgs)
    '5000ミリ秒待つ
    System.Threading.Thread.Sleep(5000)
End Sub
```

　ここでは、指定時間だけ処理を停止する、System.Threading.Threadクラスの Sleepメソッドを使い、5000ミリ秒のウェイトをかけています。こうすることで、非同期通信に時間がかかるようにし、UpdateProgressコントロールの動作確認を行えるようにします。あくまでもサンプルの確認のため、本来は不要な処理ですので注意してください。

　実行し、[更新] ボタンをクリックすると、1秒の遅延の後、図12-16のようにメッセージが表示されます。通信完了後、メッセージは消えます。

図12-16 UpdateProgressコントロールによる非同期通信中の表示

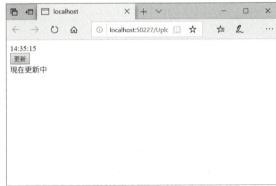

　なお、今回はProgressTemplate要素内に文字列を配置しましたが、アニメーションGIFなどを配置することで、通信中表示の見栄えを改善できるでしょう。

Section 12-03

jQuery
クライアントサイドのJavaScriptでAjaxを実装する

このセクションでは、クライアントサイドのJavaScriptを中心とするアプローチとして、jQueryを使ったAjax実装について解説します。また、クライアントサイドのJavaScriptからサーバーコントロールを操作するためのクライアントIDについても解説します。

このセクションのポイント
■ jQueryではセレクターを使ってタグを指定し、text、htmlなどのメソッドで値の取得、設定を行う。
■ サーバーコントロールのクライアントIDの命名ルールはClientIDModeプロパティで設定する。

ここまでのセクションで、UpdatePanelコントロールを使った、サーバーコントロールを中心としたAjax開発のアプローチを考えてきました。

このセクションからは、ASP.NET AJAXのもう一つのアプローチである、クライアントサイドのJavaScriptを使ったAjax実装について解説します。ただし、JavaScriptは非常に奥が深く、jQueryはかなりの機能を備えていますので、すべてを解説することはできません。このセクションでは、jQueryの基本と、サーバーサイドとの連携を中心に解説します。

クライアントサイドのJavaScriptでのAjax開発のポイント

クライアントサイドのJavaScriptでAjax開発を行う上で重要なポイントを認識するため、もう一度Ajaxの処理の流れを確認してみましょう。

クライアントサイドのJavaScriptを実装する際に押さえておきたいのは、図12-17に示すように、以下の3点となります。

1. 処理のトリガーとなるイベント
2. DOM操作
3. 非同期通信

それぞれのポイントを解説します。

図12-17　Ajaxの処理の流れ

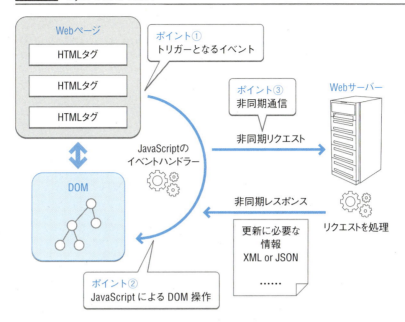

ポイント①：クライアントサイドのイベント

　クライアントサイドのJavaScript処理はイベントドリブンモデルで行われます。Webフォームのイベントドリブンモデル（1章参照）と異なるのは、Webフォームのイベントがポストバック時に発生するのに対し、JavaScriptではユーザーの操作などに合わせて即時にイベントが発生する点です。

> **メモ**
> イベントが即時発生するのが本来のイベントドリブンモデルで、Webフォームのイベントドリブンモデルはやや変則的なものです。

　JavaScript処理のトリガーとなるイベントは、HTMLのタグごとに用意されており、表12-6のようなイベントがあります。

表12-6　HTMLのタグで発生する主なイベント

イベント	意味
click	マウスをクリックした場合に発生。タグによってはキーボードのEnterキーで発生する場合もあり
focus	タグがフォーカスを得た場合に発生
keypress	キーボードのキーが押された場合に発生

keyup	キーボードのキーが放された場合に発生
mousedown	マウスボタンが押された場合に発生
mouseup	マウスボタンが放された場合に発生
mouseover	マウスがタグの領域に触れた場合に発生
mouseout	マウスがタグの領域から離れた場合に発生
change	テキストボックスなどが変更された場合に発生
load	ページが読み込まれた場合に発生。通常bodyタグで使用する
submit	フォームが送信される場合に発生。formタグで使用する

jQueryでは、リスト12-11のような記述で、タグのイベントを処理することができます。

リスト12-11 テキストボックスのchangeイベントリスナーの割り当て（ClientSide/EventSample-jQuery.htm）

```
<body>
<input id="textbox1" type="text" />
<script type="text/javascript">
<!--
$(function(){
  //id=textbox1のタグのchangeイベントを割り当て
  $("#textbox1").change(function() {
    alert("テキストボックスの値が" + this.value + "に変更されました");
  })
});
// -->
</script>
</body>
```

「$("#textbox1").change(function()・・・」という部分がjQueryによる**イベントリスナー**の割り当てです。イベントリスナーとは、イベントを処理するための関数のことです。**イベントハンドラー**もイベントを処理するための関数ですが、イベントハンドラーがタグのイベントに対して1つしか指定できないのに対し、イベントリスナーはイベントに対して複数指定できる、という違いがあります。通常jQueryにおいてはイベントリスナーを使用します。

この例のように、セレクターで選択したタグのイベントと同じ名前のメソッド（ここではchangeメソッド）を呼ぶことで、そのイベントに対してイベントリスナーを登録できます。

イベントリスナーは1つのイベントに複数割り当てられるだけでなく、イベントリスナーを外部のJavaScriptファイルで記述することもできますので、HTMLの文書構造とイベント処理を分離することができる、というメリットもあります。

なお、jQueryではイベントに関連した表12-7のような便利なメソッドが準備されていますので活用しましょう。

表12-7 jQueryのイベントに関連したメソッド

メソッド名	意味
one(イベント名,関数)	イベントが最初に発生したときだけ処理を行う
ready(関数)	ドキュメントが読み込まれたタイミングで処理を行う
hover(関数1,関数2)	関数1をmouseoverイベントに、関数2をmouseoutイベントに割り当てる。マウスのホバー（タグの上を通過する）操作をまとめて定義できる
toggle(関数1,関数2)	クリックされるごとに関数1と関数2を交互に呼び出す

ポイント②：DOM操作

2つめのポイントは、イベントハンドラー内でHTMLのDOMを操作する方法です。

JavaScriptからHTMLタグを操作する場合、HTMLを直接文字列として扱うのではなく、タグや属性などのオブジェクトでできたツリーと見なして操作を行います。

これは、ASP.NETのサーバーサイドで、Webフォームをサーバーコントロールの集合体と見なして処理するのに似ているかもしれません。サーバーコントロールのプロパティに代入した値が、HTMLに変換して出力されるのと同じように、図12-18のようにDOMのオブジェクトに設定した値は、対応するHTMLに反映されます。

図12-18 JavaScriptによるDOM操作がHTMLに反映される

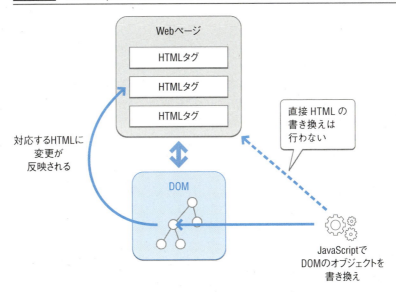

さて、ここで重要なのが、操作する対象を指定する方法です。サーバーサイドでは各サーバーコントロールのidプロパティの名前で変数が自動的に作成されていましたが、クライアントサイドではタグに対応するJavaScriptの変数は定義されず、何らかの方法でタグを指定する必要があります。

JavaScriptでDOMの特定のオブジェクトを指定する際には、幾つかの方法がありますが、ここではjQueryでの方法を紹介します。jQueryでは、どのタグを指定するかをセレクターという文字列で指定します。jQueryのセレクターには何種類かありますが、表12-8に基本となるセレクターの例を示します。$("{セレクター文字列}")という書式で指定します。

表12-8 jQueryのセレクターの例

セレクターの種類	セレクターの記述例	意味
要素セレクター	$("li")	liタグすべて
クラスセレクター	$(".body")	bodyというクラス（10章参照）を持つタグすべて
IDセレクター	$("#textbox1")	textbox1というid属性を持つタグ
要素セレクターとクラスセレクターの複合条件	$("input.wide")	wideというクラスを持つinputタグすべて

jQueryでは、セレクターを用いることで、様々な条件を使って操作する対象を指定できます。jQueryのセレクターにはここで紹介したもの以外にも幾つかの種類がありますので、詳細は参考資料を参照してください。

続けてDOM操作の基本となる、タグや属性の取得、設定方法です。セレクターで選択したタグについて、表12-9のような基本的なメソッドが用意されています。

表12-9 jQueryのタグ操作メソッド

メソッド名	意味
text()	タグに含まれる文字列の取得、設定
html()	タグに含まれるHTMLの取得、設定
val()	タグのvalue属性値の取得、設定。inputタグで使用する
attr()	タグの属性値の取得、設定
css()	タグのstyle属性値の取得、設定

なお、textメソッドはそのタグ内に子どものタグがある場合でも、タグを無視し、すべての文字列を連結して扱います。一方htmlメソッドはタグも含めた文字列を扱います。そのため、textメソッドは基本的には末端のタグで使用すべきでしょう。

また、テキストボックスなどのinputタグの場合は、textメソッドでは文字列を取得、設定できず、valメソッドを使う必要があります。頻繁に使われるメソッドですので覚えておきましょう。

タグの属性値の取得、設定にはattrメソッドを使用します。また、CSSで使用するstyle属性については、専用のcssメソッドが準備されています。

それでは、実際のサンプルで使い方を確認しましょう。リスト12-12は、jQueryを使い、タグの文字列やHTMLの取得、設定を行うサンプルです。

リスト12-12 jQueryによるタグの文字列やHTMLの操作（ClientSide/jQueryTextSample.htm）

```html
<!DOCTYPE html>
<html xmlns="http://www.w3.org/1999/xhtml">
<head>
    <title></title>
    <script src="../Scripts/jquery-1.10.2.min.js" type="text/javascript"></script>
</head>
<body>
    <h1 id="text1"></h1>
    <h2 id="text2">見出し2</h2>
    <table id="table1">
        <tbody>
            <tr>
                <td>テーブルサンプル</td>
            </tr>
        </tbody>
    </table>
    <br />

    <div id="message1"></div>
    <br />
    <div id="message2"></div>

    <script type="text/javascript">
    $(document).ready(function () {
        //textメソッドでtext1タグを書き換え
        $("#text1").text("見出し1を書き換え");
        //textメソッドで取得した文字列を別のタグに設定
        $("#message1").text("h2タグ内の文字列は" + $("#text2").text() + "です");
        //htmlメソッドで、タグ内のHTMLをまとめて取得
        $("#message2").text("tableタグ内のHTMLは" + $("#table1").html() + "です");
    })
    </script>
</body>
</html>
```

ここでは、「$(document).ready(・・・)」という記法で、ページのロード完了時に処理を行っています。実行結果は図12-19のようになります。

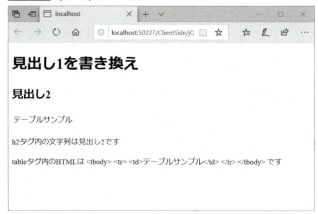

図12-19　jQueryでのDOM操作の例

　jQueryには、タグ内の文字列操作だけでなく、様々な効果を加えるメソッドが用意されていますが、基本となるのはセレクターでの選択です。しっかりと基本を押さえておきましょう。

ポイント③：非同期通信方法

　最後のポイントは、イベントハンドラー内での非同期通信方法で、Ajaxの要となる部分です。

　jQueryでは、ajaxというそのままの名称のメソッドが用意されており、このメソッドを呼び出すだけで、非同期通信の開始と、通信完了時に呼び出すコールバック関数の指定まで一括して行うことができます。

　jQueryのajaxメソッドの書式はリスト12-13のようになっています。

リスト12-13　jQueryのajaxメソッドの基本的な書式

```
$.ajax({
  url:      {WebサービスのURL} ,
  type:     {HTTPメソッドの種類。デフォルトはGET} ,
  dataType: {Webサービスのデータ形式。xmlかjsonを指定} ,
  success:  {通信完了時に呼び出されるコールバック関数}
}
```

　今回のサンプルで使用するのは、部署情報を取得するWebサービスです。このWebサービスは次のセクションで実装しますが、「/api/Departments/{部署ID}」というURLで呼び出すと、「{"DepartmentId":1,"Name":"営業1課","TimeStamp":"AAAAAAAB9E="}」のようなJSON形式のメッセージを返す仕様となっています。

　リスト12-14は、jQueryによるWebサービスを呼び出すサンプルです。

リスト12-14 jQueryのajaxメソッドによるWebサービスの呼び出し（ClientSide/jQueryAjaxSample.htm）

```html
<body>
    部署ID<input type="text" id="departmentId" />
    <input id="button" type="button" value="Webサービス呼び出し" />
    <div id="result"></div>
    <script type="text/javascript">
<!--
$(function () {
  //ボタンのクリックイベントにハンドラを割り当て
  $("#button").click(function () {
    $.ajax({
      //WebサービスのURLを作成
      url: "/api/Departments/" + encodeURI($("#departmentId").val()),
      //データ形式はJSON
      dataType: "json",
      //結果をid=resultのdivタグに設定
      success: function (data) {
        $("#result").text(data.Name);
      }
    })
  })
});
// -->
    </script>
</body>
```

　ここでは、ボタンのクリック時にajaxメソッドを呼び出すイベントハンドラーを割り当てています。通信完了時に呼び出されるコールバック関数では、結果をresultというid属性を持つdivタグに設定しています。結果はJSON形式のデータですので、「data.Name」をtextメソッドで設定します。

　JSONは「キー：値」という連想配列型のデータ構造を持っており、「変数.キー」で値を参照できます。

　実行結果は図12-20のようになります。

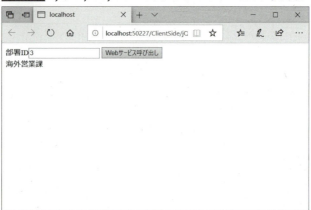

図12-20　jQueryのajaxメソッドによるWebサービスの呼び出し

サーバーコントロールのクライアントIDについて

　ASP.NET開発において、JavaScriptでAjax処理を行う場合に注意しておきたいのが、サーバーコントロールのIDです。先ほどjQueryの様々なセレクターについて解説しましたが、IDセレクターでタグのid属性を指定して選択するコードは良く用いられます。ASP.NETとjQueryを組み合わせて使用する際には、サーバーコントロールがHTMLに変換されたときのid属性の値をIDセレクターで指定することになります。このid属性の値をサーバーコントロールのクライアントIDと呼びます。サーバーコントロールすべてに共通するClientIDプロパティでこのクライアントIDを取得できます。

　通常はサーバーコントロールのIDプロパティの値（サーバーID）とクライアントIDは同じですが、図12-21のようにマスターページ（10章参照）やユーザーコントロール（3章参照）を使った場合には、サーバーIDとクライアントIDが一致しないケースがあります。

jQuery | Section 12-03

図12-21 サーバーIDとクライアントIDが異なるケース

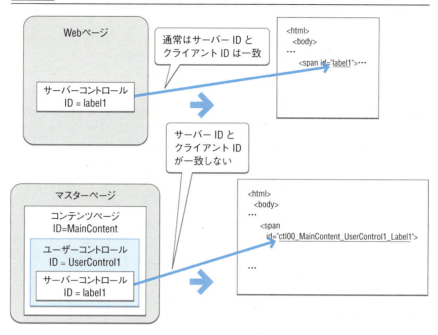

ここでは、マスターページとユーザーコントロールを使用しており、ユーザーコントロール内のLabelコントロールのIDが、「ctl00_MainContent_UserControl1_Label1」という値になっています。先頭のctl00は重複を避けるためにASP.NETが自動的に割り当てたIDで、MainContentはマスターページでのContentPlaceHolderコントロール（10章参照）のID、UserControl1はユーザーコントロールのID、Label1が本来のLabelコントロールのIDで、それらが_（アンダースコア）で連結されたものが最終的なクライアントIDになっています。このようなケースでは、JavaScriptからサーバーコントロールのIDを指定するのが難しくなります。

Pageクラスやサーバーコントロールには ASP.NET 4 で追加された ClientIDMode というプロパティがあり、サーバーコントロールのクライアントIDの命名ルールを設定できます。ClientIDModeプロパティで利用可能な値は表12-10のとおりです。

表12-10 ClientIDModeプロパティで利用可能な値

値	意味
AutoID	自動的にクライアントIDを命名。ASP.NET 3.5以前の命名方法
Inherit	親のClientIDModeプロパティを継承
Predictable	ClientIDRowSuffixプロパティとの組み合わせで命名
Static	サーバーIDをそのまま使用

はじめてのASP.NET Webフォームアプリ開発 Visual Basic対応 第2版　485

実際のサンプルで確認してみましょう。リスト12-15は、ユーザーコントロール内にClientIDModeプロパティをAutoID、Inherit、Staticでそれぞれ配置した例です。

リスト12-15 ClientIDModeプロパティの使用例（ClientID/ClientIDModeSample.aspx）

```
AutoID ClientID =
<asp:Label ID="Label1" runat="server" Text="Label"
  ClientIDMode="AutoID"><%=Label1.ClientID%></asp:Label>
<br />
Inherit ClientID =
<asp:Label ID="Label2" runat="server" Text="Label"
  ClientIDMode="Inherit"><%=Label2.ClientID%></asp:Label>
<br />
Static ClientID =
<asp:Label ID="Label3" runat="server" Text="Label"
  ClientIDMode="Static"><%=Label3.ClientID%></asp:Label>
```

実際の結果は図12-22のようになります。

図12-22 ClientIDModeプロパティによって、ClientIDの命名ルールが変化

結果を見ると分かるとおり、ClientIDModeプロパティをAutoIDにした場合は、先ほどのようにASP.NETが自動的に割り当てるctl00という文字列が含まれており、IDの予測が困難です。一方、Inheritの場合は、親のClientIDが順に連結されているため、予測可能なIDとなっています。

Staticの場合はサーバーIDと一致するため、JavaScriptから使用するのは簡単です。ただし、マスターページ、コンテンツページ、使用するユーザーコントロール間でIDが衝突しないように注意深く設計する必要があります。

ClientIDModeプロパティのもう一つの設定値であるPredicableですが、これはクライアントIDの一部にデータバインドされたデータを使用するモードです。た

とえば、リスト12-16のようなGridViewコントロールの例を考えましょう。

リスト12-16 GridViewコントロールの例。LabelコントロールでNameフィールドを表示

```
<asp:GridView ID="GridView1" runat="server" AutoGenerateColumns="False"
    DataKeyNames="EmployeeId" CellPadding="4"
    ItemType="Chapter12Sample.Employee"
    SelectMethod="GridView1_GetData">
    <Columns>
        <asp:TemplateField HeaderText="名前">
            <ItemTemplate>
                <asp:Label ID="nameLabel" runat="server"
                    Text='<%# Item.Name %>'></asp:Label>
            </ItemTemplate>
        </asp:TemplateField>
    </Columns>
```

ここでは、TemplateFieldコントロール（5章参照）を使い、Nameというフィールドを Labelコントロールで表示しています。このようにデータバインドされたコントロールでテンプレートを使用してコントロールを配置した場合、クライアントIDの末尾に、重複を避けるために自動採番された数字が追加されます。リスト12-17は、GridViewコントロールから出力されたHTMLの一部です。

リスト12-17 GridViewコントロールでのクライアントIDの例

```
<tr style="background-color:#E3EAEB;">
    <td><span id="GridView1_nameLabel_0">土井</span></td>
</tr>
<tr style="background-color:White;">
    <td><span id="GridView1_nameLabel_1">中村</span></td>
</tr>
<tr style="background-color:#E3EAEB;">
    <td><span id="GridView1_nameLabel_2">川口</span></td>
</tr>
```

ここでは、GridView1_nameLabel_0、GridView1_nameLabel_1、GridView1_nameLabel_2と末尾に自動採番された数字が追加されたIDが用いられています。

リスト12-18のように、ClientIDModeプロパティをPredicableとし、自動採番された数字ではなく、フィールドの値をクライアントIDに含めるように設定してみましょう。ここでは、GridViewコントロールのClientIDRowSuffixプロパティでEmployeeIdというフィールドを指定し、TemplateFieldコントロール内のLabelコントロールのClientIDModeプロパティをPredicableとしています。

Chapter 12 | ASP.NET AJAX

リスト12-18 ClientIDModeプロパティをPredictableに設定

```
        <asp:GridView ID="GridView1" runat="server" AutoGenerateColumns="False"
            DataKeyNames="EmployeeId" CellPadding="4"
            ItemType="Chapter12Sample.Employee"    ClientIDRowSuffix="EmployeeId"
            SelectMethod="GridView1_GetData">
            <Columns>
                <asp:TemplateField HeaderText="名前">
                    <ItemTemplate>
                        <asp:Label ID="nameLabel" runat="server"
                            ClientIDMode="Predictable"
                            Text='<%# Item.Name %>'></asp:Label>
                    </ItemTemplate>
                </asp:TemplateField>
            </Columns>
```

出力されるHTMLはリスト12-19のようになります。

リスト12-19 ClientIDMode=Predictableの場合のクライアントIDの例

```
<tr style="background-color:#E3EAEB;">
    <td><span id="GridView1_nameLabel_1">土井</span></td>
</tr>
<tr style="background-color:White;">
    <td><span id="GridView1_nameLabel_2">中村</span></td>
</tr>
<tr style="background-color:#E3EAEB;">
    <td><span id="GridView1_nameLabel_3">川口</span></td>
</tr>
```

今度はGridView1_nameLabel_1、GridView1_nameLabel_2、GridView1_nameLabel_3のように、クライアントIDの末尾にEmployeeIdフィールドの値が追加されています。複数のデータを表示するコントロールでデータに基づくクライアントIDを使用する場合には、ClientIDModeプロパティとClientIDRowSuffixプロパティを活用してください。

コラム

ClientIDプロパティを直接使用する

本文ではClientIDModeプロパティを使うことで、クライアントIDが予測可能な値になるよう設定しましたが、ClientIDプロパティを直接使用すれば、クライアントIDの予測は不要となります。

ただし、ClientIDプロパティをJavaScriptから使おうとすると、あまり綺麗なコードにはなりません。

リスト12-20はClientIDプロパティを使い、jQueryを使ってLabelコントロールに文字列を出力するコードです。

リスト12-20 サーバーコントロールのクライアントIDの取得（ClientID/ClientIDPropertySample.aspx）

```
<asp:Label ID="Label1" runat="server" Text="Label"
    ClientIDMode="AutoID"></asp:Label>
<script type="text/javascript">
    $(document).ready(function () {
        $("#<%= Label1.ClientID %>").text("こんにちは");
    });
</script>
```

実際に実行される際に、「<%= Label1.ClientID %>」の部分がクライアントIDに置き換えられ、リスト12-21のようなコードが出力されます。

リスト12-21 実際に出力されるコード

```
<span id="ctl00_MainContent_Label1">Label</span>
<script type="text/javascript">
    $(document).ready(function () {
      $("ctl00_MainContent_Label1").text("こんにちは");
    });
</script>
```

このコードは問題なく動作しますが、表記としてあまり美しいものではありません。基本的にはClientIDプロパティを直接参照することは避け、本文にあるようにClientIDModeプロパティを設定し、予測可能なクライアントIDを使うようにしましょう。

Section 12-04

Web API

Web APIでWebサービスを公開する

このセクションでは、ASP.NETでWebサービスを公開するためのWeb APIについて解説します。

このセクションのポイント
■ Web APIはREST形式のWebサービスを提供するフレームワークである。

　前のセクションで、jQueryからWebサービスを呼び出す方法について解説しました。本セクションでは、ASP.NETでWebサービスを公開するための**Web API**について解説します。

Web APIの概要

　ASP.NETは登場当時からWebサービスをサポートしており、簡単な記述でXMLベースのWebサービスを提供することができました。それ以後、Webサービスに求められる機能の変化や新たなフレームワークへ対応するため、Webサービスをサポートする複数の機能がASP.NETで提供されてきました。現在ASP.NETでWebサービスを提供するための標準的なフレームワークは、.NET Framework 4.5からサポートされたWeb APIです。

　Web APIの最大の特徴は、**RESTful**なWebサービスを構築できる点にあります。RESTfulなWebサービスとは、**REST（Representational State Transfer）**という原則に基づいたWebサービスのことで、以下のような特徴があります。

- リソースの場所はURLで表す
- リソースに対する操作はHTTPメソッド（→1章）で表す
- リソースに対する操作の結果はHTTPステータスコード（→1章）で表す

　つまりRESTfulなWebサービスにおいては、URL、HTTPメソッド、HTTPステータスコードの3つが重要な役割を持っています。なお、RESTfulなWebサービスが使用するデータ形式は特に指定されていませんが、JSON形式のデータを返すのが一般的です。

　RESTfulなWebサービスの特徴について、会員情報の操作を行う機能を提供するケースで考えてみましょう。RESTfulでないWebサービスの場合、表12-11のようなURLで機能を提供する設計が考えられます。

表12-11　RESTfulでないWebサービスで会員情報の操作を行う例

URL	HTTPメソッド	機能
/selectMembers	GET	会員情報一覧を取得する
/selectMember?id={会員ID}	GET	指定されたIDの会員情報を取得する
/createMember	POST	新しい会員情報を登録する
/updateMember?id={会員ID}	POST	指定された会員情報を更新する
/deleteMember?id={会員ID}	GET	指定された会員情報を削除する

　この例では、会員情報というリソースに対する操作(select、create、update、delete)がURL自体に含まれています。HTTPメソッドとしては会員情報の登録、更新時のみHTTP POSTを使用し、それ以外はHTTP GETを使用しています。一方RESTfulなWebサービスで同様の機能を提供する場合は表12-12のようになります。

表12-12　RESTfulなWebサービスで会員情報の操作を行う例

URL	HTTPメソッド	機能
/Members	GET	会員情報一覧を取得する
/Members/{会員ID}	GET	指定されたIDの会員情報を取得する
/Members	POST	新しい会員情報を登録する
/Members/{会員ID}	PUT	指定された会員情報を更新する
/Members/{会員ID}	DELETE	指定された会員情報を削除する

　この例では、URLの一部ではなく、HTTPメソッドを使ってリソースに対する操作を表現しています。HTTPメソッドと操作は表12-13のように対応しています。

表12-13　HTTPメソッドと対応する操作

HTTPメソッド	操作
GET	リソースの取得
POST	リソースの挿入
PUT	リソースの更新
DELETE	リソースの削除

　また、URLが「/Members」と「/Members/{会員ID}」に統一されていることに気付くでしょう。「/Members」は「会員情報全体を表すURL」を、「/Members/{会員ID}」は「特定の会員IDを持つ会員の情報を表すURL」を、それぞれ表しています。
　もちろんRESTfulでないWebサービスでも同じ機能を提供できますが、URLはUniform Resource Locatorの略で、元来リソースの場所を表すための情報ですので、URLにリソースに対する操作(先述の例のselect、create、update、

deleteなど）が含まれるのは望ましくありません。RESTfulなWebサービスであれば、URLはあくまでもリソースの場所を表す、という一貫性が保たれます。

このように、RESTfulなWebサービスは、URLで対象のリソースを、HTTPメソッドで操作を、それぞれ指定する仕組みとなっています（結果を表すHTTPステータスコードについては後述します）。Webサービスは元々サーバー側のコードをリモートから呼び出すための仕組みとしてスタートしましたが、RESTfulなWebサービスは単にサーバー側コードを呼び出すためではなく、何らかのリソースを公開し、そのリソースに対する操作を受け付けるための仕組みと言えます。リレーショナルデータベースのレコードをリソースとして公開することもできますし、それ以外のデータをリソースとして公開することもできます。Web APIはRESTfulなWebサービスを簡単な手順で構築できるフレームワークです。なお、通常のASP.NET Webフォームの考え方は「1つのURLは1つのaspxファイルに対応する。HTTPメソッドは最初はGETを、ポストバック時はPOSTを使う」というもので、RESTfulなWebサービスの考え方とは大きく違っていますので注意してください。

Web APIを作成する

それでは早速Web APIを使ったWebサービスを作成してみましょう。6章のEntity Frameworkのサンプルとして使った部署情報（DepartmentsテーブルDepartmentsテーブル）をリソースとして公開するWebサービスを作成します。Entity Framework関連のファイルは6章と同じ手順で作成しておきます。

ソリューションエクスプローラーのControllersフォルダで右クリックし、[新しい項目の追加]から[コントローラー]を選択します（図12-23）。

図12-23 Controllersフォルダにコントローラーを追加

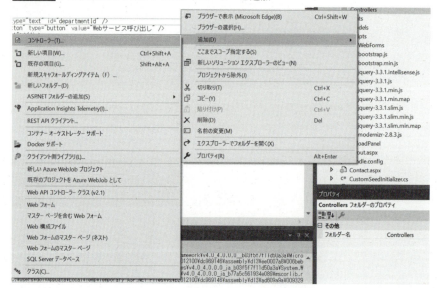

続いて[スキャフォールディングを追加]画面から[Entity Frameworkを使用したアクションがあるWeb API 2コントローラー]を選択します(図12-24)。

図12-24 「スキャフォールディングを追加」画面

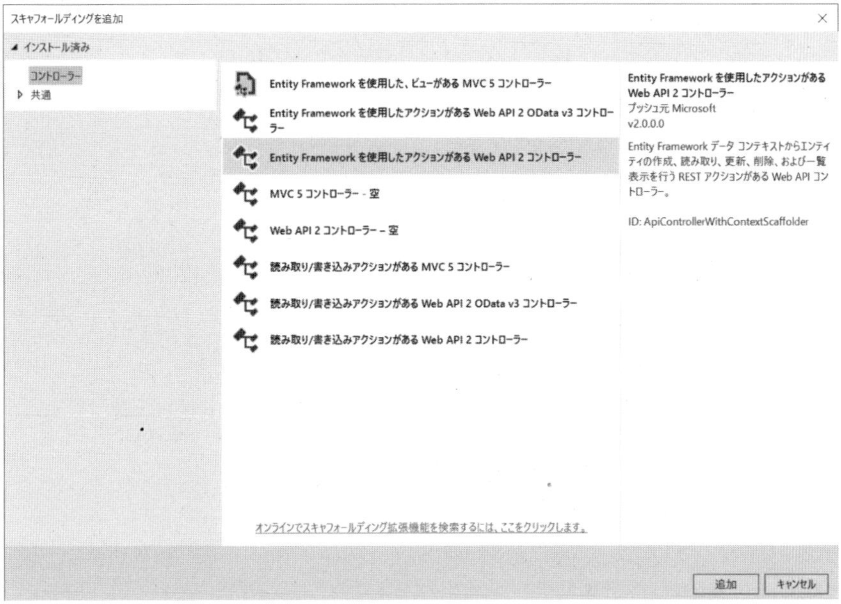

[コントローラーの追加]画面で[モデル クラス]から「Department」を、[データ コンテキスト クラス]から「MyModel」を、それぞれ選択し、[追加]ボタンをクリックします(図12-25)。

図12-25 DepartmentクラスとMyModelコンテキストを指定

これにより、DepartmentsControllerというクラスが作成されます。DepartmentsControllerクラスには、リスト12-22のようにWeb APIを使ってDepartmentクラスを操作するためのWebサービスが定義されています。なお、Web APIを提供するクラスはApiControllerクラスを継承する必要があります。

Chapter 12 ASP.NET AJAX

リスト12-22 DepartmentsControllerクラスの定義（Controllers/DepartmentsController.vb）

```vb
Public Class DepartmentsController
    Inherits System.Web.Http.ApiController

    Private db As New MyModel

    ' GET: api/Departments
    '部署一覧の取得メソッド
    Function GetDepartments() As IQueryable(Of Department)
    End Function

    ' GET: api/Departments/5
    '部署IDを指定した部署情報の取得メソッド
    <ResponseType(GetType(Department))>
    Function GetDepartment(ByVal id As Integer) As IHttpActionResult
        ...
    End Function

    ' PUT: api/Departments/5
    '部署情報の更新メソッド
    <ResponseType(GetType(Void))>
    Function PutDepartment(ByVal id As Integer, ByVal department As Department) ⇒
 As IHttpActionResult
        ...
    End Function

    ' POST: api/Departments
    '部署情報の登録メソッド
    <ResponseType(GetType(Department))>
    Function PostDepartment(ByVal department As Department) As IHttpActionResult
        ...
    End Function

    ' DELETE: api/Departments/5
    '部署情報の削除メソッド
    <ResponseType(GetType(Department))>
    Function DeleteDepartment(ByVal id As Integer) As IHttpActionResult
        ...
    End Function
```

　このクラスではHTTPメソッドに対応するメソッドがそれぞれ定義されています。メソッド名の先頭がGet、Post、Put、Deleteで始まっていれば、それぞれのHTTPメソッドに対応するメソッドとして扱われます。したがって、ここでは「GetDepartments」「PostDepartment」のようなメソッド名になっていますが、「Get」「Post」だけでも問題無く動作します。

　各Webサービスの呼び出し方法はコメントで示されています。例えば部署一覧

の取得（GetDepartmentsメソッド）であれば「api/Departments」というURLをHTTP GETで呼び出すことになります。

なお、通常のASP.NET Webフォームの仕組みであれば「api/Departments」というURLにHTTP GETアクセスした場合は、「apiフォルダに存在するDepartments.aspxファイル」が呼び出されるはずなのに、実際には「ControllersフォルダのDepartmentsControllerクラスのGetメソッド」が呼び出されます。これはURLルーティング（→13章）という機能に基づいており、URLと実際に呼び出される機能の組み合わせがカスタマイズされています。プロジェクトの作成時に［フォルダーおよびコア参照を追加する］で［Web API］にチェックを入れてWeb API機能を有効にした場合、App_Start/WebApiConfig.vbファイルがリスト12-23のような内容で自動的に生成されます。

リスト12-23 Web APIのためのURLルーティング設定（App_Start/WebApiConfig.vb）

```
Public Module WebApiConfig
    Public Sub Register(ByVal config As HttpConfiguration)
        . . .

        config.Routes.MapHttpRoute(
            name:="DefaultApi",
            routeTemplate:="api/{controller}/{id}",
            defaults:=New With {.id = RouteParameter.Optional}
        )
    End Sub
End Module
```

ここでは、MapHttpRouteというメソッドを使って、Web APIへのアクセスを制御しています。注目はrouteTemplateという引数に指定されている「api/{controller}/{id}」という文字列です。これは

- api/で始まるURLへのアクセスを制御する
- スラッシュで区切られた最初の文字列はWeb APIのコントローラー名として扱う（コントローラー名の後ろにControllerを付けたものが実際のクラス名となる）
- スラッシュで区切られた次の文字列はidというパラメータとして扱う（次行でidパラメータは省略可能と指定されている）

という意味になります。例えば「api/Departments」というURLは、「apiフォルダのDepartments.aspxファイルへのアクセス」ではなく、「Departmentsコントローラーの呼び出し」と解釈されます。同じように、「api/Departments/1」というURLは、「Departmentsコントローラーの呼び出し。idパラメータの値は1」と解釈されます。このURLルーティング設定と、クライアントが指定したHTTPメソッドによって、どのコントローラーのどのメソッドが呼び出されるかが決まります。

[Entity Frameworkを使用したアクションがあるWeb API 2コントローラー]を選択して作成したコントローラーは、Entity Frameworkを使った基本的なコードを自動生成しますので、サーバー側には特にコードを追加することなく、Web APIをすぐに使い始めることができます。以降はリソースの取得、登録手順について解説します。

JavaScriptからのリソース取得

まずはWeb APIを用いたリソースの取得について解説します。リスト12-24はWeb APIでの部署一覧取得および部署IDを指定した部署情報の取得メソッドです。

リスト12-24 部署情報取得メソッド（Controllers/DepartmentsController.vb）

```vb
' Entity Frameworkのコンテキストクラス
Private db As New MyModel

' GET: api/Departments
'①部署一覧の取得メソッド
Function GetDepartments() As IQueryable(Of Department)
    Return db.Departments
End Function

' GET: api/Departments/5
'②部署IDを指定した部署情報の取得メソッド
<ResponseType(GetType(Department))>
Function GetDepartment(ByVal id As Integer) As IHttpActionResult
    ' ③DbSetクラスのFindメソッドを使って部署を検索
    Dim department As Department = db.Departments.Find(id)
    If IsNothing(department) Then
        Return NotFound()
    End If

    Return Ok(department)
End Function
```

①の部署一覧の取得メソッドは、Entity Frameworkのコンテキストクラスの Departmentsプロパティをそのまま返しているだけです。実際には部署一覧情報がJSON形式で返されます。

②のID指定版メソッドでは、引数の「ByVal id As Integer」の部分にURLで指定した部署IDが渡されます。メソッドに付加されたResponseType属性はこのメソッドで返すデータ型を指定する属性で、ここではDepartmentクラスを指定しています。

③では、主キーで検索を行うDbSetクラスのFindメソッドを使ってDepartmentエンティティを取得しています。その後、取得に失敗した場合はNotFoundメソッド

を、成功した場合はOkメソッドを、それぞれ呼び出しています。これは、RESTfulなWebサービスがリソースに対する操作の結果をHTTPステータスコードで返す必要があるためです。NotFoundメソッドは「404 Not Found(リソースが見つからない)」というHTTPステータスコードを返し、Okメソッドは「200 OK(リクエストは成功)」というHTTPステータスコードを返します。OkメソッドはHTTPレスポンスに引数で与えられたエンティティをJSON形式で返します。

早速これらのメソッドをクライアント側のJavaScriptから呼び出してみましょう。その前に1点だけエンティティクラスの定義に修正を加える必要があります(リスト12-25)。

リスト12-25 Departmentsクラスの修正 (Department.vb)

```
'部門エンティティクラス
Public Class Department
    ...

    '従業員リスト
    <Newtonsoft.Json.JsonIgnore>
    Public Overridable Property Employees As ICollection(Of Employee)

    ...
End Class
```

ここでは、部門に属する従業員リストを表すEmployeesプロパティにNewtonsoft.Json.JsonIgnoreという属性を付加しています。この属性は、DepartmentクラスのインスタンスをJSON形式のデータに変換する際に、Employeesプロパティを無視する、という意味です。DepartmentクラスとEmployeeクラスは両方とも相手を参照するプロパティを持っており、そのままではJSON化する際に「Department -> Employees -> Department -> ・・・」と無限ループに陥ってしまうため、この属性を付加する必要があります。

Webアプリケーションを実行し、「/api/Departments/1」にアクセスすると、JSONファイルがダウンロードされます。ダウンロードしたJSONファイルの中身はリスト12-26のようになっています。

リスト12-26 1.jsonファイルの内容

```
{"DepartmentId":1,"Name":"営業1課","TimeStamp":"AAAAAAAAB9E="}
```

JSON形式のデータは、JavaScriptでそのまま扱うことのできるデータで、[]で配列を、{}でキー、値の組み合わせ(連想配列)を表します。サーバー側のDepartmentクラスのエンティティが、プロパティ名がキーになった連想配列になっていることが分かるでしょう。同じく、「/api/Departments/」にアクセスしてダウンロードしたJSONファイルの中身はリスト12-27のようになっています。

リスト12-27 Departments.jsonファイルの内容（見やすくなるように改行を追加）

```
[
  {"DepartmentId":1,"Name":"営業1課","TimeStamp":"AAAAAAAAB9E="},
  {"DepartmentId":2,"Name":"営業2課","TimeStamp":"AAAAAAAAB9I="},
  {"DepartmentId":3,"Name":"海外営業課","TimeStamp":"AAAAAAAAB9M="}
]
```

ここでは、3つのエンティティが配列として並んでいます。実際にこれらのデータをWebブラウザーで表示してみましょう。リスト12-28は、jQueryのajaxメソッドを使って部署情報一覧をテーブル表示するサンプルです。

リスト12-28 部署情報一覧表示サンプル（ClientSide/AjaxDepartmentViewer.aspx）

```
<input id="loadButton" type="button" value="一覧ロード" />
<table id="result" class="table"></table>————————————— 結果表示用テーブル

<script type="text/javascript">
<!--
$(function () {
    //ボタンのクリックイベントにハンドラを割り当て
    $("#loadButton").click(function () {
        $.ajax({
            //Web APIにアクセス
            url: "/api/Departments/",
            //データ形式はJSON
            dataType: "json",
            //結果をid=resultのtableタグに表示する
            success: function (data) {
                //テーブルタグの中身を消しておく
                $("#result *").remove();
                //①取得したJSONデータの配列を取り出して処理
                $(data).each(function () {
                    //②配列のデータごとにtrタグでデータを表示する
                    $('<tr>' +
                      '<th>' + this.DepartmentId + '</th>' +
                      '<td>' + this.Name + '</td>' +
                      '</tr>').appendTo('#result');
                });
            }
        })
    });
});
// -->
</script>
```

ここでは、[一覧ロード]ボタンを押した場合に、jQueryのajaxメソッドでWeb APIを呼び出して部署情報一覧を取得しています。①では、配列の要素ごとに処理を行うjQueryのeachメソッドを使って、JSONデータの配列から部署情報を取り出しています。②では、各部署情報ごとにDepartmentId、Nameプロパティの値をtr、tdタグに詰め、appendToメソッドでtableタグにHTMLを追加しています。実行結果は図12-26のようになります。

図12-26　部署情報の一覧表示

Web APIが出力したJSON形式のデータを、JavaScriptで簡単に処理できることが分かるでしょう。

JavaScriptからのリソースの登録

続いて、Web APIを用いたリソースの登録です。リスト12-29はWeb APIでの部署情報の登録メソッドです。

リスト12-29　部署情報の登録メソッド（Controllers/DepartmentsController.vb）

```
Public Class DepartmentsController
    Inherits System.Web.Http.ApiController

    ' Entity Frameworkのコンテキストクラス
    Private db As New MyModel

    ' POST: api/Departments
    '部署情報の登録メソッド
    <ResponseType(GetType(Department))>
    Function PostDepartment(ByVal department As Department) As IHttpActionResult '①
        '②エンティティの状態をチェック
        If Not ModelState.IsValid Then
            Return BadRequest(ModelState)
        End If
```

```
        '③エンティティを保存
        db.Departments.Add(department)
        db.SaveChanges()

        '④CreatedAtRouteメソッドで201 Createdを返す
        Return CreatedAtRoute("DefaultApi", New With {.id = department. ⏎
DepartmentId}, department)
    End Function
```

①では、PostDepartmentメソッドの引数にDepartment型が指定されています。これにより、クライアントからPOSTされた部署情報のデータが引数に渡されます。②、③では、Entity Frameworkの流儀に沿って、エンティティが保存できる正しいデータかどうかをチェックし、保存しています。②でデータが正しくない場合は、BadRequestメソッドで「400 Bad Request（リクエスト内容が正しくない）」というHTTPステータスコードを返しています。④はデータが正常に登録された場合の処理です。ここで呼び出しているCreatedAtRouteメソッドは以下の処理を行います。

- 「201 Created（リソースが登録された）」というHTTPステータスコードを返す
- Locationヘッダに「http://localhost:49799/api/Departments/4」のように、新たに登録されたリソースのURLを返す
- HTTPレスポンスの本文に登録されたデータをJSON形式で返す

クライアント側でこのWebサービスを呼び出すコードはリスト12-30のようになります。

リスト12-30 部署情報登録サンプル（ClientSide/AjaxDepartmentTable.aspx）

```
部署名: <input type="text" id="name" /><br />

<input id="insertButton" type="button" value="データ挿入" />

<table id="result" class="table"></table>
<script type="text/javascript">
<!--
$(function () {

    ...
    //データ挿入ボタン
    $("#insertButton").click(function () {
        //①部署名を送信データとする
        var data = { "name": $("#name").val() };
        //②ajaxメソッドでPOSTする。保存結果をalertメソッドで表示する
```

```
    $.ajax({
        type: "POST",
        url: "/api/Departments/",
        data: data,
        success: function () {
            alert("保存完了");
        },
        error: function () {
            alert("保存失敗");

        }
    });
  });
});
// -->
</script>
```

　ここでは、inputタグに入力した部署名をWeb APIに送信し、部署情報の登録を行っています。なお、部署IDはEntity Framework側で自動的に採番されるため、送信していません。①では、入力した部署名を「$("#name").val()」で取得し、「name」というキーでJSON形式のデータとしてdata変数に格納しています。②では、jQueryのajaxメソッドを使って①で用意した部署情報データをWeb APIにHTTP POSTで送信しています。HTTP POSTするために、type引数を指定していることに注目してください。

　サーバー側では送信された部署情報データがDepartmentクラスのデータとして扱われ、データの保存が行われます。リソースの取得の際には、エンティティのプロパティがJSON形式のキーと値に変換されましたが、今度は逆の処理が行われ、JSON形式のキー（name）と値（入力した部署情報）が、Departmentエンティティのプロパティに変換されます。

　動作確認してみましょう。図12-27は登録前に[**一覧ロード**]ボタンをクリックして一覧表示したページです。

図12-27 部署情報登録前の一覧表示

部署名に「会計課」を入力して[**データ挿入**]ボタンをクリックすると、jQueryの ajaxメソッドでWeb APIを呼び出し、登録に成功すると図12-28のようにダイアログが表示されます。

図12-28 部署情報登録完了

再度[**一覧ロード**]ボタンをクリックすると、図12-29のようにデータが登録されていることを確認できます。

図12-29 部署情報登録後の一覧表示

このように、Web APIを使ってエンティティを公開することで、クライアント側のJavaScriptから簡単な手順でデータを使用できます。

> **メモ**
> ここでは部署情報の取得、登録処理処理だけを扱いましたが、更新、削除処理も同様の手順で呼び出すことができます。更新、削除処理の場合は、URLとして「/api/Departments/{部署ID}」を指定します。更新処理の場合は登録処理と同様に部署情報を指定した上でHTTP PUTでリソースを更新します。削除処理の場合はHTTP DELETEでリソースを削除します。

Section 12-05 バンドルとミニファイ

JavaScriptファイルの管理を理解する

このセクションでは、ASP.NETでJavaScriptファイルの管理を行うバンドルとミニファイについて解説します。

このセクションのポイント
■1 バンドルとは、JavaScriptファイルをまとめて管理するための仕組みである。
■2 ミニファイとは、JavaScriptファイルのサイズを削減するための仕組みである。

　WebアプリケーションでAjaxが頻繁に用いられるようになったことで顕在化した問題が、多数のJavaScript、CSSファイルのロードに時間が掛かるようになったことです。とりわけ転送速度が速いとは限らないモバイル環境では、ロードの遅いWebサイトはユーザーにストレスを与えて機会損失となる可能性もあり、パフォーマンス向上は非常に重要な要素と言えます。

　ASP.NETには、複数のJavaScript、CSSファイルを1つにまとめる**バンドル**と、JavaScript、CSSファイルのサイズを削減する**ミニファイ**という機能があり、多数のJavaScript、CSSファイルを使用するページにおいてもパフォーマンスの低下を防ぐことができます。これらの機能はセットで動作しますので、本セクションでまとめて解説します。

バンドル、ミニファイ機能の概要

　まずはバンドル、ミニファイ機能がどのように働くのか、JavaScript、CSSファイルをリスト12-31のように作成した例で考えてみましょう。

リスト12-31　複数のJavaScript、CSSファイルの定義

--- Scripts/Test1.js

```
// 無駄なコメント
function test1(){
    alert('test1');
}
```

--- Scripts/Test2.js

```
/* 色々書いてみる */
function test2(){
    alert('test2');
}
```

--- Scripts/Test3.js
```
function test3(){
    alert('test3');
}
```

--- Content/Test1.css
```
.test1 {
    color: blue;
}
```

--- Content/Test2.css
```
.test2 {
    color: red;
}
```

--- Content/Test3.css
```
.test3 {
    color: brown;
    /* CSSにもコメントを入れてみる  */
}
```

　ここでは3つのJavaScriptファイル、3つのCSSファイルがありますが、これらを1つ1つ別個に扱うと、Webページのロード時に6回のHTTPリクエストが発生することになり、ファイルの読み込みに時間が掛かってしまいます。バンドル機能が有効になると、これらのファイル群は1つのJavaScriptファイル、1つのCSSファイルに結合され、HTTPリクエストは2回で済む計算となります。

　また、ミニファイ機能が有効になると、JavaScriptファイル、CSSファイルに存在するコメントや、省略可能な空白文字はすべて削除されます。3つのJavaScriptファイルについてバンドル、ミニファイした結果はリスト12-32のようになります。

リスト12-32　バンドル、ミニファイされたJavaScriptファイル

```
function test1(){alert("test1")}function test2(){alert("test2")}function test3(){
alert("test3")}
```

バンドル、ミニファイによって以下のような変更が加わっています。

- 3つのファイルが1つのファイルに結合されている
- コメントが消えている
- 改行、省略可能な空白文字が消えている
- セミコロンが消えている（文法的に省略可能なもののみ）

同じように、3つのCSSファイルについてバンドル、ミニファイした結果はリスト12-33のようになります。

リスト12-33 バンドル、ミニファイされたCSSファイル

```
.test1{color:blue}.test2{color:red}.test3{color:#a52a2a}
```

こちらも以下のような変更が加わっています。

- 3つのファイルが1つのファイルに結合されている
- コメントが消えている
- 改行、省略可能な空白文字が消えている
- 色指定のbrownが#a52a2aに置き換わっている（ただし、結果的に文字数が伸びているため、データ量の削減には繋がっていない模様）

このようにバンドル、ミニファイすることで、複数のファイルを1つにまとめてHTTPリクエスト数を減らし、同時にファイルサイズを削減することで、データ転送量の節約にもなっていることが分かるでしょう。ただし、バンドル、ミニファイされたJavaScript、CSSファイルは人間が見ても分かりづらいため、この形式でファイルの内容を書き換えるのは困難です。

バンドル、ミニファイ機能を実現するフレームワークでは、バンドル、ミニファイしていない状態のファイルで編集を行い、コマンド実行によって、あるいは実行時に自動的にバンドル、ミニファイしたファイルを生成する機能を提供しています。ASP.NETでは事前に設定しておくことで、バンドル、ミニファイ機能が自動的に実行されます。

ASP.NETでバンドル、ミニファイ機能を使用する

ASP.NETのバンドル、ミニファイ機能は、あらかじめまとめて扱うファイル群を定義しておき、それを.aspxファイルから参照する、という形式になっています。バンドルの設定はApp_Start/BundleConfig.vbファイルにコードで記述します。デフォルトではリスト12-34のようなバンドルが定義されています。

リスト12-34 デフォルトのバンドル定義（App_Start/BundleConfig.vb）

```
Public Class BundleConfig
    ' バンドルの詳細については、http://go.microsoft.com/fwlink/?LinkID=303951 を参照してください。
    Public Shared Sub RegisterBundles(ByVal bundles As BundleCollection)
        bundles.Add(New ScriptBundle("~/bundles/WebFormsJs").Include(
                "~/Scripts/WebForms/WebForms.js",
                "~/Scripts/WebForms/WebUIValidation.js",
```

```
            "~/Scripts/WebForms/MenuStandards.js",
            "~/Scripts/WebForms/Focus.js",
            "~/Scripts/WebForms/GridView.js",
            "~/Scripts/WebForms/DetailsView.js",
            "~/Scripts/WebForms/TreeView.js",
            "~/Scripts/WebForms/WebParts.js"))
    ' これらのファイルには明示的な依存関係があり、ファイルが動作するためには順序が重要です
        bundles.Add(New ScriptBundle("~/bundles/MsAjaxJs").Include(
            "~/Scripts/WebForms/MsAjax/MicrosoftAjax.js",
            "~/Scripts/WebForms/MsAjax/MicrosoftAjaxApplicationServices.js",
            "~/Scripts/WebForms/MsAjax/MicrosoftAjaxTimer.js",
            "~/Scripts/WebForms/MsAjax/MicrosoftAjaxWebForms.js"))
        ...
    End Sub
End Class
```

RegisterBundlesメソッドでは、あらかじめWebフォームやASP.NET Ajaxで使用されるJavaScriptファイル群のバンドルが定義されています。ここに先ほど作成したファイル群についてのバンドル定義をリスト12-35のように記述します。

リスト12-35 バンドル定義の追加（App_Start/BundleConfig.vb）

```
bundles.Add(New ScriptBundle("~/bundles/TestJs").Include(
    "~/Scripts/Test1.js",
    "~/Scripts/Test2.js",
    "~/Scripts/Test3.js"
    ))
bundles.Add(New StyleBundle("~/Content/TestCss").Include(
    "~/Content/Test1.css",
    "~/Content/Test2.css",
    "~/Content/Test3.css"
    ))
```

ここでは、JavaScriptファイルのバンドル定義としてScriptBundleというクラスを、CSSファイルのバンドル定義としてStyleBundleというクラスを使用し、Addメソッドでバンドル定義を追加しています。各クラスのコンストラクタでは「~/bundles/TestJs」や「~/Content/TestCss」などのバンドル定義の名前を指定し、Includeメソッドで、バンドルに含めるファイルを指定します。

作成したバンドル定義を使用する際は、リスト12-36のようにheadタグの中でバンドル定義の名前を指定してScripts.RenderメソッドとStyles.Renderメソッドを呼び出します。

バンドルとミニファイ | Section 12-05

リスト12-36 バンドル定義の使用（Site.Master）

```
<html lang="ja">
<head runat="server">
...
<%: Scripts.Render("~/bundles/TestJs") %>  ── JavaScriptのバンドル定義を呼び出し
<%: Styles.Render("~/Content/TestCss") %>  ── CSSのバンドル定義を呼び出し
```

実行すると、この2つのRenderメソッドはリスト12-37のようなタグを出力します。

リスト12-37 バンドル定義の使用例（バンドル、ミニファイ無効時）

```
<script src="/Scripts/Test1.js"></script>
<script src="/Scripts/Test2.js"></script>
<script src="/Scripts/Test3.js"></script>
<link href="/Content/Test1.css" rel="stylesheet"/>
<link href="/Content/Test2.css" rel="stylesheet"/>
<link href="/Content/Test3.css" rel="stylesheet"/>
```

デフォルトではバンドル、ミニファイ機能は無効化されているため、バンドル定義を使用しても、元のファイル群がすべて参照されます。バンドル、ミニファイ機能を有効化するには、RegisterBundlesメソッドにリスト12-38のようなコードを追加します。

リスト12-38 バンドル、ミニファイ機能の有効化（App_Start/BundleConfig.vb）

```
BundleTable.EnableOptimizations = True
```

BundleTableクラスのEnableOptimizationsプロパティは、バンドル、ミニファイ機能を有効化するかどうかを表すプロパティです。バンドル、ミニファイ機能を有効化した状態で実行すると、リスト12-39のようなタグが出力されます。

リスト12-39 バンドル定義の使用例（バンドル、ミニファイ有効時）

```
<script src="/bundles/TestJs?v=tdtkn1wbb22ig3b58iMTR-WMh7RnV6a11U95hao5-8E1">
</script>
<link href="/Content/TestCss?v=20RK8koP1eZEC-TkZaYnk8cgmKLyDRvs2Svfi2rxy0E1"
  rel="stylesheet"/>
```

今度は6つのファイルを読み込む代わりに、JavaScriptファイルとCSSファイルを1つずつ読み込んでいます。それぞれのファイルは、先ほどリスト12-32、12-33で示した、バンドル、ミニファイされた内容になっています。

実際の通信内容を比較してみましょう。Webページを開いたときのHTTPリクエストの回数と通信量をInternet ExplorerのF12開発者ツールで表示したものが

はじめてのASP.NET Webフォームアプリ開発 Visual Basic対応 第2版　**507**

図12-30（バンドル、ミニファイ無効）、図12-31（バンドル、ミニファイ有効）です。

図12-30 バンドル、ミニファイ無効時の通信量

図12-31 バンドル、ミニファイ有効時の通信量

　HTTPリクエストの回数は26から13へ、データ通信量も1.75MBから911KBへと減少しています。バンドル定義を記述して呼び出すだけで、ASP.NETが自動的にバンドル、ミニファイによる最適化を行ってくれますので、積極的に活用しましょう。

コラム

バンドル、ミニファイの別の定義、使用方法

バンドルの定義方法には、App_Start/BundleConfig.vbファイルにコードで記述する以外に、プロジェクト直下のBundle.configファイルにXML形式で記述する方法もあります。デフォルトではリスト12-40のような、CSSファイルのバンドル定義が記述されています。

リスト12-40 CSSバンドル定義（Bundle.config）

```xml
<?xml version="1.0" encoding="utf-8" ?>
<bundles version="1.0">
  <styleBundle path="~/Content/css">
    <include path="~/Content/bootstrap.css" />
    <include path="~/Content/Site.css" />
  </styleBundle>
</bundles>
```

このBundle.configファイルに、JavaScriptやCSSのバンドル定義を記述することができます。CSSの場合はstyleBundleタグを、JavaScriptの場合はscriptBundleタグを使う以外は基本的に同じ使い方となっています。リスト12-41は、Bundle.configファイルでJavaScript、CSSのバンドル定義を記述した例です。

リスト12-41 バンドル定義を追記（Bundle.config）

```xml
<?xml version="1.0" encoding="utf-8" ?>
<bundles version="1.0">
  <styleBundle path="~/Content/css">
    <include path="~/Content/bootstrap.css" />
    <include path="~/Content/Site.css" />
  </styleBundle>
  <styleBundle path="~/Content/TestCss2">
    <include path="~/Content/test1.css" />
    <include path="~/Content/test2.css" />
    <include path="~/Content/test3.css" />
  </styleBundle>
  <scriptBundle path="~/bundles/TestJs2">
    <include path="~/Scripts/test1.js" />
    <include path="~/Scripts/test2.js" />
    <include path="~/Scripts/test3.js" />
  </scriptBundle>
</bundles>
```

ここでは、「~/Content/TestCss2」というCSSのバンドルと「~/bundles/TestJs2」というJavaScriptのバンドル定義を記述しています。バンドルの使用方法はBundleConfig.vbファイルで定義した場合と同様です。

Chapter 12 ASP.NET AJAX

バンドル定義を呼び出す場合にも、本文で解説したScripts.Render、Styles.Renderメソッド以外に、webopt:bundlereferenceというタグを使う方法があります。デフォルトで生成されたSite.Masterファイルでは、リスト12-42のようにwebopt:bundlereferenceタグを使って、Bundle.configファイルで定義されたCSSのバンドル定義を呼び出しています。

リスト12-42　デフォルトのCSSバンドル定義の呼び出し例

```
<webopt:bundlereference runat="server" path="~/Content/css" />
```

　ここでは、path属性で指定した「~/Content/css」という名前のCSSのバンドル定義を呼び出しています。同じような形式でリスト12-43のように書くことで、バンドル定義を呼び出すことができます。

リスト12-43　バンドル定義の別の呼び出し例

```
<webopt:bundlereference runat="server" path="~/Content/css" />
<webopt:bundlereference runat="server" path="~/Content/TestCss" />
<webopt:bundlereference runat="server" path="~/bundles/TestJs" />
```

　この場合の実行結果もScripts.Render、Styles.Renderメソッドを使用した場合と同じになります。

　バンドル定義、呼び出し共にどちらの方法でも動作するようですが、本文中で解説した方法はASP.NET MVCとも共通ですので、そちらの使用を推奨します。

コラム

JavaScript開発でのIntelliSense機能

　統合開発環境を使って開発を行うメリットとして、IntelliSenseによる入力の支援や自動的な構文チェックによるミスの早期発見などが挙げられます。ASP.NET開発のサーバーサイドのVisual Basicコードの実装にも、こうした支援機能が役立ちます。
　静的な言語としての特徴が強いVisual Basicに比べ、動的な言語であるJavaScriptでは完全なIntelliSense機能を実現するのはかなり難しいのですが、Visual Studio 2019では型の推論など、よく使われる機能を中心に、IntelliSenseによる候補が表示されるようになっています。
　また、IntelliSenseはjQueryにも対応しており、セレクターで選択したHTMLタグに対し、様々なメソッドの候補が表示され、メソッドごとのヘルプも表示されます。
　こうした入力支援機能を使用することで、タイプミスによるエラーは減り、使い方を忘れた場合などにも、IntelliSenseで表示されるヘルプが役立つでしょう。

TECHNICAL MASTER

Chapter
13

ASP.NET の構成

この章では、ASP.NET を構成するための設定項目について解説します。アプリケーション構成ファイルにより、ASP.NET の様々な挙動を設定できます。また、Global.asax ファイルにより、アプリケーション共通の処理を行えます。特に、Global.asax で設定する、分かりやすい URL でのアクセスを可能にする URL ルーティング機能は注目です。

Contents

13-01 Web アプリケーションの設定を行う
　　　　　　　　　　　　　　　　　　　［アプリケーション構成ファイル］ 512

13-02 Global.asax の役割を理解する　　　　　　　　　　　［Global.asax］ 526

はじめての ASP.NET Web フォームアプリ開発 Visual Basic 対応 第 2 版

Section 13-01

アプリケーション構成ファイル

Webアプリケーションの設定を行う

このセクションでは、ASP.NETの設定を行うためのアプリケーション構成ファイルについて解説します。

このセクションのポイント
■①ASP.NETの構成ファイルにはマシン構成ファイル（Machine.config）とアプリケーション構成ファイル（Web.config）がある。構成ファイルの値は順に継承される。
■②ASP.NETの詳細な設定はsystem.web要素以下で行う。

　ASP.NETでは、様々な設定項目をXML形式の構成ファイルで記述します。設定項目を構成ファイルで記述することで、ソースコード中に設定項目が埋め込む必要がなくなりますので、アプリケーションを再コンパイルすることなく設定変更が行えます。

　構成ファイルには、コンピュータに一つだけ存在するマシン構成ファイル（Machine.config）と、アプリケーションごと、フォルダごとに複数存在するアプリケーション構成ファイル（Web.config）の2種類があります。

■（1）マシン構成ファイル（Machine.config）

　マシン構成ファイルはそのコンピュータ全体の設定を記述するためのファイルで、通常は以下の場所に保存されています。（WindowsがC:¥Windowsにインストールされている場合）

```
C:¥Windows¥Microsoft.NET¥Framework¥v4.0.30319¥Config¥
```

　マシン構成ファイルは.NET Frameworkのインストール時に自動生成されます。マシン構成ファイルでの設定はそのコンピュータ上のすべての.NETアプリケーションに適用されるため、アプリケーション個別の設定を行う際には次のアプリケーション構成ファイルに記述を行います。

■（2）アプリケーション構成ファイル（Web.config）

　アプリケーション構成ファイルは、アプリケーション個別の設定を記述するためのファイルで、アプリケーション直下ないしはアプリケーション内のフォルダごとに配置することで、設定を行います。また、デフォルトで使用されるアプリケーション構成ファイルが、マシン構成ファイルと同じ場所に保存されています。

　したがって、構成ファイルは複数存在することになりますが、図13-1のように、マシン構成ファイルからアプリケーション構成ファイルへと順に値が継承されていきます。

アプリケーション構成ファイル | Section 13-01

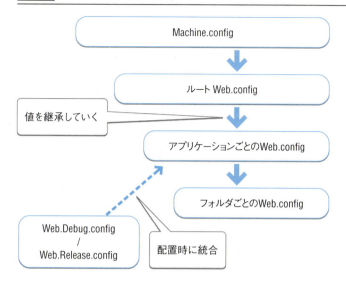

図13-1 構成ファイルの値の継承

アプリケーション全体で必要な設定はアプリケーション直下のWeb.configファイルに、フォルダごとに必要な設定は各フォルダ内のWeb.configファイルに記述します。

コラム
Web.Debug.config と Web.Release.config

Visual Studioでプロジェクトのテンプレートとして [ASP.NET Webアプリケーション] を選択した場合、アプリケーション直下にWeb.Debug.config、Web.Release.configというファイルが自動生成されます。これらのファイルは、プロジェクトの構成がDebug、Releaseの時にそれぞれ使われる設定内容を記述するためのもので、Webアプリケーションを配置する（巻末資料D参照）際に、Visual Studioによってアプリケーション直下のWeb.configファイルに自動的に統合されます。詳細については巻末資料を参照してください。

Web.configファイルの基本的な構造

Web.configファイルは基本的にリスト13-1のような構造となっています。

リスト13-1 Web.configファイルの基本的な構造

```
<?xml version="1.0"?>
<configuration>
  <appSettings> {アプリケーション設定} </appSettings>
  <connectionStrings> {データベースへの接続文字列設定} </connectionStrings>
  <system.web> {ASP.NETについての設定} </system.web>
```

```
    <location> {特定のページへの設定} </location>
</configuration>
```

　configuration要素がルートの要素となり、その下に設定する項目ごとに要素を用いて記述していきます。appSettings要素でアプリケーション共通の設定を、connectionStrings要素でデータベースへの接続文字列の設定を行います。なお、接続文字列については4章を参照してください。また、特定のページへの設定を行うlocation要素についてはコラムを参照してください。

　ASP.NETについての設定を行うsystem.web要素は、さらに詳細な設定を行うため、表13-1のような子要素を用います。なお、これらの要素の中は、アプリケーション直下のWeb.configファイルで設定でしか設定できないものもありますので表中に示します。

表13-1　system.web要素で使用可能な主な要素

要素	意味	フォルダごとの設定	参照
authorization 要素	アクセス規則の設定	○	セクション11-01
caching 要素	キャッシュの設定	×	セクション08-01
customErrors 要素	カスタムエラーページの設定	○	本章で解説
globalization 要素	文字コードやカルチャ情報などのグローバリゼーション設定	○	本章で解説
httpCookies 要素	クッキーの設定	○	
httpRuntime 要素	HTTPリクエストについての設定	○	本章で解説
identity 要素	アプリケーションがリソースにアクセスするときのアカウントの設定	○	
machineKey 要素	クッキーやビューステートを暗号化するためのマシンキーの設定	×	
pages 要素	ページについての設定	○	本章で解説
sessionState 要素	セッションの設定	×	セクション09-04
trace 要素	トレース情報の設定	○	セクション08-01

　ここでは、構成ファイルで設定できる主な項目について解説します。各要素の詳細については、以下のページなどを参照してください。

[MSDN ASP.NET 構成ファイルの構文]
http://msdn.microsoft.com/ja-jp/library/zeshe0eb.aspx

> **コラム**
> **location要素による特定ページへの設定**
>
> 　アプリケーション構成ファイルの設定が影響を及ぼすのは、アプリケーション単位およびフォルダ単位です。しかし、フォルダ中の特定のファイルにだけ設定を行いたい、といったケースが存在します。
> 　たとえば、認証の必要なフォルダの中で、ユーザー登録画面だけはログインしていない匿名ユーザーにもアクセスを許可したい、といったケースがあります。
> 　configuration要素内でlocation要素を用いることで、特定のファイルに対する設定を行えます。ただし、設定ファイルが複雑化することを避けるため、location要素による設定の乱用は避けましょう。
> 　実際の使用例は11章の「認証の必要なページを設定する」を参照してください。

アプリケーションの設定項目を管理する ─ appSettings要素

　appSettings要素は、アプリケーション固有の設定項目を定義するための要素です。アプリケーション全体で共通に使用する項目などを、アプリケーション構成ファイルで一括して管理できます。先に述べたとおり、アプリケーション構成ファイルで定義することで、値を変更した場合にもアプリケーションの再コンパイルが不要です。

　設定項目の定義はリスト13-2のように、appSettings要素内のadd要素で行います。

リスト13-2 appSettings要素の使用例

```xml
<configuration>
  <appSettings>
    <add key="applicationName" value="ASP.NET構成サンプルアプリケーション"/>
    <add key="applicationVersion" value="1.0.0"/>
  </appSettings>
...
```

　key属性で項目名を、value属性で値を指定します。ここではapplicationNameとapplicationVersionという2つの項目を定義しています。

　設定項目を使用するには、以下の2種類の方法があります。

■（1）データバインドによる設定項目の取得

　データベースから取得したデータを表示するのと同じ方法で、appSettings要素で定義した設定項目をコントロールのプロパティにバインドできます。

　サンプルとして、Labelコントロールに設定項目の値を表示してみましょう。Labelコントロールを配置し、プロパティウィンドウの［データ］－［(Expressions)］欄の右端の［...］をクリックし、図13-2の式ウィンドウからバインドする項目を選択します。

Chapter 13 ASP.NETの構成

図13-2 appSettings要素からデータバインド

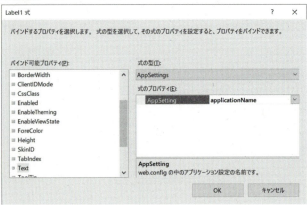

[バインド可能プロパティ]で[Text]プロパティを、[式の型]で[AppSettings]を選択し、[式のプロパティ]でドロップダウンからapplicationNameを選択します。

これにより、LabelコントロールのTextプロパティにapplicationName項目で設定した値がバインドされます。実際の.aspxファイルの内容はリスト13-3のようになります。

リスト13-3 データバインディング構文による記述例（AppSettingsSample.aspx）

```
<asp:Label ID="Label1" runat="server"
  Text="<%$ AppSettings:applicationName %>"></asp:Label>
```

実行結果は図13-3のようになります。

図13-3 データバインド結果

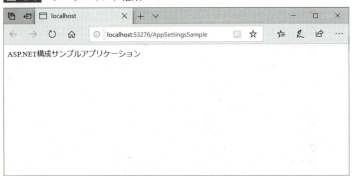

■ (2) プログラムからの設定項目の取得

appSettings要素で定義した設定項目は、プログラムからも取得できます。リスト13-4のように、ConfigurationManagerクラスを用いて値を取得できます。

リスト13-4 ConfigurationManagerクラスによる設定項目の取得 (AppSettingsSample.aspx.vb)

```
'GetメソッドでapplicationVersion項目を取得
Dim Version = ConfigurationManager.AppSettings("applicationVersion")
```

カスタムエラーページの設定を行う ― customErrors要素

customErrors要素では、**HTTPエラー**が発生したときに表示する**カスタムエラーページ**の設定を行えます。HTTPエラーとは、WebブラウザーからのHTTPリクエストの処理の際にエラーが発生することで、エラーの種類に応じて**ステータスコード**と呼ばれる数値がWebブラウザーに送信されます。主なHTTPエラーとステータスコードは表13-2のとおりです。

表13-2 主なHTTPエラーとステータスコード

ステータスコード	意味
401	リソースにアクセスするには認証が必要
403	リソースへのアクセスが禁止された
404	指定されたリソースが見つからない
500	サーバー内部エラー。主にWebアプリケーション実行中にエラーが起きた場合などに発生する
503	サービス利用不可。サービスの負荷が高くなった場合などに発生する

こうしたエラーが発生した場合、デフォルトでは図13-4や図13-5のようなASP.NET標準のエラー画面が表示されます。

図13-4 リソースが見つからない（ステータスコード404）場合のエラー画面

図13-5 実行中にエラー発生（ステータスコード500）場合のエラー画面

　ASP.NET標準のエラー画面は、エラーが発生したことは通知できますが、一般のユーザーにとっては不要な情報も多く含まれています。また、Webサイトの全体のデザインとマッチしない、という問題もあります。

　カスタムエラーページとは、HTTPエラーが発生したときに表示する独自のエラーページのことです。カスタムエラーページを設定することで、エラーが発生した場合にASP.NET標準のエラーページではなく、サイトデザインに合わせたページを表示できます。

　リスト13-5はcustomErros要素を用いたカスタムエラーページの設定例です。

リスト13-5　カスタムエラーページの設定例

```xml
<configuration>
  <system.web>
    <!-- デフォルトでError.htmを表示する -->
    <customErrors defaultRedirect="Error.htm" mode="On">
      <!-- 500エラー時のエラーページ -->
      <error statusCode="500"
        redirect="InternalError.htm"/>
    </customErrors>
  </system.web>
</configuration>
```

　customErrors要素のdefaultRedirect属性で、デフォルトのエラーページを指定します。customErros要素内のerror要素で、各エラーごとのエラーページを指定します。ここでは500エラーについて、カスタムエラーページを指定しています。
　customErrors要素のmode属性には表13-3のような値を設定できます。

表13-3　customErrors要素のmode属性

値	意味
On	カスタムエラーページ有効（ローカル、リモート両方）
Off	カスタムエラーページ無効
RemoteOnly	カスタムエラーページがリモートのみ有効。ローカルにはASP.NET標準のエラー画面が表示される

　ここでは、mode="On"を設定していますので、ローカル（同じコンピューター上のWebブラウザ）からでもリモートからでもカスタムエラーページが有効になります。

グローバリゼーション設定を行う — globalization要素

　globalization要素は、アプリケーションで使用するカルチャや文字コードを指定します。カルチャとは、言語と地域名の組み合わせでなる文字列です。たとえば、日本であればja-JP、米国であればen-US、同じ英語であっても英国であればen-GBのようになります。カルチャを指定することで、数字や通貨、暦の表示形式などを切り替えることができます。
　globalization要素で利用可能な属性は、表13-4のとおりです。

表13-4 globalization要素の主な属性

属性	意味	デフォルト値
culture	アプリケーションで使用するカルチャ	［コントロールパネル］―［地域と言語］設定で設定された地域情報
fileEncoding	.aspxファイルを解析するための文字エンコーディング方式	UTF-8
requestEncoding	フォームデータやクエリストリングなどを解析するための文字エンコーディング方式	UTF-8
responseEncoding	ASP.NETが出力する際に使用する文字エンコーディング方式	UTF-8

　通常はこれらの設定を変更する必要はありませんが、海外のASP.NETホスティングサービスを使用する際には、運用するWebサーバーのカルチャ設定が開発用のWebサーバーと異なる場合がありますので、明示的に使用するカルチャの指定が必要になります。リスト13-6はglobalization要素を使い、カルチャをja-JPに設定した例です。

リスト13-6 globalization要素によるカルチャの設定例

```
<configuration>
  <system.web>
    <globalization culture="ja-JP"/>
```

HTTPリクエストの処理方法を設定する ― httpRuntime要素

　httpRuntime要素はHTTPリクエストの処理方法を設定するための要素です。httpRuntime要素で利用可能な属性は表13-5のとおりです。

表13-5 httpRuntime要素の主な属性

属性	意味	デフォルト値
enableHeaderChecking	HTTPヘッダ インジェクション攻撃を防ぐため、ヘッダをチェックするかどうか	チェックする（True）
enableVersionHeader	使用しているASP.NETのバージョンをヘッダとして出力するかどうか	出力する（True）
executionTimeout	実行時のタイムアウト	110秒
maxRequestLength	HTTPリクエストの最大サイズ	4096KB
maxQueryStringLength	クエリストリングの最大長	2048文字
maxUrlLength	URLの最大長	260文字

requestValidationMode	HTTPリクエストを検証する方法（pages要素で解説）	4.0
targetFramework	対象とする.NET Frameworkのバージョン	—

　ASP.NET開発で覚えておきたいのは、maxRequestLength属性です。この属性により、Webブラウザーからのファイルアップロードの際の上限サイズが決まります。ユーザーに画像や動画などの大きなファイルをアップロードさせる場合、maxRequestLength属性のデフォルト値である4096KBでは足りない場合がありますので、変更が必要です。

　リスト13-7は、最大サイズを100MBに増やす設定例です。

リスト13-7　httpRuntime要素のmaxRequestLength属性の設定例

```
<configuration>
  <system.web>
    <httpRuntime maxRequestLength="102400"/>
```

ページについての設定を行う — pages要素

　pages要素は、ページに関する様々な設定を行うための要素です。利用可能な属性は表13-6のとおりです。

表13-6　pages要素の主な属性

属性	意味	デフォルト値
autoEventWireup	ページのイベントを自動的に有効にするかどうか	有効(True)
clientIDMode	コントロールのClientIDプロパティを生成する方法（12章参照）	AutoID
compilationMode	ページを実行時にコンパイルするかどうか	常にコンパイルする(Always)
controlRenderingCompatibilityVersion	出力するHTMLを以前の.NET Frameworバージョンと同じ形式にするか（3.5, 4.0, 4.5のいずれか）	4.5（現在のASP.NETのバージョン）
enableSessionState	セッションを有効にするかどうか	有効(True)
enableViewState	ビューステートを有効にするかどうか	有効(True)
enableViewStateMac	ビューステートの改竄チェックをするかどうか	チェックする(True)
maintainScrollPositionOnPostBack	ポストバック後にWebブラウザーのスクロール位置を維持するか	維持しない(False)
masterPageFile	デフォルトのマスターページの指定	空文字列

pageBaseType	ページが継承するクラス	System.Web.UI.Page
userControlBaseType	ユーザーコントロールが継承するクラス	System.Web.UI.UserControl
validateRequest	HTTPリクエストの危険性を検証するかどうか	検証する (True)

これらの属性の多くは、8章で解説した@Pageディレクティブの属性と重複しています。@Pageディレクティブで指定しなかった項目については、このpages要素の値がデフォルトとして使用されます。

ここでは2つの属性について詳しく取り上げます。

■ (1) 出力するHTMLの互換性 — controlRenderingCompatibilityVersion属性

ASP.NET 4以降のバージョンでは、サーバーコントロールの出力するHTMLをWeb標準に準拠させるよう、以前のバージョンとは出力するタグの内容を変更しています。主な変更点は表13-7の通りです。

表13-7 サーバーコントロールの出力するHTMLの主な変更点

コントロール	変更点
検証コントロール	インラインスタイルシートによるエラーメッセージの赤文字指定を行わなくなった
ListView	LayoutTemplateを省略可能になった
Label	Enabledプロパティがfalseのときに、spanタグのdisabled属性を出力する代わりに、class属性に「aspNetDisabled」という値を出力するようになった
HtmlForm	formタグのname属性を出力しなくなった
FormView	コントロールの外枠に相当するtableタグを省略可能になった
RadioButtonList, CheckBoxList	メニュー表示にtableタグではなく、ulタグとliタグまたはolタグとliタグを使用できるようになった

すぐに気づく変更点として、検証コントロールが出力するエラーメッセージが赤く表示されない点があります。これは、インラインスタイルシート（10章参照）が構造とデザインの分離という観点から、ASP.NET 4以降において廃止されているためです。そのため、検証コントロールのエラーメッセージを目立たせるために赤文字で表示するには、別途CSSにて指定する必要があります。

これらはWeb標準への準拠という意味では望ましい変化で、新しく作成するアプリケーションでは問題ありません。しかし、以前のバージョンのASP.NETで作成したアプリケーションとの互換性を保つ上では問題となる場合があります。

リスト13-8のように、pages要素のcontrolRenderingCompatibilityVersion属性の値として3.5を指定することで、ASP.NET 3.5以前と同じHTMLを出力することができます。

リスト13-8 以前のバージョンと互換性のあるHTMLを出力する設定例

```
<configuration>
  <system.web>
    <pages controlRenderingCompatibilityVersion="3.5"/>
```

■ (2) HTTPリクエストの危険性の検証 ─ validateRequest属性

Webアプリケーションの脆弱性の一つに、XSS[*]があります。

[*] Cross Site Scripting：クロスサイトスクリプティング

XSSとは、悪意のあるユーザーが、フォームの入力として、HTMLタグを含む値を送信し、その値がWebサーバーからHTMLの一部として出力されることにより、ユーザーのクッキーを盗むなどの被害を及ばす攻撃方法です。

XSS対策の基本は、HTTPリクエストに含まれるデータに、HTMLタグが含まれていないかどうかを検証することです。pages要素のvalidateRequest属性はこの検証を行うかどうかの属性で、デフォルトでは検証が行われます。図13-6のようにテキストボックスに"<script>alert();</script>"のような値を入力すると、検証でHTMLタグが発見され、図13-7のようなエラーとなります。

図13-6 HTMLタグ付きで文字列を入力

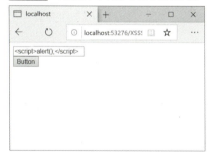

Chapter 13 ASP.NETの構成

図13-7 HTTPリクエストが検証され、エラーが表示される

　HTTPリクエストの検証機能は便利で、XSSを防ぐための有用な方法ですが、アプリケーションの種類によっては、ユーザーからの入力にHTMLタグが含まれると一律にエラーになるのでは問題があります。たとえばブログや日記など、ユーザー入力である程度のHTMLタグを使えるようにしたい場合などです。ユーザーにHTMLとは無関係に"<"や">"を入力させたい場合も同様です。

　こうした場合には、pages要素のvalidateRequest属性を使い、ASP.NETのHTTPリクエストの検証を部分的に無効化します。

　リスト13-9は、pages要素のvalidateRequest属性で検証を無効化した例です。

リスト13-9 HTTPリクエストの検証を無効化する例

```
<configuration>
  <system.web>
    <!-- HTTPリクエストの検証を無効化 -->
    <pages validateRequest="false"/>
```

　なお、HTTPリクエストの検証を無効化した場合、XSS攻撃を防ぐため、出力する文字列のサニタイジングを行う必要があります。サニタイジングとは、文字列中に含まれる"<"、">"、"&"などのHTMLで特別な意味を持つ文字を、"<"、">"、"&"に置き換える処理のことです。Server.HtmlEncodeメソッド（8章参照）で文字列のサニタイジングを行えます。

　リスト13-10は、入力された文字列をLabelコントロールで表示する際のサニタイジング処理の例です。

リスト13-10 サニタイジング処理の例

```
Label1.Text = Server.HtmlEncode(TextBox1.Text)
```

> **メモ**
> HTTPリクエストの検証を行う場合でも、データの出力を行う際にはサニタイジングを心がけるようにしましょう。

コラム

ASP.NETでのURLの記述について

幾つかのサンプルではURLの先頭に~（チルダ）を使用しています。URL先頭のチルダはWebアプリケーションのルートを表し、ASP.NETによって実行時に適切なURLに変換されます。

マスターページでURLを記述する際にもチルダが有効です。マスターページは様々な場所から呼び出されるため、URLの基準となるパスが異なるためです。

たとえばマスターページでリスト10-7のようにチルダを使用せずにURLを記述していると、マスターページを参照するコンテンツページのパスによって、表10-1のように異なるパスとして解釈されてしまいます。

リスト13-11 マスターページでチルダ無しのURLを使用した例

```
<asp:HyperLink ID="HyperLink1" runat="server"
    NavigateUrl="CssTest.aspx"></asp:HyperLink>
```

表13-8 コンテンツの場所によってリンク先が変化してしまう例

コンテンツページのパス	リンク先のパス
~/Default.aspx	~/CssTest.aspx
~/MasterPage/ContentPageSample.aspx	~/MasterPage/CssTest.aspx

こうした問題を避けるため、リスト10-8のように、チルダから始まるURLを記述することで、どのパスのコンテンツページから参照しても、同じURLとして解釈されます。

リスト13-12 チルダから始まるURLの例

```
<asp:HyperLink ID="HyperLink1" runat="server"
    NavigateUrl="~/CssTest.aspx"></asp:HyperLink>
```

なお、チルダがWebアプリケーションのルートに変換されるのはASP.NETの機能で、サーバーコントロール以外の通常のHTMLタグのURLではチルダは変換されませんので注意してください。

Section 13-02 Global.asax

Global.asaxの役割を理解する

このセクションでは、アプリケーション共通の処理を行うためのGlobal.asaxについて解説します。

このセクションのポイント
■ Global.asaxはロギングなどのアプリケーション共通の処理を記述するためのファイルである。
■ URLルーティングにより、SEOフレンドリなURLを使用できる。

　Global.asaxとは、ASP.NETアプリケーションファイルとも呼ばれ、ASP.NETで起きる様々なイベントに対して共通の処理を記述するためのファイルです。たとえば、アクセスログや、アプリケーションで発生したエラーのログなどを独自に記録したい場合などに使用します。また、ASP.NET 4以降は、後述するURLルーティングという機能を有効にする場合にも、Global.asaxを使用します。このセクションでは、Global.asaxで扱えるイベントの種類と、幾つかの使用例について解説します。

1 Global.asaxで扱うイベントの種類

　Global.asaxは、表13-9のような様々なイベントに対応して呼び出されます。

表13-9　アプリケーションで発生する主なイベントと、Global.asaxで呼び出されるメソッド名

イベントの種類	メソッド名	呼び出されるタイミング
アプリケーション全体に関わるイベント	Application_Start	アプリケーションの起動時
	Session_Start	セッションの開始時
	Session_End	セッションの終了時
	Application_End	アプリケーションの終了時
	Application_Error	アプリケーションのエラー発生時
リクエストごとに発生するイベント	Application_OnBeginRequest	ページのリクエスト処理の開始時
	Application_OnAuthenticateRequest	ユーザー認証開始時
	Application_OnPostAuthenticateRequest	ユーザー認証完了時
	Application_OnEndRequest	ページのリクエスト処理の終了時

　アプリケーション全体に関わるイベントでは、アプリケーションやセッションで使

用するデータの設定や破棄を行います。また、エラー発生時のログを記述することも可能です。

リクエストごとに発生するイベントでは、アクセスログの記録など、ページへのリクエストごとに挟みたい処理を含めることができます。

以下にイベントの使用例を示します。

アクセスログの実装

リスト13-13は、リクエスト処理の開始時に呼び出されるApplication_OnBeginRequestメソッドを使い、簡易のアクセスログを記録する例です。

リスト13-13 Global.asaxによるアクセスログの例（Global.asax.vb）

```
'検索エンジンの巡回ロボット名の定義
'Google,Yahoo!,Bing
Dim robots =
{
"googlebot", "slurp", "bingbot"
}

'リクエストが巡回ロボットによるものかどうか
Function IsRobot() As Boolean
    'ユーザーエージェント文字列を取得
    Dim useragent = Request.UserAgent
    For Each robot In robots

        '巡回ロボット名を含んでいるかどうか
        If useragent.Contains(robot) Then
            Return True
        Else
            Return False
        End If
    Next
    Return False
End Function

'リクエストごとにアクセスログを記録
Sub Application_BeginRequest(ByVal sender As Object, ByVal e As EventArgs)
    '巡回ロボットのアクセスでなければ
    If Not IsRobot() Then
        'ログファイルの作成
        Dim logger = New System.IO.StreamWriter(
        Server.MapPath("~/App_Data/access.log"), True)
```

```
            logger.WriteLine("-----")
            'リクエストされたURLを記録
            logger.WriteLine(Request.Url.ToString())
            logger.Close()
        End If
End Sub
```

　ここでは、リクエストされたURLをアクセスログに記録しています。なお、検索エンジンの巡回ロボットによるアクセスかどうかを検出するIsRobotメソッドでは、RequestオブジェクトのUserAgentプロパティを使用しています。このプロパティにはHTTPリクエストを行ったクライアントの情報が含まれています。今回は検索エンジンで使用される巡回ロボットの名前が含まれている場合は、アクセスログを記録しないようにしています。ログファイルの作成時に使用しているServer.MapPathメソッドは、指定されたパスを物理ディレクトリに変換するメソッドです（8章参照）。

　このように、アプリケーションのイベントに応じて呼び出されるGlobal.asaxのメソッドを使用することで、アプリケーション全体の共通処理を記述できます。

セッション開始時の処理を行う

　Global.asaxでは、セッションの開始時と終了時に呼び出されるSession_StartメソッドとSession_Endメソッドを使い、セッション開始、終了時の処理を行うことができます。セッション開始時に必要な処理として、セッションで共通に使用する変数の初期化処理があります。

　たとえば、ショッピングサイトにおいては、ユーザーがどのページを見ていても、買い物かごに入れた商品を保つ必要がありますので、買い物かごの情報はセッションで管理するのが望ましいでしょう。では、この情報はどこで初期化すれば良いのでしょうか。一見、サイトのトップページで初期化するのが良さそうに思えますが、お気に入りや検索エンジンから直接商品ページへアクセスした場合など、トップページを経由しないこともあり得ます。だからといって、すべてのページで買い物かご情報が初期化されているかどうかをチェックし、必要な場合に初期化処理を行うというのは美しくありませんし、多数のページがある場合には記述漏れの恐れもあります。こうしたケースでは、セッションの開始時に呼び出されるGlobal.asaxのSession_Startメソッドで初期化することで、どのページからアクセスした場合でも適切にセッションの初期化処理を行えます。

　リスト13-14は、Session_Startメソッドで空の買い物かごを作成し、セッションに保存している例です。

Global.asax | Section 13-02

リスト13-14 セッション開始時に買い物かごを初期化 (Global.asax.vb)

```
Sub Session_Start(ByVal sender As Object, ByVal e As EventArgs)
    '空の買い物かごを作成
    Dim mycart = New List(Of String)()
    'セッションに保存
    Session("Cart") = mycart
End Sub
```

このようにすることで、各ページではリスト13-15のように買い物かご情報をセッションから取得できます。

リスト13-15 セッションから買い物かご情報を取得 (Default.aspx.vb)

```
Protected Sub Page_Load(ByVal sender As Object, ByVal e As System.EventArgs) →
Handles Me.Load
    'セッションから買い物かご情報を取得
    Dim cart As List(Of String) = Session("Cart")
End Sub
```

なお、セッション終了時に呼び出されるSession_Endメソッドは、セッション情報を同じプロセス内で保存するInProcモード(9章参照)の場合のみ有効で、State ServerやSQL Serverでセッションを保存する場合には呼び出されません。したがって、StateServerやSQL Serverでセッションを保存する場合には、セッションの終了時の処理が行えませんので、それを見越した設計を行う必要があります。

URL ルーティング

Global.asaxファイルは、ASP.NET 4から、URLルーティングを記述する、という新しい役割が加わりました。URLルーティングとは、ユーザーに分かりやすいURLと、実際に処理を行うページを関連づけるための処理です。

たとえば、書籍情報サイトで特定のカテゴリの書籍一覧を取得する場合、「http://booksite/BookList.aspx?category=sports」のようなURLを使用するかもしれません。ここでは、クエリストリングのcategoryキーにsportsという値が設定されています。

こうしたURLは開発側にとっては自然なものですが、ユーザーにとっては「http://booksite/category/sports」というURLの方がより直感的に理解できるでしょう。

前者のようにクエリストリングを含むURLを動的URL、後者を静的URLと呼ぶこともあります。

静的なURLはユーザーが覚えやすいだけでなく、SEO*の観点からも有益です。これは、検索エンジンは動的なURLよりも静的なURLの方を、より安定したコン

* Search Engine Optimization:検索エンジン最適化。検索エンジンでのヒット順位を高めるための様々なアプローチ

テンツを提供するページだと見なす傾向にあるためです。SEOを意識したURLのことを「SEOフレンドリな（検索エンジンが理解しやすい）」URLとも呼びます。

　URLルーティングは、柔軟な形式でURLの変換を行う仕組みです。具体的には、変換元のURLに可変のパラメータを含めることができ、そのパラメータを変換後のURLのページで受け取れるようにしています（図13-8）。これにより、URLの自由度が高まり、より直感的に理解できるURLを記述できるようになりました。

図13-8　URLルーティングによる変換処理

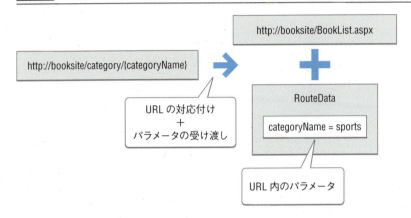

　URLルーティングは当初ASP.NET MVCでサポートされ、煩雑な設定が必要だったものの、ASP.NET 3.5 SP1のWebフォームでも使用できました。そしてASP.NET 4からは、WebフォームでのURLルーティングの使用が簡単になり、アプリケーションの開始時に実行される、Global.asaxのApplication_Startメソッドに何行か追加するだけでよくなりました。広く利用されるようになったのはASP.NET 4からと言えるでしょう。

　先に挙げた例をURLルーティングで実現してみましょう。まず、リスト13-16のように、Global.asaxのApplication_Startメソッド内で、MapPageRouteというメソッドを使用してURLルーティングの設定を行います。

リスト13-16　MapPageRouteメソッドの使用例（Global.asax.vb）

```
'アプリケーション起動時に実行されるメソッド
Sub Application_Start(ByVal sender As Object, ByVal e As EventArgs)
    RouteTable.Routes.MapPageRoute(
      "bookList",
      "category/{categoryName}", 'ルーティング元のURL定義。{}内はパラメータ
      "~/BookList.aspx") 'ルーティング先のURL

    ...

End Sub
```

MapPageRouteメソッドの第2引数、第3引数でそれぞれルーティング元、ルーティング先のURLを指定します。ルーティング元のURLには{}で囲むことで、パラメータを含めることができます。今回は「category/{categoryName}」という形式のURLを「~/BookList.aspx」にルーティングしています。

続けてルーティング先のBookList.aspxを作成します。ルーティング先のページで、ルーティング元のURLに含められていたパラメータを使用するには、2種類の方法があります。

■ (1) データバインドによるパラメータの取得

URLに含められていたパラメータはコントロールのプロパティにデータバインドできます。

サンプルとしてLabelコントロールのTextプロパティで表示してみましょう。BookList.aspxにLabelコントロールを配置し、プロパティウィンドウの [**データ**] － [**(Expressions)**] 欄の右端の [...] をクリックし、図13-9の式ウィンドウからバインドする項目を選択します。

図13-9 URLに含められていたパラメータをデータバインド

[**バインド可能プロパティ**] で [**Text**] プロパティを、[**式の型**] で [**RouteValue**] を選択し、[**式のプロパティ**] でパラメータ名であるcategoryNameを入力します。実際の.aspxファイルの内容はリスト13-17のようになります。

リスト13-17 データバインディング構文による記述例 (BookList.aspx)

```
<asp:Label ID="CategoryLabel" runat="server"
  Text="<%$ RouteValue:categoryName %>"></asp:Label>
```

「/category/sports」にアクセスした場合の実行結果は図13-10のようになります。

図13-10　データバインド結果

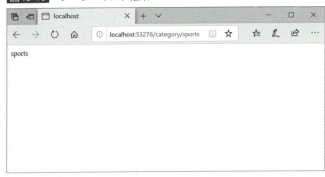

ここでは、URL内にパラメータとして入力したsportsが表示されています。

■（2）プログラムからの設定項目の取得

URL内のパラメータは、プログラムからも取得できます。リスト13-18のように、RouteDataクラスを用いて値を取得します。

リスト13-18　RouteDataクラスによるURL内のパラメータの取得（BookList.aspx.vb）

```
'RouteDataクラスのValuesプロパティからパラメータを取得
Dim category = RouteData.Values("categoryName")
```

これまでクエリストリングのパラメータをRequest.QueryStringプロパティ（8章参照）から取得していた部分を、この例のようにRouteData.Valuesプロパティから取得するように修正することで、URLルーティングに対応したページを簡単に作成できます。

Webサイトを設計するに当たり、URLルーティングを使うことで、SEOフレンドリなURLを実現できます。ASP.NET 4以降では簡単に使用できるようになっていますので、ぜひ活用しましょう。

TECHNICAL MASTER

巻末資料

A	SQL の概要	534
B	SQL Server で利用可能なデータ型	544
C	Visual Basic の言語機能	545
D	Web アプリケーションを配置する	556

Contents

はじめての ASP.NET Web フォームアプリ開発 Visual Basic 対応 第 2 版

Information A　SQLの概要

SQLとは、リレーショナルデータベースを操作するための言語です。SQLには大きく分けて、データの定義を行うためのデータ定義言語DDL[*]と、データの操作を行うためのデータ操作言語DML[*]、ユーザーの権限設定やトランザクションの制御を行うDCL[*]があります。この付録ではSQLの概要について解説します。SQLの詳細については秀和システム刊「世界でいちばん簡単なSQLのe本［最新版］SQLの基本と考え方がわかる本」などを参照してください。なお、SQLはISO[*]による標準化は行われていますが、SQL Server、Oracle、MySQL、PostgreSQLなど、データベース製品ごとに対応状況が異なり、完全な互換性はありません。ここではSQL Serverで動くSQLを例として示します。

データ定義言語（DDL）

* Data Definition Language
* Data Manipulation Language
* Data Control Language：データ制御言語
* International Organization for Standardization：国際標準化機構

DDLはデータベースオブジェクトの定義を行うための言語です。データベースオブジェクトには、データベース、テーブル、ビューなどが含まれます。

Visual StudioとSQL Serverを組み合わせて開発する場合、データ定義言語をすべて手動で書かなくても、GUI操作でデータを定義できます。しかしGUIによる定義は最終的にはデータ定義言語として記述されますので、定義方法は知識として身につけておきましょう。

データ定義言語には表A-1のような命令があります。

表A-1　データ定義言語の主な命令

命令	意味
CREATE	データベースオブジェクトを作成する
ALTER	データベースオブジェクトの定義を変更する
DROP	データベースオブジェクトを削除する

CREATE命令でテーブルを作成するコードはリストA-1のようになります。

SQLの命令やキーワードは大文字小文字どちらでも問題ありません。また、「--」で始まる行はコメントとして扱われ、処理されません。

リストA-1　CREATE命令によるテーブルの作成サンプル

```
--書籍情報を格納するBooksテーブルを作成
--フィールドごとに型を指定して定義する
--PRIMARY KEYはそのフィールドが主キーであることを意味する
--varchar(255)は255文字上限の文字列型を意味する
```

SQLの概要 | Section A

```
--dateは日付型を意味する
CREATE TABLE Books(
    book_id int PRIMARY KEY
  , author_id int
  , title varchar(255)
  , price int
  , published_at date);

--著者情報を格納するAuthorsテーブルを作成
CREATE TABLE Authors(
    author_id int PRIMARY KEY
  , first_name varchar(128)
  , last_name varchar(128));
```

ここではCREATE命令を使い、BooksテーブルとAuthorsテーブルを作成しています。これにより、図A-1のようなテーブルが作成されます。

図A-1 CREATE命令で作成されたテーブル

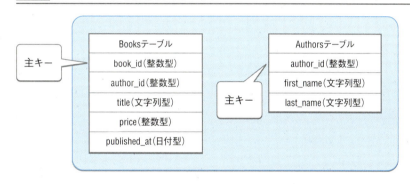

ALTER命令はデータベースオブジェクトの変更を行います。リストA-2はAuthorsテーブルに誕生日フィールドを追加するサンプルです。

リストA-2 ALTER命令によるテーブル定義の変更

```
--Authorsテーブルにbirthdayフィールドを追加
--dateは日付型を意味する
ALTER TABLE Authors ADD birthday date;
```

DROP命令はデータベースオブジェクトの削除を行います。リストA-3はBooksテーブルを削除するサンプルです。

リストA-3 DROP命令によるテーブルの削除

```
--Booksテーブルを削除
DROP TABLE Books;
```

| Information | 巻末資料 |

データ操作言語（DML）

　データ操作言語は、データベースに保存されたデータの取得、作成、更新、削除操作を行うための言語です。データ操作言語への理解を深めることは、データベースを使ったASP.NET開発にも有効です。
　データ操作言語には表A-2のような命令があります。

表A-2　データ操作言語の主な命令

命令	意味
SELECT	データを取得する
INSERT	データを作成する
UPDATE	データを更新する
DELETE	データを削除する

■ SELECT命令

　データ操作言語の基本となるのは、SELECT命令によるデータの取得です。

（1）SELECT命令の基本

　SELECT命令はリストA-4のような基本的な構文を持ちます。なお、WHERE以降は省略可能です。

リストA-4　SELECT命令の基本的な構文

```
SELECT   {取得する列の列挙}
  FROM   {データを取得するテーブルやビュー}
  WHERE  {データを抽出する条件}
  ORDER BY {データを並べ替えるフィールド}
```

　ここからは実際のデータを使って試してみましょう。表A-3、表A-4のようなデータがBooksテーブル、Authorsテーブルに入力されているものとします。

表A-3　Booksテーブルのデータ

book_id	author_id	title	price	published_at
1	1	ASP解説	1200	2005-01-01
2	1	Java解説	500	2008-05-05
3	1	PHP解説	2500	2009-04-01
4	2	ASP.NET解説	3500	2010-04-01
5	2	ASP.NET実践編	2400	2010-08-01

表A-4 Authorsテーブルのデータ

author_id	first_name	last_name	birthday
1	太郎	山田	1980-01-01 00:00:00.000
2	一郎	田中	1965-01-01 00:00:00.000
3	一	中村	1970-01-01 00:00:00.000

SELECT命令の基本的な使用例をリストA-5に示します。

リストA-5 SELECT命令の使用例

```sql
--Booksテーブルのすべての列を抽出条件無しで（＝すべての行を）取得する
SELECT * FROM Books;
--実行結果は省略


--Booksテーブルのtitleフィールドとpriceフィールドを取得する
--抽出条件は、priceフィールドの値が1000以上かどうか
SELECT title,price FROM Books
 WHERE price >= 1000;


--Booksテーブルのtitleフィールドとpriceフィールドを取得する
--priceフィールドの順に並び替える
SELECT title,price FROM Books
 ORDER BY price;
```

(2) SELECT命令でのグループ化

SELECT命令は、様々な集計関数を持っており、特定の条件でグループ化して集計を行うことができます。グループ化を使う場合のSELECT命令の構文はリストA-6のようになります。

リストA-6 集計のためのSELECT命令の構文

```sql
SELECT    {取得する列の列挙}
 FROM     {データを取得するテーブルやビュー}
 WHERE    {データを抽出する条件}
 GROUP BY {グループ化するフィールド}
 HAVING   {グループ化した上での抽出条件}
 ORDER BY {データを並べ替えるフィールド}
```

集計関数を使うとやや複雑になりますが、リストA-7の具体例を見ながら確認しましょう。

リストA-7 SELECT命令の集計関数の使用例

```
--サンプル1：グループ化の例
SELECT author_id,MAX(price) AS max
 FROM Books
 GROUP BY author_id;

--サンプル2：グループ化前後の条件付きのグループ化
SELECT author_id,AVG(price) AS average FROM Books
 WHERE published_at >= '2008/1/1'
 GROUP BY author_id
 HAVING AVG(price) >= 1000;
```

　最大値を取得するMAX関数や、平均値を計算するAVG関数などの集計関数を使うためには、GROUP BY句でグループ化するフィールドを指定する必要があります。このサンプルでは、著者ごとの集計を行うため、author_idフィールドでグループ化しています。

　サンプル1は著者ごとの一番高い本を探すSQLです。ここではBooksテーブルをauthor_idフィールドでグループ化し、著者ごとに集計し、MAX関数でpriceの最大値を取得しています。なお、SQL中のASは列の別名を定義するためのキーワードです。ここではMAX(price)をmaxという別名で定義しています。実行結果は表A-5のようになります。

表A-5 サンプル1の実行結果

author_id	max
1	2500
2	3500

　WHERE句とHAVING句はどちらも抽出条件を表しますが、WHERE句はグループ化前の抽出条件、HAVING句はグループ化後の抽出条件を指定します。

　リストA-7のサンプル2は、Booksテーブルから、著者ごとに、2008/1/1以降に出版した書籍の平均価格を取得するSELECT命令です。ただし、平均価格が1000未満の著者は抽出しないものとします。

　まず、BooksテーブルからAVG関数でpriceフィールドの平均値を取得し、列名はaverageとしています。WHERE句ではグループ化前の抽出条件として、出版日が2008/1/1以降かどうかを指定します。GROUP BY句では、author_idフィールドでのグループ化を指定しています。HAVING句ではグループ化後の抽出条件として、平均価格が1000以上を指定しています。

　実行結果は表A-6のようになります。

表A-6 サンプル2の実行結果

author_id	average
1	1500
2	2950

(3) テーブルの結合

さて、テーブル間を関連づけて扱うことができるのがリレーショナルデータベースの特徴ですが、SELECT命令でも、テーブルを結合させてデータを取得できます。

今回のサンプルでは、Booksテーブルのauthor_idフィールドは、Authorsテーブルのauthor_idと同じ値を持っており、このフィールドでテーブル同士を結合できます。

テーブルを結合して取得するためのSELECT文の構文はリストA-8のようになります。

リストA-8 結合のためのSELECT命令の構文

```
SELECT   {取得する列の列挙}
 FROM    {データを取得するテーブルやビュー}
 [INNER | LEFT] JOIN   {結合するテーブルやビュー}  ON   {結合の条件}
 WHERE   {データを抽出する条件}
 ORDER BY   {データを並べ替えるフィールド}
```

これも実際の記述例を見ながら確認しましょう(リストA-9)。

リストA-9 テーブルを結合してのデータ取得の例

```
--サンプル1:山田さんの本の情報だけを取得する
SELECT B.title,B.price,A.last_name,A.first_name
 FROM Books AS B
 INNER JOIN Authors AS A
 ON B.author_id = A.author_id
 WHERE A.last_name = '山田';

--サンプル2:著者全員の情報と出版した書籍の情報を取得する
SELECT B.title,B.price,A.last_name,A.first_name
 FROM Authors AS A
 LEFT JOIN Books AS B
 ON A.author_id = B.author_id

--最後の行の著者は、Booksテーブルに該当する行がないが、LEFT JOINなので
--該当行が無くても取得される
--INNER JOINにすると、最後の行は取得されない
```

Information 巻末資料

　　　テーブルの結合は、INNER JOINまたはLEFT JOIN句を用いて行い、結合するための条件をON句で指定します。

　　　サンプル1は山田さんの書籍の情報を抽出するSQLです。INNER JOIN句で、それぞれのauthor_idフィールドが等しいという条件でBooksテーブルとAuthorsテーブルを結合しています。実行結果は表A-7のようになります。

表A-7　サンプル1の実行結果

title	price	last_name	first_name
ASP解説	1200	山田	太郎
Java解説	500	山田	太郎
PHP解説	2500	山田	太郎

　　　サンプル2は、著者全員の情報と出版した書籍の情報を取得するSQLです。ここではLEFT JOIN句で結合を行っています。LEFT JOINとINNER JOINの差は、結合先にデータが無い場合に、その行を取得するかどうか、です。

　　　たとえば今回のデータでは図A-1のように、author_idが3の中村さんはまだ書籍を出版していないため、Booksテーブルに該当する行がありません。INNER JOINを行うと中村さんのデータは結合するデータが無いため取得されませんが、LEFT JOINを行うとサンプル2のように結合先が無くても取得されます（図A-2）。

　　　サンプル2の実行結果は表A-8のようになります。

表A-8　サンプル2の実行結果

last_name	first_name	title	price
山田	太郎	ASP解説	1200
山田	太郎	Java解説	500
山田	太郎	PHP解説	2500
田中	一郎	ASP.NET解説	3500
田中	一郎	ASP.NET実践編	2400
中村	―	NULL	NULL

SQLの概要 | Section A

図A-2 INNER JOINとLEFT JOINの違い

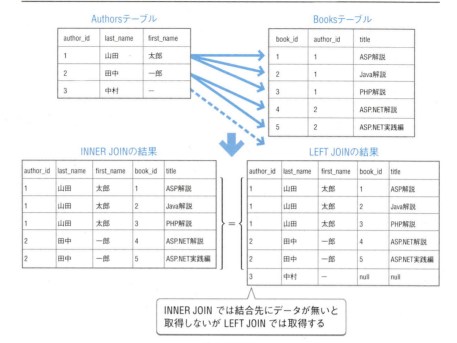

SELECT文の幾つかの使用パターンについて解説しましたが、集計や結合は組み合わせて使用することも可能です。SQLはかなり複雑な条件を1つの文で表すことも可能ですので、Visual Studioのクエリビルダー（5章参照）などを使いながら、使用方法に慣れていきましょう。

■ INSERT命令

INSERT命令は、テーブルに新しいデータを作成するための命令です。基本的な構文はリストA-10のようになります。

リストA-10 INSERT命令の基本的な構文

```
INSERT INTO {データを作成するテーブル} ( {挿入する列を列挙} )
 VALUES( {挿入するデータを列挙} );
```

使用方法はリストA-11のようになります。

リストA-11 INSERT命令の使用例

```
--サンプル1 1レコードの作成
INSERT INTO Books(book_id,author_id,title,price)
 VALUES(6,2,'SQL解説書',3000);
```

```
--サンプル2 複数レコードの作成
INSERT INTO Books(book_id,author_id,title,price)
 VALUES(6,2,'SQL解説書',3000),
 VALUES(7,3,'Ruby入門',3000),
 VALUES(8,4,'Pythonハンドブック',3000);
```

サンプル1は、1件のレコードを作成する例で、Booksテーブルに新しい行を作成しています。サンプル2は、複数のレコードをまとめて作成する例で、ここではVALUES句を並べることで、3件のレコードをまとめて作成しています。

INSERT命令は、これらのサンプルのように値を直接指定する以外に、SELECT命令の結果をそのまま挿入する機能などもあります。

■ UPDATE命令

UPDATE命令は、テーブルのデータを更新するための命令です。基本的な構文はリストA-12のようになります。

リストA-12 UPDATE命令の基本的な構文

```
UPDATE {データを作成するテーブル}
 SET  {更新するフィールド} = {更新する値} ,
 WHERE {更新する条件} ;
```

使用方法はリストA-13のようになります。

リストA-13 UPDATE命令の使用例

```
UPDATE Books
 SET author_id = 2 , title = 'C言語入門'
 WHERE book_id = 1;
```

この例では、Booksテーブルのレコードを更新しています。この例のように、SET句でのフィールドの更新は複数まとめて行うことができます。

なお、UPDATE命令でWHERE句による抽出条件を指定しない場合、すべてのレコードが更新されますので注意してください。

■ DELETE命令

DELETE命令は、テーブルのデータを削除するための命令です。基本的な構文はリストA-14のようになります。

リストA-14 UPDATE命令の基本的な構文

```
DELETE FROM {データを作成するテーブル}
 WHERE {削除する条件} ;
```

使用方法はリストA-15のようになります。

リストA-15 UPDATE命令の使用例

```
DELETE FROM Books
 WHERE book_id = 6;
```

この例では、Booksテーブルのレコードを削除しています。UPDATE命令の場合と同様、WHERE句で抽出条件を指定しない場合、すべてのレコードが削除されますので注意してください。

Information B SQL Serverで利用可能なデータ型

SQL Serverでは、表A-9のようなデータ型を利用できます。ここでは、.NET Frameworkで読み込んだ場合にマッピングされる型についても併記します。

表A-9 SQL Serverで利用可能なデータ型と.NET Frameworkでマッピングされる型

SQL Serverのデータ型	概要	マッピングされる.NET Frameworkのデータ型（括弧内は別名）
int	32ビット整数型	Int32(Integer)
bigint	64ビット整数型	Int64(Long)
smallint	16ビット整数型	Int16(Short)
tinyint	8ビット整数型	Byte
bit	1ビット整数型。真偽型	Boolean
decimal	128ビット10進数型	Decimal
nchar	固定長文字列型	String
nvarchar	可変長文字列型	String
ntext	上限2GB（文字数は半分の1G文字）の文字列型。将来のバージョンでは削除されるため、使用は推奨されない	String
float	32ビット浮動小数点型	Single
double	64ビット浮動小数点型	Double
datetime	日付型	Datetime(Date)
binary	上限8KBのバイナリ型	Byte型の配列
varbinary	上限8KBないしは2GBのバイナリ型	Byte型の配列
image	上限2GBのバイナリ型。将来のバージョンでは削除されるため、使用は推奨されない	Byte型の配列
rowversion	レコードが更新されるごとに自動的に更新されるデータ型	Byte型の配列

Information C

Visual Basicの言語機能

ここではASP.NET開発を行う上で覚えておきたい言語機能について解説します。

Visual Basicのデータ型

　Visual Basicでは、文字列型、整数型、日付型などの様々なデータ型がサポートされています。

　表A-10にVisual Basicで利用可能な基本的なデータ型を示します。これらの型はVisual Basic専用のものではなく、.NET Frameworkで定義されているもので、C#などの他の言語でも使用できます。幾つかの型には別名があり、一般的には別名の方が使用されています。

表A-10　Visual Basicの基本的なデータ型

データ型	意味	別名
String	文字列型	—
Int32	32ビット整数型	Integer
Boolean	真偽値型	—
Decimal	128ビット10進数型	—
Single	32ビット浮動小数点型	—
Double	64ビット浮動小数点型	—
Int16	16ビット整数型	Short
Int64	64ビット整数型	Long
Object	オブジェクト型。すべての型の継承元	—
DateTime	日付、時刻型	Date

値型と参照型、NULL許容型

　表A-10で示したVisual Basicの基本的なデータ型のうち、String、Object以外のデータ型は、常に値が存在することを前提とする値型と呼ばれるデータ型です。値型は値が存在することを前提とするため、値が存在しないことを示すNULL値（Visual BasicではNothingキーワード）を設定できません。一方、Objectや

はじめてのASP.NET Webフォームアプリ開発 Visual Basic 対応 第2版　545

Information 巻末資料

String、他の多くのクラスは参照型と呼ばれ、NULL値を代入することができます。

値型でデータが存在しないことを表現する場合には、「Nullable(Of Integer)」のように「Nullable(Of 型名)」という表記で、NULL許容型というデータ型を使うことができます。NULL許容型には表A-11のようなプロパティが存在します。

表A-11 NULL許容型のプロパティ

プロパティ名	データ型	意味
HasValue	Boolean	データが存在するかどうか
Value	元の値型	値型のデータ

リストA-16はこれらのプロパティを使ったサンプルです。

リストA-16 NULL許容型のプロパティを使ったサンプル (NullableSample.aspx.vb)

```vb
'引数にNULL許容型を使用
Function Sample(param As Nullable(Of Integer)) As String
    '値が指定されているかどうかで分岐
    If (param.HasValue) Then

        '値が指定されていればその値を返す
        Return "指定した値は" + param.Value.ToString() + "です"

    Else

        Return "NULLが指定されました"

    End If
End Function
```

NULL許容型を使うことで、値型においてもNULL値を扱うことができるようになります。ASP.NETにおいても、6章で解説したモデル・バインディングなどでNULL許容型を使うことがあります。実際の使用例はP.312を参照してください。

基本的なメソッド

基本的なデータ型で使用できるメソッドのうち、ASP.NETでも有用なものを幾つか紹介します。

■ オブジェクトを文字列に変換する (ToStringメソッド)

ToStringメソッドは、オブジェクトの値を文字列として返すメソッドです。文字列型以外の変数の値を文字列に変換する場合などに使用されます。

ToStringメソッドはすべてのクラスの継承元であるObject型で定義されているメソッドですので、すべてのクラスで使用できます。ただし、どのような文字列が出力されるかはクラスによって異なります。一般的に数値型では、値が文字列に変換して出力されます。リストA-17は、整数型や浮動小数点型の変数の値を文字列として出力するサンプルです。

リストA-17 ToStringメソッドの使用例（MethodSample.aspx.vb）

```
Dim a As Integer = 64
Dim b As Double = 3.14

'整数型のa、浮動小数点型のbをToStringメソッドで文字列型に変換して連結
Dim c As String = a.ToString() + " , " + b.ToString()

'表示結果："64 , 3.14"
Console.WriteLine(c)
```

Console.WriteLineは、コンソールにデータを出力するメソッドです。

■ 書式を指定する（String.Formatメソッド）

StringクラスのFormatメソッドは、書式を指定して文字列を作成するメソッドです。

Visual Basicでは文字列を＋演算子で連結できますが、複数の変数を1つの文字列に埋め込もうとする場合、＋演算子が多用される見づらいコードとなってしまいがちです。

Formatメソッドを使うことで、テンプレートとなる文字列に変数の値を埋め込むことができます。リストA-18は、複数のテキストボックスに入力された文字列をまとめる処理を、＋演算子とString.Formatメソッドでそれぞれ記述した例です。

リストA-18 String.Formatメソッドを使った文字列の埋め込み（StringFormartSample.aspx.vb）

```
'+演算子での例。コードが見づらい
Dim message =
  "こんにちは、" + nameTextBox.Text + "さん。入力されたメッセージは「" +
  messageTextBox.Text + "」です。"

'string.Formatメソッドでの例。後ろに指定した変数が順に{0},{1}に埋め込まれる
Dim message2 =
  String.Format("こんにちは、{0}さん。入力されたメッセージは「{1}」です。",
  nameTextBox.Text, messageTextBox.Text)
```

| Information | 巻末資料 |

どちらのコードでも同じ結果を取得できますが、String.Formatメソッドを使った方がより見やすいコードとなります。

String.Formatメソッドには、数値を書式設定する機能もあります。0詰めや幅を指定しての左右揃えなど、様々な機能が提供されていますので、業務アプリケーションにおいても有効です。

String.FormatメソッドはASP.NET開発においても、ユーザーに表示するメッセージを作成する際などに活用できます。

書式を設定する（文字列補間）

Visual Studio 2015でサポートされたVisual Basic 14以降、文字列補間という機能によってStringクラスのFormatメソッドよりも簡潔な記法で書式設定ができます。

文字列補間では、文字列の最初の「"（ダブルクォーテーション）」の前に「$（ドルマーク）」を付けてリストA-19のように記述します。

リストA-19 文字列補完機能の使用例（StringInterpolation.aspx.vb）

```
Dim name As String = "佐藤"
Dim age As Integer = 30

'ame，age変数を取り込んだ文字列を作成
Dim result = $"名前: {name}, 年齢: {age}"
'結果は「名前: 佐藤, 年齢: 30」

'stringクラスのFormatメソッドを使って同様の処理
Dim result2 = string.Format("名前: {0}, 年齢: {1}", name, age)

Dim price As Integer = 1200000

'書式設定も可能。ここでは通貨として出力
Dim result3 = $"値段: {price:C}"
'結果は「値段: ¥1,200,000」
```

StringクラスのFormatメソッドでは、「{0}」のように、変数の値を埋める場所（プレースホルダ）を番号付きで指定していましたが、文字列補間では「{name}」のように直接埋め込む変数などを指定することができます。また、文字列の書式設定も可能となっています。

StringクラスのFormatメソッドでは、プレースホルダの数と変数の数の食い違いなどのケアレスミスをすることがありましたが、文字列補間ではより直接的な指定となりますので、ミスを減らすことができるでしょう。

文字列を数値化する（Parseメソッド、TryParseメソッド）

Parseメソッドは、IntegerやDoubleなどの数値型で使用可能なメソッドで、文字列を数値に変換します。Parseメソッドは数値に変換できなかった場合に例外を発生させますが、TryParseメソッドは変換できたかどうかを真偽値で返します。リストA-20は、Parseメソッド、TryParseメソッドを使った文字列から数値型への変換例です。

リストA-20 Parseメソッド、TryParseメソッドを使った文字列の数値化（MethodSample.aspx.vb）

```
Dim string1 As String = "64"
Dim value1 As Integer = Integer.Parse(string1) '問題なく変換される

Dim string2 As String = "どい"
Dim value2 As Integer = Integer.Parse(string2) '変換できず、例外が発生する

Dim value3 As Integer

'変換できないためFalseが返る
Dim result As Boolean = Integer.TryParse(string2, value3)
```

TryParseメソッドは、第1引数に変換対象文字列、第2引数に変換結果を格納する数値型変数を指定し、変換の可否を戻り値として返します。今回は変換できないため、Falseが返ります。TryParseメソッドを使うことで、例外処理を行うことなく、文字列の数値化が成功したかどうかを記述できます。ASP.NETにおいても、ユーザーが入力した文字列を数値化する際などに使用しますので、覚えておきましょう。

Visual Basicの演算子

Visual Basicには表A-12のような演算子があります。

表A-12 Visual Basicの演算子

分類	演算子	意味
算術演算子	+	加算
	-	減算
	*	乗算
	/	除算
	Mod	除算の余り
文字列演算子	+または&	文字列の連結

Information | 巻末資料

論理演算子	And	論理積（AND）
	Or	論理和（OR）
	Xor	排他的論理和（XOR）
	Not	論理否定（NOT）
比較演算子	=	等しい
	<>	異なる
	<	小さい
	<=	等しいか小さい
	>	大きい
	>=	等しいか大きい
代入演算子	=	代入する
	+=	加算しながら代入（-=や*=など、他の算術演算子でも同様の記述が可能）
条件演算子	If((条件),(値A),(値B))	条件が真ならば値Aを、偽ならば値Bを返す
NULL条件演算子	（インスタンス）?.(メンバー)	インスタンスがNothingでないならメンバーを呼び出し、NothingならNothingを返す
その他	GetType	そのデータ型のクラス名を返す

なお、Visual Basicでは演算子のオーバーロードという機能があり、上記の演算子について、クラス独自の定義を行えます。

Visual Basicの構文

ASP.NETで役立つVisual Basicの構文の幾つかを紹介します。ただし、変数やクラスの宣言、条件分岐などのごく基本的なものについては省略します。

Option Strict On

Visual BasicにはOption Strictというステートメントがあり、コードのコンパイル時に厳密な型チェックを行うかどうかを設定できます。たとえばリストA-21は、型を指定しない変数宣言や、整数型の変数に文字列を代入するコードです。ファイル冒頭のOption Strictステートメントで「On」を指定すると、これらのコードは型チェックによってコンパイル時にエラーが発生しますが、Option Strictステートメントで「Off」を指定、または未指定の場合は、コンパイル時にはエラーは発生せず、実行時にエラーとなります。

リスト A-21　Option Strict On/Off での挙動の違い

```
Option Strict On ─────────────────────────────────────── 厳密な型チェックを行う

 …

Dim a  '型指定無しの宣言は不可
Dim b As Integer
b = "hogehoge"  'Integer型に文字列を代入しようとするのでエラー
```

　Visual Basicの元となっているBASICは、元々厳密な型を持たない言語であったため、そうした名残として、Option Strictステートメントのような機能があります。デフォルトではコンパイル時の厳密な型チェックは行わない設定となっています。厳密な型チェックにより、エラーの早期発見を行うことができますので、必要に応じてOption Strict Onを指定してください。

　なお、Visual BasicにはOption Explicitというステートメントもあり、Offに設定すると変数宣言を省略することができます。Option Strictステートメントと同様、元々BASICに明示的な変数宣言という概念がなかったため、こうした機能が残されています。こちらのデフォルトはOnとなっており、通常は変数宣言を省略することはできません。

変数宣言を省略すると、変数名をタイプミスした場合に、タイプミスした名前の変数として扱われてしまうなどの問題もあるため、Option Explicit Offの設定はお勧めできません。

■ プロパティ機能

　Visual Basicは言語機能としてプロパティをサポートしています。プロパティとは、オブジェクトの状態を表すもので、外部からはメンバー変数のように見え、内部的にはメソッドのように動作します。Visual BasicのプロパティはリストA-22のように定義します。

リスト A-22　Visual Basicのプロパティの記述例（PropertySample.vb）

```
Public Class PropertySample
  'メンバー変数。外部のクラスからはアクセスできない
  Private _field As String

  'String型のFieldプロパティを定義
  Public Property Field As String
    Get  'プロパティの取得

      'メンバー変数の値をそのまま返す
```

| Information | 巻末資料

```
        Return _field
    End Get

    Set(ByVal value As String) 'プロパティの代入

        'メンバー変数に値をそのまま代入する
        _field = value
    End Set
  End Property
End Class
```

ここでは、外部のクラスからはアクセスできないメンバー変数である_field変数を、Fieldという名前のプロパティでアクセスできるようにしています。プロパティの宣言では、GetとSetというキーワードを使い、プロパティの取得、代入処理を定義します。それぞれの内容はメソッドと同じように記述できます。Getキーワードの中では、プロパティで定義された型（今回はString型）を返します。Setキーワードの中では、プロパティに代入しようとする値が、valueという特別な変数に格納されています。ここでは_fieldの値をそのまま読み書きしています。プロパティを使うことで、値の取得、代入の際に値のチェックなど任意の処理を行えます。

Visual Basicには**自動プロパティ**という機能があり、メンバー変数をシンプルに読み書きするプロパティを実装する際に、リストA-23のようにシンプルな記法で記述できます。

リストA-23 自動プロパティの例（PropertySample.vb）

```
Public Property Value As Integer
```

ここではInteger型のValueというプロパティを宣言していますが、GetキーワードとSetキーワードを記述していません。こうした場合、Visual Basicの自動プロパティ機能により、内部的にメンバー変数への読み書きが行われます。

自分でクラスを作成する際には、メンバー変数をそのまま公開するのではなく、プロパティ機能を使うようにしましょう。自動プロパティ機能はシンプルなプロパティを短い記述で実現できますので、活用しましょう。

■ 属性

属性とは、クラスやメソッドなどに対して追加情報を付加する機能のことです。Visual BasicではリストA-24のような記述で属性を付加できます。

Visual Basic の言語機能 | Section C

リスト A-24 属性の記述例（AttributeSample.vb）

```
'DataObject属性、DataObjectMethod属性を使用するためのImports宣言
Imports System.ComponentModel

'属性は<>で囲んで指定する
<DataObject()>
Public Class AttributeSample

  '属性に引数を指定することも可能
  <DataObjectMethod(DataObjectMethodType.Select, True)>
  Public Function SelectList() As List(Of String)
    Return Nothing
  End Function
End Class
```

ここでは、AttributeSampleクラスにDataObjectという属性を、SelectメソッドにDataObjectMethodというメソッドを付加しています。また、DataObjectMethod属性のように、引数でオプション情報を渡すこともできます。

■ ジェネリックス

ジェネリックスとは、型名をパラメータとして指定することで、様々なデータ型に対応する機能のことです。リストA-25のように使用します。

リスト A-25 ジェネリックスの記述例（GenericsSample.vb）

```
Option Strict On
Imports System.Collections.Generic 'Listクラスを使用するためのImports宣言

Public Class GenericsSample
  '文字列のリストを返すメソッド
  Public Function GetStringList() As List(Of String)

    'String型をパラメータとして()で囲んで渡す
    Dim list = New List(Of String)()
    'リストに文字列を追加
    list.Add("文字列")
    'listはString型専用なので以下はコンパイルエラー
    'list.Add(12)

    '値の取り出しの際もString型として取り出せる
    Dim item As String = list(0)
    Return list
  End Function
```

Information 巻末資料

```vb
    '整数のリストを返すメソッド
    Public Function GetIntegerList() As List(Of Integer)
        'ListクラスにInteger型をパラメータとして渡す
        Dim list = New List(Of Integer)()
        'リストに数値を追加
        list.Add(12)
        'listはInteger型専用なので以下はコンパイルエラー
        'list.Add("文字列")

        '値の取り出しの際もInteger型として取り出せる
        Dim item As Integer = list(0)
        Return list
    End Function

End Class
```

ここでは、任意のデータ型のリスト機能を提供するSystem.Collections.Generics.Listクラスを使い、String型とInteger型のリストを使用しています。型名の宣言の際に「List(Of String)」のように、使用する型をパラメータとして渡すことで、そのデータ型専用のオブジェクトとして扱うことができます。そのため、String型専用のListオブジェクトでは文字列の追加、取得だけがサポートされ、数値は追加できません。Integer型専用の場合も同様にInteger型の追加、取得だけがサポートされます。実際にはString型専用のListクラスやInteger型専用のListクラスを個別に実装しているわけではなく、1つのListクラスに対して型をパラメータを渡すことで、その型に合わせた機能を実現しています。ジェネリックス機能を使うことで、任意のデータ型に対応するクラスを実現できます。とりわけサンプルに示したように、オブジェクトのコレクション機能には最適です。

■ オブジェクト初期化子

Visual Basicでは、リストA-26のように、Newキーワードでのインスタンス生成の際にプロパティの初期化を同時に行えます。

リストA-26 オブジェクト初期化子の記述例（ObjectInitializerSample.vb）

```vb
Public Class ObjectInitializerSample
    Public Class Contact
        Property Name As String
        Property Address As String
        Property Age As Integer
    End Class

    Public Sub TestObjectInitializer()
```

```
    '①通常の記法
    Dim contact2 = New Contact()
    contact2.Name = "中村"
    contact2.Address = "大阪府"
    contact2.Age = 25

    '②オブジェクト初期化子を使った初期化
    Dim contact = New Contact() With
      {.Name = "土井", .Address = "東京都", .Age = 32}

  End Sub
End Class
```

ここでは、Name, Address, Ageという3つのプロパティを持つContactというクラスのインスタンスを生成しています。通常は①のように、インスタンスを生成した後、それぞれのプロパティへの代入処理を記述しますが、②のように、コンストラクタの後に「With」を使ってプロパティへの代入処理を記述できます。①と②は実際には同じ処理が行われますが、オブジェクト初期化子を使った方がシンプルに記述できます。

Webアプリケーションを配置する

ASP.NET Webアプリケーションの開発を終え、実際の運用を行うためには、作成したWebアプリケーションをWebサーバーであるIIS上に配置する必要があります。IISは表A-13のようにOSごとに異なるバージョンがあります。

表A-13 IISのバージョンと搭載されているWindows OS

バージョン	搭載されているWindows OS
IIS 5.1	Windows XP
IIS 6.0	Windows Server 2003
IIS 7.0	Windows Vista / Windows Server 2008
IIS 7.5	Windows 7 / Windows Server 2008 R2
IIS 8.0	Windows 8 / Windows Server 2012
IIS 8.5	Windows 8.1 / Windows Server 2012 R2
IIS 10.0	Windows 10 / Windows Server 2016

　バージョンごとに挙動が異なりますが、ここではWindows 10上のIIS 10.0を対象として配置の手順を解説します。

　Visual StudioはIISへのWebアプリケーションへの配置機能を持っていますので、シンプルな手順で配置を行うことができます。ただし、セキュリティに関わる部分の設定など、幾らか手動で設定しなければならない項目も存在します。

IISのインストール

　最初にIISのインストール手順を、Windows 10を例に解説します。設定画面の[**アプリ**]を開き、右上の[**関連設定**]から[**プログラムと機能**]を開き、[**Windowsの機能の有効化または無効化**]を選択します。表示される[**Windowsの機能**]ダイアログで、以下の3つをチェックします(図A-3)。

- [**インターネット インフォメーション サービス**]
- [**インターネット インフォメーション サービス**] − [**Web管理ツール**] − [**IIS管理コンソール**]
- [**インターネット インフォメーション サービス**] − [**World Wide Webサービス**] − [**アプリケーション開発機能**] − [**ASP.NET 4.7**]

図A-3 「Windowsの機能」ダイアログ

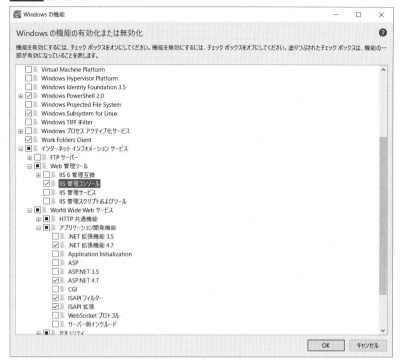

インストールが完了すると、コントロールパネルの[**管理ツール**]の中に[**インターネット インフォメーション サービス (IIS) マネージャー**]が追加されます。IISマネージャーを開くと図A-4のようにIISの管理画面が表示されます。

図A-4 「インターネット インフォメーション サービス (IIS) マネージャー」

アプリケーションプールの設定

続いてIISの**アプリケーションプール**の設定を行います。アプリケーションプールはIIS 6.0から追加された機能で、IIS上で動作する複数のアプリケーションをメモリ上で分離させるための仕組みのことです。それ以前のIISは、複数のアプリケーションを同じメモリ空間で実行しており、あるアプリケーションの不具合が他のアプリケーションへ影響することがありました。アプリケーションプールは図A-5のように1つないしは複数のアプリケーションを含み、他のアプリケーションプールとは独立したメモリ空間でアプリケーションを実行します。したがって、他のアプリケーションプール内のアプリケーションの不具合に影響されず、アプリケーションを実行できます。

また、アプリケーションプールごとに、使用する.NET Frameworkのバージョンや、アプリケーションを実行するWindowsのアカウント、メモリやCPUの使用制限などを指定できます。

図A-5　アプリケーションプール

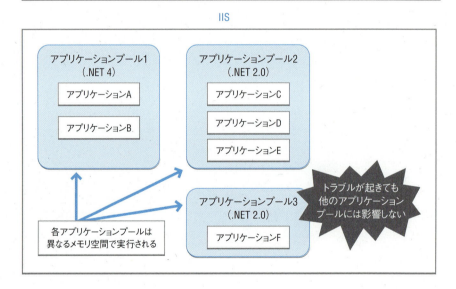

アプリケーションプールの設定も含め、IISの設定は、Windowsの[**コントロールパネル**]－[**管理ツール**]－[**インターネット インフォメーション サービス (IIS) マネージャー**]から行います（以降、IISマネージャーと表記します）。

図A-6のように、IISマネージャーの左側の[**接続**]ウィンドウのツリーを開き、[**アプリケーションプール**]を選択します。

図A-6　IISマネージャーのアプリケーションプール画面

ここでは、3つのアプリケーションプールが存在することが分かります。

> **メモ**
> アプリケーションプールの個数は、アプリケーションのインストール状況などによって変化します。

今回はデフォルトで使用されるアプリケーションプールであるDefaultAppPoolの設定を行います。

最初は使用する.NET Frameworkのバージョンの確認です。右クリックのコンテキストメニューから[**基本設定**]を実行します。図A-7のように、[**.Net Framework バージョン**]が[**.NET Framework v4.0.30319**]となっていることを確認してください。もし[**.NET Framework v2.0.50727**]のようになっている場合は、ドロップダウンから[**.NET Framework v4.0.30319**]を選択してください。

図A-7　使用する.NET Frameworkバージョンの確認

| Information | 巻末資料

　なお、この画面の**マネージパイプラインモード**とは、IIS 7.0から追加された、ASP.NETとIISのリクエスト処理を統合するかどうかの設定です。IIS 6.0以前との互換性を保つ場合にはドロップダウンから[**クラシック**]を選択します。ここでは[**統合**]のまま進みます。

　続いて、このアプリケーションプールで使用するWindowsのアカウントを設定します。右クリックのコンテキストメニューから[**詳細設定**]を実行します。[**詳細設定**]画面（図A-8）の[**プロセスモデル**] − [**ID**]で、アプリケーションプールで使用するWindowsのアカウントを指定します。

図 A-8　アプリケーションプールで使用するWindowsのアカウント

　デフォルトではApplicationPoolIdentityというアカウントが設定されています。これは特殊なアカウントで、実際にApplicationPoolIdentityというアカウントが存在するのではなく、アプリケーションプール名と同じ名前のアカウントが生成され、アプリケーションプールはそのアカウントで実行されます。
　たとえば図A-9はWindowsタスクマネージャーの表示ですが、アプリケーションプール名と同じDefaultAppPoolという名前のユーザーがw3wp.exe（アプリケーションプール1つに相当する**ワーカープロセス**というプログラム）を実行していることが分かります。

Web アプリケーションを配置する | Section D

図A-9 DefaultAppPoolというユーザーでワーカープロセスが実行されている

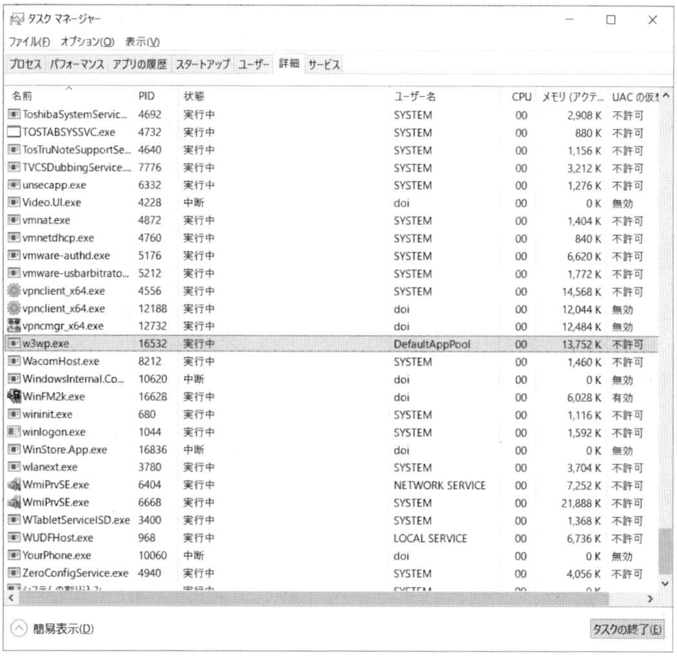

通常はこの設定のままでも問題ありませんが、本書のサンプルのようにSQL Serverにアクセスする場合、SQL Server側でもDefaultAppPoolというアカウントでアクセスできるように設定しておく必要があります。SQL Server側の設定を行っていないと、図A-10のようにログインに失敗します。

図A-10 DefaultAppPoolユーザーではデータベースにアクセスできない

はじめてのASP.NET Webフォームアプリ開発 Visual Basic対応 第2版　561

| Information | 巻末資料 |

アプリケーションプールで使用するアカウントを変更する場合は、[ID]欄の右端の[...]ボタンをクリックし、図A-11のように使用するアカウントを選択します。なお、今回はアカウントを変更せず、DefaultAppPoolアカウントでSQL Serverにアクセスできるよう設定します。

図A-11　実行するアカウントの選択

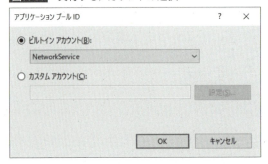

以上でアプリケーションプールの設定は完了です。

LocalDBへのアカウントの設定

続いて、LocalDBにDefaultAppPoolアカウントからアクセスできるように設定します。サーバーエクスプローラーのデータベースを右クリックし、[**新しいクエリ**]を選択します。クエリ編集画面にリストA-27のようにSQLを入力します。

リストA-27　アカウント設定SQL

```
create login [IIS APPPOOL\DefaultAppPool] from WINDOWS;
alter server role sysadmin add member [IIS APPPOOL\DefaultAppPool];
```

このSQLでは、IISが使用するDefaultAppPoolアカウントでログインできるようにし、sysadminという管理者権限を与えています。クエリ編集画面左上の再生アイコンをクリックすると、SQLが実行されます（図A-12）。

図 A-12　アカウントの作成

LocalDBの共有インスタンスの設定

　続いて、SQL Server Express LocalDBの**共有インスタンス**の設定を行います。LocalDBはLocalの名の通り、アクセスしてきたユーザーにだけ有効なデータベース機能ですが、共有インスタンスを設定することで、コンピューター上の複数のユーザーからLocalDBに接続できます。Webアプリケーションを発行する際に共有インスタンスの設定が必要なのは、IISを実行しているのがコンピュータにログインしているユーザーの権限ではないためです。そのため、IISから通常のLocalDBのデータベースにはアクセスできません。共有インスタンスを設定することで、現在使用しているLocalDBにIISからアクセスできるようになります。

　LocalDBで共有インスタンスを設定するには、LocalDB用の管理ツールであるsqllocaldb.exeというコマンドを使用します。このコマンドは通常以下のフォルダにインストールされています。

C:¥Program Files¥Microsoft SQL Server¥130¥LocalDB¥Binn

　まず、スタート画面／スタートメニューより、[**Developer Command Prompt for VS 2019**]を管理者権限で実行します。このコマンドプロンプトからは、上記のsqllocaldb.exeコマンドを含め、開発に関連するコマンドを呼び出すことができます。

| Information | 巻末資料 |

最初にリストA-28のコマンドで現在のLocalDBのインスタンスを確認します。

リストA-28 現在のインスタンスの確認

```
> sqllocaldb info Enter
---実行結果
MSSQLLocalDB
```

実行結果は「MSSQLLocalDB」だけが表示されるはずです。リストA-29のように、MSSQLLocalDBを共有インスタンスとして設定します。

リストA-29 共有インスタンスの設定

```
> sqllocaldb share MSSQLLocalDB SharedDB Enter
---実行結果
プライベート LocalDB インスタンス "MSSQLLocalDB" は共有名 "SharedDB" で共有します。
```

このコマンドはMSSQLLocalDBというローカルのインスタンスを、SharedDBという名前の共有インスタンスとして設定します。これにより、IISからもSharedDBというインスタンスにアクセスできるようになります。なお、共有インスタンスにアクセスする場合のデータベースサーバー名は「(localdb)\.\SharedDB」となります。共有インスタンスの場合は「.\」を挟んだ特殊な記法となりますので注意してください。

続いて、リストA-30のコマンドで共有インスタンスを開始します。

リストA-30 共有インスタンスの開始

```
> sqllocaldb start .\SharedDB Enter
---実行結果
LocalDB インスタンス ".\SharedDB" が開始されました。
```

Visual Studioでのアプリケーションの発行

LocalDBの設定が終わったら、Visual Studioからアプリケーションの発行を行います。なお、アプリケーションの発行にはVisual Studioを管理者権限で実行する必要がありますので注意してください。ここではデータベースを使用したChapter04Sampleプロジェクトを発行します。ソリューションエクスプローラーのプロジェクト名を右クリックしてコンテキストメニューから[**公開**]を実行します。

最初に表示される[**発行先を選択**]ダイアログは、アプリケーションの発行先を選択するダイアログです(図A-13)。

図A-13 「Webを発行」ダイアログ

左側の[IIS、FTP、その他]をクリックし、[発行]ボタンをクリックします。図A-14の[発行]ダイアログが表示されますので、発行のための情報を表A-14のように入力します。

表A-14 [Webの発行]ウィンドウの入力項目

項目名	意味	入力する値
発行方法	Web配置、FTP、ファイルコピーなどの発行方法	Web配置（デフォルト）
サーバー	発行先のWebサーバー名	localhost
サイト名	Webサーバー上での発行先サイトとアプリケーション名	Default Web Site/ASPNETSample

Information 巻末資料

図A-14　発行情報を入力

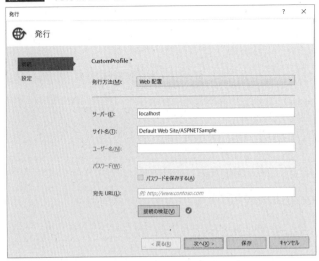

続いて図A-15の画面では、データベースへの接続方法について設定します。開発時のデータベースと運用時のデータベースは異なる場合が多いので、接続先を切り替える必要があります。**[データベース]** の下には、Web.configに記載されている接続文字列（ここでは「ConnectionString」）が表示され、サーバーに発行した場合にどのデータベースに接続するかを設定できます。

図A-15　データベースへの接続情報の設定

ここでは、4章で使用したデータベースへの接続文字列である「Connection String」を書き換えます。テキストボックスに「Data Source=(localdb)¥.¥SharedDB;AttachDbFilename=¦DataDirectory¦¥DatabaseSample.mdf;Integrated Security=True」と入力します。これは、先ほど設定したLocalDBの共有インスタンスに接続するための接続文字列です。

［保存］ボタンをクリックすると、実際の発行処理が行われます。しばらくしてVisual Studioの出力ウィンドウに図A-16のように「発行に成功しました」と表示されれば完了です。

図A-16 発行の完了

実際のファイルは

{システムドライブ（通常はCドライブ）}:¥inetpub¥wwwroot¥

以下にコピーされています。

IISマネージャーでも図A-17のように、ASPNETSampleアプリケーションが追加されていることが確認できます。

図A-17 IISマネージャーでの確認

はじめてのASP.NET Webフォームアプリ開発 Visual Basic対応 第2版　567

| Information | 巻末資料 |

App_Dataフォルダへのアクセス権の設定

　先ほど接続文字列で設定したとおり、今回はデータベースファイルとして「¦Data Directory¦¥DatabaseSample.mdf」を指定しています。Webアプリケーションを発行すると、このファイルはc:¥inetpub¥wwwroot¥ASPNETSample¥App_Dataフォルダに配置されます。データベースへの書き込みを行う際、LocalDBを実行しているユーザー（Windowsにログインしているアカウント）がこのApp_Dataフォルダへの書き込み権限を持っていなければなりません。

　Windowsエクスプローラーから、c:¥inetpub¥wwwroot¥ASPNETSample¥App_Dataフォルダのプロパティを開きます。[セキュリティ] タブから、現在のこのフォルダに対するアクセス権を確認できます（図A-18）。

図 A-18　現在のアクセス権表示

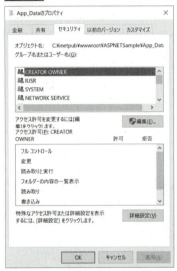

　[編集] ボタンをクリックし、[App_Dataのアクセス許可] ダイアログで [追加] ボタンをクリックします（図A-19）。

図A-19 「App_Dataのアクセス許可」ダイアログ

[ユーザーまたはグループの選択]ダイアログで、現在Windowsにログインしているアカウント名を入力し、[名前の確認]ボタンをクリックします（図A-20）。

図A-20 アカウント名の入力

[OK]ボタンを押し、[App_Dataのアクセス許可]ダイアログの下部で[フルコントロール]の[許可]をチェックします（図A-21）。

図 A-21　フルコントロールを許可

これでWindowsにログインしているアカウント（＝LocalDBを実行しているアカウント）がApp_Dataフォルダの読み書きを行えるようになります。

発行したWebアプリケーションの動作確認

Internet Explorerから「http://localhost/ASPNETSample/」を開くと、図A-22のようにデフォルトページが表示されます。

図 A-22　デフォルトページ表示

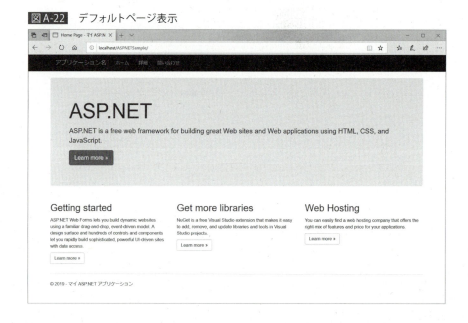

同じく「http://localhost/ASPNETSample/Basic/GridViewSample」を開くと、図A-23のようにデータベース情報がグリッド表示されます。

図A-23 データベース情報のグリッド表示

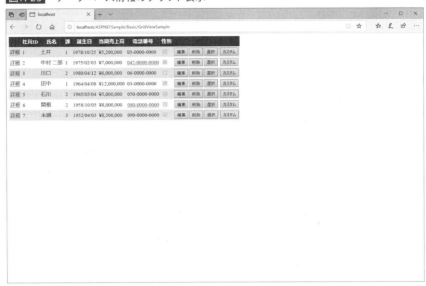

データベースとの連携が正しく設定されていますので、このページからデータの編集、削除も行えます。

以上でIISへのWebアプリケーションの配置は完了です。Visual Studioの発行機能は配置作業のかなりの部分を自動化してくれます。ただし、LocalDBの設定など、必要に応じてここに記した手順を確認してください。

Information 巻末資料

コラム
LocalDB以外のSQL Serverを使用する

本文ではLocalDBでの接続方法について解説しました。本コラムではLocalDB以外のエディションのSQL Serverに接続する手順について、SQL Server Expressを例にして概略を解説します。なお、ここではSQL Serverを管理するためのツールである「Microsoft SQL Server Management Studio」を用いて解説します。

1. 接続するデータベースのアタッチ

まず、接続するデータベースファイル（DatabaseSample.mdf ／ DatabaseSample.ldf）はあらかじめSQL Serverのデータファイルの置き場所（デフォルトはC:¥Program Files¥Microsoft SQL Server¥MSSQL14.SQLEXPRESS¥MSSQL¥DATA）にコピーしておきます。デスクトップなどに置いたファイルはアタッチできませんので注意してください。

SQL Serverを管理するための「Microsoft SQL Server Management Studio」で、[**データベース**]を右クリックして[**アタッチ**]を選択します（図A-24）。

図A-24 データベースのアタッチ

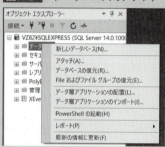

[**データベースのインポート**]画面で[**追加**]ボタンをクリックし、先ほどコピーしたDatabaseSample.mdfファイルを選択します。[**次の名前でアタッチ**]列をダブルクリックし、「DatabaseSample」という名前に書き換えます（図A-25）。

図A-25 「次の名前でアタッチ」欄に入力

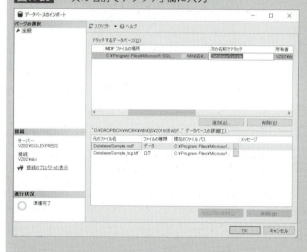

[**OK**]ボタンをクリックすると、DatabaseSampleというデータベースが作成されます。

2. IISの実行アカウントからアクセスできるように設定する

続いて、IISの実行アカウントからSQL Serverにアクセスできるように設定します。今回は図A-11でIISの実行アカウントをWindowsのNetworkServiceアカウントに切り替えたものとし、NetworkServiceアカウントからアクセスできるように設定します。

「Microsoft SQL Server Management Studio」の[**セキュリティ**]-[**ログイン**]で右クリックし、[**新しいログイン**]を選択します。[**ログイン - 新規作成**]画面が表示されます（図A-26）。

図A-26 「ログイン - 新規作成」画面

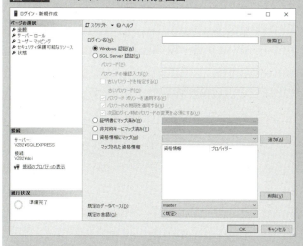

アクセスするアカウントを指定するため、[**ログイン名**]の右側の[**検索**]ボタンをクリックし、「NETWORK SERVICE」と入力して[**名前の確認**]ボタンをクリックします（図A-27）。

図A-27 「ユーザー または グループ の選択」画面

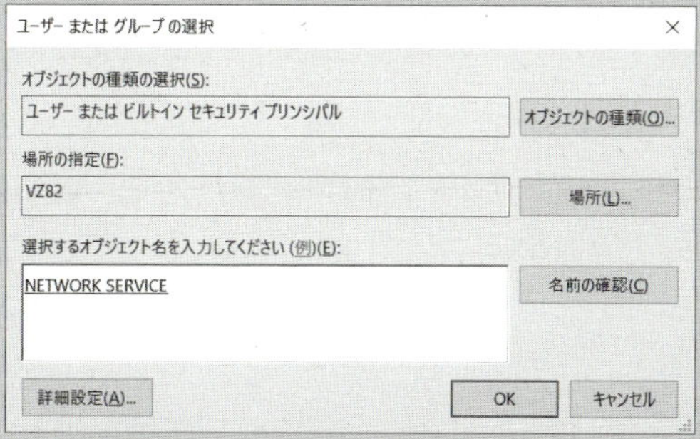

これでNetworkServiceというアカウントを選択できました。[**OK**]ボタンをクリックし、続いて左上の[**ページの選択**]から[**ユーザー マッピング**]を選択します。

上の[**このログインにマップされたユーザー**]の一覧から「DatabaseSample」にチェックを入れ、下の[**DatabaseSampleのデータベース ロール メンバーシップ**]で「db_owner」と「public」にチェックを入れ、[**OK**]ボタンをクリックします（図A-28）。

Information 巻末資料

図A-28 ユーザーのマッピング

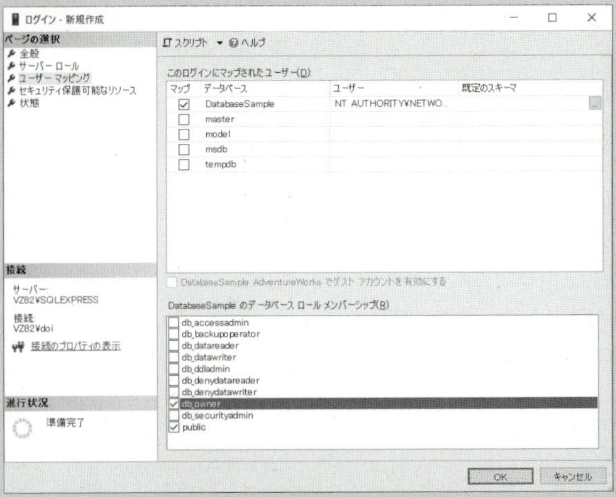

　以上の操作で、NetworkServiceアカウントへDatabaseSampleデータベースに対する読み書きの権限を持たせることができました。

3. 発行時にSQL Serverに接続するよう設定する

　本文と同じ手順でWebアプリケーションの発行を行います。ただし、図A-15の接続文字列の設定の際、「Data Source=.\sqlexpress;Initial Catalog=DatabaseSample;Integrated Security=True」のように、SQL Serverに接続するよう設定してください。

　以上の手順で、通常のSQL Serverに接続するWebアプリケーションを発行できます。

アプリケーション構成ファイルの統合について

　13章で解説したアプリケーション構成ファイルは、ASP.NETアプリケーションの動作に関わる様々な設定事項を含んでいます。そうした設定情報の中には、配置の際に差し替えが必要なものがあります。こうした場合に、配置のたびに手動でアプリケーション構成ファイルを修正するのは煩雑な作業になってしまいますし、修正ミスの可能性も出てきます。

　特に、アプリケーションで使用するデータベースへの接続文字列(4章参照)は、開発環境で使用していたデータベースから、運用環境でのデータベースへ、差し替えが必要なケースが多いでしょう。また、アプリケーション構成ファイルのappSettings要素(13章参照)で定義するアプリケーション設定なども、配置の際に差し替える場合があるでしょう。

　Visual Studioでは、アプリケーション構成ファイルの設定情報のうち、配置の際に差し替える必要がある情報を、Web.debug.config、Web.release.configというファイルに指定することで、配置時に必要な設定情報が自動的に統合されるようになります。

これらのファイルはVisual Studioの**ソリューション構成**に応じて統合されます。
　ソリューション構成とは、ソリューションの現在の構成を表すもので、たとえばデフォルトではデバッグ用の構成である「Debug」と、リリース用の構成である「Release」の2つのソリューション構成があります。ソリューション構成は図A-29のように、Visual Studio上部のドロップダウンで切り替えます。

図A-29　ソリューション構成の切り替え

　Visual Studioはソリューション構成が「Debug」の場合はWeb.debug.configファイルを、「Release」の場合はWeb.release.configファイルを、Web.configの情報と統合して配置を行います。それで表A-15のように、アプリケーション構成ファイルの使い分けをすることで、配置時に自動的に設定情報が統合されるようになります。

表A-15　各アプリケーション構成ファイルの役割

ファイル名	役割
Web.config	開発環境および共通の設定情報
Web.debug.config	テスト環境での設定情報
Web.release.config	運用環境での設定情報

　たとえば図A-30は、アプリケーション構成ファイルの接続文字列を設定するConnectionStrings要素を各アプリケーション構成ファイルで記述した例です。

Information 巻末資料

図A-30 接続文字列の切り替え例

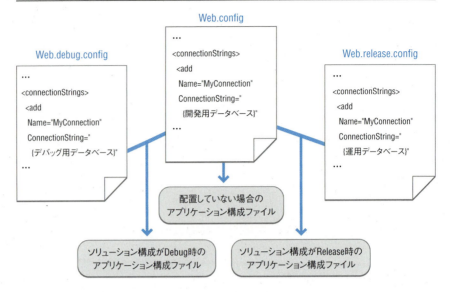

この場合、同じ「MyConnection」という名前の接続文字列で、配置状況に合わせて開発用データベース、デバッグ用データベース、運用データベースに接続することができます。

実際のコードを見てみましょう。統合先となるWeb.configファイルはリストA-31のようになります。

リストA-31 アプリケーション構成ファイルの記述例（Web.config）

```
<configuration>
  <connectionStrings>
    <add name="MyConnection"
      connectionString="Data Source=(LocalDb)\MSSQLLocalDB;
        AttachDbFilename=|DataDirectory|\AppendixSample.mdf;
        Initial Catalog=AppendixSample;Integrated Security=True"
      providerName="System.Data.SqlClient" />
  </connectionStrings>
```

ここでは、LocalDBを使用した、開発環境用の接続文字列を通常通り定義しています。

リリース時のWeb.release.configファイルはリストA-32のように定義します。

リストA-32 ソリューション構成「Release」時の記述例（Web.release.config）

```
<configuration xmlns:xdt="http://schemas.microsoft.com/XML-Document-Transform">
  <connectionStrings>
    <add name="MyConnection"
```

```
    connectionString="Data Source=DBServer;
      Initial Catalog=AppendixSample;Integrated Security=True"
      providerName="System.Data.SqlClient"
      xdt:Transform="SetAttributes" xdt:Locator="Match(name)"/>
</connectionStrings>
```

　ここでは、同じMyConnectionという名前で、SQL Server上のデータベースへの接続文字列を定義しています。注目したいのは、xdt:Transform属性とxdt:Locator属性です。これらの属性がWeb.configファイルとの統合の際に必要です。

　xdt:Locator属性は、統合先の要素を指定するための属性です。ここでは「Match(name)」という値を指定していますが、これは「name属性の値が同じ要素を対象とする」という意味です。つまり、Web.configファイルのMyConnectionという名前の接続文字列が対象となります。

　xdt:Transform属性は、xdt:Locator属性で指定した要素に対する処理内容を指定するための属性です。ここでは「SetAttributes」という値を指定していますが、これは「属性の内容をセットする」という意味です。つまり、Web.configファイルのadd要素に対し、実際の接続文字列を表すconnectionString属性を含め、この要素の属性をセットします。

　これらの属性の設定により、ソリューション構成が「Release」の時に配置を行うと、Web.release.configファイルの接続文字列がWeb.configファイルの対応する要素を上書きすることになります。なお、ここに示したような基本的なひな形はサンプルアプリケーションの作成時にWeb.debug.configファイルおよびWeb.release.configファイルに自動的に記述されます。配置時のアプリケーション構成ファイルの統合の詳細については以下のURLを参照してください。

「Visual Studio を使用する Web アプリケーション プロジェクト配置の Web.config 変換構文」
http://msdn.microsoft.com/ja-jp/library/dd465326.aspx

　なお、接続文字列については、前項で解説したように、Visual Studioの発行機能でも切り替えが可能ですが、複数人で開発を行う場合などは、ソースコードに切り替え情報を記述する、本項の方法が向いているかもしれません。

Index 索引

記号・数字

.ascx	111
.ascx.vb	111
.aspx	37
.aspx.vb	37
.css	380
.Master	368
.NET Core	12
.NET Framework	9,12
~ (チルダ)	524
<%# ~ %>	179
<%$ ~ %>	149
1対1関係	253
1対多関係	251,254
2要素認証	405

A

Abandon メソッド	358
AccessDataSource コントロール	127
AccessFailedCount プロパティ	421
Account フォルダ	408
Action プロパティ	120
Add メソッド	349,358
Ajax	454
ajax メソッド	483
AllowMultiple プロパティ	84
AllowOnlyAlphanumericUserNames プロパティ	437
AllowPaging プロパティ	154,171,224
AllowSorting プロパティ	154,171
AlternateItemTemplate テンプレート	177
AlternateText プロパティ	61,88,163
AlternatingItemTemplate テンプレート	192
ALTER 命令	534
App_Browsers フォルダ	38
App_Data フォルダ	38,569
App_GlobalResources フォルダ	38
App_LocalResources フォルダ	38
App_Start フォルダ	38
Application_End メソッド	526
Application_Error メソッド	526
Application_OnAuthenticateRequest メソッド	526
Application_OnBeginRequest イベント	527
Application_OnBeginRequest メソッド	526
Application_OnEndRequest メソッド	526
Application_OnPostAuthenticateRequest メソッド	526
Application_Start イベントハンドラー	362
Application_Start メソッド	526
ApplicationSignInManager クラス	416
ApplicationUserManager クラス	416
ApplicationUser クラス	416
Application オブジェクト	361
Application プロパティ	327
ApplyFormatInEditMode プロパティ	158
appSettings 要素	515
AppSettings 要素	150
ASP.NET	12,14
ASP.NET AJAX	456
ASP.NET AJAX Extensions	459
ASP.NET Core	20
ASP.NET Identity	404
ASP.NET MVC	15,19
ASP.NET Web フォーム	14,16,20
ASP.NET アプリケーションファイル	526
aspnet_regsql.exe	323,356
AssociatedUpdatePanelID プロパティ	475
attr メソッド	481
AutoEventWireup 属性	317,343,521
AutoGenerateColumns プロパティ	171
AutoID	486
AutoPostBack プロパティ	67
AVG 関数	538

B

bigint	544
binary	544
BinaryWrite メソッド	329
Bind メソッド	179
bin フォルダ	38
bit	544
bool	545
Boolean	545
Bootstrap	391

578 TECHNICAL MASTER

索引 Index

BoundField クラス ･････････････････････ 157
BoundField コントロール ･･････････････ 149
Buffer 属性 ･･････････････････････････ 317
Bundle.config ファイル ････････････････ 508
BundleConfig.vb ファイル ･････････････ 505
ButtonField クラス ････････････････ 158,168
ButtonType プロパティ ･････････････ 167,169
Button コントロール ･･････････････････ 87

C

C# ･･････････････････････････････････ 11
Cache オブジェクト ･･････････････････ 361
Cache クラス ･･･････････････････････ 363
Calendar コントロール ････････････････ 86
Caption プロパティ ･･････････････････ 86
CausesValidation プロパティ ･･････････ 107
change イベント ････････････････････ 478
CheckBoxField クラス ････････････････ 157
CheckBoxField コントロール ･･････････ 149
CheckBoxList コントロール ････････････ 75
CheckBox コントロール ･･･････････････ 72
Checked プロパティ ･･････････････････ 72
ChildrenAsTriggers プロパティ ････････ 464
class 属性 ･･････････････････････ 57,383
Clear メソッド ･････････････････････ 329,349
click イベント ･･････････････････････ 477
ClientIDMode プロパティ ･･････････････ 485
clientIDMode 属性 ･･･････････････････ 521
ClientIDMode 属性 ･･･････････････････ 317
ClientIDRowSuffix プロパティ ･･････ 171,216
ClientID プロパティ ････････････････ 484,489
ClientValidationFunction プロパティ ･･ 102
CodeBehind 属性 ････････････････････ 317
Columns プロパティ ･･････････････････ 64
Column 属性 ･･･････････････････････ 248
CommandArgument プロパティ ･･････････ 89
CommandField クラス ･･････････････ 157,166
CommandName プロパティ ･････････････ 89
CompareValidator コントロール ･･･････ 98
compilationMode 属性 ････････････････ 521
ConfigurationManager クラス ････････ 517
configuration 要素 ･･････････････････ 514
ConflictDetection プロパティ ････････ 288
ConnectionStrings 要素 ･････････････ 150
connectionString 属性 ･･･････････････ 141
ContentLength プロパティ ･･･････････ 83
ContentPlaceHolder コントロール ････ 370

ContentType プロパティ ･････････････ 83,329
Content コントロール ････････････････ 372
Content フォルダ ･････････････････････ 37
controlRenderingCompatibilityVersion 属性 ･･･ 522,521
ControlStyle プロパティ ･････････････ 169
ControlToCompare プロパティ ････････ 99
ControlToValidate プロパティ ･･･････ 93
Control 属性 ･･･････････････････････ 272
Control ディレクティブ ･････････････ 112,316,317
ConvertEmptyStringToNull プロパティ ･･ 158
Cookie ･････････････････････････ 5,345,346
cookieless 属性 ････････････････････ 354
CookieMode プロパティ ･････････････ 357
Cookies プロパティ ････････････････ 328,329
Count プロパティ ･････････････････ 349,357
CreateDatabaseIfNotExists クラス ････ 238
CREATE 命令 ･･･････････････････････ 534
CSS ･･･････････････････････････ 37,380
CssClass プロパティ ･･････････････ 57,382
css メソッド ･･･････････････････････ 481
culture 属性 ･･････････････････････ 520
customErrors 要素 ････････････････ 517
CustomValidator コントロール ･･････ 102

D

DataAlternateTextField プロパティ ･･ 163
DataAlternateTextFormatString プロパティ ･･ 163
DataField プロパティ ･･････････ 149,158,166
DataFormatString プロパティ ･･･････ 158
DataGrid コントロール ･･････････････ 191
DataImageUrlField プロパティ ･･････ 163
DataImageUrlFormatString プロパティ ･･ 163
DataKeyNames プロパティ ･･･････････ 299
DataKeyName プロパティ ････････････ 265
DataList コントロール ･･････････････ 191
DataNavigateUrlFields プロパティ ･･ 163
DataNavigateUrlFormatString プロパティ ･･ 163
DataPager コントロール ････････････ 214
DataTextField プロパティ ･･･････ 163,169
DataTextFormatString プロパティ ･･ 163,169
Date ･･････････････････････････････ 545
datetime ･････････････････････････ 544
DateTime ･････････････････････････ 545
DbSet ･････････････････････････････ 228
decimal ･････････････････････････ 544,545
Decimal ･･････････････････････････ 545
DeleteCommandType プロパティ ･････ 288

はじめての ASP.NET Web フォームアプリ開発 Visual Basic 対応 第 2 版   579

Index 索引

DeleteCommand プロパティ ･････････････ 288
DELETE 命令 ･････････････････････････ 542
DescriptionUrl プロパティ ･･････････ 61,88
DetailsView コントロール ････････････ 191
DisplayAfter プロパティ ･･･････････････ 475
DisplayMode プロパティ ･･････････････ 105
Display プロパティ ･･･････････････････ 93
DOM ･････････････････････････････ 456,479
double ･･････････････････････････････ 544,545
Double ･･･････････････････････････････ 545
DropCreateDatabaseAlways クラス ････ 238
DropCreateDatabaseIfModelChanges クラス ････ 238
DropDownList コントロール ･････････ 75,273
DROP 命令 ･･･････････････････････････ 534
Duration 属性 ････････････････････････ 321

E

EditItemTemplate テンプレート ････ 177,193,219
EmailConfirmed プロパティ ･･･････････ 421
Email プロパティ ･････････････････････ 421
EmptyDataTemplate テンプレート ････ 192,219
EmptyItemTemplate テンプレート ････ 192
Empty テンプレート ･･･････････････････ 35
EnableCdn プロパティ ････････････････ 460
EnableClientScript プロパティ ･･･････････ 93
Enabled プロパティ ･･････････････････ 75,93
enableHeaderChecking 属性 ･･････････ 520
enableSessionState 属性 ･･････････････ 521
EnableSessionState 属性 ･･･････････････ 317
enableVersionHeader 属性 ･････････････ 520
enableViewStateMac 属性 ･････････････ 521
EnableViewStateMac 属性 ･････････････ 317
EnableViewState 属性 ･････････････････ 351
enableViewState 属性 ･････････････････ 521
End メソッド ･････････････････････････ 329
Entity Framework ･･･････････････ 226,296,310
ErrorMessage プロパティ ･･････････････ 93
Eval メソッド ････････････････････････ 179
ExecuteSqlCommand メソッド ･････････ 312
executionTimeout 属性 ･･･････････････ 520

F

fileEncoding 属性 ････････････････････ 520
FileName プロパティ ･････････････････ 83
FileUpload コントロール ･･････････････ 82
FirstDayOfWeek プロパティ ･･･････････ 86
float ･････････････････････････････ 544,545

focus イベント ･･･････････････････････ 477
FooterStyle プロパティ ･･･････････････ 169
FooterTemplate テンプレート ･････ 177,219
FooterText プロパティ ････････････････ 169
ForeignKey 属性 ･････････････････････ 252
FormView コントロール ･････ 126,218,277
Form プロパティ ･････････････････････ 328

G

GET ･･･････････････････････････････････ 4
GetEnumerator メソッド ･･････････ 350,358
Global.asax.vb ファイル ･･･････････････ 38
Global.asax ファイル ･･････････････ 38,526
Global.aspx ファイル ････････････ 340,362
globalization 要素 ･･･････････････････ 519
GridLines プロパティ ･･････････････ 171,224
GridView コントロール ･･････ 126,142,260
GROUP BY 句 ･･･････････････････････ 538
GroupItemCount プロパティ ･･････････ 216
GroupName プロパティ ････････････････ 72
GroupPlaceHolderId プロパティ ･････ 217
GroupSeparatorTemplate テンプレート ････ 192
GroupTemplate テンプレート ･････････ 192

H

Handle 句 ････････････････････････････ 46
HasFiles プロパティ ･･････････････････ 84
HasFile プロパティ ･･･････････････････ 82
HAVING 句 ･･････････････････････････ 538
HeaderImageUrl プロパティ ･･････････ 169
HeaderStyle プロパティ ･･････････････ 169
Headers プロパティ ･･････････････････ 328
HeaderTemplate テンプレート ････ 177,219
HeaderText プロパティ ････････････ 105,169
hover メソッド ･･･････････････････････ 479
HTML ･･････････････････････････････････ 4
HtmlAnchor コントロール ･････････････ 117
HtmlArea コントロール ･･･････････････ 118
HtmlAudio コントロール ･･････････････ 118
HtmlButton コントロール ･････････････ 117
HtmlDecode メソッド ･････････････････ 332
HtmlEmbed コントロール ･････････････ 118
HtmlEncode プロパティ ･･･････････････ 158
HTMLEncode プロパティ ･････････････ 160
HtmlEncode メソッド ･････････････････ 332
HtmlForm コントロール ･･･････････ 117,120
HtmlGeneric コントロール ････････････ 117

580 TECHNICAL MASTER

索引 | Index

HtmlIframe コントロール ･････････････････････････ 118
HtmlImage コントロール ･････････････････････････ 117
HtmlInputButton コントロール ････････････････････ 117
HtmlInputCheckBox コントロール ･････････････････ 117
HtmlInputFile コントロール ･･･････････････････････ 117
HtmlInputHidden コントロール ････････････････････ 117
HtmlInputImage コントロール ････････････････････ 117
HtmlInputRadioButton コントロール ･･･････････････ 117
HtmlInputText コントロール ･････････････････････ 117
HtmlSelect コントロール ･････････････････････････ 117
HtmlTableCell コントロール ･･････････････････････ 117
HtmlTableRow コントロール ･････････････････････ 117
HtmlTable コントロール ･････････････････････････ 117
HtmlTextArea コントロール ･･････････････････････ 118
HtmlTrack コントロール ･････････････････････････ 118
HtmlVideo コントロール ･････････････････････････ 118
HTML エンコード ･････････････････････････････ 333
HTML サーバーコントロール ･･････････････････ 56,117
HTML デコード ･･･････････････････････････････ 333
html メソッド ････････････････････････････････ 481
HTTP ･･･ 3
HttpApplicationState クラス ･････････････････････ 362
HttpCookieCollection クラス ･････････････････････ 346
HttpCookieMode 列挙体 ････････････････････････ 354
HttpCookie クラス ･･････････････････････････････ 346
httpRuntime 要素 ･･･････････････････････････････ 520
HttpSessionState クラス ･････････････････････････ 357
HTTP ステータスコード ･･････････････････････････ 4
HTTP メソッド ･････････････････････････････････ 4
HTTP リクエスト ･･･････････････････････････････ 3
HTTP レスポンス ･･･････････････････････････････ 3
HyperLinkField クラス ･･････････････････････ 157,163
HyperLink コントロール ･････････････････････････ 62

I

IdentityConfig.vb ファイル ･･････････････････････ 408
IdentityContext クラス ･･････････････････････････ 416
IdentityModels.vb ファイル ･････････････････････ 408
ID セレクター ･･･････････････････････････････ 480
ID プロパティ ･･･････････････････････････････ 57,119
IHttpModule インターフェイス ･･････････････････ 340
IIS ･･･････････････････････････････････････ 20,556
IIS Express ･････････････････････････････････････ 22
IIS マネージャー ･･････････････････････････････ 558
image ･･･････････････････････････････････････ 544
ImageAlign プロパティ ･････････････････････････ 61,88
ImageButton コントロール ･･･････････････････････ 87
ImageField クラス ･･･････････････････････････ 157,163
ImageUrl プロパティ ･･････････････････････ 61,62,88,169
Image コントロール ･････････････････････････････ 61
Inherit ･･･････････････････････････････････････ 486
Inherits 属性 ･･････････････････････････････････ 317
INNER JOIN 句 ････････････････････････････････ 540
innerText プロパティ ･･･････････････････････････ 119
InputStream プロパティ ･･････････････････････････ 83
input タグ ･････････････････････････････････････ 68
InsertCommandType プロパティ ･･･････････････････ 288
InsertCommand プロパティ ･･････････････････････ 288
InsertItemPosition プロパティ ･･･････････････････ 216
InsertItemTemplate テンプレート ･････････ 177,193,219
InsertVisible プロパティ ････････････････････････ 169
INSERT 命令 ･･････････････････････････････････ 541
int ･･･････････････････････････････････････ 544,545
Int16 ･･ 545
Int32 ･･ 545
Int64 ･･ 545
Integer ･･････････････････････････････････････ 545
IntelliSense ･･････････････････････････････････ 47,510
Interval プロパティ ･････････････････････････････ 472
IsCookieless プロパティ ････････････････････････ 357
IsInAsyncPostBack プロパティ ･･････････････ 465,470
IsItemDirty メソッド ･･････････････････････････ 350
IsNewSession プロパティ ･･･････････････････････ 357
IsPostBack プロパティ ･････････････････････ 327,342
IsReadOnly プロパティ ････････････････････････ 357
IsValid プロパティ ･･･････････････････････････ 93,327
ItemCommand イベント ････････････････････ 217,224
ItemDeleted イベント ･･･････････････････････ 217,224
ItemInserted イベント ･･････････････････････ 217,224
ItemPlaceHolderId プロパティ ･･････････････････ 217
ItemSeparatorTemplate テンプレート ････････････ 192
ItemStyle プロパティ ･･････････････････････････ 169
Items プロパティ ･･････････････････････････ 76,217
ItemTemplate テンプレート ･････････････ 177,192,219
ItemUpdated イベント ･･････････････････････ 217,224
Item プロパティ ･･････････････････････････ 349,357

J

JavaScript ････････････････････････････････････ 37
jQuery ･････････････････････････････････････ 37,476
JSON ･･････････････････････････････････ 15,456,497

K

keypress イベント ･･････････････････････････････ 477

Index 索引

Keys プロパティ ･････････････････････････ 349,357
keyup イベント ･････････････････････････････ 478
Key-Value 型データベース ･･････････････････ 125
Key 属性 ･････････････････････････････････ 249

L

Label コントロール ･････････････････････････ 59
Language 属性 ････････････････････････････ 317
LayoutTemplate テンプレート ･･････････････ 192
LEFT JOIN 句 ････････････････････････････ 540
LinkButton コントロール ････････････････････ 87
LINQ ･･･････････････････････････････････ 228
LINQ クエリ式 ････････････････････････････ 229
ListBox コントロール ･･･････････････････････ 75
ListItem クラス ･･･････････････････････････ 75
ListView コントロール ･････････････ 126,192,275
Literal コントロール ････････････････････････ 59
load イベント ････････････････････････････ 478
LocalDB ･････････････････････････････ 133,562
location 要素 ････････････････････････････ 515
LockoutEnabled プロパティ ･･･････････････ 421
LockoutEndDateUtc プロパティ ････････････ 421
LoginName コントロール ･･････････････････ 441
LoginStatus コントロール ･････････････････ 441
LoginView コントロール ･･･････････････････ 442
Long ･･･････････････････････････････････ 545

M

Machine.config ･･････････････････････････ 512
maintainScrollPositionOnPostBack 属性 ･･･････ 521
MaintainScrollPositionOnPostback 属性 ･･･････ 317
MapPath メソッド ････････････････････････ 332
MasterPageFile 属性 ･････････････････････ 372
masterPageFile 属性 ･････････････････････ 521
MasterPageFile 属性 ･････････････････････ 317
Master ディレクティブ ･･･････････････ 316,317,370
MaximumValue プロパティ ･････････････････ 97
MaxLength プロパティ ･････････････････････ 64
maxQueryStringLength 属性 ･････････････ 520
maxRequestLength 属性 ･････････････････ 520
maxUrlLength 属性 ･･････････････････････ 520
MAX 関数 ･･･････････････････････････････ 538
Method プロパティ ･･･････････････････････ 120
Microsoft Azure ････････････････････････ 315
MigrateDatabaseToLatestVersion クラス ････ 238
MinimumValue プロパティ ･････････････････ 97
mode 属性 ･･････････････････････････････ 519

Mode プロパティ ･････････････････････････ 357
mousedown イベント ･････････････････････ 478
mouseout イベント ･･･････････････････････ 478
mouseover イベント ･･････････････････････ 478
mouseup イベント ････････････････････････ 478
MVC アーキテクチャ ････････････････････････ 15
MVC テンプレート ･････････････････････････ 35

N

NavigateUrl プロパティ ････････････････ 62,163
nchar ･･････････････････････････････････ 544
NoSQL ･････････････････････････････････ 125
NOT NULL 規約 ･･････････････････････････ 248
Nothing キーワード ･･･････････････････････ 545
NotMapped 属性 ･････････････････････････ 250
ntext ･･････････････････････････････････ 544
NullDisplayText プロパティ ････････････ 158,163
NullImageUrl プロパティ ･･･････････････････ 163
NULL 許容型 ･･･････････････････････････ 312,546
NULL 値 ････････････････････････････････ 545
nvarchar ･･･････････････････････････････ 544

O

O/R マッピング ･･･････････････････････････ 227
object ･･････････････････････････････････ 545
Object ･････････････････････････････････ 545
ObjectDataSource コントロール ･･･････････ 127
OldValuesParameterFormatString プロパティ ･･･ 288
one メソッド ････････････････････････････ 479
Operator プロパティ ･･･････････････････････ 99
Option Explicit ステートメント ････････････ 551
Option Strict ステートメント ･･････････････ 550
OutputCache ディレクティブ ･･････････ 316,320
Overridable キーワード ･･･････････････････ 254
OWIN ･･････････････････････････････････ 20

P

Page_Load メソッド ･･････････････････････ 342
pageBaseType 属性 ･････････････････････ 522
PagedControlID プロパティ ････････････････ 214
PageIndex プロパティ ･････････････････････ 171
PagerSettings プロパティ ･････････････････ 171
PagerTemplate テンプレート ･･･････････････ 219
PageSize プロパティ ･･･････････････････ 171,214
pages 要素 ･････････････････････････････ 521
Page オブジェクト ････････････････････････ 341
Page クラス ･････････････････････････････ 17

582 TECHNICAL MASTER

Page ディレクティブ ………………… 316,343,351	RequireUppercase プロパティ ………………… 436
Parse メソッド ………………………………… 548	Resources 要素 ……………………………… 150
PasswordHash プロパティ ……………………… 421	responseEncoding 属性 ……………………… 520
PasswordValidator クラス …………………… 436	Response オブジェクト ……………………… 329
PhoneNumberConfirmed プロパティ ………… 421	Response プロパティ ………………………… 327
PhoneNumber プロパティ ……………………… 421	REST ………………………………………… 490
PL/SQL ……………………………………… 302	RESTful ……………………………………… 490
POST …………………………………………… 4	RouteData クラス …………………………… 532
PostedFiles プロパティ ………………………… 84	RouteData プロパティ ……………………… 327
PostedFile プロパティ ………………………… 82	RowCommand イベント ……………………… 172
Predictable ………………………………… 486	RowDeleted イベント ………………………… 172
	RowInserted イベント ……………………… 172

Q

QueryStringField プロパティ ………………… 214	Rows プロパティ …………………… 64,76,171
QueryString 属性 …………………………… 279	RowUpdated イベント ……………………… 172
QueryString プロパティ ……………………… 328	rowversion ………………………………… 544
	rowversion 型 ……………………………… 295
	runat 属性 ……………………………… 58,118

R

S

RadioButtonList コントロール ………………… 75	SaveAs メソッド ……………………………… 83
RadioButton コントロール ……………………… 72	ScriptManagerProxy コントロール …………… 459
RangeValidator コントロール …………………… 97	ScriptManager コントロール ………………… 459
ReadOnly プロパティ ……………… 64,158,163,166	Scripts プロパティ …………………………… 460
ready メソッド ……………………………… 479	SelectCommandType プロパティ …………… 288
RedirectPermanent メソッド ……………… 329,330	SelectCommand プロパティ ………………… 288
Redirect メソッド …………………………… 329	SelectedDate プロパティ ……………………… 86
Register ディレクティブ ……………………… 114	SelectedIndexChanged イベント ……… 80,172,217
Register ディレクトリ ………………………… 316	SelectedItemTemplate テンプレート ………… 193
RegularExpressionValidator コントロール ……… 100	SelectedItem プロパティ ……………………… 78
RemoveAll メソッド ………………………… 358	SelectedValue プロパティ ………… 78,171,217
RemoveAt メソッド ………………………… 358	Selected プロパティ ………………………… 75,78
Remove メソッド ………………………… 350,358	SelectionMode プロパティ ………………… 76,86
RenderOuterTable プロパティ ………………… 224	SELECT 命令 ………………………………… 536
RepeatColumns プロパティ …………………… 81	SEO ………………………………………… 529
RepeatDirection プロパティ …………………… 81	Serializable 属性 …………………………… 348
Repeater コントロール ……………………… 191	ServerValidate イベント ……………………… 102
RepeatLayout プロパティ ……………………… 81	ServerVariables プロパティ ………………… 328
requestEncoding 属性 ……………………… 520	Server オブジェクト ………………………… 332
requestValidationMode 属性 ………………… 521	Server プロパティ …………………………… 327
Request オブジェクト ………………………… 328	Session_End メソッド …………………… 526,528
Request プロパティ ………………………… 327	Session_Start メソッド ………………… 526,528
RequireDigit プロパティ ……………………… 436	SessionID プロパティ ……………………… 357
RequiredLength プロパティ ………………… 436	sessionState セクション ………………… 354,355
Required 属性 ……………………………… 248	Session プロパティ ………………………… 327
RequireFieldValidator コントロール ………… 93,96	SetFocusOnError プロパティ ………………… 93
RequireLowercase プロパティ ……………… 436	Shared 属性 ………………………………… 321
RequireNonLetterOrDigit プロパティ ………… 436	Short ………………………………………… 545
RequireUniqueEmail プロパティ ……………… 437	

はじめての ASP.NET Web フォームアプリ開発 Visual Basic 対応 第2版 583

Index 索引

ShowDayHeader プロパティ	86
ShowFooter プロパティ	171
ShowHeader プロパティ	169,171
ShowMessageBox プロパティ	105
ShowSummary プロパティ	105
ShowXXXButton プロパティ	167
Single	545
Single Page Application テンプレート	35
Site.Master	37
Site.Master ファイル	408
smallint	544
SortExpression プロパティ	169
Sorting イベント	172,217,224
SQL	130,534
SQL Server	23,130,572
SQL Server Express	131
SQL Server Express LocalDB	23,132
SQL Server 認証	140
SqlDataSource コントロール	127
SqlDependency 属性	321
SqlQuery メソッド	312
SSL	355
Startup.Auth.vb ファイル	408
Startup.vb ファイル	408
Startup クラス	416
StateBag クラス	349
StateItem クラス	349
Static	486
StaticObjects プロパティ	357
string	545
String	545
string.Format メソッド	547
StringLength 属性	236,249
style 属性	382
submit イベント	478
System.Web	20
system.web 要素	514

T

Table 属性	247
targetFramework 属性	521
Target プロパティ	62,163
TemplateField クラス	157,176
TextBox コントロール	64
TextChanged イベント	65
TextMode プロパティ	64,68
Text プロパティ	59,62,64,72,75,88,93,163,166,169
text メソッド	481
Theme フォルダ	38
Tick イベント	472
timeout 属性	355
Timeout プロパティ	357
Timer コントロール	459,471
Timestamp 属性	299
tinyint	544
Title 属性	317
toggle メソッド	479
ToString メソッド	546
Trace オブジェクト	319
Trace プロパティ	327
Trace 属性	317
Transact-SQL	302
Transfer メソッド	332
Triggers プロパティ	464
TryParse メソッド	548
TwoFactorEnabled プロパティ	421
type 属性	68
Type プロパティ	97,99

U

UpdateCommandType プロパティ	288
UpdateCommand プロパティ	288
UpdateMode プロパティ	465
UpdatePanel コントロール	458,464
UpdateProgress コントロール	459,474
UPDATE 命令	542
URL	4,524
UrlDecode メソッド	332
UrlEncode メソッド	332
URL エンコード	335
URL デコード	335
URL ルーティング	494,526,529
userControlBaseType 属性	522
UserName プロパティ	421
UserValidator クラス	437
UWP	12

V

validateRequest 属性	523,522
ValidateRequest 属性	317
ValidationGroup プロパティ	93,108
ValidatorSummary コントロール	105
Values プロパティ	349
ValueToCompare プロパティ	99

索引 Index

VALUE 句	542
Value プロパティ	75
val メソッド	481
varbinary	544
VaryByHeader 属性	321
VaryByParam 属性	321
ViewStateEncryptionMode 属性	351
ViewStateMode 属性	351
ViewStateMode プロパティ	156
ViewStateMode 属性	317
ViewState プロパティ	327
VisibleDate プロパティ	86,213
Visible プロパティ	57
Visual Basic	11,545
Visual Studio	22

W

Warn メソッド	319
WCF	12
Web	3
Web API	15,490
Web API テンプレート	35
Web Forms テンプレート	35
Web Pages	15
Web.config ファイル	38,354,355,513,575
Web.Debug.config ファイル	38,513,575
Web.Release.config ファイル	38,513,575
Web アプリケーション	2
Web アプリケーションフレームワーク	14
Web サーバーコントロール	54
Web サーバーソフトウェア	22
Web フォーム	16,17
Web フォームデザイナ	30
WF	12
WHERE 句	538
Windows Forms	12
Windows 認証	140
WPF	12
Wrap プロパティ	64
WriteFile メソッド	329
Write メソッド	319,329
WWW	3

X

XML	15
XmlDataSource コントロール	127
XML データベース	125
XSS	335,523
XXXImageUrl プロパティ	167
XXXText プロパティ	167

ア行

アイコン	396
アカウント認証	429
アクセス権	569
アクセスログ	527
値型	545
アタッチ	133
アプリケーション構成ファイル	512
アプリケーション状態	345
アプリケーションプール	558
アプリケーションライフサイクル	338
アンマネージコード	10
イベント	16,477
イベントドリブンモデル	16,18
イベントハンドラー	18,478
イベントリスナー	478
入れ子	374
インスタンス	132
インストール	24
インライン式	60
インラインスタイルシート	381
埋め込みスタイルシート	385
演算子	549
演算子のオーバーロード	550
エンティティ	226
オブジェクト初期子	554
オプティミスティック同時実行制御	283

カ行

外部キー	130
外部サービス	405,445
隠しフィールド	347
カスタムエラーページ	517
仮想パス	333
画像表示	61
仮想マシン	10
片方向バインディング	179
ガベージコレクション	10
カラム	129
カルチャ	519
カレンダー	86
キャッシュ	320,345
行	129

Index 索引

共通処理ファイル	38	数値化	548
共有インスタンス	563	スキン	116
クエリ式	229	スタイルシートファイル	380
クエリビルダー	196	ステータスコード	517
クエリ文字列	4,345	ステートレス	5,345
クライアント ID	484	ステップアウト	51
クラシックモード	339	ステップイン	51
クラスセレクター	480	ステップオーバー	51
クラス名	383	ストアドプロシージャ	132,301
グリッドシステム	398	正規表現	100
グループ	195	静的 URL	529
グループ化	537	セキュリティコード	438
グローバリゼーション	519	セッション	345,353
結合	539	セッション ID	354
言語	11	セッションの有効期限	355
検証コントロール	55,92	セッションモード	355
厳密に型指定されたデータコントロール	262	接続文字列	139
構成ファイル	38,512	設定より規約	246
コードビハインドクラス	37,318	セレクター	480
コールバック関数	483	双方向バインディング	179
コネクションストリング	139	ソーシャルログイン	445
コマンド	89	属性	552
コンテキストクラス	228,233	ソリューション	33
コンテンツページ	367	ソリューションエクスプローラー	31
コントローラー	15	ソリューション構成	575
コントロールの状態	364		

サ行

サーバー ID	485
サーバーエクスプローラー	136
サーバーコントロール	16,17
サニタイジング	335,524
参照型	545
ジェネリックス	553
式ビルダー	149
自動更新	471
自動プロパティ	552
自動ポストバック	67
集計関数	538
主キー	130
出力キャッシュ	320
状態	5
状態管理	345
書式	547
書式指定文字	158
書式指定文字列	158
シリアライズ	347

タ行

多重度	251
多対多関係	254
チェックボックス	72
遅延ローディング	236,254
通信プロトコル	3
ツールボックス	29
ディレクティブ	42,316
データ型	544,545
データ競合	282
データ制御言語	534
データ操作言語	536
データソース構成ウィザード	143
データソースコントロール	127
データ定義言語	534
データバインディング式	179
データバインド	127
データバインドコントロール	126
データベース	23,124,132
テーブル	125,129
テーマ	116

テキスト入力	64	ヘッダ文字列	150
テキスト表示	59	変更履歴管理	298
デバッグ	49	ポストバック	19
テンプレート	35,176	ボタン	87,394
統合開発環境	22		
統合言語クエリ	228	**マ行**	
統合モード	339	マシン構成ファイル	512
同時実行制御	282	マスターページ	366
動的 URL	529	マネージコード	10
特別な意味を持つフォルダ	37	マネージパイプラインモード	560
トレース	318	ミニファイ	503
		メソッド	546
ナ行		メソッド式	229
ナビゲーションプロパティ	228,236,251	文字列補間	548
認可	415	モデル	15
認証	415	モデルバインディング	257
ネイティブコード	10		
		ヤ行	
ハ行		ユーザーコントロール	56,110
配置	556	ユーザー名	434
パイプラインモード	338	要素セレクター	480
パスワード	434		
発行	564	**ラ行**	
ハッシュ	125	ライフサイクル	338,360
パラメータ	304	ライブラリ	11
バンドル	503	ラジオボタン	72
悲観的同時実行制御	283	楽観的同時実行制御	283
非同期通信	454	ラムダ式	230
非同期ポストバック	470	リスト系コントロール	74
ビュー	15	リソースファイル	150
ビューステート	156,345,347	リレーショナルデータベース	125
ファイルアップロード	82	リレーションシップ	130
フィールド	129	リンク	62
複合主キー	250	レコード	129
複数ファイルのアップロード	84	レスポンシブデザイン	392
物理パス	333	列	129
部分更新	461,465	列指向データベース	125
ブレークポイント	50	連想配列	125
プレースホルダ	163,202	ロール	412
フレームワーク	11	ロック	283
プロジェクト	33		
プロパティ	16,18,551	**ワ行**	
プロパティウィンドウ	32	ワーカープロセス	560
ページイベント	341	ワンタイムパスワード	437
ページライフサイクル	338,340		
ページング	152		
ペシミスティック同時実行制御	283		

TECHNICAL MASTER
はじめてのASP.NET
Webフォームアプリ開発
Visual Basic対応　第2版

| 発行日 | 2019年 11月 25日 | 第1版第1刷 |

著　者　　WINGSプロジェクト　土井 毅
監修者　　山田 祥寛

発行者　　斉藤　和邦
発行所　　株式会社　秀和システム
　　　　　〒104-0045
　　　　　東京都中央区築地2丁目1-17　陽光築地ビル4階
　　　　　Tel 03-6264-3105（販売）　Fax 03-6264-3094
印刷所　　日経印刷株式会社

©2019 WINGS Project　　　　　　　　Printed in Japan
ISBN978-4-7980-5805-4 C3055

定価はカバーに表示してあります。
乱丁本・落丁本はお取りかえいたします。
本書に関するご質問については、ご質問の内容と住所、氏名、電話番号を明記のうえ、当社編集部宛FAXまたは書面にてお送りください。お電話によるご質問は受け付けておりませんのであらかじめご了承ください。